Gambas
程序设计
从入门到精通

Gambas
工程应用
基于国产操作系统

王建新　隋美丽　著

化学工业出版社
·北京·

内 容 简 介

本书由浅入深，力求使读者能够快速掌握 Gambas 脚本设计、通信与安全、信号处理以及相关工程应用方法。全书共分为 9 章，包括脚本程序设计、网络通信、压缩与加密、外部接口、虚拟仪器、信号处理、数据采集以及软件无线电应用等内容。

本书配备了不同层次的实例，并提供了详细的程序注释说明，使读者能够更加深入理解程序设计基本思路与步骤、工程设计方法与实现，提高实际应用能力。

本书适合程序开发人员参考，可作为大专院校计算机、电子信息、通信和自动化等专业 BASIC 程序设计课程教材，也适合职业教育和社会培训使用。

图书在版编目（CIP）数据

Gambas 工程应用：基于国产操作系统/王建新，隋美丽著.
—北京：化学工业出版社，2021.11
（Gambas 程序设计从入门到精通）
ISBN 978-7-122-39782-9

Ⅰ.①G…　Ⅱ.①王…　②隋…　Ⅲ.①BASIC 语言-程序设计　Ⅳ.①TP312.8

中国版本图书馆 CIP 数据核字（2021）第 169991 号

责任编辑：宋　辉　　　　文字编辑：毛亚囡
责任校对：王鹏飞　　　　装帧设计：王晓宇

出版发行：化学工业出版社（北京市东城区青年湖南街 13 号　邮政编码 100011）
印　　装：北京虎彩文化传播有限公司
787mm×1092mm　1/16　印张 25　　字数 655 千字　2021 年 11 月北京第 1 版第 1 次印刷

购书咨询：010-64518888　　　　售后服务：010-64518899
网　　址：http://www.cip.com.cn
凡购买本书，如有缺损质量问题，本社销售中心负责调换。

定　　价：98.00 元

BASIC 语言诞生于 20 世纪 60 年代，由于易学易用、用途广泛，成为广大程序初学者和工程技术人员的首选语言。我国许多高校开设了 Visual Basic 程序设计课程，在国家计算机二级考试中设置了 Visual Basic 科目，同时，社会上存在大量 BASIC 语言源代码和相关代码的开发者、维护者。

随着微电子技术、计算机技术和通信技术的快速发展，国产操作系统和 CPU 技术日臻完善，相关应用和开发也提上了日程，以满足我国相关行业对国产化的要求。在软件国产化大趋势下，出现了龙芯、兆芯、飞腾等国产 CPU 以及 Deepin、UOS、中标麒麟、中科方德、银河麒麟等国产操作系统，需要有一个新的、开源的开发工具来替代 Windows 下的 BASIC 开发工具，Gambas 就是其中的首选。Gambas 能将 Windows 下的 Visual Basic、VB.net、KBasic、HBasic 代码非常容易地转换改写为 Gambas 代码，实现国产操作系统的软件适配，同时，也可以使 BASIC 程序设计员很容易地转移到 Linux 开发平台上。

Gambas 开发的系统已经应用于信息网络、电子通信、自动化、生化和工业生产的各个领域。本书主要以 Deepin 下的 Gambas 开发环境为基础进行讲解。全书共分为 9 章，讲述了脚本程序设计、网络通信、压缩与加密、外部接口、虚拟仪器、信号处理、数据采集以及软件无线电应用等内容，通过相关的应用实例，使读者对 Linux 操作系统下 Gambas 程序设计有一个深入了解，从代码的角度来展现这门语言的独特魅力。

为便于读者学习，本书提供程序源代码，读者扫描下方二维码，复制链接至电脑端，即可下载。

本书 1～8 章由北京电子科技学院王建新、北京电子科技职业学院隋美丽执笔，第 9 章由刘芮安执笔，北京电子科技学院张磊、肖超恩、赵成、董秀则、丁丁、陈汉林、靳济方、方熙、段晓毅、李秀滢、周玉坤、史国振、王丽丰、宿淑春、李雪梅、高献伟、李晓琳老师为本书的编写提供了帮助。

由于本书涉及面比较宽，加上作者水平有限，书中难免存在不妥之处，希望广大读者批评指正。

著　者

扫描二维码
获得程序源代码

目录

CONTENTS

第1章 GBS脚本技术基础

GBS（gbs）是Gambas Scripter的简称，是基于Gambas的脚本语言，语法源于BASIC，用户编写的代码并不会直接编译成二进制文件，而是由宿主负责解释源代码并执行。gbs3是Gambas的Scripter脚本语言解释器。GBS作为一种轻量级的编程语言，可以看作是Gambas的轻量级版本。

本章介绍了GBS脚本语言使用的数据类型、常量与变量、运算符和表达式程序结构、错误处理以及脚本编写规则等内容。

1.1 数据类型

数据类型决定数据的存储方式，包括数据的大小、有效位以及是否有小数点等。在不同的程序设计语言中，数据类型的规定和处理方法也有所不同。Gambas Scripter不但提供了丰富的基本数据类型，还可以由用户自定义数据类型。

数据是程序的重要组成部分和程序处理的对象。基本数据类型是系统定义的数据类型，是处理数据的基本依据。Gambas Scripter主要包括字符串型、数值型数据类型。此外，还提供了字节型、对象型、指针型、日期型、布尔型和变体型等数据类型。Gambas Scripter的数值型数据分为整型和浮点型两类。其中，整型又分为短整型、整型、长整型，浮点型又分为单精度浮点型和双精度浮点型。

（1）字符串型

字符串是一个字符序列，由ASCII码组成，包括标准的ASCII码字符和扩展ASCII码字符。在Gambas中，字符串是放在双引号内的若干个字符，如果长度为零，则表示空字符串。

（2）短整型

短整型表示一个两字节的短整数值。

（3）整型

整型表示一个四字节的有符号整数值。整数值可以写成十进制、十六进制、二进制、八进制等格式：

- 十六进制使用前缀&、&H、&h开头。
- 二进制使用前缀%、&X、&x开头。
- 八进制使用前缀&O、&o开头。

（4）长整型

长整型表示一个八字节的长整数值，较其他整型类型其表示的范围更大。

（5）单精度浮点型

单精度浮点型表示单精度浮点数值，即一个四字节的浮点数。

（6）双精度浮点型

双精度浮点型表示一个八字节的双精度浮点数值。这个数据类型的精度是52个二进制位，相当于十进制小数点后保留 16 位有效数字，如：给 1.0 加上一个小于 2E-16 的正数，结果仍是 1.0，尾部数据被截断。

（7）日期型

日期型表示一个日期和时间，数据存储在两个整型数的内部：

- 第一个整型数保存自 Gambas 纪元（一个指定的公元前 8000 年的某日）以来的天数。
- 第二个整型数保存自午夜以来的毫秒数。

日期和时间按 UTC 格式保存，只有在显示时才转换为当地时间。日期型能转换成数值，整数部分是内部存储的天数，小数部分描述的是毫秒数。

（8）变体型

变体型是一种可变的数据类型，可以表示任何一种数据类型，包括数值型、字符串型、日期型等。由于数据类型管理机制的差异，Gambas Scripter 对变体型变量的操作比具有准确类型定义的变量操作要慢。

（9）字节型

字节型数据实际上是数值类型，用一个字节的无符号二进制形式存储，其取值范围为 0～255。

（10）布尔型

布尔型数据是一种逻辑类型，用一个字节存储，其取值只有真（True）和假（False）两种。布尔型转换为数值时，True 转换为-1，False 转换为 0。

（11）对象型

对象型表示一个对 Gambas Scripter 对象的匿名引用。由于数据类型管理机制的差异，使用匿名引用比使用在编译时有明确类声明的引用要慢。创建一个新对象使用 NEW 关键字，当对象不再被引用时，会自动释放，并且释放过程基于存储在每个对象中的引用计数器。由于 Gambas Scripter 没有内存回收功能，如果创建了一个交叉引用，即对象 A 引用了对象 B，对象 B 又引用了对象 A，则对象不会释放，在程序退出时会警告“循环引用”。

（12）指针型

指针型表示一个指针，即内存单元的地址。在 32 位系统中，这个数据类型与整型数据类型相同；在 64 位系统中，这个数据类型与长整型数据类型相同。

1.2　常量和变量

常量是在程序的运行过程中其值保持不变的量。Gambas Scripter 定义了许多内部常量，同时也允许用户自定义常量。变量是在程序的运行过程中其值改变的量。实际上，变量是程序中被命名的存储空间。在程序代码中指定一个变量名，运行时系统就会为之分配合适的存储空间，对变量的操作即是对该内存空间中数据的操作。变量的数据类型决定数据的存储方式，内存存储数据的特点决定变量值的变化规则。变量一经赋值，可以多次取出使用，其值保持不变，直到再次给该变量赋以新值，则新值会替代旧值。

1.2.1　标识符

标识符是一个字符序列，用来代表一个变量、类、方法、属性、常数或事件名称。

标识符的第一个字符必须是字母、下划线或$。

标识符的其他字符可以是字母、数字、下划线、$或问号。

下列是合法的标识符：

A、i、Xyz1972、Null?、$Global_Var、_DoNotUse、Event_Handler。

1.2.2 常量

（1）内部常量

Gambas Scripter 中，定义了大量内部常量，包括数据类型常量、文件类型常量、字符串常量等，通常以“gb.”形式给出，如 gb.Integer 表示整型常量。

Gambas Scripter 数据类型常量如表 1-1 所示。

表 1-1 Gambas Scripter 数据类型常量

常量	说明
gb.Null	NULL 值
gb.Boolean	Boolean 值
gb.Byte	Byte 值
gb.Short	Short 值
gb.Integer	Integer 值
gb.Long	Long 值
gb.Single	Single 值
gb.Float	Float 值
gb.Date	Date 值
gb.String	String 值
gb.Variant	Variant 值
gb.Object	Object 引用

注：表中常量可被 TypeOf 函数返回。

Gambas Scripter 文件类型常量如表 1-2 所示。

表 1-2 Gambas Scripter 文件类型常量

常量	说明
gb.File	普通文件
gb.Directory	目录
gb.Device	设备文件
gb.Pipe	命名管道
gb.Socket	套接字专用文件
gb.Link	符号连接

注：表中常量可被 Stat 函数返回。

Gambas Scripter 字符串常量如表 1-3 所示。

表 1-3　Gambas Scripter 字符串常量

常量	说明
gb.NewLine	换行符，等价于 Chr$(10)
gb.Tab	制表符，等价于 Chr$(9)

（2）自定义常量

自定义常量声明格式为：

```
{ PUBLIC | PRIVATE } CONST Identifier AS Datatype = Constant value
```

CONST 为声明一个类的公有常量。

该常量可以用在所在类的任何地方。

如果指定 PUBLIC 关键字，也可以被对该类的对象引用的其他类使用。

常量数据类型包括：Boolean、Integer、Long、Float、String。

举例说明：

```
Public Const MAX_FILE As Integer = 30
Private Const DEBUG As Boolean = True
Private Const MAGIC_HEADER As String = "# Gambas form file"
```

1.2.3　变量

变量是关联对象或方法的标识符，可以进行读写。变量使用之前必须在类或程序的开始部分声明。

- 变量必须有所属的数据类型，如 String、Integer 等。
- 变量可以是公有的、私有的、局部的。
- 只有 Gambas Scripter 内部规定的类可以被声明为公有变量。
- 访问变量比访问属性速度快，访问变量是直接访问内存读写变量值。
- Gambas Scripter 不提供全局变量。

（1）静态变量

静态变量声明格式为：

```
[ STATIC ] { PUBLIC | PRIVATE } Identifier [ Static array declaration ] AS Datatype [ = Expression ]
```

声明一个静态、公有或私有变量。

如果指定 PUBLIC 关键字，可以被对该类的对象引用的其他类使用。

如果指定 STATIC 关键字，该类的每个对象将共享该变量。

举例说明：

```
Static Public GridX As Integer
Static Private bGrid As Boolean
Public Name As String
Private Control As Object
```

变量可以用任意表达式初始化。

举例说明：

```
Private Languages As String[] = ["fr", "it", "es", "de", "ja"]
Private DefaultLanguage As String = Languages[1]
```

（2）局部（动态）变量

局部变量声明格式为：

```
Dim Identifier AS Datatype [ = Expression ]
```

在过程或者函数中，声明一个局部变量。该变量仅在声明所在的函数或过程中有效。

举例说明：

```
Dim iVal As Integer
Dim sName As String
Dim hObject As Object
Dim hCollection As Collection
```

变量可以使用任意表达式初始化。

举例说明：

```
Dim bCancel As Boolean = True
Dim Languages As String[] = ["fr", "it", "es", "de", "ja"]
Dim DefaultLanguage As String = Languages[1]
```

可以用对象变量的新实例初始化变量。

```
DIM Identifier AS NEW Class ( Arguments ... )
```

举例说明：

```
Dim aTask As New String[]
Dim aCollection As New Collection(gb.Text)
```

复合声明，可以在同一行声明多个变量，用逗号分隔每个声明。

举例说明：

```
Dim Text As String, Matrix As New Float[3, 3]
Dim X, Y, W, H As Integer
```

1.2.4 数组声明

Gambas Scripter 使用“[]”来声明数组维数和引用下标。

（1）动态数组

数组声明格式为：

```
DIM Identifier AS [ NEW ] Native Datatype [ Array dimensions ... ]
```

可以使用任意表达式指定数组大小，数组元素可以使用任何数据类型。

举例说明：

```
Dim aWords As New String[WORD_MAX * 2] ' 一维数组
Dim aMatrix As New Float[3, 3] ' 二维数组
Dim aResult As String[] ' 字符串数组
Dim aLabel As New Label[12, 12]
Dim aResult As New String[][12] ' 字符串数组的数组
```

数组维数最大可以有八维。

举例说明：

```
Dim iGroupc As New Integer[27, 9]
Dim iFieldr As New Integer[9]
```

```
Dim iX9X As New Integer[3, 4, 5, 2, 3, 2, 2, 4, 2] '数组超过八维将会报错
```

（2）静态数组

静态数组声明格式为：

```
[ STATIC ] { PUBLIC | PRIVATE } Identifier [ Array dimensions ... ] AS Native Datatype
```

静态数组是一个被直接分配在声明所在对象内部的数组，不能被对象共享和删除。

静态数组不能是公有的，而且不能进行初始化。

不要使用静态数组作为局部变量。

静态数组不会随函数或过程的结束而释放。

举例说明：

```
Private Handles[8] As Label
Static Private TicTacToe[3, 3] As Integer
```

1.2.5 对象变量

（1）对象变量声明格式

对象变量声明格式为：

```
[ STATIC ] { PUBLIC | PRIVATE } Identifier AS NEW Class ( Arguments ... )
```

举例说明：

```
Static Private Tasks As New List
Private MyCollection As New Collection(gb.Text)
```

数组是一类特殊的对象变量，可以用一个本地动态数组对象初始化对象变量。

```
[ STATIC ] { PUBLIC | PRIVATE } Identifier AS NEW Native Datatype [ Array dimensions ... ]
```

举例说明：

```
Public Const WORD_MAX As Integer = 12
Private Words As New String[WORD_MAX * 2]
Public Matrix As New Float[3, 3]
```

（2）NEW 关键字

NEW 关键字不是操作，只能使用在赋值语句中，可以实例化 Class 类。声明格式为：

```
Object = NEW Class [ ( Constructor parameters... ) ] [ AS Name ]
```

如果指定 Name，新的对象能够调用其父类的公有过程或函数。

该父类或默认的事件观察器，是被实例化的新对象所属的对象或类。

事件处理的名称是对象名加下划线加事件名。

两个不同的对象可以有相同的事件名，因此，可以在同一个事件过程中管理多个对象发生的相同事件。

举例说明：

```
hButton = New Button(Me) As "MyButton"
...
Public Procedure MyButton_Click()
  Print "Mybutton 按钮被单击！"
End
```

（3）动态实例

动态实例声明格式为：

```
Object = NEW ( ClassName [ , Constructor parameters... ] ) [ AS Name ]
```

指定一个字符串 ClassName 作为动态类名。

举例说明：

```
' 创建 3*3 的浮点型数组
Dim MyArray As New Float[3, 3]
' 也可以这样:
Dim MyArray As Object
Dim MyClassName As String
MyClassName = "Float[]"
MyArray = New (MyClassName, 3, 3)
```

1.2.6 方法声明

在 Gambas Scripter 中，方法包括过程和函数。

（1）过程

声明一个过程，即声明一个没有返回值的方法。过程声明格式为：

```
[ STATIC ] { PUBLIC | PRIVATE } { PROCEDURE | SUB }
  Identifier
  (
    [ Parameter AS Datatype [ , ... ] ] [ , ]
    [ OPTIONAL Optional Parameter AS Datatype [ , ... ] ] [ , ] [ ... ]
  )
  ...
END
```

或：

```
[ STATIC ] { PUBLIC | PRIVATE } { PROCEDURE | SUB }
  Identifier
  (
    [ [ BYREF ] Parameter AS Datatype [ , ... ] ] [ , ]
    [ OPTIONAL [ BYREF ] Optional Parameter AS Datatype [ , ... ] ] [ , ] [ ... ]
  )
  ...
END
```

END 关键字用来表示过程的结束。

（2）函数

声明一个函数，即声明一个有返回值的方法。函数声明格式为：

```
[ STATIC ] { PUBLIC | PRIVATE } { FUNCTION | PROCEDURE | SUB }
  Identifier
  (
```

```
    [ Parameter AS Datatype [ , ... ] ] [ , ]
    [ OPTIONAL Optional Parameter AS Datatype [ , ... ] ] [ , ] [ ... ]
  )
  AS Datatype
  ...
END
```

或：

```
[ STATIC ] { PUBLIC | PRIVATE } { FUNCTION | PROCEDURE | SUB }
  Identifier
  (
    [ [ BYREF ] Parameter AS Datatype [ , ... ] ] [ , ]
    [ OPTIONAL [ BYREF ] Optional Parameter AS Datatype [ , ... ] ] [ , ] [ ... ]
  )
  AS Datatype
  ...
END
```

END 关键字用来表示函数的结束。

必须指定返回值的数据类型。

RETURN 关键字用于结束函数，并将返回值传递给调用程序。

举例说明：

```
Public Function Calc(fX As Float) As Float
  Return Sin(fX) * Exp(-fX)
End


Public Sub Button1_Click()
  Print Calc(0);; Calc(0.5);; Calc(1)
End
```

（3）方法使用

方法可以在其声明所在的类中的任意位置。

如果指定 PUBLIC 关键字，可以在其他类中通过引用这个类的对象来使用。

如果指定 STATIC 关键字，方法仅能访问该类的静态变量。

（4）方法参数

方法的所有参数使用“,”分隔。

如果指定 OPTIONAL 关键字，其后的所有参数是可选参数。可以在参数声明后面使用等号为其指定默认值。

如果参数列表以“...”结束，该方法可以接收附加参数，每一个附加参数用 Param 传递给方法。

举例说明：

```
Static Public Procedure Main()
...
```

```
Public Function Calc(fA As Float, fB As Float) As Float
...
Private Sub DoIt(sCommand As String, Optional bSaveIt As Boolean = True)
...
Static Private Function MyPrintf(sFormat As String, ...) As Integer
```

（5）通过引用传递参数

BYREF 关键字用于通过引用传递函数参数，指定 BYREF 关键字时，参数必须是可以被赋值的表达式。

举例说明：

```
Sub ConvPixelToCentimeter(ByRef Value As Float, Dpi As Integer)
  Value = Value / Dpi * 2.54
End

Public Sub Main()

  Dim Size As Float

  Size = 256
  ConvPixelToCentimeter(ByRef Size, 96)
  Print Size
End
```

即使在声明函数时使用了 BYREF 关键字，如果在调用函数时不使用 BYREF 关键字，参数仍将是值传递。被调用的函数允许参数通过引用传递，由调用程序决定参数传递方式。

（6）作用域

过程和函数可被访问的范围称为作用域。

作用域与定义过程和函数的位置和定义过程和函数所用的关键字有关。

在窗体或模块中定义的私有过程和函数，一般在定义它的窗体或模块中调用。

在窗体或模块中定义的公有过程和函数，可以在其他窗体或模块中调用，但必须在过程名前加上自定义过程和函数所在的窗体或模块名。

1.3　运算符和表达式

运算符和表达式在面向过程的程序设计语言中广泛使用，Gambas Scripter 中包含多种运算符：算术运算符、关系运算符、逻辑运算符、字符串运算符等。由这些运算符将相关的常量、变量、函数等连接起来的式子称为表达式。

1.3.1　运算符

（1）算术运算符

算术运算符可连接数值型数据、可转化为数值的变体型数据，以构成算术表达式。算术表达式的值为数值型。Gambas Scripter 算术运算规则如表 1-4 所示。

表 1-4　Gambas Scripter 算术运算规则

运算规则	说明
Number + Number	加法
- Number	取负数，零的负数仍为零
Number - Number	减法
Number * Number	乘法
Number / Number	除法，结果为浮点数，除数为零产生错误
Number ^ Power	Number 的 Power 次方，如：4 ^ 3 = 64
Number \ Number Number DIV Number	整除，计算两个 Integer 数的商，并删除结果的小数部分 如果“\”右侧除数为 0，发生除数为零错误 A \ B = Int(A / B)
Number % Number Number MOD Number	取余，计算两个数相除的余数 如果 MOD 右侧的除数为 0，发生除数为零错误

（2）关系运算符

关系运算从左向右依次执行，结果为逻辑值，若关系成立返回 True，否则返回 False。如将比较的结果赋值给整型变量，则 True 为-1，False 为 0。Gambas Scripter 关系运算规则如表 1-5 所示。

表 1-5　Gambas Scripter 关系运算规则

运算规则	说明
Number = Number	两数相等，结果为 True
Number <> Number	两数不等，结果为 True
Number1 < Number2	Number1 小于 Number2，结果为 True
Number1 > Number2	Number1 大于 Number2，结果为 True
Number1 <= Number2	Number1 小于等于 Number2，结果为 True
Number1 >= Number2	Number1 大于等于 Number2，结果为 True

（3）逻辑运算符

逻辑运算符用于连接布尔型数据，结果为逻辑值。逻辑运算符有：AND、NOT、OR、XOR。

（4）字符串运算符

字符串运算包含字符串连接和字符串比较。字符串连接运算符有“&”和“&/”两种。“&”两边变量的数据类型要保持一致，且应为字符串型。

① 字符串连接运算符　Gambas Scripter 字符串连接运算规则如表 1-6 所示。

表 1-6　Gambas Scripter 字符串连接运算规则

运算规则	说明
String & String	连接两个字符串
String &/ String	连接路径字符串，需要时会自动在两个字符串之间添加路径分隔符“/”

② 字符串比较运算　Gambas Scripter 字符串比较运算规则如表 1-7 所示。

表 1-7　Gambas Scripter 字符串比较运算规则

运算规则	说明
String = String	检查两个字符串是否相同
String == String	检查两个字符串是否相等，不区分大小写
String LIKE String	检查字符串与模板是否匹配
String MATCH String	检查字符串是否匹配 PCRE 正则表达式
String BEGINS String	检查字符串是否以模板开头
String ENDS String	检查字符串是否以模板结束
String <> String	检查两个字符串是否不同
String1 < String2	检查 String1 是否严格小于 String2
String1 > String2	检查 String1 是否严格大于 String2
String1 <= String2	检查 String1 是否小于等于 String2
String1 >= String2	检查 String1 是否大于等于 String2

（5）运算符优先级

Gambas Scripter 运算符优先级规则如表 1-8 所示。

表 1-8　Gambas Scripter 运算符优先级规则

运算符	优先级	示例
-(负号)、NOT	最高	f = - g ^ 2 等价于 (- g) ^ 2
IS	11	
&	9	
&/	8	
^	7	i = 4 ^ 2 * 3 ^ 3 等价于 (4 ^ 2) * (3 ^ 3)
* / \ DIV %	6	i = 4 * 2 + 3 * 3 等价于 (4 * 2) + (3 * 3)
+ -	5	
= <> >= <= > < LIKE BEGINS	4	i = 4 + 2 = 5 + 1 等价于 (4 + 2) = (5 + 1)
AND、OR、XOR	2	i = a > 10 AND a < 20 等价于 (a > 10) AND (a < 20)

1.3.2　表达式

表达式是由运算符将变量、常量、函数等连接起来的有意义的式子。表达式的书写规则为：

- 乘号不能省略。
- 括号必须成对出现，且都用圆括号。
- 表达式从左至右书写。

（1）赋值表达式

表达式的赋值格式为：

```
[ LET ] Destination = Expression
```

可以将表达式的值赋给下列元素之一：

- 局部变量。
- 函数参数。
- 公有变量。
- 类变量。
- 数组元素。
- 对象公有变量。
- 对象属性。

赋值语句不能用于设置函数返回的值。给函数分配值（返回值），要使用 RETURN 语句。许多有返回值的语句也可以赋值，如：EXEC、NEW、OPEN、RAISE、SHELL 等。

举例说明：

```
iVal = 1972
Name = "[/def/gambas]"
hObject.Property = iVal
cCollection[sKey] = Name
```

（2）赋值操作

除了标准的赋值操作以外，Gambas Scripter 提供了一些特殊的赋值操作，类似于 C 语言中简化赋值操作符，如“+=”。Gambas Scripter 赋值操作如表 1-9 所示。

表 1-9　Gambas Scripter 赋值操作

赋值操作	说明
Variable = Expression	直接赋值
Variable += Expression	相加赋值，等价于 Variable = Variable + Expression
Variable -= Expression	相减赋值，等价于 Variable = Variable - Expression
Variable *= Expression	相乘赋值，等价于 Variable = Variable * Expression
Variable /= Expression	相除赋值，等价于 Variable = Variable / Expression
Variable \= Expression	整除赋值，等价于 Variable = Variable \ Expression
Variable &= Expression	字符串连接赋值，等价于 Variable = Variable & Expression
Variable &/= Expression	路径连接赋值，等价于 Variable = Variable &/ Expression

（3）SWAP 操作

SWAP 操作用于交换两个表达式的内容。声明格式为：

```
SWAP Expression A , Expression B
```

SWAP 操作相当于执行下面的代码：

```
Dim Temp AS Variant

Temp = ExpressionA
ExpressionA = ExpressionB
ExpressionB = Temp
```

1.3.3　字符串函数

字符串函数用于处理字符串数据。若函数的返回值为字符型数据，常在函数名后加“$”

字符，Gambas Scripter 中也可省略该符号。Gambas Scripter 字符串函数如表 1-10 所示。

表 1-10　Gambas Scripter 字符串函数

函数	说明	UTF-8 等价处理
Asc	返回字符串中一个字符的 ASCII 码值	String.Code
Base64$	返回字符串的 Base64 编码	
Chr$	返回 ASCII 码对应的字符	String.Chr
Comp	比较两个字符串	String.Comp
FromBase64$	解码 Base64 编码的字符串	
FromUrl$	解码 URL	
Html$	引用一个 Html 字符串	
InStr	查找一个字符串在另一个字符串中的位置	String.InStr
LCase$	转换字符串为小写	String.LCase
Left$	返回字符串的左侧字符串	String.Left
Len	返回字符串的长度	String.Len
LTrim$	删除字符串左侧的空格	
Mid$	返回字符串中的一部分	String.Mid
Quote$	引用字符串	
Replace$	用一个字符串替换另一个字符串的子串	
Right$	返回字符串的右侧字符串	String.Right
RInStr	从右侧开始查找一个字符串在另一个字符串中的位置	String.RInStr
RTrim$	删除字符串右侧的空格	
Scan	用正则表达式模板拆分字符串	
Space$	返回仅包含空格的字符串	
Split	将字符串拆分成子串	
String$	返回相同字符串的多次连接	
Subst$	替换模板中的字符串	
Trim$	删除字符串左右两侧的空格	
UCase$	转换字符串为大写	String.UCase
UnBase64$	解码 Base64 编码的字符串	
Url$	编码 URL	
Unquote$	取消引用字符串	

字符串函数大部分仅处理 ASCII 码字符串。如果处理 UTF-8 字符串，应使用 String 类等价处理方法。未标示 UTF-8 等价处理的函数，则该 ASCII 码函数也能用于 UTF-8 字符串。

1.3.4　数学函数

数学函数与数学中定义的函数意义相同，其参数和函数值的数据类型均为数值型。

Gambas Scripter 数学函数如表 1-11 所示。

表 1-11 Gambas Scripter 数学函数

函数	说明	函数	说明
Abs	返回一个数值的绝对值	Sqr	平方根
Ceil	返回不小于给定数值的最小整数	ACos	返回角度的反余弦
DEC	变量减 1	ACosh	返回角度的反双曲余弦
Fix	返回一个数值的整数部分	Ang	返回根据直角坐标计算的极坐标极角
Floor	返回不大于给定数值的最大整数	ASin	返回角度的反正弦
Frac	返回一个数值的小数部分	ASinh	返回角度的反双曲正弦
INC	变量加 1	ATan	返回角度的反正切
Int	返回一个数值的整数部分	ATan2	返回两数商的反正切
Max	返回最大值	ATanh	返回角度的反双曲正切
Min	返回最小值	Cos	返回角度的余弦
Round	返回一个数值四舍五入后的结果	Cosh	返回角度的双曲余弦
Sgn	返回一个数值的符号	Deg	转换弧度到度
Cbr	立方根	Hyp	返回直角三角形的斜边
Exp	e^x	Mag	返回根据直角坐标计算的极坐标极径
Exp2	2^x	Pi	返回 π
Exp10	10^x	Sin	返回角度的正弦
Expm	Exp(x) - 1	Sinh	返回角度的双曲正弦
Log	以 e 为底的自然对数	Tan	返回角度的正切
Log2	以 2 为底的对数	Tanh	返回角度的双曲正切
Log10	以 10 为底的对数	Rad	转换度到弧度
Logp	Log(1+x)		

1.3.5 随机数函数

Gambas Scripter 用于产生随机数的公式取决于称为种子（Seed）的初始值。默认情况下，每当运行一个应用程序时，提供相同的种子值，即产生相同的随机数序列，如果需要每次运行时产生不同的随机数序列，可执行 Randomize 语句，声明格式为：

```
RANDOMIZE [ Seed AS Integer ]
```

用指定的种子数 Seed 初始化伪随机数发生器。

如果没有指定 Seed，那么随机数发生器使用当前日期和时间作为种子。

使用相同的种子总是可以得到相同的伪随机数值序列。

1.3.6 日期与时间函数

Gambas Scripter 提供了一些用于测试或计算日期和时间的函数。Gambas Scripter 日期与时间函数如表 1-12 所示。

表 1-12 Gambas Scripter 日期与时间函数

函数	说明
Date	返回不包含时间的日期
DateAdd	返回给定的日期增加指定的时间间隔后得到的新日期
DateDiff	返回两个日期的时间间隔
Day	返回日期中的天数值
Hour	返回日期中的小时数值
Minute	返回日期中的分钟数值
Month	返回日期中的月份数值
Now	返回当前日期（年月日时分秒）
Second	返回日期中的秒数值
Time	返回日期中的时间部分
Timer	返回程序启动以来经过的秒数
Week	返回日期是所在年的第几个星期
WeekDay	返回日期是本周的第几天
Year	返回日期中的年份数值

1.4 程序结构

在程序设计过程中，算法是解决问题的方法。结构化程序设计是描述算法的有效方式。结构化程序设计方法学认为，任何复杂的程序都是由若干种简单的基本结构组成的。这些基本结构包括：顺序结构、分支结构和循环结构。

顺序结构指程序的流程是按照一个方向进行的，一个入口，一个出口，中间有若干条依次执行的语句。

分支结构又称为选择结构、条件结构，指程序的流程出现一个或多个分支，按一定的条件选择其中之一执行。它有一个入口，一个出口，中间可以有两条或多条分支。

循环结构指程序的流程是按一定的条件重复多次执行一段程序，被重复执行的程序段叫循环体。循环结构按退出循环的条件可分为 While（当型）循环结构和 Until（直到型）循环结构。执行当型循环时，当条件成立时执行循环体，条件不成立时退出循环体；执行直到型循环时，当条件不成立时执行循环体，直到条件成立时退出循环体。按循环体至少执行的次数又可分为 0 次循环和 1 次循环，当条件表达式在循环结构的入口时为 0 次循环，当条件表达式在循环结构出口时为 1 次循环。循环结构只有一个入口和一个出口，一般只允许有限次重复，不能无限循环。

三种基本结构的特点是：

- 只有一个入口，一个出口。
- 无死语句，即没有始终执行不到的语句。
- 无死循环，即循环次数是有限的。

1.4.1 顺序结构

顺序结构是最常用的程序结构，一般是按照解决问题的顺序写出相应的语句，自上而下依次执行。

举例说明：

```
Public Sub Button1_Click()

  Dim i As Integer
  Dim x As Integer
  Dim y As Integer

  Inc i
  x = x + 2
  y = x
End
```

1.4.2 分支结构

Gambas 的分支结构可以分为二分支结构和多分支结构。二分支结构又有单行格式和多行（块）格式。多分支结构又分为 IF 语句和 SELECT 语句。

（1）IF 语句

① IF 块语句　IF 块语句格式为：

```
IF Expression [ { AND IF | OR IF } Expression ... ] [ THEN ]
  ...
[ ELSE IF Expression [ { AND IF | OR IF } Expression ... ] [ THEN ]
  ... ]
[ ELSE
  ... ]
ENDIF
```

② IF 单行语句　IF 单行语句格式为：

```
IF Expression [ { AND IF | OR IF } Expression ... ] THEN ...
```

③ IF...THEN...ELSE 单行语句　IF...THEN...ELSE 单行语句格式为：

```
IF Expression [ { AND IF | OR IF } Expression ... ] THEN ... ELSE ...
```

当使用多个用 AND IF 关键字分隔开的条件表达式 Expression 时，从左向右评估条件表达式，直到找到一个 False，那么条件的结果为 False。如果所有的条件表达式都为 True，则条件的结果为 True。

当使用多个用 OR IF 关键字分隔开的条件表达式 Expression 时，从左向右评估条件表达式，直到找到一个 True，那么条件的结果为 True。如果所有的条件表达式都为 False，则条件的结果为 False。

不能在同一行上混用 AND IF 和 OR IF 关键字。

可以将 IF...THEN 分支结构写在一行上，条件为真的选择项写在 THEN 关键字后面。

举例说明：

```
Dim k As Integer

For k = 1 To 10
```

```
  If k < 5 Or If k > 5 Then
    Print k;;
  Else
    Print
    Print "5 has been reached!"
  End If
Next
Print
If Pi > 0 Or If (1 / 0) > 0 Then Print "Hello"
If (Pi > 0) Or ((1 / 0) > 0) Then Print "World!"
Catch
Print Error.Text
```

（2）IIf 函数

IIf 函数格式为：

```
Value = IIf ( Test AS Boolean , TrueExpression , FalseExpression )
```

也可以使用 If 函数，格式为：

```
Value = If ( Test AS Boolean , TrueExpression , FalseExpression )
```

评估 Test 表达式，如果为真（True）返回 TrueExpression，如果为假（False）返回 FalseExpression。

举例说明：

```
Dim X As Integer = 7
Print If((X Mod 2) = 0, "even", "odd")
```

（3）SELECT 语句

SELECT 语句格式为：

```
SELECT [ CASE ] Expression
  [ CASE [ Expression ] [ TO Expression #2 ] [ , ... ]
    ... ]
  [ CASE [ Expression ] [ TO Expression #2 ] [ , ... ]
    ... ]
  [ CASE LIKE Expression [ , ... ]
    ... ]
  [ { CASE ELSE | DEFAULT }
    ... ]
END SELECT
```

依次选择表达式进行比较，并执行相应的表达式匹配的 CASE 语句包含的代码。

如果没有匹配的 CASE 语句，则执行 DEFAULT 或者 CASE ELSE 语句。

CASE 语句的条件是一个独立值的列表或用 TO 关键字隔开的两个数值之间的范围。

第一个表达式是可选的，CASE TO Expression 将匹配所有值直到 Expression。

可以使用 CASE LIKE 语法与正则表达式进行匹配。

（4）Choose 函数

Choose 函数格式为：

```
Value = Choose ( Choice , Result #1 , Result #2 [ , ... ] )
```

根据 Choice 的值，返回参数列表 Result #*i* 中的一个值。

如果 Choice 为 1，返回 Result #1。

如果 Choice 为 2，返回 Result #2，依此类推。

如果 Choice 小于等于 0，或者没有对应于 Choice 值的 Result #*i*，返回 NULL。

举例说明：

```
X = 3
Print Choose(X, "one", "two", "three", "four")
```

1.4.3 循环结构

在实际问题中，经常遇到对同样的操作重复执行多次的情况。一般来说，循环次数是有限的，然而有些问题可能事先无法知道循环次数，则需根据当前情况由程序判断是否结束循环。

（1）FOR 语句

FOR 语句格式为：

```
FOR Variable = Expression { TO | DOWNTO } Expression [ STEP Expression ]
  ...
NEXT
```

通过递增或递减变量控制循环。变量必须是数值类型，如：Byte、Short、Integer、Long 或 Float。如果用 DOWNTO 代替 TO，则循环变量由递增变为递减。

如果 STEP 值为正数时初始表达式值大于终止表达式值，或者 STEP 值为负数时初始表达式值小于终止表达式值，不会进入循环体。

举例说明：

```
Dim iCount As Integer

For iCount = 1 To 20 Step 3
  Print iCount;;
Next
```

（2）FOR EACH 语句

① FOR EACH...IN 语句　FOR EACH...IN 语句格式为：

```
FOR EACH Variable IN Expression
  ...
NEXT
```

利用对象的枚举控制循环。Expression 必须是枚举对象的引用，如：集合或数组。

举例说明：

```
Dim Dict As New Collection
Dim Element As String

Dict["Blue"] = 3
Dict["Red"] = 1
Dict["Green"] = 2
```

```
For Each Element In Dict
   Print Element;
Next
```

② FOR EACH 语句　FOR EACH 语句格式为：

```
FOR EACH Expression
   ...
NEXT
```

当 Expression 是枚举对象且非真正容器时，使用该语法。如：Expression 为数据库的查询结果。

```
Dim Res As Result

Res = DB.Exec("SELECT * FROM MyTable")
For Each Res
   Print Res!Code; " "; Res!Name
Next
```

（3）DO 语句

DO 语句格式为：

```
DO [ WHILE Condition ]
   ....
   [ BREAK | CONTINUE ]
   ....
LOOP [ UNTIL Condition ]
```

当头部条件为真或尾部条件为假时，重复执行循环体语句。如果既没有使用 WHILE 也没有使用 UNTIL，循环仅能由 BREAK 语句控制循环次数。如果此时缺少 BREAK 语句，则进入死循环。DO 语句说明如表 1-13 所示。

表 1-13　DO 语句说明

语句	说明
DO	循环开始
WHILE	如果使用，Condition 为真才执行循环
UNTIL	如果使用，Condition 为真才结束循环
Condition	布尔表达式
BREAK	跳出循环
CONTINUE	结束本次循环，开始下一次循环
LOOP	循环结尾

如果开始时头部 Condition 为假，循环不会执行，否则循环至少执行一次。

举例说明：

```
a = 1
Do While a <= 5
```

```
  Print "Hello World"; a
  Inc a
Loop
```

（4）WHILE 语句

WHILE 语句格式为：

```
WHILE Expression
  ...
WEND
```

当 Expression 为真时，执行循环。

当 Expression 为假时，结束循环。

举例说明：

```
Dim a As Integer

a = 1
While a <= 10
  Print "Hello World"; a
  Inc a
Wend
```

（5）REPEAT 语句

REPEAT 语句格式为：

```
REPEAT
  ...
UNTIL Expression
```

该循环结构至少执行一次，即使 UNTIL 条件的值在开始时就为假。

举例说明：

```
Public Sub Form_Open()

  Dim I As Integer

  Repeat
    Print Timer
  Until Timer > 10
End
```

（6）CONTINUE 语句

CONTINUE 语句结束本次循环，开始下一次循环，与 BREAK 作用相反。

举例说明：

```
Dim i As Integer

For i = 1 To 10
  If i = 1 Then
    Print "One";
```

```
        Continue
    Endif
    If i = 2 Then
        Print " Two";
        Continue
    Endif
    Print i;
Next
```

（7）BREAK 语句

BREAK 语句跳出循环，与 CONTINUE 作用相反。

举例说明：

```
Dim i As Integer

For i = 1 To 1000
    If i = 200 Then Break
    Print i
Next
```

（8）RETURN 语句

RETURN 语句格式为：

```
RETURN [ Expression ]
```

通过返回 Expression 的值退出函数或过程。

如果从过程返回，不能使用任何 Expression 参数。

如果从函数返回，并且没有指定 Expression 参数，返回值是函数返回数据类型的默认值。

RETURN 也被用于从 GOSUB 跳转返回。

RETURN 语句会使 FINALLY 语句引领的代码无效，因为返回会立即发生而不会执行 FINALLY 代码。

1.5 错误处理

语法错误是由于语句中出现非法语句而引起的错误，如：语句结构不完整、双引号不全或括号不全、关键字书写错误、用关键字作为变量名或常量名等。用户在代码窗口中编辑完成代码后执行编译或运行操作时，Gambas Scripter 会对程序进行语法检查，当发现程序中存在输入错误时，会弹出错误提示信息，用户可根据提示进行修改。

逻辑错误是由于程序的结构或算法错误而引起的。这种错误不是在语法上有错误或运行有错误，因此，Gambas Scripter 不会给出提示，运行过程顺利，也不需要错误处理程序，但程序的逻辑设计不正确，运行后不会得到预期结果。对于逻辑错误，通常只能通过软件测试方法发现并修正。

运行时错误是 Gambas Scripter 程序设计中一种常见错误。应用程序正在运行期间，当一个语句试图执行一个不能执行的操作时就会产生运行时错误。比较常见的有除法运算的除数为零，尽管从语法角度看起来程序语句没有错误，但在实际上该语句不能执行。

程序运行时的错误，一旦出现可能会造成应用程序混乱甚至系统崩溃，因此，必须对可能产生的运行时错误进行处理。在系统发出错误警告之前，截获该错误，在错误处理程序中提示用户采取措施。如果能够解决错误问题，程序能够继续执行；如果取消操作，则可以跳出该程序段，继续执行后面的程序，即错误捕获。

（1）TRY 语句

TRY 语句格式为：

```
TRY Statement
```

在没有发生错误的情况下，尝试执行语句。

检查 ERROR，可以知道语句是否被正确执行。

举例说明：

```
'删除一个文件，即使它不存在
Try Kill FileName
'检查是否成功删除
If Error Then Print "不能删除文件"
```

（2）FINALLY 语句

FINALLY 语句格式为：

```
SUB Function (...)
  ...
FINALLY
  ...
END
```

在函数的尾部，该语句引领的代码被执行，即使在其执行期间有错误发生。

FINALLY 部分是非托管的。如果函数中有错误陷阱，FINALLY 部分必须位于陷阱之前。

如果错误发生于 FINALLY 部分执行期间，错误会正常传送。

（3）CATCH 语句

CATCH 语句格式为：

```
SUB Function ( ... )
  ...
CATCH
  ...
END
```

该语句表示函数或过程中错误处理部分（错误陷阱）开始。

当错误发生于函数执行的起始到终止之间，执行错误陷阱部分。

如果错误发生于执行错误陷阱代码期间，会正常传送。

如果函数中有 FINALLY 语句作用部分，则其必须位于错误陷阱之前。

举例说明：

```
Sub PrintFile(FileName As String)

  Dim hFile As File
```

```
    Dim sLig As String

    Open FileName For Read As #hFile
    While Not Eof(hFile)
      Line Input #hFile, sLig
      Print sLig
    Wend
Finally ' 总是被执行，即使有错误发生
    Close #hFile
Catch ' 仅发生错误时执行
    Print "Cannot print file "; FileName
End
```

（4）ERROR 语句

① ERROR AS 语句　ERROR AS 语句格式为：

```
ERROR AS Boolean
```

如果有错误发生返回错误标志 True。

仅用于 TRY 语句之后，以便获知是否执行失败。

下列情况下错误标志被清除：

- 执行 RETURN 语句。
- 执行 TRY 语句，并且没有发生任何错误。

举例说明：

```
Try Kill FileName
If Error Then Print "Cannot remove file. "; Error.Text
```

② ERROR Expression 语句　ERROR Expression 语句格式为：

```
ERROR Expression [ { ; | ;; | , } Expression ... ] [ { ; | ;; | , }   ]
```

打印 Expression 到标准错误输出，用法和 PRINT 语句相同。

使用 ERROR TO 语句可以重定向标准输出。

（5）DEBUG 语句

DEBUG 语句格式为：

```
DEBUG Expression [ { ; | ;; | , } Expression ... ] [ { ; | ;; | , }   ]
```

打印 Expression 到标准错误输出。

Expression 被 Str$函数转换成字符串。

如果最后一个 Expression 后面既没有逗号，也没有分号，系统会打印行尾（结束）符。行尾符在 Stream.EndOfLine 属性中定义。

如果使用连续两个分号，在两个 Expression 之间会打印一个空格。

如果用逗号取代分号，在两个 Expression 之间会打印一个制表符（ASCII 码 9）。

举例说明：

```
Dim a As Float

a = 45 / 180 * Pi
Debug "at 45 degrees the sine value is ", Format$(a, "0.####")
```

1.6 脚本编写规则

GBS 语言语法源自 Gambas，继承了 BASIC 的简洁易用与操控性，并在此基础上进行了扩展，使其能够在脱离 Gambas 集成开发环境的基础上进行脚本语言的编写，并且无须编译，能够实现一次编写，多操作系统运行。其语法结构类似于 Python 语言，能够有效屏蔽底层硬件的异构性，提高系统的鲁棒性。

1.6.1 GBS 脚本文件头

Gambas 解释器可用于执行脚本文件，使用 gbs3 创建一个临时脚本工程，对其进行编译并运行。可执行程序被缓存，再次运行脚本时能够立即启动。

创建 Gambas 脚本文件，首先要在程序起始位置编写文件头：

```
#!/usr/bin/env gbs3
```

Gambas 脚本解释器通过 gbs3 可以直接执行内部命令：

```
#!/usr/bin/env gbs3
Print "Hello"
```

Gambas 脚本可以像普通 Gambas 工程中的模块一样使用，解释器会自动执行 Main()过程：

```
#!/usr/bin/env gbs3

Public Sub Main()
  DoPrintHello()
End

Private Sub DoPrintHello()
  Print "Hello"
End
```

因此，可以像私有 Gambas 项目中的 Gambas 模块一样，使用私有和公有子函数，常量和变量来组织代码。

1.6.2 将参数传递给脚本

系统内建 ARGS[]数组，可以通过命令行传递的参数：

```
#! /usr/bin/gbs3

Dim arg as String
Dim i as Integer

for each arg in ARGS
  Print "Argument Nr. " & i & " = " & arg
  Inc i
next
ARGS[0]由 Gambas 本身使用，它包含缓存的已编译项目的路径：
```

```
$ ./test.gbs ding dong
Argument Nr. 0 = /tmp/gambas.1000/script-cache/b1826db433d3855de7e021ca9ad34b87/test.gbs
Argument Nr. 1 = ding
Argument Nr. 2 = dong
```

1.6.3 组件

Gambas 组件可与 USE 语句一起使用。

USE 语句仅适用于使用 gbs3 的 Gambas 脚本。

USE 语句格式为：

```
USE "Component" [ , "Component" ... ]
```

Component 为组件字符串，在第一次使用该类时加载。

USE 语句必须写在程序最前面，可声明使用一个或几个组件。

1.6.4 包含其他 GBS 脚本文件

可以通过 INCLUDE 语句包含其他 Gambas 脚本文件。

INCLUDE 语句仅适用于使用 gbs3 的 Gambas 脚本，INCLUDE 必须为大写形式。

INCLUDE 语句格式为：

```
INCLUDE "filename"
```

INCLUDE 语句可包含一个 Gambas 脚本文件：

```
#!/bin/env gbs3
Private myVar as Integer
INCLUDE "DBDef.gbs"

MyIncludedConnectionFunction()
```

要创建可重用的类，必须对其进行定义。

举例说明：

```
'MyClassFile.gbs 文件：类文件定义
'===============MyClassFile.gbs=============
CLASS MyClass
    Static Public Function OpenDB(dbname as string)
      '...
    End
END CLASS
'========================================
'myscript.gbs 文件：包含类文件并调用
'===============myscript.gbs================
INCLUDE "MyClassFile.gbs"
'...
MyClass.OpenDB("mydb")
'========================================
```

第2章 脚本程序设计

GBS 脚本程序设计与通用 Gambas 程序设计方法基本相同，主要为用户提供一种简单、易于操作、命令行式的程序操控方法，甚至可以将在 Gambas 集成开发环境下开发的命令行代码无缝地移植到脚本程序中。由于程序采用边扫描边解释边运行的模式，不需要生成二进制可执行代码，不需要安装和各类操作系统适配，可实现一次开发，各处运行。

本章介绍了 GBS 脚本程序的设计方法，包括文件头、自定义函数、函数参数和返回值、命令行传递参数、类等的使用，以及对话框、消息框、输入框等 GUI 窗体设计等，并给出了大量示例，能够使读者快速掌握脚本程序设计的基本思路和一般方法。

2.1 GBS 集成开发环境-GBS 脚本编辑器

Gambas Scripter 可运行于各种类 Unix 操作系统，使用前必须先安装到用户计算机上，包括 GBS 脚本编辑器、Gambas 集成开发环境、各种组件、各类依赖库等。

2.1.1 Deepin 下 Gambas Scripter 安装

在 Deepin V15.11 的“应用商店”下载的 Gambas 集成开发环境中没有包含 Gambas Scripter 脚本解释器 gbs3，可以从相关网站下载与 Gambas 版本相同的脚本解释器并安装。脚本解释器名称为 gambas3-script_3.9.1-3_all.deb，安装时在终端窗口输入命令：

```
sudo dpkg -i gambas3-script_3.9.1-3_all.deb
```

脚本解释器安装过程如图 2-1 所示。

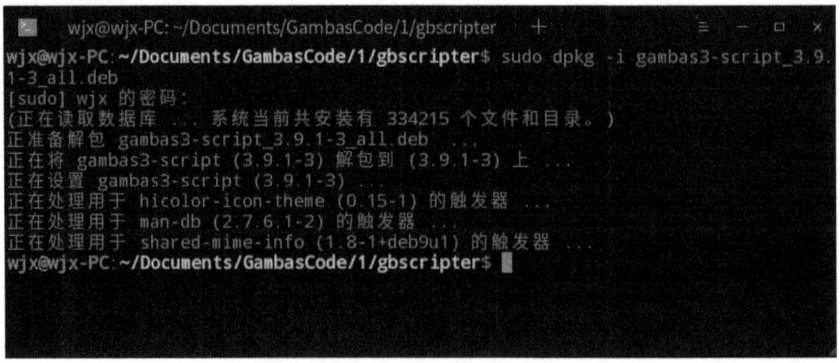

```
wjx@wjx-PC: ~/Documents/GambasCode/1/gbscripter
wjx@wjx-PC:~/Documents/GambasCode/1/gbscripter$ sudo dpkg -i gambas3-script_3.9.1-3_all.deb
[sudo] wjx 的密码:
(正在读取数据库 ... 系统当前共安装有 334215 个文件和目录。)
正准备解包 gambas3-script_3.9.1-3_all.deb ...
正在将 gambas3-script (3.9.1-3) 解包到 (3.9.1-3) 上 ...
正在设置 gambas3-script (3.9.1-3) ...
正在处理用于 hicolor-icon-theme (0.15-1) 的触发器 ...
正在处理用于 man-db (2.7.6.1-2) 的触发器 ...
正在处理用于 shared-mime-info (1.8-1+deb9u1) 的触发器 ...
wjx@wjx-PC:~/Documents/GambasCode/1/gbscripter$
```

图 2-1 脚本解释器安装过程

如果在使用过程中出现运行不稳定或不能使用的情况，可多次重新安装该脚本解释器。

2.1.2 GBS 脚本编辑器

Gambas 集成开发环境并未提供相关的脚本编辑器，通常使用 Vim、Emacs、Ultra Edit、Visual Studio Code 等文本类编辑器，但功能上存在一些欠缺，因此，笔者开发了一款专门用于 Gambas Scripter 的编辑器——GBS 脚本编辑器。GBS 脚本编辑器使用 Gambas 集成开发环境设计开发，在整体风格和使用习惯上保持了与 Gambas 的一致性，如图 2-2 所示。

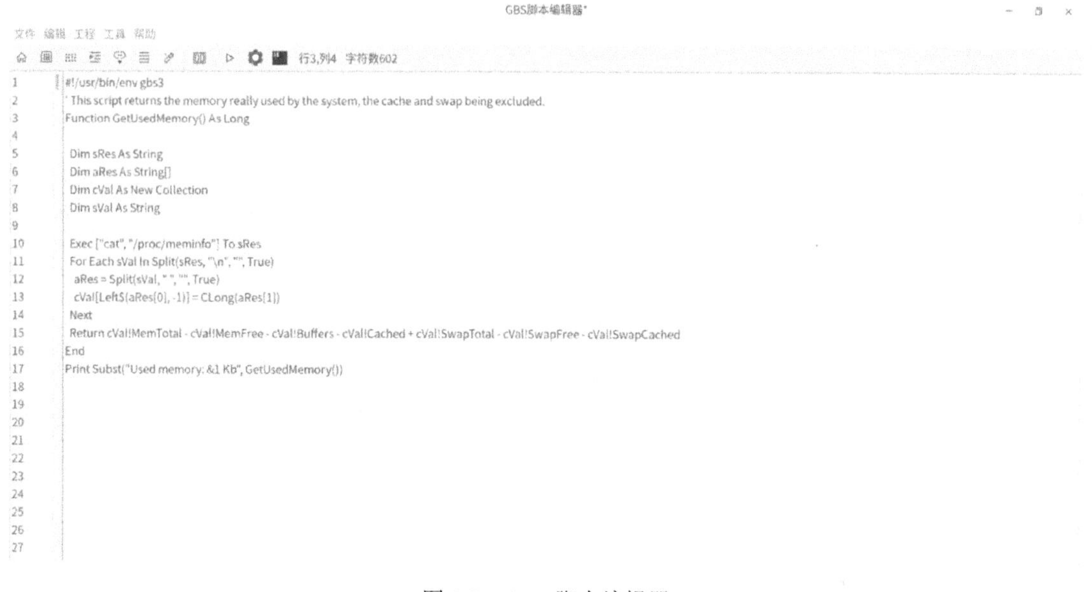

图 2-2 GBS 脚本编辑器

GBS 脚本编辑器由若干窗口组成，包括主窗口、行号窗口、脚本编辑窗口等。

（1）主窗口

GBS 脚本编辑器主窗口与 Gambas 集成开发环境窗口类似，由标题栏、菜单栏、工具栏组成。

① 标题栏 标题栏具有 Deepin 用户界面的一个共同特征，中间是标题，显示“GBS 脚本编辑器”文本，如果当前脚本内容发生变化，则在后面增加一个“*”号，保存后“*”号消失。标题栏的最右端是最小化、最大化和关闭按钮。

② 菜单栏 GBS 脚本编辑器包括 5 个菜单标题，每个菜单标题都有一个下拉菜单，这些下拉菜单包括了脚本开发过程中所需要的各种操作。菜单从左至右依次为：

“文件”菜单用于新建脚本、打开脚本、保存脚本、退出等操作，包括新建、打开、保存脚本、脚本类以及其他相关文本文件等，如图 2-3 所示。

“编辑”菜单用于脚本编写过程中的代码文本操作，包括撤销、重做、剪切、复制、粘贴、全选、清空等操作，如图 2-4 所示。

“工程”菜单用于脚本的运行、脚本可执行属性设置、终端操作等，如图 2-5 所示。其中，“运行”菜单项为打开当前操作系统集成的终端，并运行脚本；“设置文件可执行属性...”菜单项将执行“chmod u+x filename”命令（filename 为用户指定的文件名），将文件设置为可执行属性；“终端”菜单项为打开一个终端命令窗口。

图 2-3 “文件”菜单

GBS脚本编辑器*
文件 编辑 工程 工具 帮助
撤消 Ctrl+Z
重做 Ctrl+Y
剪切 Ctrl+X
复制 Ctrl+C
粘贴 Ctrl+V
全选 Ctrl+A
清空
行5,列22 字符数602

```
bs3
ns the memory really used by the system, the cache and swap being excluded.
dMemory() As Long
ing
ing[]
v Collection
ng

Exec ["cat", "/proc/meminfo"] To sRes
For Each sVal In Split(sRes, "\n", "", True)
  aRes = Split(sVal, " ", "", True)
  cVal[Left$(aRes[0], -1)] = CLong(aRes[1])
Next
Return cVal!MemTotal - cVal!MemFree - cVal!Buffers - cVal!Cached + cVal!SwapTotal - cVal!SwapFree - cVal!SwapCached
End
Print Subst("Used memory: &1 Kb", GetUsedMemory())
```

图 2-4 “编辑”菜单

如在该图 2-5 所示窗口中点击“运行”菜单或按下“F5”键，程序将自动执行，并弹出终端窗口，显示脚本执行结果，如图 2-6 所示。

“工具”菜单用于向脚本中插入相关的代码，主要包括插入脚本文件头、插入脚本 Main 函数、插入脚本函数或过程、插入引用脚本、插入脚本引用组件、插入脚本命令行传递参数、插入类等操作，可以显著降低代码输入的工作量，如图 2-7 所示。

GBS脚本编辑器*

文件 编辑 工程 工具 帮助

运行 F5 | 行5,列22 字符数602

设置文件可执行属性... Ctrl+P

终端 Ctrl+T

```
1
2     ... by the system, the cache and swap being excluded.
3   Function GetUsedMemory() As Long
4
5    Dim sRes As String
6    Dim aRes As String[]
7    Dim cVal As New Collection
8    Dim sVal As String
9
10   Exec ["cat", "/proc/meminfo"] To sRes
11   For Each sVal In Split(sRes, "\n", "", True)
12    aRes = Split(sVal, " ", "", True)
13    cVal[Left$(aRes[0], -1)] = CLong(aRes[1])
14   Next
15   Return cVal!MemTotal - cVal!MemFree - cVal!Buffers - cVal!Cached + cVal!SwapTotal - cVal!SwapFree - cVal!SwapCached
16  End
17  Print Subst("Used memory: &1 Kb", GetUsedMemory())
18
19
20
21
22
23
24
25
26
27
```

图 2-5 “工程”菜单

GBS脚本编辑器*

文件 编辑 工程 工具 帮助

行5,列22 字符数602

```
1   #!/usr/bin/env gbs3
2   ' This script returns the memory really used by the system, the cache and swap being excluded.
3   Function GetUsedMemory() As Long
4
5    Dim sRes As String
6    Dim aRes As String[]
7    Dim cVal As New Collection
8    Dim sVal As String
9
10   Exec ["cat", "/proc/meminfo"] To sRes
11   For Each sVal In Split(sRes, "\n", "", True)
12    aRes = Split(sVal, " ", "", True)
13    cVal[Left$(aRes[0], -1)] = CLong(aRes[1])
14   Next
15   Return cVal!MemTotal - cVal!MemFree - cVal!Buffers - cVal!Cached + cVal!SwapTotal - cVal!SwapFree - cVal!SwapCached
16  End
17  Print Subst("Used memory: &1 Kb", GetUsedMemory())
18
19
20
21
22
23
24
25
26
27
```

```
wjx@wjx-PC:~
wjx@wjx-PC ~$ /home/wjx/tmp.gbs
Used memory: 4852572 Kb
wjx@wjx-PC ~$
```

图 2-6 脚本执行结果

“帮助”菜单用于打开帮助文档、显示版权信息等，如图 2-8 所示。其中，点击“帮助”菜单项可获得在线帮助信息，也可在 GBS 脚本编辑器中直接按下“F1”键，会在系统默认浏览器中打开脚本帮助相关网址“http://gambaswiki.org/wiki/doc/scripting”，如图 2-9 所示；“关于”菜单项为版权信息，当前为遵循 GNU 通用公共许可协议的共享模式，如图 2-10 所示。

图 2-7 “工具”菜单

图 2-8 “帮助”菜单

③ 工具栏　工具栏将菜单项中的大部分常用命令以图标的方式显示出来，为脚本设计提供了更加便捷的方式。工具栏从左至右依次为插入脚本文件头、插入脚本 Main 函数、插入脚本函数或过程、插入引用脚本、插入脚本引用组件、插入脚本命令行传递参数、插入类、双栏功能切换、运行、设置文件可执行属性、终端、显示行列和字符数等，如图 2-11 所示。

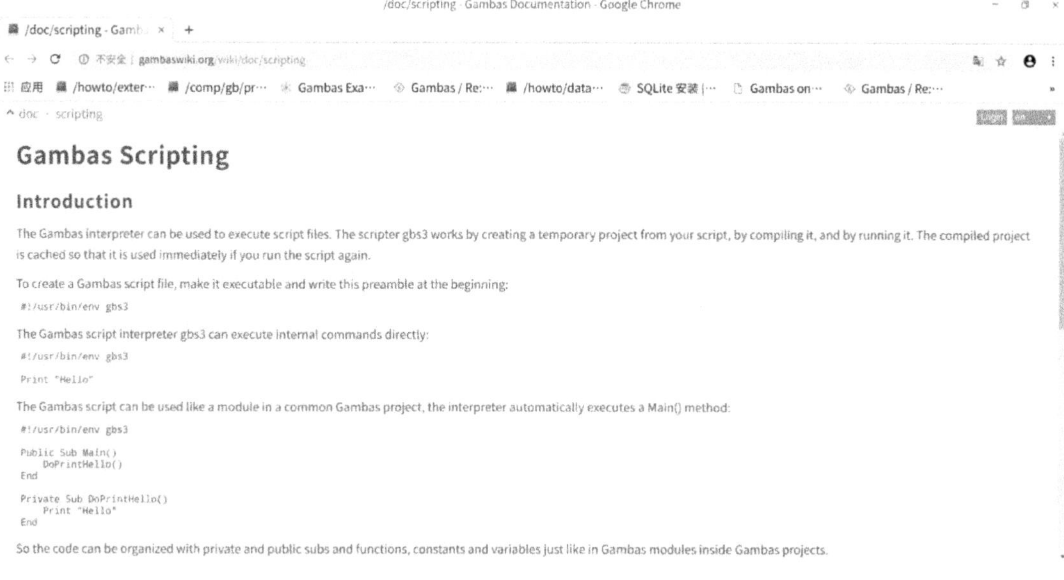

图 2-9　在线帮助

图 2-10　“关于”菜单项

图 2-11　工具栏

（2）行号窗口

行号窗口可以用来显示当前行的行号，当点击工具栏中的“双栏功能切换”按钮时，左侧栏与右侧栏将同等大小，可以通过拖拽中间的分隔栏适当调整两栏的大小，方便代码实时对比。行号窗口的代码不会被保存，修改时应以右侧栏代码为准，如图 2-12 所示；当再次点击“双栏功能切换”按钮时，行号窗口转换为行号显示功能。

图 2-12　行号窗口

（3）脚本编辑窗口

脚本编辑窗口是一个文本编辑器，可在该编辑窗口中编写、修改相关脚本文件，使用了TextArea 控件，内建相关的左键菜单，包括剪切、复制、粘贴、删除、全选、输入法、插入Unicode 控制字符等功能，如图 2-13 所示。

图 2-13　脚本编辑窗口

2.2　GBS 脚本编辑器下脚本程序设计

使用 GBS 脚本编辑器进行 Gambas 脚本程序设计，主要包括：简单脚本程序设计、日期显示脚本程序设计、自定义函数脚本程序设计、水仙花数脚本程序设计、带参数和返回值脚本程序设计、对话框脚本程序设计、屏幕截图脚本程序设计、消息框脚本程序设计、输入框脚本程序设计、GUI 窗体脚本程序设计、命令行传递参数脚本程序设计、类脚本程序设计、OpenSSL 脚本程序设计等。

2.2.1 简单脚本程序设计

编写一个脚本程序，在终端显示“Hello,World!”。

程序设计步骤为：

① 启动 GBS 脚本编辑器，将鼠标光标放到脚本编辑窗口的开头位置，在菜单栏选择“工具”→“插入脚本文件头”或在工具栏选择“插入脚本文件头”按钮，即可在光标位置插入文件头“#!/usr/bin/env gbs3”，指明脚本解释器配置环境与存储位置。

② 将鼠标光标放到脚本编辑窗口的指定位置，在菜单栏选择“工具”→“插入脚本 Main 函数”或在工具栏选择“插入脚本 Main 函数”按钮，即可在光标位置插入 Main 函数（过程），如：

```
Public Sub Main()
  Print "Hello,World!"
End
```

③ 系统默认生成的启动函数为 Main，Gambas Scripter 支持无 Main 函数启动，即可以省略 Main 函数声明而直接编写相关代码，如图 2-14 所示。

图 2-14　GBS 脚本生成

④ 在脚本编辑窗口中编辑代码。

```
#!/usr/bin/env gbs3
Public Sub Main()
  Print "Hello,World!"
End
```

第一行为代码文件头，必须以“#!”开头，其后可增加一个空格；“/usr/bin/”是gbs3在Deepin操作系统中的绝对路径，“env”为系统环境。

第二行为主函数（过程），即Main函数，如果脚本中没有编写该函数，系统在运行时会自动生成一个Main函数。

第三行为输出语句，即在终端上通过Print语句打印输出“Hello,World!”。

第四行为主函数的结束语句。

脚本支持用户自定义函数，可以写在主函数前后。

⑤ 在菜单栏选择“工程”→“运行”或按下“F5”键，运行脚本，输出结果，如图2-15所示。

图2-15 输出结果

在终端窗口中，第一行为脚本文件的默认存储路径，每个文件运行前都会保存到当前主目录下，文件名为“tmp.gbs”，通常都会以gbs作为文件扩展名，当然，也可以采用其他自定义扩展名。当再次修改运行时，tmp.gbs会被新的脚本文件覆盖。

2.2.2 日期显示脚本程序设计

编写一个脚本程序，获取系统当前时间，并在终端显示当前是星期几。

程序设计步骤为：

① 启动GBS脚本编辑器，将鼠标光标放到脚本编辑窗口的开头位置，在菜单栏选择“工具”→“插入脚本文件头”或在工具栏选择“插入脚本文件头”按钮，即可在光标位置插入文件头“#!/usr/bin/env gbs3”，指明脚本解释器配置环境与存储位置。

② 将鼠标光标放到脚本编辑窗口的指定位置，在菜单栏选择“工具”→“插入脚本Main函数”或在工具栏选择“插入脚本Main函数”按钮，即可在光标位置插入Main函数（过程）。

③ 系统默认生成的启动函数为Main，Gambas Scripter支持无Main函数启动，即可以省略Main函数声明而直接编写相关代码。

④ 在脚本编辑窗口中编辑代码。

```
#!/usr/bin/env gbs3
```

```
Public Sub Main()
  Dim d As Integer
  d = Weekday(Date)
  Select Case d
    Case 1
     Print "Monday again!"
    Case 2
      Print "Just Tuesday!"
    Case 3
      Print "Wednesday!"
    Case 4
      Print "Thursday..."
    Case 5
      Print "Finally Friday!"
    Case 6
      Print "Super Saturday!!!!"
    Case else
      Print "Sleepy Sunday"
  End Select
End
```

程序中，d = Weekday(Date)语句获得当前是星期几，使用 Select Case 分支结构输出到终端。

⑤ 在菜单栏选择“工程”→“运行”或按下“F5”键，运行脚本，输出结果，如图 2-16 所示。

图 2-16　输出结果

2.2.3　自定义函数脚本程序设计

编写一个脚本程序，通过主函数调用其他函数的形式，在终端显示“Hello,World!”。

程序设计步骤为：

① 启动 GBS 脚本编辑器，将鼠标光标放到脚本编辑窗口的开头位置，在菜单栏选择“工具”→“插入脚本文件头”或在工具栏选择“插入脚本文件头”按钮，即可在光标位置插入文件头“#!/usr/bin/env gbs3”，指明脚本解释器配置环境与存储位置。

② 将鼠标光标放到脚本编辑窗口的指定位置，在菜单栏选择“工具”→“插入脚本Main函数”或在工具栏选择“插入脚本Main函数”按钮，即可在光标位置插入Main函数（过程）。

③ 将鼠标光标放到脚本编辑窗口的指定位置，在菜单栏选择“工具”→“插入脚本函数或过程”或在工具栏选择“插入脚本函数或过程”按钮，即可在光标位置插入函数或过程，默认名称为“func”，可根据需要修改该名称，如图2-17所示。

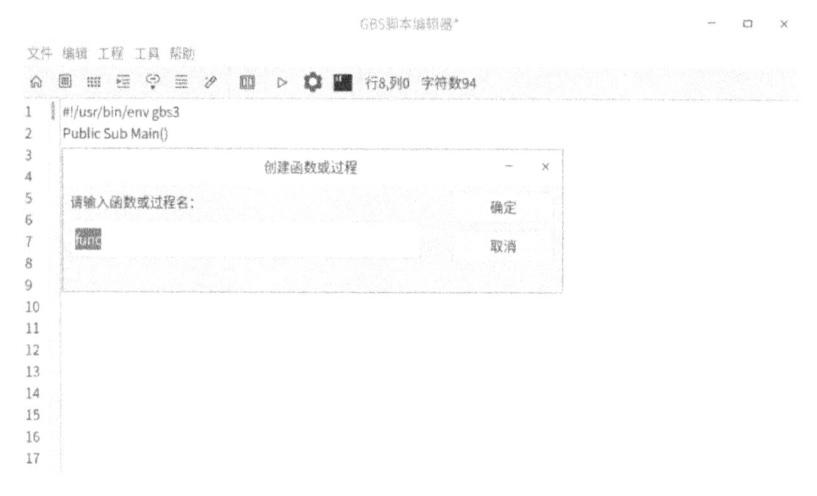

图2-17 插入函数或过程

④ 系统默认生成的启动函数为Main，Gambas Scripter支持无Main函数启动，即可以省略Main函数声明而直接编写相关代码。

⑤ 在脚本编辑窗口中编辑代码。

```
#!/usr/bin/env gbs3
Public Sub Main()
  func
End
Public Sub func()
  Print "Hello,World!"
End
```

第一行为代码文件头，必须以“#!”开头，其后可增加一个空格。

第二行为主函数（过程），即Main函数，如果脚本中没有编写该函数，系统在运行时会自动生成一个Main函数。

第三行为调用func过程语句，func过程写在Main函数之后。

第四行为主函数的结束语句。

第五行为func过程，即Sub过程，也可声明为Function函数，以及添加相关参数和函数（过程）的返回值。

第六行为输出语句，即在终端上打印输出“Hello,World!”。

第七行为自定义过程的结束语句。

⑥ 在菜单栏选择“工程”→“运行”或按下“F5”键，运行脚本，输出结果，如图2-18所示。

图 2-18　输出结果

2.2.4　水仙花数脚本程序设计

编写一个脚本程序，计算并找出 100～1000 之间的水仙花数，通过主函数调用其他函数的形式，在终端显示计算结果。

水仙花数也被称为超完全数字不变数、自幂数、阿姆斯壮数、阿姆斯特朗数，是指一个 3 位数，它的每个位上的数字的 3 次幂之和等于它本身（如：$1^3 + 5^3 + 3^3 = 153$）。

程序设计步骤为：

① 启动 GBS 脚本编辑器，将鼠标光标放到脚本编辑窗口的开头位置，在菜单栏选择“工具”→“插入脚本文件头”或在工具栏选择“插入脚本文件头”按钮，即可在光标位置插入文件头“#!/usr/bin/env gbs3”，指明脚本解释器配置环境与存储位置。

② 将鼠标光标放到脚本编辑窗口的指定位置，在菜单栏选择“工具”→“插入脚本 Main 函数”或在工具栏选择“插入脚本 Main 函数”按钮，即可在光标位置插入 Main 函数（过程）。

③ 将鼠标光标放到脚本编辑窗口的指定位置，在菜单栏选择“工具”→“插入脚本函数或过程”或在工具栏选择“插入脚本函数或过程”按钮，即可在光标位置插入函数或过程，默认名称为“func”，可根据需要修改该名称。

④ 系统默认生成的启动函数为 Main，Gambas Scripter 支持无 Main 函数启动，即可以省略 Main 函数声明而直接编写相关代码。

⑤ 在脚本编辑窗口中编辑代码。

```
#!/usr/bin/env gbs3
Public Sub Main()
  func
End
Public Sub func()
  Dim i As Integer
  Dim ge As Integer
  Dim shi As Integer
  Dim bai As Integer

  '求水仙花数
  For i = 100 To 999
    bai = i \ 100
    shi = (i \ 10) Mod 10
```

```
        ge = i Mod 10
        If (bai * bai * bai + shi * shi * shi + ge * ge * ge) = i Then
            Print i
        Endif
    Next
End
```

⑥ 在菜单栏选择“工程”→“运行”或按下“F5”键，运行脚本，输出结果，如图 2-19 所示。

图 2-19　输出结果

2.2.5　带参数和返回值脚本程序设计

编写一个脚本程序，计算两个整数之和，通过主函数调用其他函数的形式，在终端显示计算结果。

程序设计步骤为：

① 启动 GBS 脚本编辑器，将鼠标光标放到脚本编辑窗口的开头位置，在菜单栏选择“工具”→“插入脚本文件头”或在工具栏选择“插入脚本文件头”按钮，即可在光标位置插入文件头“#!/usr/bin/env gbs3”，指明脚本解释器配置环境与存储位置。

② 将鼠标光标放到脚本编辑窗口的指定位置，在菜单栏选择“工具”→“插入脚本 Main 函数”或在工具栏选择“插入脚本 Main 函数”按钮，即可在光标位置插入 Main 函数（过程）。

③ 将鼠标光标放到脚本编辑窗口的指定位置，在菜单栏选择“工具”→“插入脚本函数或过程”或在工具栏选择“插入脚本函数或过程”按钮，即可在光标位置插入函数或过程，默认名称为“func”，可根据需要修改该名称。

④ 系统默认生成的启动函数为 Main，Gambas Scripter 支持无 Main 函数启动，即可以省略 Main 函数声明而直接编写相关代码。

⑤ 在脚本编辑窗口中编辑代码。

```
#!/usr/bin/env gbs3
Public Sub Main()
    Dim res As Integer
    res = func(2,3)
    Print "func(2,3)=" & res
End
Public Sub func(a As Integer, b As Integer) As Integer
    Return a+b
```

```
End
```

程序中，Public Sub func(a As Integer, b As Integer) As Integer 语句定义 func 函数的两个参数和返回值，可以使用 Sub 或 Function 关键字，作用相同；Return a+b 语句计算两个参数之和并返回。

⑥ 在菜单栏选择“工程”→“运行”或按下“F5”键，运行脚本，输出结果，如图 2-20 所示。

图 2-20　输出结果

2.2.6　对话框脚本程序设计

编写一个脚本程序，弹出文件选择对话框，在选中一个文件后，通过主函数调用其他函数的形式，在终端显示文件的存储路径。

程序设计步骤为：

① 启动 GBS 脚本编辑器，将鼠标光标放到脚本编辑窗口的开头位置，在菜单栏选择“工具”→“插入脚本文件头”或在工具栏选择“插入脚本文件头”按钮，即可在光标位置插入文件头“#!/usr/bin/env gbs3”，指明脚本解释器配置环境与存储位置。

② 将鼠标光标放到脚本编辑窗口的指定位置，在菜单栏选择“工具”→“插入脚本引用组件”或在工具栏选择“插入脚本引用组件”按钮，即可在光标位置插入引用组件，如图 2-21 所示。

图 2-21　插入脚本引用组件

③ 将鼠标光标放到脚本编辑窗口的指定位置，在菜单栏选择“工具”→“插入脚本 Main 函数”或在工具栏选择“插入脚本 Main 函数”按钮，即可在光标位置插入 Main 函数（过程）。

④ 将鼠标光标放到脚本编辑窗口的指定位置，在菜单栏选择“工具”→“插入脚本函数或过程”或在工具栏选择“插入脚本函数或过程”按钮，即可在光标位置插入函数或过程，默认名称为“func”，可根据需要修改该名称。

⑤ 系统默认生成的启动函数为 Main，Gambas Scripter 支持无 Main 函数启动，即可以省略 Main 函数声明而直接编写相关代码。

⑥ 在脚本编辑窗口中编辑代码。

```
#!/usr/bin/env gbs3
Use "gb.qt5"


Public Sub Main()
  Print func()
  Catch
    Return
End
Public Sub func() As String
  Dialog.Title = "打开"
  Dialog.Path = "."
  Dialog.Filter = ["*.gbs;*.txt", "Gambas Scripter"]
  If Dialog.OpenFile(False) Then Return
  Return Dialog.Path
End
```

程序中，Dialog 类存储于 gb.qt5 组件中，在使用之前，通过 Use 语句引用方式来通知解释器该组件可以使用。

⑦ 在菜单栏选择“工程”→“运行”或按下“F5”键，运行脚本，输出结果，如图 2-22 所示。

图 2-22　输出结果

脚本运行时，会弹出一个“打开”对话框，选择一个文件，则在终端中会打印输出被选文件的存储路径。

2.2.7　屏幕截图脚本程序设计

编写一个脚本程序，可进行屏幕截图，通过主函数调用其他函数的形式，保存图片并显示。

程序设计步骤为：

① 启动 GBS 脚本编辑器，将鼠标光标放到脚本编辑窗口的开头位置，在菜单栏选择“工具”→“插入脚本文件头”或在工具栏选择“插入脚本文件头”按钮，即可在光标位置插入文件头“#!/usr/bin/env gbs3”，指明脚本解释器配置环境与存储位置。

② 将鼠标光标放到脚本编辑窗口的指定位置，在菜单栏选择“工具”→“插入脚本引用组件”或在工具栏选择“插入脚本引用组件”按钮，即可在光标位置插入引用组件。

③ 将鼠标光标放到脚本编辑窗口的指定位置，在菜单栏选择“工具”→“插入脚本 Main 函数”或在工具栏选择“插入脚本 Main 函数”按钮，即可在光标位置插入 Main 函数(过程)。

④ 将鼠标光标放到脚本编辑窗口的指定位置，在菜单栏选择“工具”→“插入脚本函数或过程”或在工具栏选择“插入脚本函数或过程”按钮，即可在光标位置插入函数或过程，默认名称为“func”，可根据需要修改该名称。

⑤ 系统默认生成的启动函数为 Main，Gambas Scripter 支持无 Main 函数启动，即可以省略 Main 函数声明而直接编写相关代码。

⑥ 在脚本编辑窗口中编辑代码。

```
#!/usr/bin/env gbs3
Use "gb.desktop"

Public Sub Main()
  func
End
Public Sub func()
  Dim pic As Picture


  pic = Desktop.Screenshot(0, 0, Desktop.Width, Desktop.Height)
  pic.Image.Save(Application.Path &/ "temp.jpeg")
  Desktop.Open(Application.Path &/ "temp.jpeg")
```

```
End
```

程序中，Desktop 类存储于 gb.desktop 组件中，在使用之前，通过 Use 语句引用方式来通知解释器该组件可以使用；pic = Desktop.Screenshot(0, 0, Desktop.Width, Desktop.Height)语句设置截屏的坐标和大小，可根据实际需要调整；pic.Image.Save(Application.Path &/ "temp.jpeg")语句用来保存图片到当前应用程序的临时文件夹；Desktop.Open(Application.Path &/ "temp.jpeg")语句用当前系统默认的应用程序打开该图片。

⑦ 在菜单栏选择“工程”→“运行”或按下“F5”键，运行脚本，输出结果，如图 2-23 所示。

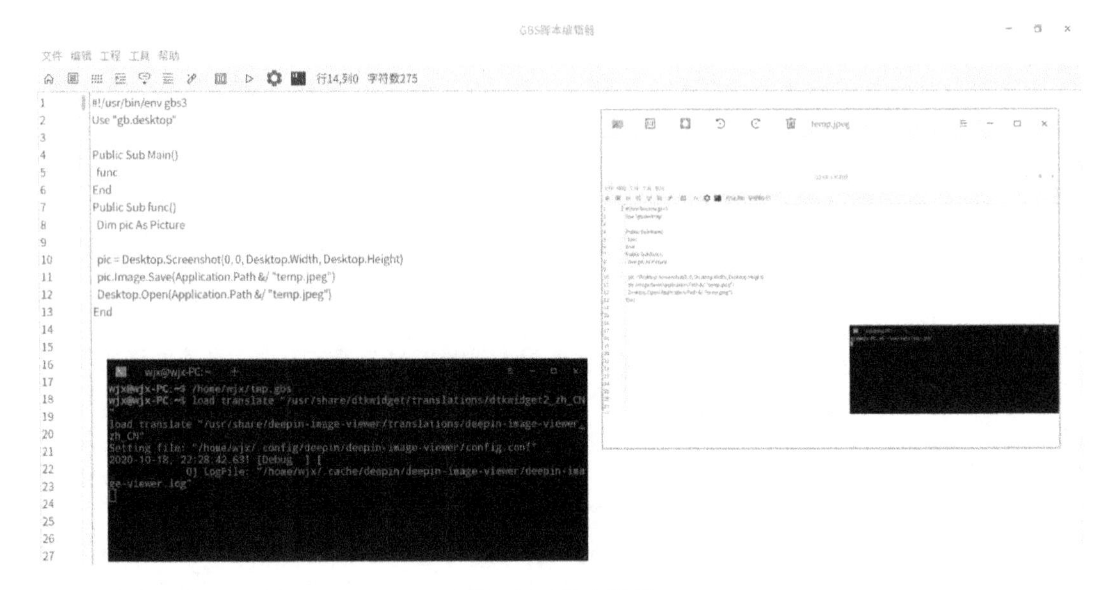

图 2-23 输出结果

2.2.8 消息框脚本程序设计

编写一个脚本程序，可进行屏幕截图，通过主函数调用其他函数的形式，保存图片并在弹出的消息框中显示图片存储路径。

程序设计步骤为：

① 启动 GBS 脚本编辑器，将鼠标光标放到脚本编辑窗口的开头位置，在菜单栏选择“工具”→“插入脚本文件头”或在工具栏选择“插入脚本文件头”按钮，即可在光标位置插入文件头“#!/usr/bin/env gbs3”，指明脚本解释器配置环境与存储位置。

② 将鼠标光标放到脚本编辑窗口的指定位置，在菜单栏选择“工具”→“插入脚本引用组件”或在工具栏选择“插入脚本引用组件”按钮，即可在光标位置插入引用组件。

③ 将鼠标光标放到脚本编辑窗口的指定位置，在菜单栏选择“工具”→“插入脚本 Main 函数”或在工具栏选择“插入脚本 Main 函数”按钮，即可在光标位置插入 Main 函数（过程）。

④ 将鼠标光标放到脚本编辑窗口的指定位置，在菜单栏选择“工具”→“插入脚本函数或过程”或在工具栏选择“插入脚本函数或过程”按钮，即可在光标位置插入函数或过程，默认名称为“func”，可根据需要修改该名称。

⑤ 系统默认生成的启动函数为 Main，Gambas Scripter 支持无 Main 函数启动，即可以省略 Main 函数声明而直接编写相关代码。

⑥ 在脚本编辑窗口中编辑代码。

```
#!/usr/bin/env gbs3
Use "gb.desktop"
Use "gb.qt5"

Public Sub Main()
  func
End
Public Sub func()
  Dim pic As Picture
  Dim res As Integer

  pic = Desktop.Screenshot(0, 0, Desktop.Width, Desktop.Height)
  pic.Image.Save(Application.Path &/ "temp.jpeg")
  Desktop.Open(Application.Path &/ "temp.jpeg")
  Message.Title = "文件存储路径"
  Message("文件存储路径：" & application.path, "确定")
  Catch
    Return
End
```

程序中，Desktop类存储于gb.desktop组件中，Message类存储于gb.qt5组件中，在使用之前，通过Use语句引用方式来通知解释器该组件可以使用。

⑦ 在菜单栏选择“工程”→“运行”或按下“F5”键，运行脚本，输出结果，如图2-24所示。

图2-24 输出结果

2.2.9 输入框脚本程序设计

编写一个脚本程序，可完成表达式计算，通过主函数调用其他函数的形式，在输入框中输入相关表达式，在终端显示计算结果。

程序设计步骤为：

① 启动GBS脚本编辑器，将鼠标光标放到脚本编辑窗口的开头位置，在菜单栏选择“工具”→“插入脚本文件头”或在工具栏选择“插入脚本文件头”按钮，即可在光标位置插入文件头“#!/usr/bin/env gbs3”，指明脚本解释器配置环境与存储位置。

② 将鼠标光标放到脚本编辑窗口的指定位置，在菜单栏选择“工具”→“插入脚本引用组件”或在工具栏选择“插入脚本引用组件”按钮，即可在光标位置插入引用组件。

③ 将鼠标光标放到脚本编辑窗口的指定位置，在菜单栏选择“工具”→“插入脚本Main函数”或在工具栏选择“插入脚本Main函数”按钮，即可在光标位置插入Main函数（过程）。

④ 将鼠标光标放到脚本编辑窗口的指定位置，在菜单栏选择“工具”→“插入脚本函数或过程”或在工具栏选择“插入脚本函数或过程”按钮，即可在光标位置插入函数或过程，默认名称为“func”，可根据需要修改该名称。

⑤ 系统默认生成的启动函数为Main，Gambas Scripter支持无Main函数启动，即可以省略Main函数声明而直接编写相关代码。

⑥ 在脚本编辑窗口中编辑代码。

```
#!/usr/bin/env gbs3
Use "gb.eval"
Use "gb.form"

Public Sub Main()
  Dim s As String
  Dim e As Expression

  s = InputBox("请输入表达式，例如：3*4", "函数计算器")
  e = New Expression
  e.Text = s
  Print s & "=" & e.Value
End
```

程序中，Expression类存储于gb.eval组件中，InputBox类存储于gb.form组件中，在使用之前，通过Use语句引用方式来通知解释器该组件可以使用。

⑦ 在菜单栏选择“工程”→“运行”或按下“F5”键，运行脚本，输出结果，如图2-25所示。

2.2.10 GUI窗体脚本程序设计

编写一个脚本程序，创建一个GUI窗体，并在窗体上添加命令按钮，点击时弹出信息消息框。

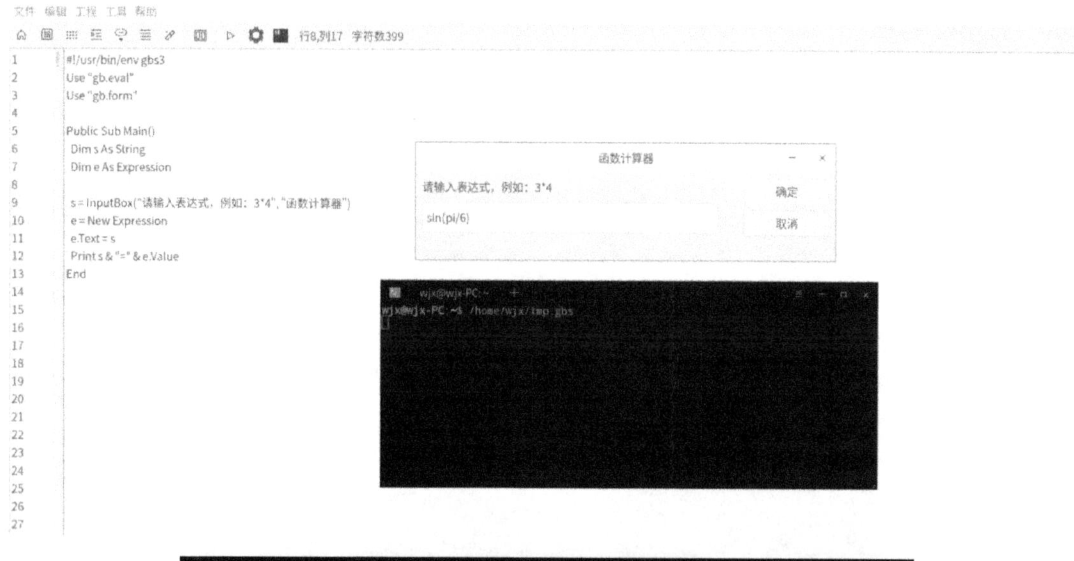

图 2-25　输出结果

程序设计步骤为：

① 启动 GBS 脚本编辑器，将鼠标光标放到脚本编辑窗口的开头位置，在菜单栏选择“工具”→“插入脚本文件头”或在工具栏选择“插入脚本文件头”按钮，即可在光标位置插入文件头“#!/usr/bin/env gbs3”，指明脚本解释器配置环境与存储位置。

② 将鼠标光标放到脚本编辑窗口的指定位置，在菜单栏选择“工具”→“插入脚本引用组件”或在工具栏选择“插入脚本引用组件”按钮，即可在光标位置插入引用组件。

③ 将鼠标光标放到脚本编辑窗口的指定位置，在菜单栏选择“工具”→“插入脚本 Main 函数”或在工具栏选择“插入脚本 Main 函数”按钮，即可在光标位置插入 Main 函数（过程）。

④ 将鼠标光标放到脚本编辑窗口的指定位置，在菜单栏选择“工具”→“插入脚本函数或过程”或在工具栏选择“插入脚本函数或过程”按钮，即可在光标位置插入函数或过程，默认名称为“func”，可根据需要修改该名称。

⑤ 系统默认生成的启动函数为 Main，Gambas Scripter 支持无 Main 函数启动，即可以省略 Main 函数声明而直接编写相关代码。

⑥ 在脚本编辑窗口中编辑代码。

```
#!/usr/bin/env gbs3
Use "gb.qt5"
Use "gb.form"
Use "gb.image"
```

```
Public Sub Main()
  Dim fm As Form
  Dim btn As Button

  fm = New Form
  fm.Left = 100
  fm.Top = 100
  fm.Width = 800
  fm.Height = 400
  fm.Text = "GUI 窗体"
  btn = New Button(fm) As "btn"
  btn.Left =400
  btn.top = 200
  btn.Width = 80
  btn.Height = 40
  btn.Text = "确定"
  fm.Show
  Catch
    Return
End
Public Sub btn_Click()
  Message("鼠标点击事件", "关闭")
End
```

程序中，btn = New Button(fm) As "btn"语句创建一个名称为“btn”的命令按钮，点击进去会响应 Public Sub btn_Click 事件过程。

⑦ 在菜单栏选择“工程”→“运行”或按下“F5”键，运行脚本，输出结果，如图 2-26 所示。

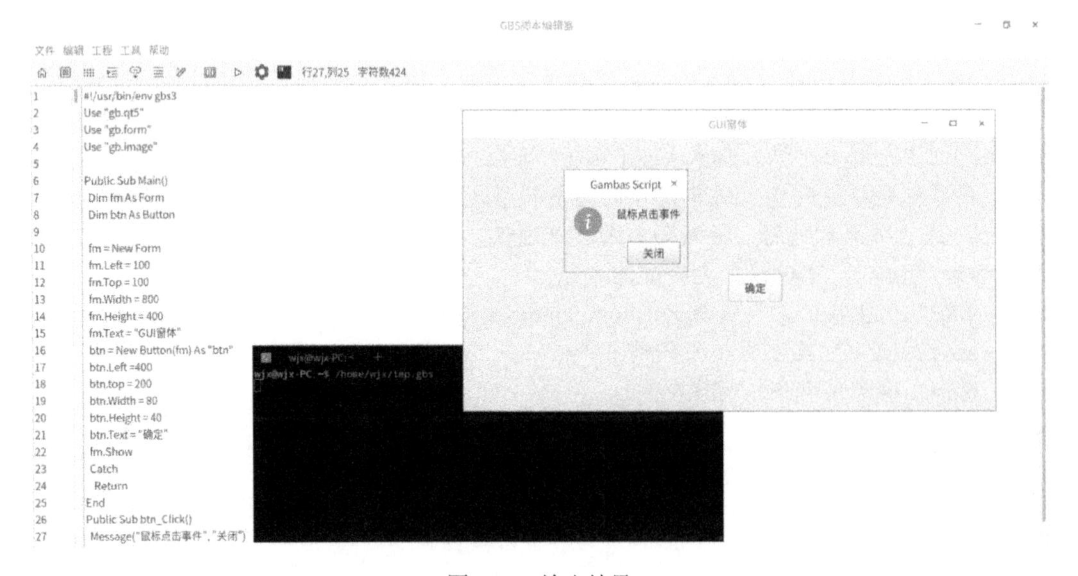

图 2-26　输出结果

2.2.11 命令行传递参数脚本程序设计

编写一个脚本程序，创建一个GUI窗体，并在窗体上添加命令按钮，点击时弹出信息消息框。

程序设计步骤为：

① 启动GBS脚本编辑器，将鼠标光标放到脚本编辑窗口的开头位置，在菜单栏选择“工具”→“插入脚本文件头”或在工具栏选择“插入脚本文件头”按钮，即可在光标位置插入文件头“#!/usr/bin/env gbs3”，指明脚本解释器配置环境与存储位置。

② 将鼠标光标放到脚本编辑窗口的指定位置，在菜单栏选择“工具”→“插入脚本Main函数”或在工具栏选择“插入脚本Main函数”按钮，即可在光标位置插入Main函数（过程）。

③ 将鼠标光标放到脚本编辑窗口的指定位置，在菜单栏选择“工具”→“插入脚本命令行传递参数”或在工具栏选择“插入脚本命令行传递参数”按钮，即可在光标位置插入相关程序，可根据需要进行修改。

④ 将鼠标光标放到脚本编辑窗口的指定位置，在菜单栏选择“工具”→“插入脚本函数或过程”或在工具栏选择“插入脚本函数或过程”按钮，即可在光标位置插入函数或过程，默认名称为“func”，可根据需要修改该名称。

⑤ 系统默认生成的启动函数为Main，Gambas Scripter支持无Main函数启动，即可以省略Main函数声明而直接编写相关代码。

⑥ 在脚本编辑窗口中编辑代码。

```
#!/usr/bin/env gbs3
Public Sub Main()
  func
End
Public Sub func()
  Dim arg As String
  Dim i As Integer

  Print "胖瘦程度", "BMI 中国标准"
  Print "偏瘦    ","BMI < 18.5"
  Print "正常    ", "18.5 <= BMI < 24"
  Print "偏胖    ", "24 <= BMI < 28"
  Print "肥胖    ", "28 <= BMI < 40"
  Print "极重度肥胖", "BMI >= 40"
  Print "体质指数(BMI) = 体重 / (身高 * 身高)"
  If ARGS[1] > ARGS[2] Then
    Print "体重(kg): " & ARGS[1]  & "                    " & "身高(m): " & ARGS[2]
    Print "BMI 体质指数为: " &  Str(Val(ARGS[1]) / (Val(ARGS[2])  * Val(ARGS[2])))
  Else
    Print "体重(kg): " & ARGS[2] & "身高(m): " & ARGS[1]
    Print "BMI 体质指数为: " &  Str(Val(ARGS[2]) / (Val(ARGS[1])  * Val(ARGS[1])))
  Endif
  Catch
```

```
    Return
End
```

程序中，在工具栏选择“插入脚本命令行传递参数”按钮时，会插入以下代码:

```
Dim arg as String
Dim i as Integer

For Each arg In ARGS
  Print "ARGS No." & i & arg
  Inc i
Next
```

其中，ARGS 为通过命令行传递的参数，ARGS[0]被系统占用，从 ARGS[1]开始，依次为用户输入的参数。以上代码为枚举系统和用户输入的所有参数。

⑦ 在菜单栏选择“工程”→“运行”或按下“F5”键，运行脚本，输出结果，如图 2-27 所示。

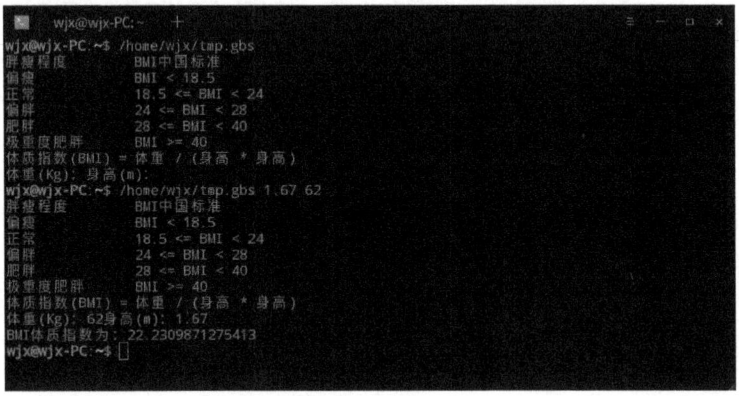

```
wjx@wjx-PC:~$ /home/wjx/tmp.gbs
胖瘦程度          BMI中国标准
偏瘦              BMI < 18.5
正常              18.5 <= BMI < 24
偏胖              24 <= BMI < 28
肥胖              28 <= BMI < 40
极重度肥胖        BMI >= 40
体质指数(BMI) = 体重 / (身高 * 身高)
体重(Kg): 身高(m):
wjx@wjx-PC:~$ /home/wjx/tmp.gbs 1.67 62
胖瘦程度          BMI中国标准
偏瘦              BMI < 18.5
正常              18.5 <= BMI < 24
偏胖              24 <= BMI < 28
肥胖              28 <= BMI < 40
极重度肥胖        BMI >= 40
体质指数(BMI) = 体重 / (身高 * 身高)
体重(Kg): 62身高(m): 1.67
BMI体质指数为: 22.2309871275413
wjx@wjx-PC:~$
```

图 2-27　输出结果

当第一次运行时，由于用户没有输入参数，系统也未输入 BMI 体质指数，当第二次用户输入“/home/wjx/tmp.gbs 1.67 62”并回车后，系统会根据用户输入的参数“1.67”和“62”自动判断身高和体重，计算 BMI 体质指数输出。

2.2.12　类脚本程序设计

编写一个脚本程序，创建一个可计算丑数的类，通过主函数调用类的形式，计算 1～100 之间的丑数，在终端显示计算结果。

丑数（Ugly Number）是只包含质因子 2、3 和 5 的数，如 6、8 是丑数，7、14 不是，因为它们包含质因子 7。习惯上我们把 1 当作是第一个丑数。

程序设计步骤为:

① 启动 GBS 脚本编辑器，将鼠标光标放到脚本编辑窗口的开头位置，在菜单栏选择“工具”→“插入脚本文件头”或在工具栏选择“插入脚本文件头”按钮，即可在光标位置插入文件头“#!/usr/bin/env gbs3”，指明脚本解释器配置环境与存储位置。

② 将鼠标光标放到脚本编辑窗口的指定位置，在菜单栏选择“工具”→“插入引用脚本”或在工具栏选择“插入引用脚本”按钮，即可在光标位置插入引用脚本。

③ 将鼠标光标放到脚本编辑窗口的指定位置，在菜单栏选择“工具”→“插入脚本 Main 函数”或在工具栏选择“插入脚本 Main 函数”按钮，即可在光标位置插入 Main 函数（过程）。

④ 系统默认生成的启动函数为 Main，Gambas Scripter 支持无 Main 函数启动，即可以省略 Main 函数声明而直接编写相关代码。

⑤ 在脚本编辑窗口中编辑主函数代码并保存。

```
#!/usr/bin/env gbs3
INCLUDE "/home/wjx/Documents/GambasCode/1/UglyNumberFile.gbs"
Public Sub Main()
  Dim i As Integer

  For i = 1 To 100
    If UglyNumber.CalcUgly( i ) Then
      Print i;;
    Endif
  Next
End
```

程序中，UglyNumberFile.gbs 文件中存储了 UglyNumber 类，通过 INCLUDE 语句引用方式来通知解释器该类的存储路径。此外，INCLUDE 必须大写。

⑥ 创建一个类，在菜单栏选择“文件”→“新建”，清空脚本编辑窗口，在菜单栏选择“工具”→“插入类”或在工具栏选择“插入类”按钮，即可在光标位置插入类，如图 2-28 所示。

图 2-28　插入类

⑦ 在脚本编辑窗口中编辑类代码并保存。

```
Class UglyNumber
  Static Public Function CalcUgly(n As Integer) As Boolean
    While (n Mod 2 = 0)
      n \= 2
```

```
        Wend
        While (n Mod 3 = 0)
          n \= 3
        Wend
        While (n Mod 5 = 0)
          n \= 5
        Wend
        If n = 1 Then
          Return True
        Else
          Return False
        Endif
      End
    End Class
```

程序中，类必须以“Class 类名”开始，类名应符合函数命名规则，以“End Class”结束，Static Public Function CalcUgly(n As Integer) As Boolean 语句为 UglyNumber 类的一个成员函数，可根据需要增加其他函数或属性等。

⑧ 再次打开主函数所在的文件，在菜单栏选择“工程”→“运行”或按下“F5”键，运行脚本，输出结果，如图 2-29 所示。

```
wjx@wjx-PC:~$ /home/wjx/tmp.gbs
1 2 3 4 5 6 8 9 10 12 15 16 18 20 24 25 27 30 32 36 40 45 48 50 54 60 64 72 75 8
0 81 90 96 100 wjx@wjx-PC:~$
```

图 2-29　输出结果

2.2.13　OpenSSL 脚本程序设计

OpenSSL 是一个强大的安全套接字层密码库，包括主要的密码算法、密钥和证书封装管理及 SSL 协议，并提供丰富的应用程序。OpenSSL 是互联网应用最广泛的安全传输解决方案，被网银、在线支付、电商网站、门户网站、电子邮件等系统广泛使用。在类 Linux 操作系统下，OpenSSL 有两种运行模式可供选择，即交互模式和批处理模式。直接输入 OpenSSL 并回车进入交互模式，输入带命令选项的 OpenSSL 进入批处理模式。

- 对称加密算法。

OpenSSL 提供 8 种对称加密算法，其中 7 种是分组加密算法，仅有的 1 种流加密算法是 RC4。这 7 种分组加密算法分别是 AES、DES、Blowfish、CAST、IDEA、RC2、RC5，都支持电子密码本模式（ECB）、加密分组链接模式（CBC）、加密反馈模式（CFB）和输出反馈模式（OFB）四种常用的分组密码加密模式。其中，AES 使用的加密反馈模式（CFB）和输出反馈模式（OFB）分组长度是 128 位，其他算法使用的则是 64 位。DES 算法不仅包含常用的 DES 算法，还支持三个密钥和两个密钥的 3DES 算法。

- 非对称加密算法。

OpenSSL 提供 4 种非对称加密算法，包括 DH、RSA、DSA 和椭圆曲线算法。DH 算法一般用于密钥交换；RSA 算法可用于密钥交换、数字签名和数据加密；DSA 算法则一般用于数字签名。

- 摘要算法。

OpenSSL 提供 5 种摘要算法，包括 MD2、MD5、MDC2、SHA（SHA1）和 RIPEMD。SHA 算法包括 SHA 和 SHA1 两种摘要算法。此外，OpenSSL 还实现了 DSS 标准中规定的两种摘要算法 DSS 和 DSS1。

- 密钥和证书管理。

密钥和证书管理是 PKI 的一个重要组成部分，OpenSSL 为之提供了丰富的功能，支持多种标准。OpenSSL 实现了 ASN.1 的证书和密钥相关标准，提供了对证书、公钥、私钥、证书请求以及 CRL 等数据对象的 DER、PEM 和 BASE64 的编解码功能。OpenSSL 提供了产生各种公开密钥对和对称密钥的方法、函数和应用程序，同时提供了对公钥和私钥的 DER 编解码功能，实现了私钥的 PKCS#12 和 PKCS#8 的编解码功能。OpenSSL 提供了对私钥的加密保护功能，使得密钥可以安全地进行存储和分发。在此基础上，OpenSSL 实现了对证书的 X.509 标准编解码、PKCS#12 格式的编解码以及 PKCS#7 的编解码功能。OpenSSL 提供了一种文本数据库，支持证书的管理功能，包括证书密钥产生、请求产生、证书签发、吊销和验证等。

编写一个脚本程序，创建一个 GUI 窗体，并放置多个按钮和文本框，可实现生成私钥、提取公钥、公钥加密、私钥解密、显示明文、显示私钥、显示公钥、显示密文、解密密文、私钥签名、公钥验签等功能，并在文本框中显示结果。

程序设计步骤为：

① 启动 GBS 脚本编辑器，将鼠标光标放到脚本编辑窗口的开头位置，在菜单栏选择“工具”→“插入脚本文件头”或在工具栏选择“插入脚本文件头”按钮，即可在光标位置插入文件头“#!/usr/bin/env gbs3”，指明脚本解释器配置环境与存储位置。

② 将鼠标光标放到脚本编辑窗口的指定位置，在菜单栏选择“工具”→“插入脚本引用组件”或在工具栏选择“插入脚本引用组件”按钮，即可在光标位置插入引用组件。

③ 将鼠标光标放到脚本编辑窗口的指定位置，在菜单栏选择“工具”→“插入脚本 Main 函数”或在工具栏选择“插入脚本 Main 函数”按钮，即可在光标位置插入 Main 函数（过程）。

④ 将鼠标光标放到脚本编辑窗口的指定位置，在菜单栏选择“工具”→“插入脚本函数或过程”或在工具栏选择“插入脚本函数或过程”按钮，即可在光标位置插入函数或过程，默认名称为“func”，可根据需要修改该名称。

⑤ 系统默认生成的启动函数为 Main，Gambas Scripter 支持无 Main 函数启动，即可以省略 Main 函数声明而直接编写相关代码。

⑥ 在脚本编辑窗口中编辑代码。

```
#!/usr/bin/env gbs3
Use "gb.qt5"
Use "gb.image"
Use "gb.form"
'声明 GUI 变量
Public fm As Form
Public btn As New Button[]
Public ta As New TextArea[]
'主函数
Public Sub Main()
  gui
End
```

```
'绘制窗体及控件
Public Sub gui()
  Dim i As Integer
  '声明字符串数组
  Dim s As Array = ["生成私钥", "提取公钥", "公钥加密", "私钥解密", "显示明文", "显示私钥", "显示公钥", "显示密文", "解密密文", "私钥签名", "公钥验签"]
  '创建窗体
  fm = New Form
  fm.Width = 500
  fm.Height = 300
  '窗体居中
  fm.Center
  '固定窗体大小
  fm.Resizable = False
  '设置窗体标题栏显示的文本
  fm.Text = "OpenSSL"
  '设置控件数组大小
  btn.Resize(s.Count)
  '生成按钮控件
  For i = 0 To s.Count - 1
    '创建新控件，并能响应控件相关事件
    btn[i] = New Button(fm) As "btn"
    btn[i].Width = 80
    btn[i].Height = 30
    btn[i].Left = (i * btn[i].Width) % (btn[i].Width * 6)
    btn[i].Top = (i \ 6) * btn[i].Height
    btn[i].Text = s[i]
  Next
  '最后一个控件下标
  Dec i
  '设置控件数组大小
  ta.Resize(2)
  ta[0] = New TextArea(fm)
  ta[1] = New TextArea(fm)
  ta[0].Left = 0
  ta[0].Top = btn[i].top + btn[i].Height
  ta[0].Width = fm.Width / 2
  ta[0].Height = fm.Height - ta[0].Top
  ta[1].Left = ta[0].Width
  ta[1].Top = btn[i].top + btn[i].Height
  ta[1].Width = fm.Width / 2
  ta[1].Height = fm.Height - ta[1].Top
```

```
    '自动换行
    ta[0].Wrap = True
    ta[1].Wrap = True
    '判断文件是否存在，不存在时新建一个文件
    If Not Exist(User.Home &/ "readme.txt") Then
      File.Save(User.Home &/ "readme.txt", "Gambas Scripter Always Means GBS!")
    Endif
    fm.Show
End

Public Sub btn_Click()
    '控件点击事件
    Select Case Last.Text
      Case "生成私钥"
        GenPrivateKey
      Case "提取公钥"
        GenPublicKey
      Case "公钥加密"
        Encrypt
      Case "私钥解密"
        Decrypt
      Case "显示明文"
        ta[0].Text = File.Load(User.Home &/ "readme.txt")
      Case "显示私钥"
        ta[1].Text = File.Load(User.Home &/ "rsa_private_key.pem")
      Case "显示公钥"
        ta[1].Text = File.Load(User.Home &/ "rsa_public_key.pem")
      Case "显示密文"
        ta[1].Text = Base64(File.Load(User.Home &/ "readme.en"))
      Case "解密密文"
        ta[1].Text = File.Load(User.Home &/ "readme.de")
      Case "私钥签名"
        Sign
        Wait 2
        ta[1].Text = Base64(File.Load(User.Home &/ "rsa_sign.bin"))
      Case "公钥验签"
        Verify
        Wait 2
        ta[1].Text = File.Load(User.Home &/ "rsa_verify.txt")
    End Select
End
```

```
Public Sub GenPrivateKey()
  '生成私钥
  Shell "openssl genrsa -out rsa_private_key.pem 1024"
End

Public Sub GenPublicKey()
  '提取公钥
  Shell "openssl rsa -in rsa_private_key.pem -pubout -out rsa_public_key.pem"
End

Public Sub Encrypt()
  '公钥加密
  Shell "openssl rsautl -encrypt -in readme.txt -inkey rsa_public_key.pem -pubin -out readme.en"
End

Public Sub Decrypt()
  '私钥解密
  Shell "openssl rsautl -decrypt -in readme.en -inkey rsa_private_key.pem -out readme.de"
End

Public Sub Sign()
  '私钥签名
  Shell "openssl sha1 -sign rsa_private_key.pem -out rsa_sign.bin readme.txt"
End

Public Sub Verify()
  '公钥验签
  Shell "openssl sha1 -verify rsa_public_key.pem -signature rsa_sign.bin readme.txt > rsa_verify.txt"
End
```

程序中，对于公钥和私钥等处理，使用了 OpenSSL 命令完成，主要包括:

- 生成私钥。

在终端输入命令:

```
openssl genrsa -out rsa_private_key.pem 1024
```

其中，genrsa 为生成密钥; -out 为输出到文件; rsa_private_key.pem 为私钥文件名，长度为 1024。

- 从私钥中提取公钥。

在终端输入命令:

```
openssl rsa -in rsa_private_key.pem -pubout -out rsa_public_key.pem
```

其中，rsa 为提取公钥；-in 为从文件中读取；rsa_private_key.pem 为私钥文件名；-pubout 为公钥输出；-out 为输出到文件；rsa_public_key.pem 为公钥文件名。

- 公钥加密。

在终端输入命令:

```
openssl rsautl -encrypt -in readme.txt -inkey rsa_public_key.pem -pubin -out readme.en
```

其中，rsautl 为加解密；-encrypt 为加密；-in 为从文件中读取；readme.txt 为明文；-inkey 为输入密钥；rsa_public_key.pem 为公钥；-pubin 为输入公钥文件；-out 为输出到文件；readme.en 为输出文件名。

- 私钥解密。

在终端输入命令：

```
openssl rsautl -decrypt -in readme.en -inkey rsa_private_key.pem -out readme.de
```

其中，rsautl 为加解密；-decrypt 为解密；-in 为从文件中读取；readme.en 为加密文件；-inkey 为输入密钥；rsa_private_key.pem 为私钥；-out 为输出到文件；readme.de 为输出文件名。

- 私钥签名。

在终端输入命令：

```
openssl sha1 -sign rsa_private_key.pem -out rsa_sign.bin readme.txt
```

其中，sha1 为签名算法；-sign 为签名；rsa_private_key.pem 为私钥；-out 为输出到文件；rsa_sign.bin 为签名输出文件；readme.txt 为明文。

- 公钥验签。

在终端输入命令：

```
openssl sha1 -verify rsa_public_key.pem -signature rsa_sign.bin readme.txt > rsa_verify.txt
```

其中，sha1 为签名算法；-verify 为验签；rsa_public_key.pem 为公钥；-signature 为输入签名；rsa_sign.bin 为签名输出文件；readme.txt 为明文；rsa_verify.txt 为输出结果。

⑦ 在菜单栏选择“工程”→“运行”或按下“F5”键，运行脚本，输出结果，如图 2-30 所示。

图 2-30 输出结果

由于大型 GUI 程序过于复杂，在 GBS 脚本编辑器中设计和调试较为复杂，可以在 Gambas 集成开发环境中创建命令行程序，并进行调试，当程序正确无误后，再移植到 GBS 脚本编辑器中。

程序设计步骤为：

① 启动 Gambas 集成开发环境，可以在菜单栏选择“文件”→“新建工程...”，或在启动窗体中直接选择“新建工程...”项。

② 在“新建工程”对话框中选择“1.工程类型”中的“Command-line application”项，点击“下一个(N)”按钮。

③ 在“新建工程”对话框中选择“2.Parent directory”中要新建工程的目录，点击“下一个(N)”按钮。

④ 在“新建工程”对话框中“3.Project details”中输入工程名和工程标题，工程名为存储目录的名称，工程标题为应用程序的实际名称，可以设置相同的工程名和工程标题。完成之后，点击“确定”按钮。

⑤ 系统默认生成的启动模块为Main。系统在Main模块（Main.module）中自动添加Main函数，并自动生成“Print "Hello world"”代码。

⑥ 在Main模块中添加代码。

```
' Gambas module file

'声明GUI变量
Public fm As Form
Public btn As New Button[]
Public ta As New TextArea[]
'主函数
Public Sub Main()
  gui
End
'以下代码与前述代码完全相同，不再列出
...
```

程序中，由于系统会自动添加相关组件到工程中，也可以通过手动添加，因此，不需要使用Use语句引用相关组件。除此之外，两者代码完全相同，适合于一次写入、到处运行的场景，不需要二次编译，不需要适配其他操作系统，为程序移植提供了极大的便利。

⑦ 运行代码，输出结果，如图2-31所示。

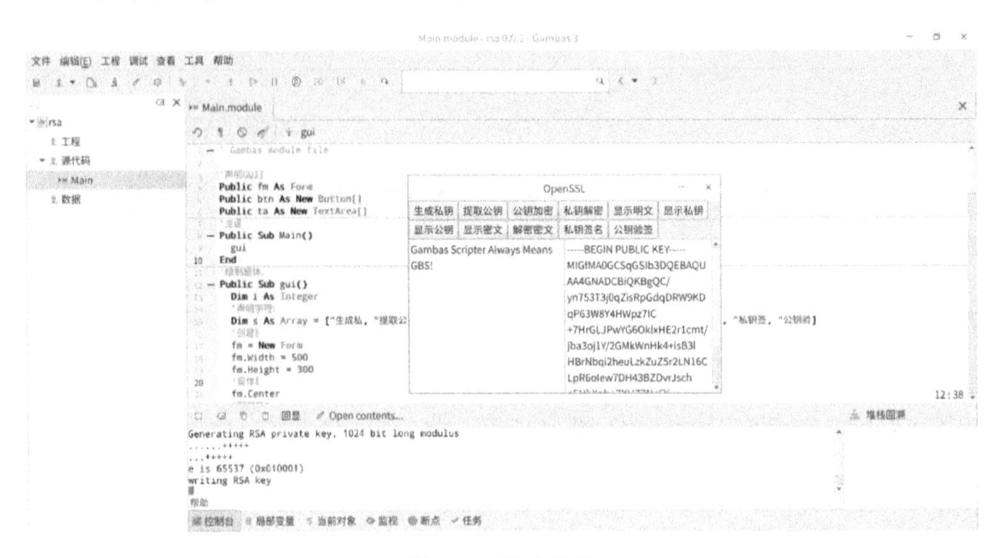

图2-31　输出结果

2.3 通用编辑器下脚本程序设计

除了以上介绍的 GBS 脚本编辑器以外，还可以使用其他通用代码编辑工具进行脚本程序开发。理论上，可以使用任何一种文本编辑器来开发 GBS。由于程序设计的复杂度，以及对开发速度和开发质量的要求，用户通常会选择通用开发工具，如深度编辑器、Notepadqq、Visual Studio Code 等，Notepadqq、Visual Studio Code 两个工具可以实现语法高亮功能，并且 Visual Studio Code 支持在集成开发环境中使用终端，执行相关命令。

2.3.1 深度编辑器下脚本程序设计

深度编辑器使用方法与步骤为：

① 打开“启动器”→“编辑器”，打开深度编辑器，如图 2-32 所示。

图 2-32 深度编辑器

② 将“OpenSSL 应用脚本程序设计”一节中的代码整体复制到深度编辑器中，如图 2-33 所示。

```
#!/usr/bin/env gbs3
Use "gb.qt5"
Use "gb.image"
Use "gb.form"
'声明GUI变量
Public fm As Form
Public btn As New Button[]
Public ta As New TextArea[]
'主函数
Public Sub Main()
  gui
End
'绘制窗体及控件
Public Sub gui()
  Dim i As Integer
  '声明字符串数组
  Dim s As Array = ["生成私钥", "提取公钥", "公钥加密", "私钥解密", "显示明文", "显示私钥", "显示公钥", "显示密文", "解密密文", "私钥签名", "公钥验签"]
  '创建窗体
  fm = New Form
  fm.Width = 500
  fm.Height = 300
  '窗体居中
  fm.Center
  '固定窗体大小
  fm.Resizable = False
  '设置窗体标题栏显示的文本
  fm.Text = "OpenSSL"
  '设置控件数组大小
  btn.Resize(s.Count)
  '生成按钮控件
  For i = 0 To s.Count - 1
    '创建新控件，并能响应控件相关事件
   btn[i] = New Button(fm) As "btn"
   btn[i].Width = 80
行124，列4 字符数2878                    插入 UTF-8 无
```

图 2-33 OpenSSL 应用脚本程序设计代码

③ 在深度编辑器中保存代码，可用“.gbs”作为文件扩展名（后缀），本例中脚本文件名为“tmp.gbs”，如图 2-34 和图 2-35 所示。

图 2-34　保存菜单项

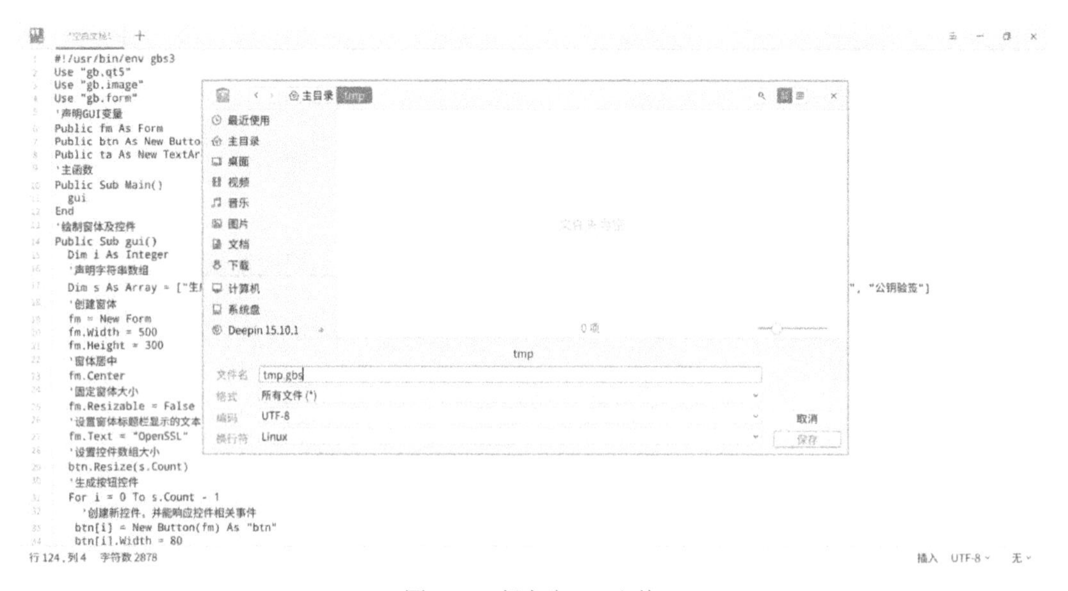

图 2-35　保存为 gbs 文件

④ 在该脚本文件保存的文件夹内右击，在弹出的快捷菜单中选择“在终端中打开”菜单项，如图 2-36 所示。

⑤ 在终端中设置脚本文件的可执行属性，并执行该脚本，如图 2-37 所示。

输入命令：

```
chmod u+x tmp.gbs
./tmp.gbs
```

图 2-36　在终端中打开

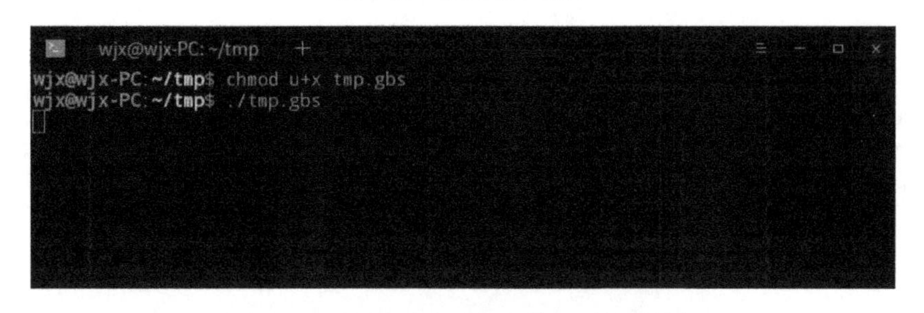

图 2-37　设置脚本文件的可执行属性并执行

⑥ 脚本运行时的窗口如图 2-38 所示。

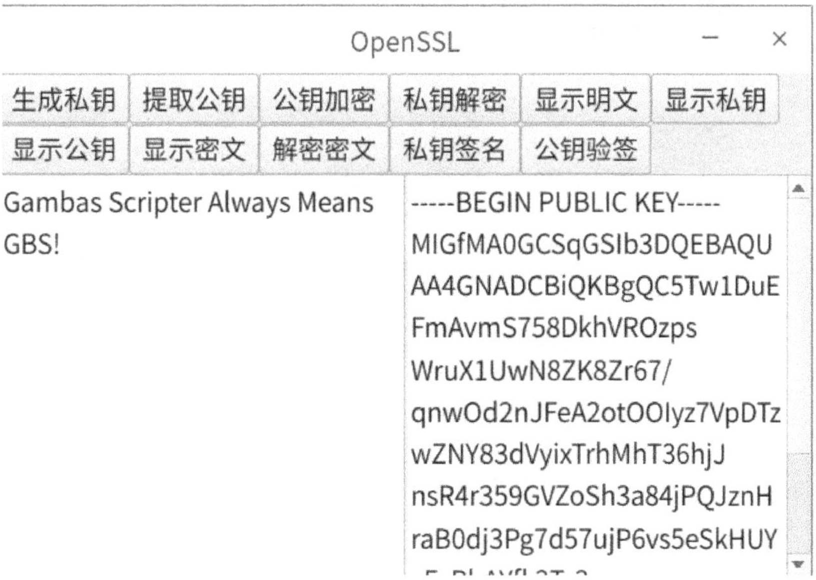

OpenSSL

生成私钥 提取公钥 公钥加密 私钥解密 显示明文 显示私钥
显示公钥 显示密文 解密密文 私钥签名 公钥验签

Gambas Scripter Always Means GBS!

-----BEGIN PUBLIC KEY-----
MIGfMA0GCSqGSIb3DQEBAQU
AA4GNADCBiQKBgQC5Tw1DuE
FmAvmS758DkhVROzps
WruX1UwN8ZK8Zr67/
qnwOd2nJFeA2otOOlyz7VpDTz
wZNY83dVyixTrhMhT36hjJ
nsR4r359GVZoSh3a84jPQJznH
raB0dj3Pg7d57ujP6vs5eSkHUY

图 2-38　脚本运行时的窗口

⑦ 脚本运行时生成的文件，包括公钥、私钥、签名、验签等文件，如图 2-39 所示。

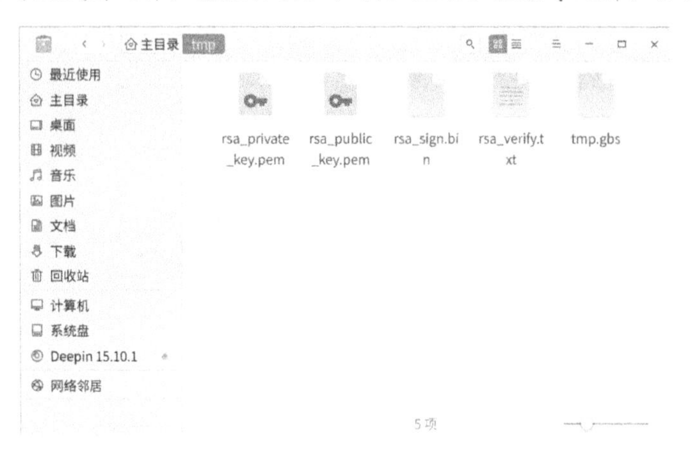

图 2-39 脚本运行时生成的文件

2.3.2 Notepadqq 下脚本程序设计

Notepadqq 使用方法与步骤为：

① 打开 Deepin 操作系统（Deepin V15.11 桌面版）的“应用商店”，点击左侧的“办公学习”找到“Notepadqq”，点击进入，或直接在搜索框输入“Notepadqq”搜索该应用程序，如图 2-40 所示。

图 2-40 从 Deepin 应用商店查找“Notepadqq”

② 在 Notepadqq 页面中，点击“安装”按钮，系统将自动完成软件的下载与安装。安装完成后，该按钮变成“打开”，点击即可启动 Notepadqq。也可以通过“启动器”→“所有分类”→“办公学习”→“Notepadqq”打开该应用，如图 2-41 所示。

图 2-41　安装完成后打开 Notepadqq

③ 打开 Notepadqq，选择“语言”→“V”→“VBScript”菜单项或“语言”→“V”→“VB.NET”菜单项，用于脚本文件语法着色，如图 2-42 所示。

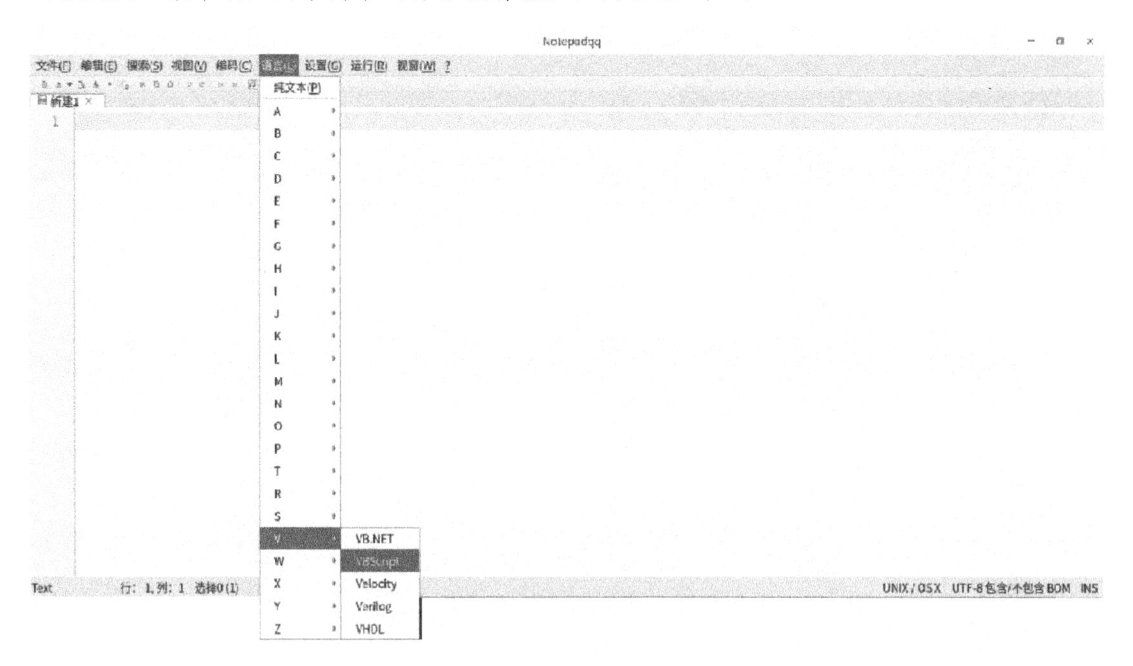

图 2-42　打开并设置 Notepadqq

④ 将“OpenSSL 应用脚本程序设计”一节中的代码整体复制到 Notepadqq 中，如图 2-43 所示。

⑤ 在 Notepadqq 中保存代码，可用“.gbs”作为文件扩展名（后缀），本例中脚本文件名为“tmp.gbs”，如图 2-44 所示。

新建1 - Notepadqq

文件(F) 编辑(E) 搜索(S) 视图(V) 编码(C) 语言(L) 设置(G) 运行(R) 视窗(W) ?

```
#!/usr/bin/env gbs3
Use "gb.qt5"
Use "gb.image"
Use "gb.form"
'声明GUI变量
Public fm As Form
Public btn As New Button[]
Public ta As New TextArea[]
'主函数
Public Sub Main()
  gui
End
'绘制窗体及控件
Public Sub gui()
  Dim i As Integer
  '声明字符串数组
  Dim s As Array = ["生成私钥", "提取公钥", "公钥加密", "私钥解密", "显示明文", "显示私钥", "显示公钥", "显示密文", "解密密文", "私钥
  '创建窗体
  fm = New Form
  fm.Width = 500
  fm.Height = 300
  '窗体居中
  fm.Center
  '固定窗体大小
  fm.Resizable = False
```

VB.NET 行：30，列：10 选择0 (1) 2877 字符，124 行 UNIX / OS X UTF-8 包含/不包含 BOM INS

图 2-43　OpenSSL 应用脚本程序设计代码

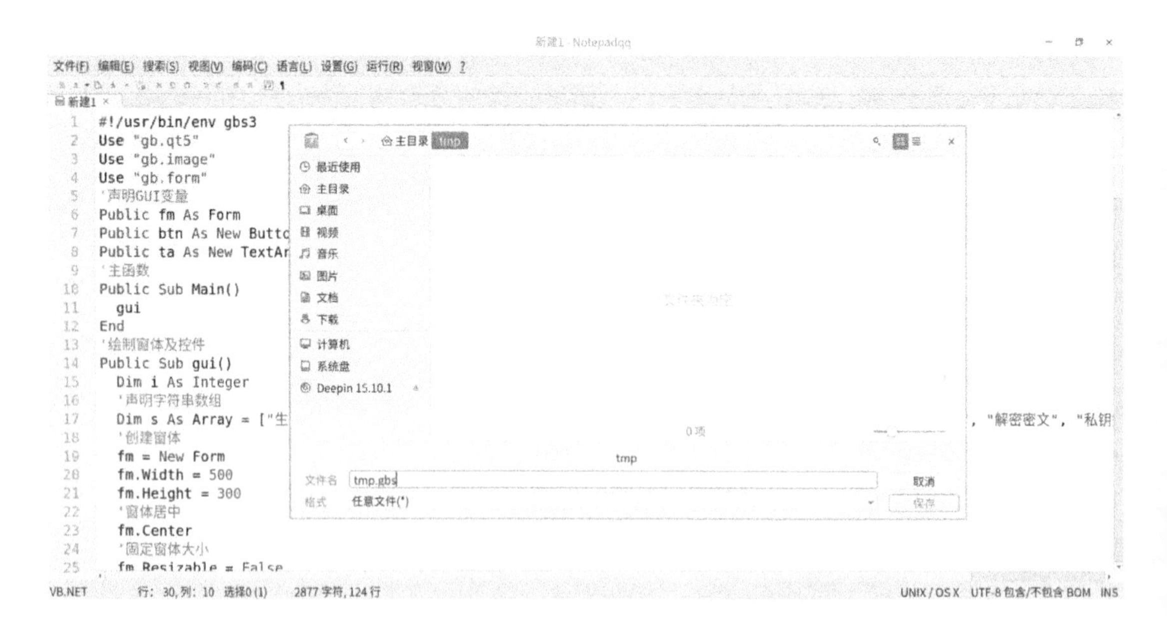

图 2-44　保存为 gbs 文件

⑥ 在该脚本文件保存的文件夹内右击，在弹出的快捷菜单中选择“在终端中打开”菜单项，如图 2-45 所示。

⑦ 在终端中设置脚本文件的可执行属性，并执行该脚本，如图 2-46 所示。

输入命令:

```
chmod u+x tmp.gbs
./tmp.gbs
```

图 2-45　在终端中打开

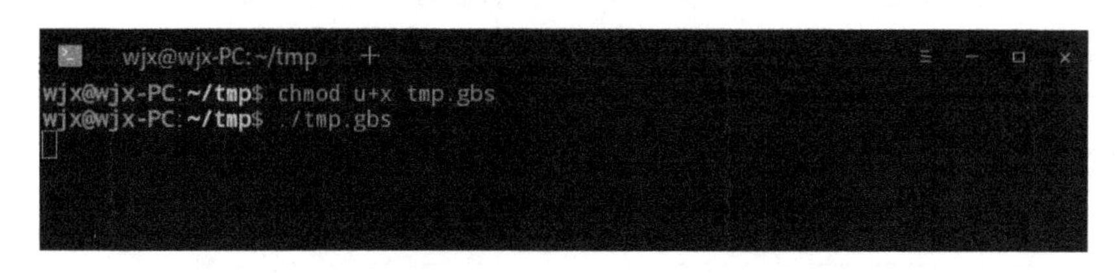

图 2-46　设置脚本文件的可执行属性并执行

⑧ 脚本运行时的窗口如图 2-47 所示。

图 2-47　脚本运行时的窗口

⑨ 脚本运行时生成的文件，包括公钥、私钥、签名、验签等文件，如图 2-48 所示。

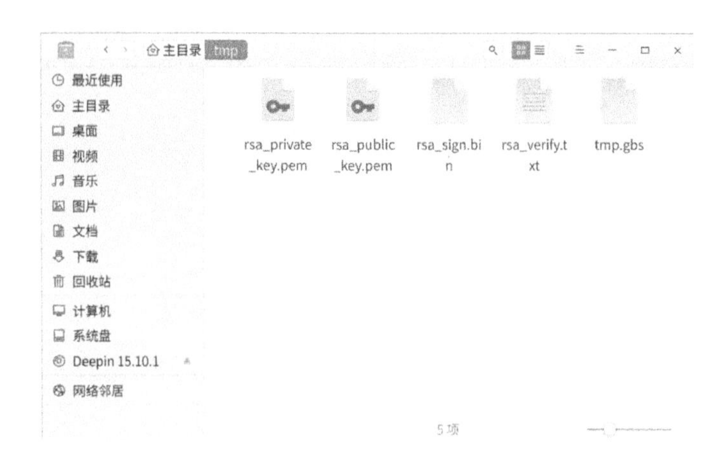

图 2-48 脚本运行时生成的文件

2.3.3 Visual Studio Code 下脚本程序设计

Visual Studio Code 使用方法与步骤为:

① 打开 Deepin 操作系统（Deepin V15.11 桌面版）的“应用商店”，点击左侧的“编程开发”找到 Visual Studio Code，点击进入，或直接在搜索框输入“Visual Studio Code”搜索该应用程序，如图 2-49 所示。

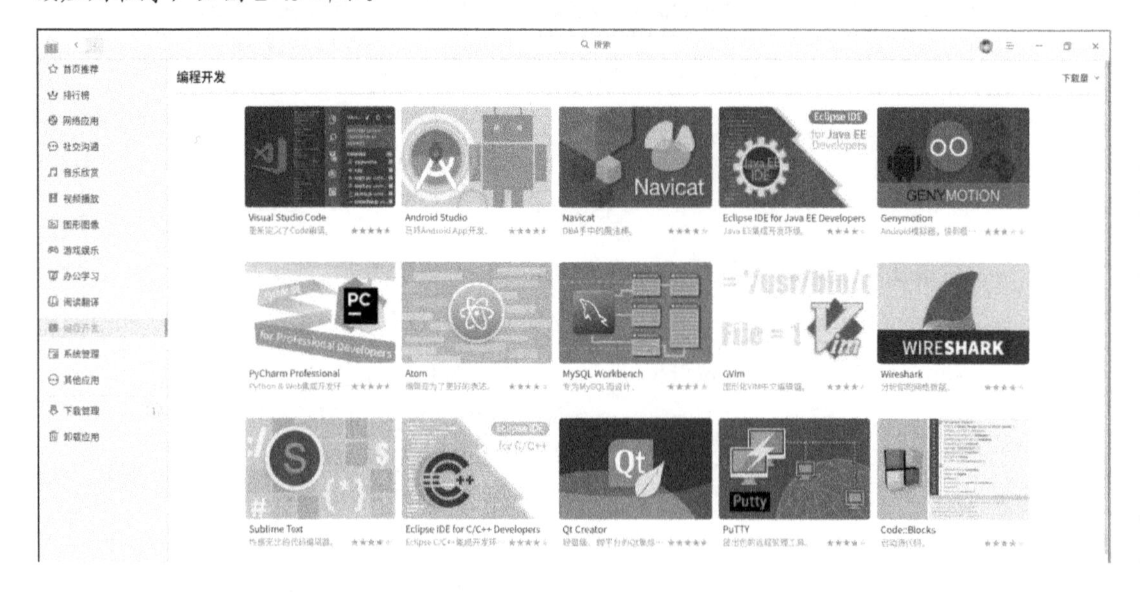

图 2-49 从 Deepin 应用商店查找 Visual Studio Code

② 在 Visual Studio Code 页面中，点击“安装”按钮，系统将自动完成软件的下载与安装。安装完成后，该按钮变成“打开”，点击即可启动 Visual Studio Code。也可以通过“启动器”→“所有分类”→“编程开发”→“Visual Studio Code”打开该应用，如图 2-50 所示。

③ 打开 Visual Studio Code，选择“文件(F)”→“新建文件(N)”菜单项，新建一个脚本文件，如图 2-51 和图 2-52 所示。

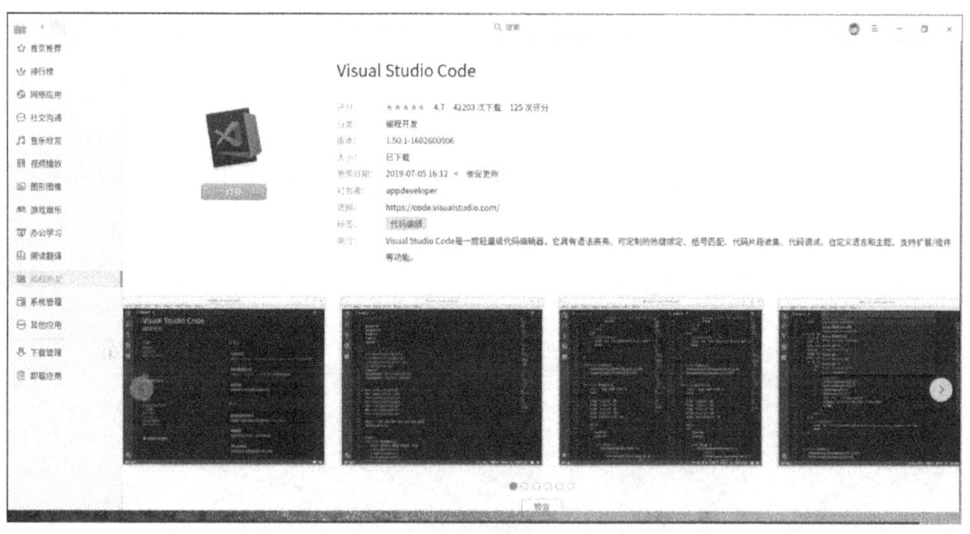

图 2-50　安装 Visual Studio Code

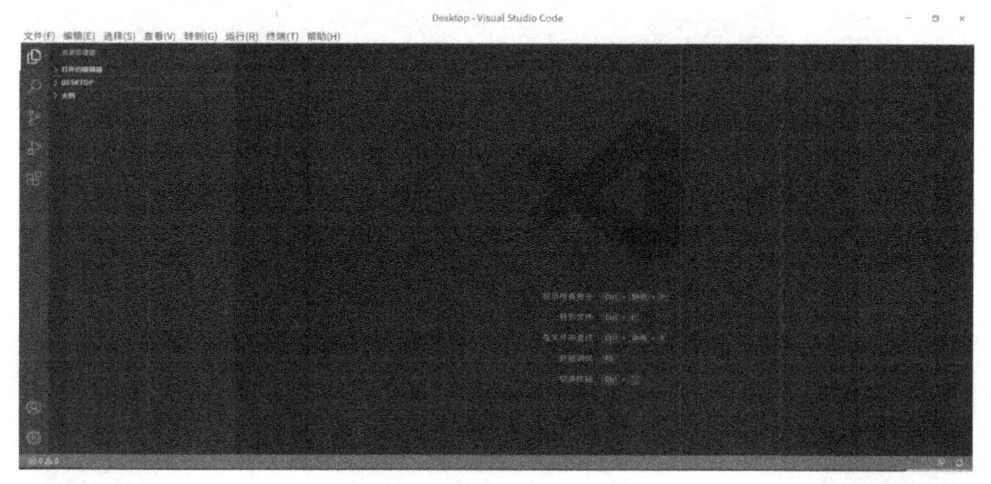

图 2-51　打开 Visual Studio Code

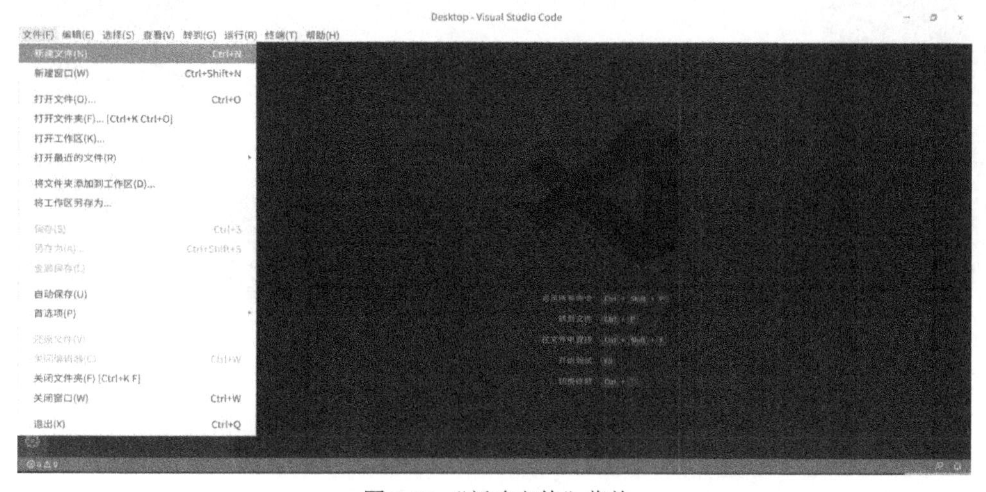

图 2-52　“新建文件”菜单

④ 将“OpenSSL应用脚本程序设计”一节中的代码整体复制到 Visual Studio Code 中，如图 2-53 所示。

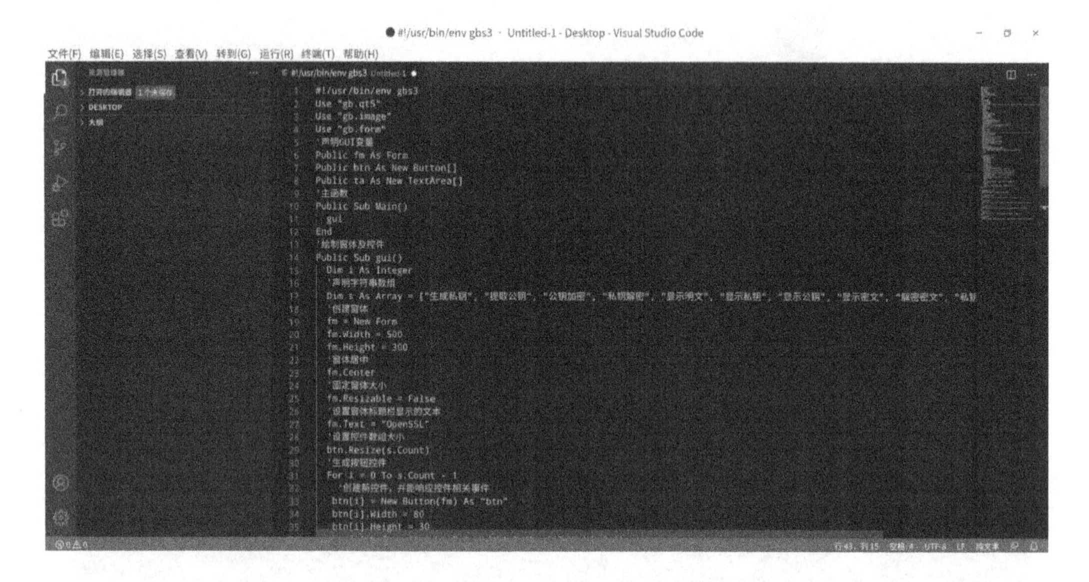

图 2-53　OpenSSL 应用脚本程序设计代码

⑤ 在 Visual Studio Code 中保存代码，可用“.gbs”作为文件扩展名（后缀），本例中脚本文件名为“tmp.gbs”，如图 2-54 所示。

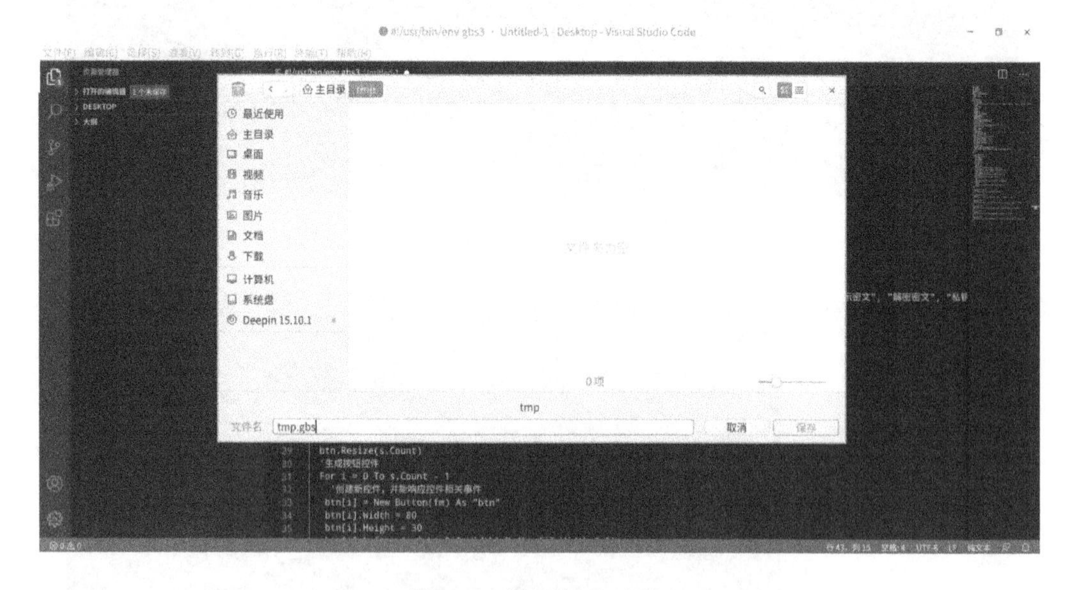

图 2-54　保存为 gbs 文件

⑥ 选择“终端(T)”→“新终端(N)”菜单项，可在 Visual Studio Code 中打开终端，如图 2-55 所示。

⑦ 在 Visual Studio Code 集成开发环境的终端中设置脚本文件的可执行属性，并执行该

脚本，如图 2-56 所示。

输入的主要命令为：

```
chmod u+x tmp.gbs
./tmp.gbs
```

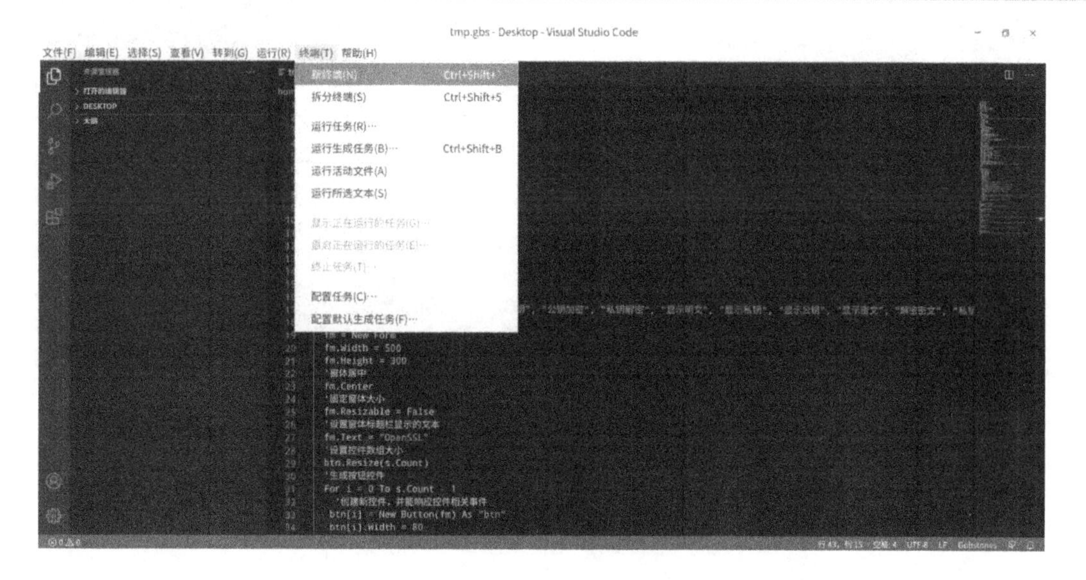

图 2-55 “新终端”菜单

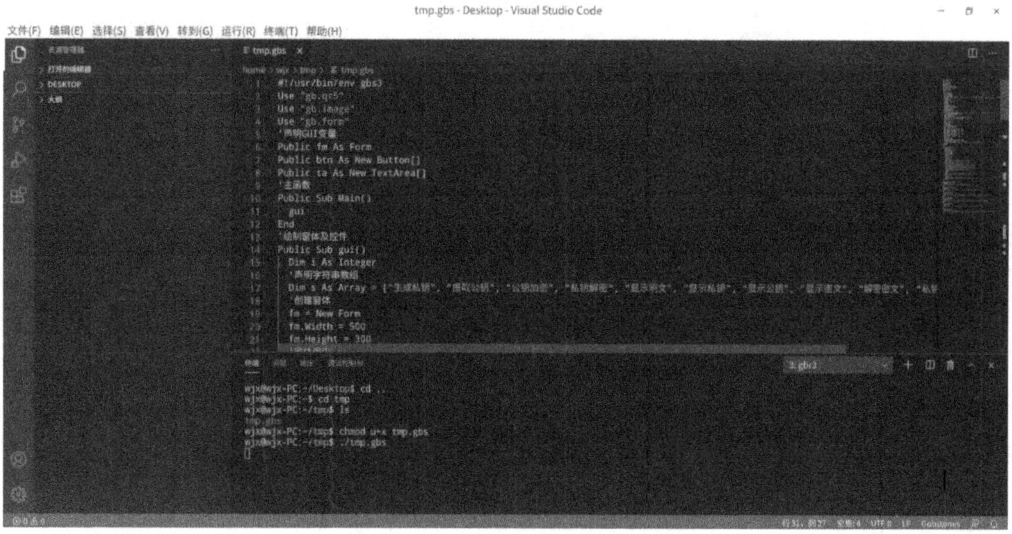

图 2-56 设置脚本文件的可执行属性并执行

⑧ 脚本运行时的窗口如图 2-57 所示。

⑨ 脚本运行时生成的文件，包括公钥、私钥、签名、验签等文件，如图 2-58 所示。

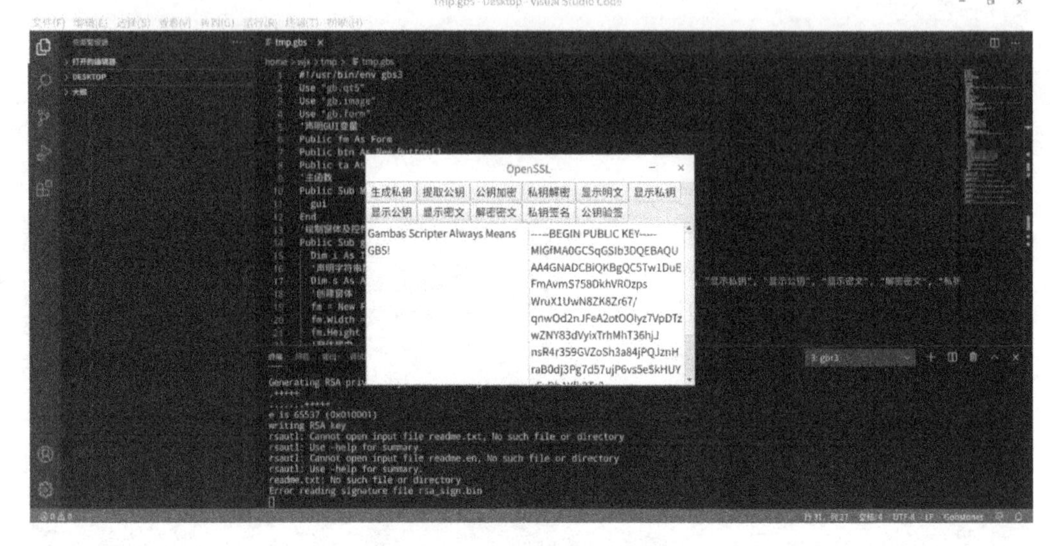

图 2-57 脚本运行时的窗口

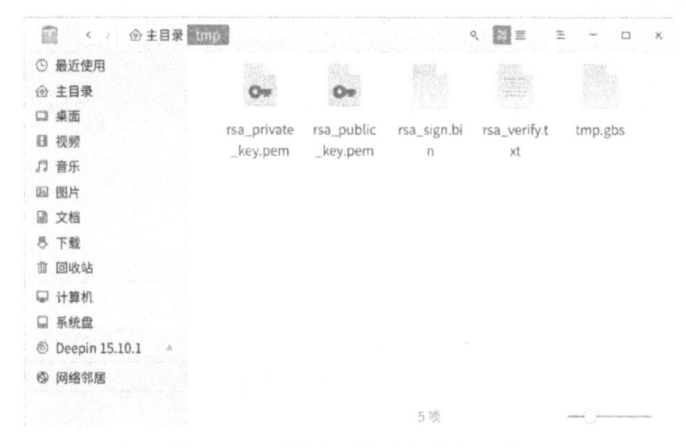

图 2-58 脚本运行时生成的文件

2.4 GBS 脚本编辑器程序设计

下面通过一个实例来学习 GBS 脚本编辑器程序的设计方法。设计一个应用程序，能够实现 GBS 脚本程序的创建、编写、编辑、保存、运行、调试、维护等功能。GBS 脚本编辑器程序窗体如图 2-59 所示。

（1）实例效果预览

实例效果预览如图 2-59 所示。

（2）实例步骤

① 启动 Gambas 集成开发环境，可以在菜单栏选择“文件”→“新建工程...”，或在启动窗体中直接选择“新建工程...”项。

② 在“新建工程”对话框中选择“1.工程类型”中的“Graphical application”项，点击“下一个(N)”按钮。

③ 在“新建工程”对话框中选择“2.Parent directory”中要新建工程的目录，点击“下一个(N)”按钮。

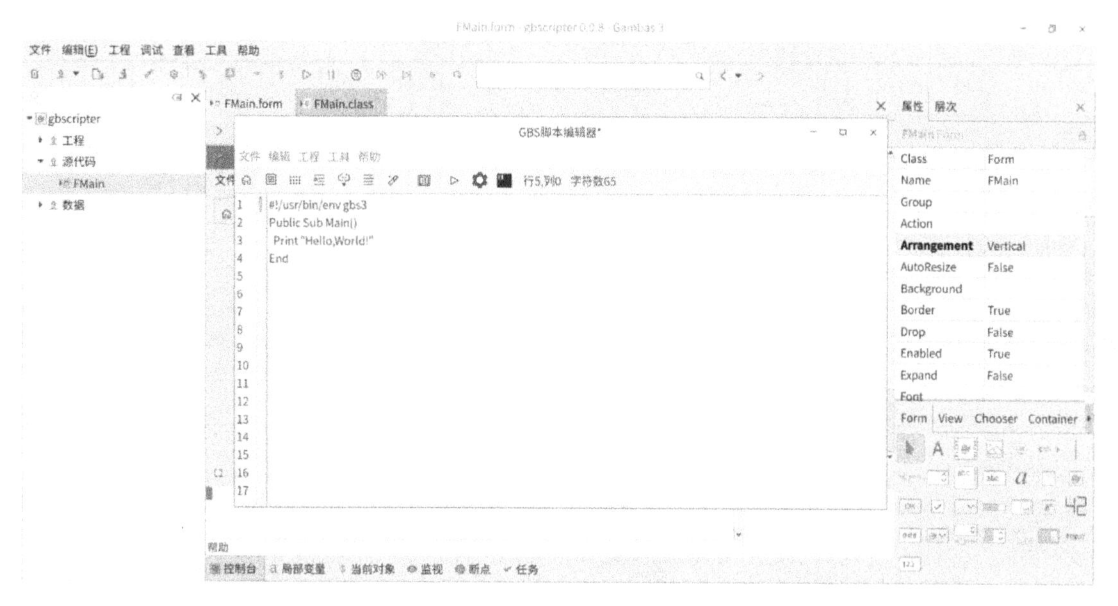

图 2-59　GBS 脚本编辑器程序窗体

④ 在“新建工程”对话框的“3.Project details”中输入工程名和工程标题，工程名为存储目录的名称，工程标题为应用程序的实际名称，在这里设置相同的工程名和工程标题。完成之后，点击“确定”按钮。

⑤ 在菜单中选择“工程”→“属性...”项，在弹出的“工程属性”对话框中，勾选“gb.desktop”项。

⑥ 系统默认生成的启动窗体名称（Name）为 FMain。在 FMain 窗体中添加 1 个 HBox 控件、11 个 ToolButton 控件、3 个 Separator 控件、1 个 Label 控件、1 个 HSplit 控件、2 个 TextArea 控件，如图 2-60 所示，并设置相关属性，如表 2-1 所示。

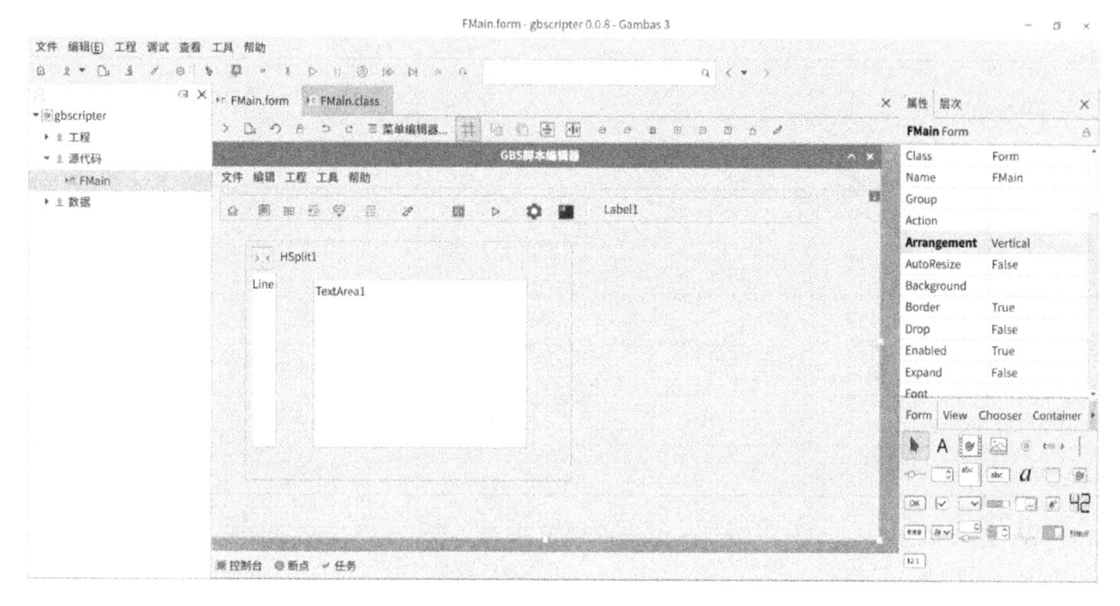

图 2-60　窗体设计

表 2-1 窗体和控件属性设置

名称	属性	说明
FMain	Text：GBS 脚本编辑器 Arrangement：Vertical Icon：icon:/32/gambas	标题栏显示的名称 窗体中控件垂直排列 任务栏显示的图标
HBox1		顶部工具栏，顺序排列功能按钮
ToolButton1	Picture：icon:/32/home ToolTip：插入脚本文件头	显示图标 显示提示文本
ToolButton2	Picture：icon:/32/calendar ToolTip：插入脚本 Main 函数	显示图标 显示提示文本
ToolButton3	Picture：icon:/32/grid ToolTip：插入脚本函数或过程	显示图标 显示提示文本
ToolButton4	Picture：icon:/32/indent ToolTip：插入引用脚本	显示图标 显示提示文本
ToolButton5	Picture：icon:/32/insert-link ToolTip：插入脚本引用组件	显示图标 显示提示文本
ToolButton6	Picture：icon:/32/menu ToolTip：插入脚本命令行传递参数	显示图标 显示提示文本
ToolButton7	Picture：icon:/32/view-split-h ToolTip：双栏功能切换	显示图标 显示提示文本
ToolButton8	Picture：icon:/32/play ToolTip：运行	显示图标 显示提示文本
ToolButton9	Picture：icon:/32/tools ToolTip：设置文件可执行属性	显示图标 显示提示文本
ToolButton10	Picture：icon:/32/terminal ToolTip：终端	显示图标 显示提示文本
ToolButton11	Picture：icon:/32/wizard ToolTip：插入类	显示图标 显示提示文本
Separator1		分隔符
Separator2		分隔符
Separator3		分隔符
Label1		显示行、列、字符数
HSplit1	Expand：True	分栏，并充满窗体
TextAreaLine	ScrollBar：True	显示垂直滚动条
TextArea1		编辑脚本代码

⑦ 在菜单栏选择“编辑(E)”→“菜单编辑器...”项，或直接在窗体窗口的工具栏中点击“菜单编辑器...”按钮，在弹出的“FMain-菜单编辑器”对话框中添加菜单，如图 2-61 所示，并设置相关属性，如表 2-2 所示。

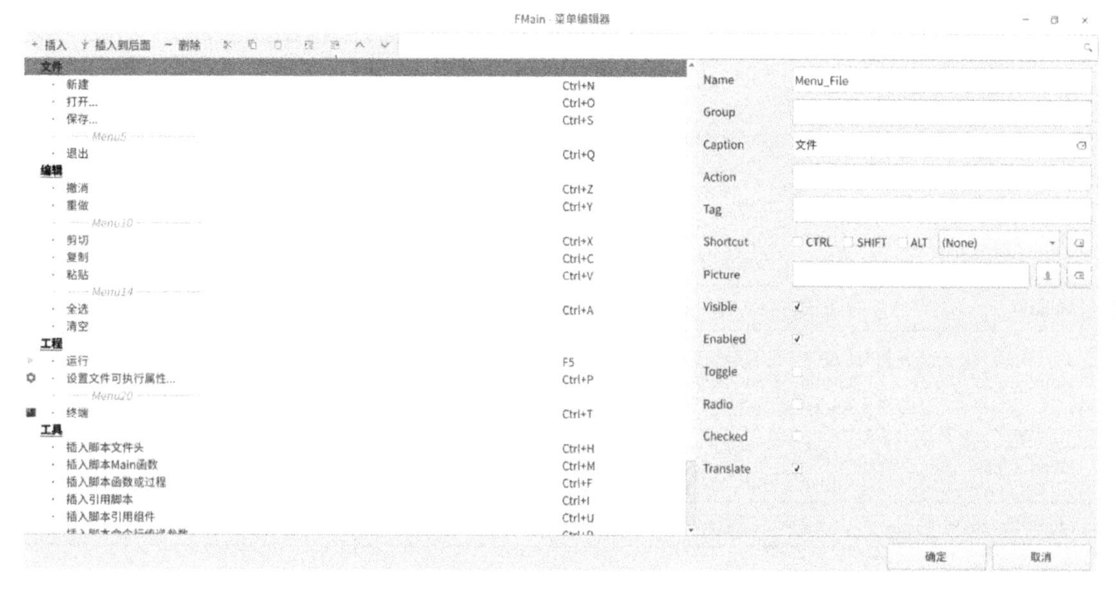

图 2-61 “FMain-菜单编辑器”对话框

表 2-2 菜单属性设置

名称	属性	说明
Menu_File	Caption：文件	菜单条
Menu_New	Caption：新建 Group：FileOperation Shortcut：CTRL+N	菜单项
Menu_Open	Caption：打开... Group：FileOperation Shortcut：CTRL+O	菜单项
Menu_Save	Caption：保存... Group：FileOperation Shortcut：CTRL+S	菜单项
Menu5	Caption：	分隔符
Menu_Quit	Caption：退出 Group：FileOperation Shortcut：CTRL+Q	菜单项
Menu_Edit	Caption：编辑	菜单条
Menu_Undo	Caption：撤销 Group：EditOperation Shortcut：CTRL+Z	菜单项
Menu_Redo	Caption：重做 Group：EditOperation Shortcut：CTRL+Y	菜单项
Menu10	Caption：	分隔符
Menu_Cut	Caption：剪切 Group：EditOperation Shortcut：CTRL+X	菜单项

续表

名称	属性	说明
Menu_Copy	Caption：复制 Group：EditOperation Shortcut：CTRL+C	菜单项
Menu_Paste	Caption：粘贴 Group：EditOperation Shortcut：CTRL+V	菜单项
Menu14	Caption：	分隔符
Menu_SelectAll	Caption：全选 Group：EditOperation Shortcut：CTRL+A	菜单项
Menu_Clear	Caption：清空 Group：EditOperation	菜单项
Menu_Project	Caption：工程	菜单条
Menu_Run	Caption：运行 Group：ProjectOperation Shortcut：F5 Picture：icon:/32/play	菜单项
Menu_Attribute	Caption：设置文件可执行属性... Group：ProjectOperation Shortcut：CTRL+P Picture：icon:/32/tools	菜单项
Menu20	Caption：	分隔符
Menu_Terminal	Caption：终端 Group：ProjectOperation Shortcut：CTRL+T Picture：icon:/32/terminal	菜单项
Menu_Tool	Caption：工具	菜单条
Menu_Head	Caption：插入脚本文件头 Group：ToolOperation Shortcut：CTRL+H	菜单项
Menu_Main	Caption：插入脚本 Main 函数 Group：ToolOperation Shortcut：CTRL+M	菜单项
Menu_Function	Caption：插入脚本函数或过程 Group：ToolOperation Shortcut：CTRL+F	菜单项
Menu_Include	Caption：插入引用脚本 Group：ToolOperation Shortcut：CTRL+I	菜单项
Menu_Component	Caption：插入脚本引用组件 Group：ToolOperation Shortcut：CTRL+U	菜单项
Menu_Arguments	Caption：插入脚本命令行传递参数 Group：ToolOperation Shortcut：CTRL+R	菜单项

续表

名称	属性	说明
Menu_Class	Caption：插入类 Group：ToolOperation Shortcut：CTRL+L	菜单项
Menu_Help	Caption：帮助	菜单条
Menu_HelpTopic	Caption：帮助 Group：HelpTopic Shortcut：F1	菜单项
Menu_About	Caption：关于 Group：HelpTopic	菜单项

⑧ 设置 Tab 键响应顺序。在 FMain 窗体的“属性”窗口点击“层次”，出现控件切换排序，即按下键盘的 Tab 键时，控件获得焦点的顺序。

⑨ 在 FMain 窗体中添加代码。

```
' Gambas class file

Public pth As String

Public Sub Form_Open()

  Dim i As Integer

  '设置左右分栏比例
  HSplit1.Layout = [5, 95]
  '设置行号
  For i = 1 To 1000
    TextAreaLine.Insert(Str(i) & "\n")
  Next
End

'该过程只建议在 Deepin 下使用
Public Sub TextArea1_Cursor()
  '在使用键盘操作时，使双栏同步显示
  TextAreaLine.Line = TextArea1.Line
  Label1.Text = "行" & (TextArea1.Line + 1) & "," & "列" & TextArea1.Column & "        字符数
" & TextArea1.Length
  '错误返回
  Catch
    Return
End

Public Sub ToolButton1_Click()
```

```
  '虚拟按键
  Desktop.SendKeys("{[Control_L]h}")
End

Public Sub ToolButton2_Click()
  '虚拟按键
   Desktop.SendKeys("{[Control_L]m}")
End

Public Sub ToolButton3_Click()
  '虚拟按键
   Desktop.SendKeys("{[Control_L]f}")
End

Public Sub ToolButton4_Click()
  '虚拟按键
   Desktop.SendKeys("{[Control_L]i}")
End

Public Sub ToolButton5_Click()
  '虚拟按键
   Desktop.SendKeys("{[Control_L]u}")
End

Public Sub ToolButton6_Click()
  '虚拟按键
   Desktop.SendKeys("{[Control_L]r}")
End

Public Sub ToolButton7_Click()
  '双栏功能切换
  If ToolButton7.Tag Then
    TextAreaLine.Clear
    Form_Open
    ToolButton7.Tag = False
  Else
    HSplit1.Layout = [50, 50]
    TextAreaLine.Text = TextArea1.Text
    ToolButton7.Tag = True
  Endif
End
```

```
Public Sub ToolButton8_Click()
  '虚拟按键
   Desktop.SendKeys("[F5]")
End

Public Sub ToolButton9_Click()
  '虚拟按键
   Desktop.SendKeys("{[Control_L]p}")
End

Public Sub ToolButton10_Click()
  '虚拟按键
   Desktop.SendKeys("{[Control_L]t}")
End

Public Sub ToolButton11_Click()
  '虚拟按键
   Desktop.SendKeys("{[Control_L]l}")
End

'保存脚本文件
Public Function SaveGbs(Optional sel As Boolean = False) As Integer

  Dim res As Integer

  If sel = False Then
    Message.Title = "保存"
    res = Message.Question("您是否要保存该文件？ ", "保存", "不保存", "取消")
  Else
    res = 1
  Endif
  Select Case res
    Case 1
      If IsNull(pth) Then
        Dialog.Title = "保存"
        Dialog.Filter = ["*.gbs", "Gambas Scripter"]
        Dialog.Path = "."
        If Dialog.SaveFile() Then Return
      Endif
      File.Save(Dialog.Path, TextArea1.Text)
      pth = Dialog.Path
      '清除程序改变标志
```

```
            TextArea1.Tag = False
            FMain.Text = "GBS 脚本编辑器"
            '返回已保存
            Return 1
        Case 2
            '清除程序改变标志
            TextArea1.Tag = False
            FMain.Text = "GBS 脚本编辑器"
            '返回不保存
            Return 2
        Case 3
            '返回取消，无操作
            Return 3
    End Select
End

Public Sub TextArea1_Change()
    '设置程序改变标志
    TextArea1.Tag = True
    FMain.Text = "GBS 脚本编辑器" & "*"
End

'文件菜单
Public Sub FileOperation_Click()

    Dim res As Integer

    Select Case Last.Name
        Case "Menu_New"            '新建
            If TextArea1.Tag = True Then
                res = SaveGbs()
                If (res = 1) Or (res = 2) Then TextArea1.Clear
                If res = 3 Then Return
            Else
                TextArea1.Clear
            Endif
            pth = ""
        Case "Menu_Open"           '打开
            If TextArea1.Tag = True Then
                res = SaveGbs()
                If (res = 1) Or (res = 2) Then TextArea1.Clear
                If res = 3 Then Return
```

```
        Else
          TextArea1.Clear
          '清除程序改变标志
          TextArea1.Tag = False
          FMain.Text = "GBS 脚本编辑器"
        Endif
        '打开
        Dialog.Title = "打开"
        Dialog.Filter = ["*.gbs", "Gambas Scripter"]
        Dialog.Path = "."
        If Dialog.OpenFile() Then Return
        TextArea1.Text = File.Load(Dialog.Path)
        pth = Dialog.Path
        '清除程序改变标志
        TextArea1.Tag = False
        FMain.Text = "GBS 脚本编辑器"
      Case "Menu_Save"          '保存
        SaveGbs(True)
      Case "Menu_Quit"          '退出
        If TextArea1.Tag = True Then
          res = SaveGbs()
          If (res = 1) Or (res = 2) Then FMain.Close
          If res = 3 Then Return
        Else
          FMain.Close
        Endif
  End Select
End

Public Sub Form_Close()

  Dim res As Integer

  '窗体右上角的关闭按钮事件
  If TextArea1.Tag = True Then
    res = SaveGbs()
    If (res = 1) Or (res = 2) Then FMain.Close
    '停止响应关闭事件
    If res = 3 Then Stop Event
  Else
    FMain.Close
  Endif
```

```
End

'编辑菜单
Public Sub EditOperation_Click()

  Select Case Last.Name
    Case "Menu_Undo"          '撤销
      TextArea1.Undo
    Case "Menu_Redo"          '重做
      TextArea1.Redo
    Case "Menu_Cut"           '剪切
      TextArea1.Cut
    Case "Menu_Copy"          '复制
      TextArea1.Copy
    Case "Menu_Paste"         '粘贴
      Menu_Copy.Tag = TextArea1.Selection.Start
      TextArea1.Text = String.Left(TextArea1.Text, TextArea1.Selection.Start) & String.Right
(TextArea1.Text, String.Len(TextArea1.Text) - TextArea1.Selection.Start - TextArea1.Selection.Length)
      TextArea1.Pos = Menu_Copy.Tag
      TextArea1.Paste
    Case "Menu_SelectAll"     '全选
      TextArea1.SelectAll
    Case "Menu_Clear"         '清空
      TextArea1.Clear
  End Select
End

'工程菜单
Public Sub ProjectOperation_Click()

  Dim tmp As String
  Dim rt As Integer[]

  Select Case Last.Name
    Case "Menu_Run"           '运行
      tmp = User.Home &/ "tmp.gbs"
      File.Save(tmp, TextArea1.Text)
      '设置文件可执行属性
      Shell "chmod u+x " & tmp
      '打开终端
      Shell "deepin-terminal"
      '优麒麟
```

```
        'Shell "mate-terminal"
        'ubuntu
        'Shell "gnome-terminal"
        '延时
        Wait 2
        '查找当前终端窗口
        'Deepin
        rt = Desktop.FindWindow("*深度终端")
        'ubuntu 优麒麟
        'rt = Desktop.FindWindow("", "*terminal*")
        Desktop.ActiveWindow = rt[rt.Count - 1]
        '发送虚拟按键命令
        Desktop.SendKeys(tmp & "\n")
        'Desktop.SendKeys("\n")
      Case "Menu_Attribute"     '设置文件可执行属性
        Dialog.Title = "属性设置"
        Dialog.Filter = ["*.gbs", "Gambas Scripter"]
        Dialog.Path = "."
        If Dialog.OpenFile() Then Return
        Shell "chmod u+x " & Dialog.Path
      Case "Menu_Terminal"      '终端
        'Deepin
        Shell "deepin-terminal"
        '优麒麟
        'Shell "mate-terminal"
        'ubuntu
        'Shell "gnome-terminal"
  End Select
End

Public Sub SetPos()
  '设置光标当前位置，方便后续脚本代码插入
  TextArea1.ToLine(TextArea1.Line)
  TextArea1.ToColumn(TextArea1.Column)
End

'工具菜单
Public Sub ToolOperation_Click()

  Dim fname As String

  SetPos
```

```
        Select Case Last.Name
          Case "Menu_Head"              '插入脚本文件头
            TextArea1.Insert("#!/usr/bin/env gbs3\n")
          Case "Menu_Main"              '插入脚本 Main 函数
            TextArea1.Insert("Public Sub Main()\n" & "    Print \"Hello,World!\"\n" & "End\n")
          Case "Menu_Function"        '插入脚本函数或过程
            fname = InputBox("请输入函数或过程名：", "创建函数或过程", "func")
            If Not IsNull(fname) Then TextArea1.Insert("Public Sub " & fname & "()\n" & "    \n" &
"End\n")
          Case "Menu_Include"         '插入引用脚本
            fname = InputBox("请输入 Gambas 脚本文件名：", "引用脚本", "func.gbs")
            If Not IsNull(fname) Then TextArea1.Insert("INCLUDE \"" & fname & "\"\n")
          Case "Menu_Component"       '插入脚本引用组件
            fname = InputBox("请输入 Gambas 组件名：", "引用组件", "")
            If Not IsNull(fname) Then TextArea1.Insert("Use \"" & fname & "\"\n")
          Case "Menu_Arguments"       '插入脚本命令行传递参数
            TextArea1.Insert("Dim arg as String\nDim i as Integer\n\nFor Each arg In ARGS\n    Print
\"ARGS No.\" & i & arg\n    Inc i\nNext\n")
          Case "Menu_Class"             '插入类
            '注释文档

TextArea1.Insert("'========================MyClassFile.gbs========================\n")
            TextArea1.Insert("'Class MyClass\n")
            TextArea1.Insert("    '可以设置函数的参数与返回值\n")
            TextArea1.Insert("    'Static Public Function MyFunc()\n")
            TextArea1.Insert("    '...\n")
            TextArea1.Insert("    'End\n")
            TextArea1.Insert("'End Class\n")

TextArea1.Insert("'===================================================================\n")
            TextArea1.Insert("\n")
            TextArea1.Insert("\n")

TextArea1.Insert("'==========================MyScript.gbs==========================\n")
            TextArea1.Insert("'注意，INCLUDE 必须大写，如果与 MyClassFile.gbs 不在同一目录
时，应使用绝对路径\n")
            TextArea1.Insert("'INCLUDE \"MyClassFile.gbs\"\n")
            TextArea1.Insert("'...\n")
            TextArea1.Insert("'MyClass.MyFunc()\n")
            TextArea1.Insert("'...\n")

TextArea1.Insert("'===================================================================\n")
```

```
            TextArea1.Insert("\n")
            TextArea1.Insert("\n")
            '插入类
            TextArea1.Insert("Class  MyClass\n   Static  Public  Function  MyFunc()\n   End\nEnd
Class\n")
        End Select
    End

    Public Sub HelpTopic_Click()
        Select Case Last.Name
            Case "Menu_HelpTopic"     '帮助
                '打开指定网页
                Desktop.Open("http://gambaswiki.org/wiki/doc/scripting")
            Case "Menu_About"          '关于
                Message.Title = "关于"
                Message("Gambas 脚本编辑器！\n 本程序发布遵循 GNU 通用公共许可协议！", "确定")
        End Select
    End
```

程序中，HSplit1.Layout = [5, 95]语句将在主窗口区域将文本框分为两栏，左栏显示行号，占比 5%，右栏显示脚本代码，占比 95%。如果不需要显示左栏，可以通过鼠标拖拽向最左侧将其隐藏。

工具栏大部分按钮没有功能代码，其代码都写入菜单事件中，通过虚拟按键，如 Desktop.SendKeys("{[Control_L]h}")语句形式，激活相关菜单项，执行相关菜单程序。

通过 Public Sub ToolOperation_Click 过程，可以将程序模板插入指定位置，所谓指定位置即光标所在的位置。

将该程序中注释的 Ubuntu、优麒麟等选项打开，可以运行于 Ubuntu、优麒麟等系统。

2.5 自举 GBS 脚本编辑器程序设计

Gambas 由法国计算机工程师 Benoît Minisini（贝努瓦·米尼西尼）设计开发，被业界称为 Gambas 之父。在 Gambas 编译器设计完成之后，Benoît Minisini 使用 Gambas 编译器设计了 Gambas 集成开发环境，也就是说 Gambas 集成开发环境是用 Gambas 设计的，类似于编译器的自举，如图 2-62 所示。

自举是指在开始时没有任何编译器，其编译器是用汇编（或机器语言）设计的，而且编译器存在的形式必须是机器码形式，只有机器码才能在机器上执行，才能将高级语言作为输入，将其翻译为机器码。由于当前我们有了高级语言和对应的编译器，采用高级语言去编写新的语言编译器，只要用这种语言设计该编译器后再用编译器将其翻译为本地机器码即可。

为了使 GBS 脚本编辑器能够更好地工作，也方便其他用户自定义使用和修改，将 GBS 脚本编辑器设计成自举 GBS 脚本编辑器，即可以自我修改，自我执行，达到用 GBS 脚本编辑器设计 GBS 脚本编辑器的目的。由于 GBS 脚本编辑器采用纯代码形式实现，GUI 界面采用程序生成而非所见即所得方式，调试相对会烦琐，可以借鉴上节的程序代码，并进行适当修改。

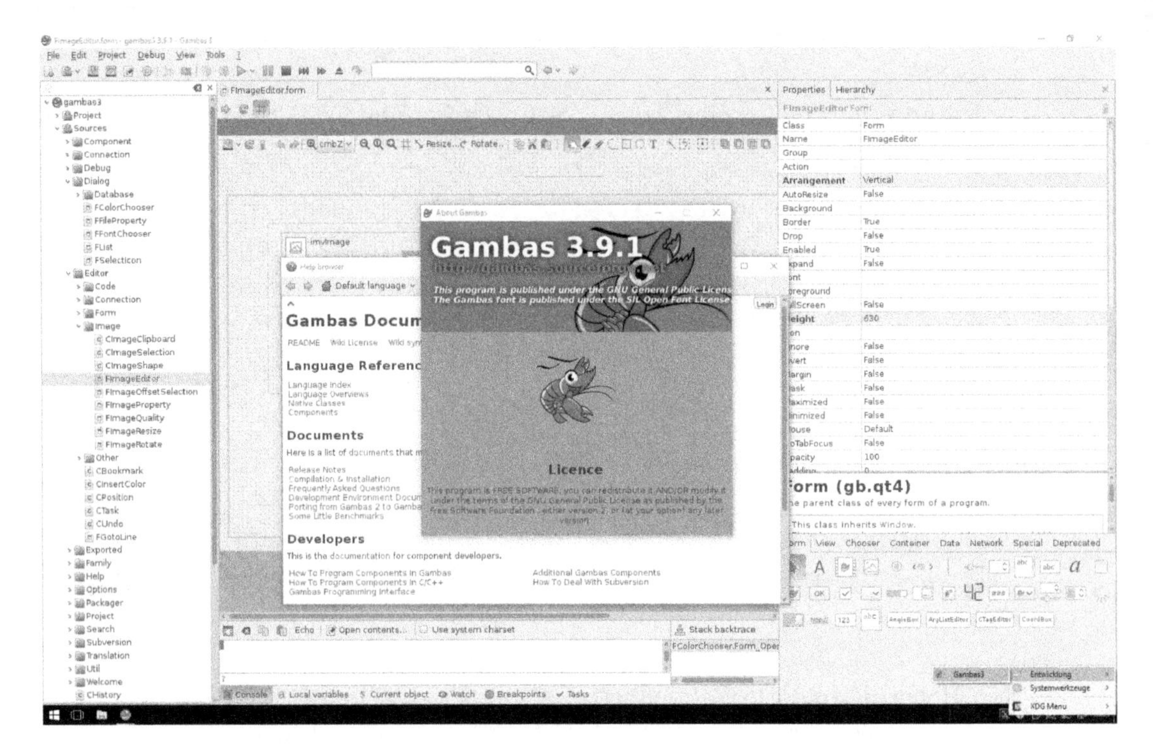

图 2-62　用 Gambas 设计 Gambas 集成开发环境

通过自举方式生成的界面与上节生成的界面略有不同，可以通过逐次迭代的方式，不断修改代码，不断完善，使界面和功能更加完美。通过四次自举，对界面细节和功能进行了修改，生成了 gbscripter.gbs 文件，如图 2-63 所示。

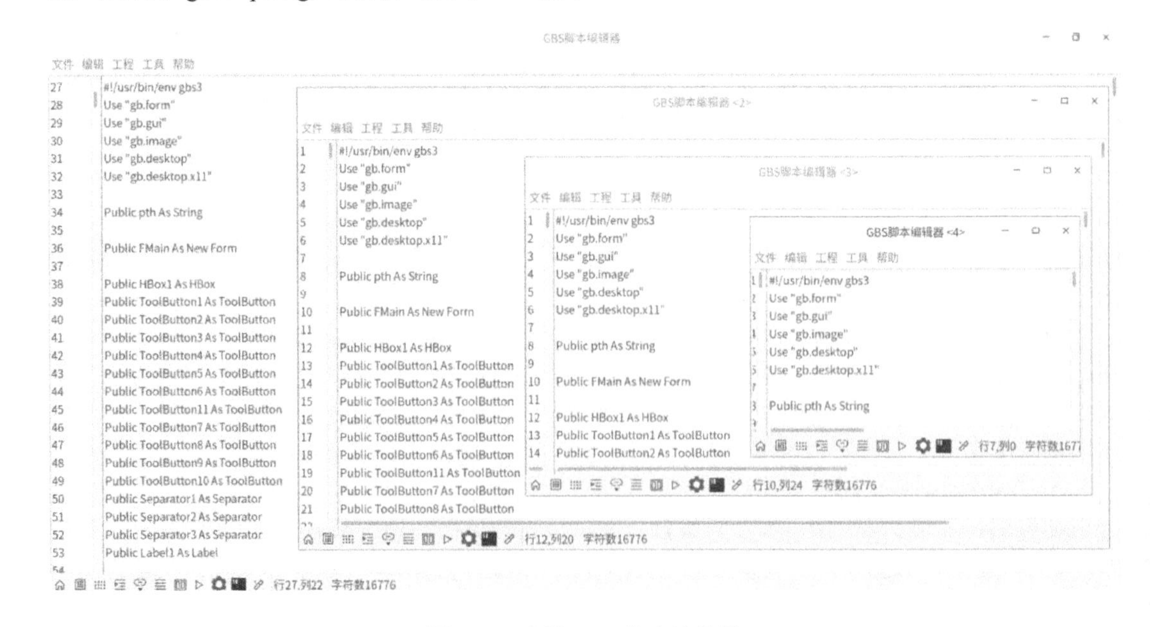

图 2-63　自举 GBS 脚本编辑器

自举GBS脚本编辑器使用GBS脚本编辑器修改源代码，还有一些功能需要进一步完善，用户可根据实际需要进行适当裁减，其源代码为：

```
#!/usr/bin/env gbs3
Use "gb.form"
Use "gb.gui"
Use "gb.image"
Use "gb.desktop"
Use "gb.desktop.x11"

Public pth As String

Public FMain As New Form

Public HBox1 As HBox
Public ToolButton1 As ToolButton
Public ToolButton2 As ToolButton
Public ToolButton3 As ToolButton
Public ToolButton4 As ToolButton
Public ToolButton5 As ToolButton
Public ToolButton6 As ToolButton
Public ToolButton11 As ToolButton
Public ToolButton7 As ToolButton
Public ToolButton8 As ToolButton
Public ToolButton9 As ToolButton
Public ToolButton10 As ToolButton
Public Separator1 As Separator
Public Separator2 As Separator
Public Separator3 As Separator
Public Label1 As Label

Public HSplit1 As HSplit
Public TextAreaLine As TextArea
Public TextArea1 As TextArea

Public Menu_File As Menu
Public Menu_New As Menu
Public Menu_Open As Menu
Public Menu_Save As Menu
Public Menu5 As Menu
Public Menu_Quit As Menu

Public Menu_Edit As Menu
```

```
Public Menu_Undo As Menu
Public Menu_Redo As Menu
Public Menu10 As Menu
Public Menu_Cut As Menu
Public Menu_Copy As Menu
Public Menu_Paste As Menu
Public Menu14 As Menu
Public Menu_SelectAll As Menu
Public Menu_Clear As Menu

Public Menu_Project As Menu
Public Menu_Run As Menu
Public Menu_Attribute As Menu
Public Menu20 As Menu
Public Menu_Terminal As Menu

Public Menu_Tool As Menu
Public Menu_Head As Menu
Public Menu_Main As Menu
Public Menu_Function As Menu
Public Menu_Include As Menu
Public Menu_Component As Menu
Public Menu_Arguments As Menu
Public Menu_Class As Menu

Public Menu_Help As Menu
Public Menu_HelpTopic As Menu
Public Menu_About As Menu

Public Sub gui()

    FMain = New Form As "FMain"

    HSplit1 = New HSplit(FMain)
    TextAreaLine = New TextArea(HSplit1)
    TextArea1 = New TextArea(HSplit1) As "TextArea1"

    HBox1 = New HBox(FMain)
    ToolButton1 = New ToolButton(HBox1) As "ToolButton1"
    ToolButton2 = New ToolButton(HBox1) As "ToolButton2"
    ToolButton3 = New ToolButton(HBox1) As "ToolButton3"
    ToolButton4 = New ToolButton(HBox1) As "ToolButton4"
```

```
ToolButton5 = New ToolButton(HBox1) As "ToolButton5"
ToolButton6 = New ToolButton(HBox1) As "ToolButton6"
ToolButton7 = New ToolButton(HBox1) As "ToolButton7"
ToolButton8 = New ToolButton(HBox1) As "ToolButton8"
ToolButton9 = New ToolButton(HBox1) As "ToolButton9"
ToolButton10 = New ToolButton(HBox1) As "ToolButton10"
ToolButton11 = New ToolButton(HBox1) As "ToolButton11"
Separator1 = New Separator(HBox1)
Separator2 = New Separator(HBox1)
Separator3 = New Separator(HBox1)
Label1 = New Label(HBox1)

Menu_File = New Menu(FMain)
Menu_New = New Menu(Menu_File) As "FileOperation"
Menu_Open = New Menu(Menu_File) As "FileOperation"
Menu_Save = New Menu(Menu_File) As "FileOperation"
Menu5 = New Menu(Menu_File)
Menu_Quit = New Menu(Menu_File) As "FileOperation"

Menu_Edit = New Menu(FMain)
Menu_Undo = New Menu(Menu_Edit) As "EditOperation"
Menu_Redo = New Menu(Menu_Edit) As "EditOperation"
Menu10 = New Menu(Menu_Edit)
Menu_Cut = New Menu(Menu_Edit) As "EditOperation"
Menu_Copy = New Menu(Menu_Edit) As "EditOperation"
Menu_Paste = New Menu(Menu_Edit) As "EditOperation"
Menu14 = New Menu(Menu_Edit)
Menu_SelectAll = New Menu(Menu_Edit) As "EditOperation"
Menu_Clear = New Menu(Menu_Edit) As "EditOperation"

Menu_Project = New Menu(FMain)
Menu_Run = New Menu(Menu_Project) As "ProjectOperation"
Menu_Attribute = New Menu(Menu_Project) As "ProjectOperation"
Menu20 = New Menu(Menu_Project)
Menu_Terminal = New Menu(Menu_Project) As "ProjectOperation"

Menu_Tool = New Menu(FMain)
Menu_Head = New Menu(Menu_Tool) As "ToolOperation"
Menu_Main = New Menu(Menu_Tool) As "ToolOperation"
Menu_Function = New Menu(Menu_Tool) As "ToolOperation"
Menu_Include = New Menu(Menu_Tool) As "ToolOperation"
Menu_Component = New Menu(Menu_Tool) As "ToolOperation"
```

```
Menu_Arguments = New Menu(Menu_Tool) As "ToolOperation"
Menu_Class = New Menu(Menu_Tool) As "ToolOperation"

Menu_Help = New Menu(FMain)
Menu_HelpTopic = New Menu(Menu_Help) As "HelpTopic"
Menu_About = New Menu(Menu_Help) As "HelpTopic"

Menu_File.Caption = "文件"
Menu_New.Caption = "新建"
Menu_New.Shortcut = "Ctrl+N"
Menu_Open.Caption = "打开..."
Menu_Open.Shortcut = "Ctrl+O"
Menu_Save.Caption = "保存..."
Menu_Save.Shortcut = "Ctrl+S"
Menu5.Caption = ""
Menu_Quit.Caption = "退出"
Menu_Quit.Shortcut = "Ctrl+Q"

Menu_Edit.Caption = "编辑"
Menu_Undo.Caption = "撤销"
Menu_Undo.Shortcut = "Ctrl+Z"
Menu_Redo.Caption = "重做"
Menu_Redo.Shortcut = "Ctrl+Y"
Menu10.Caption = ""
Menu_Cut.Caption = "剪切"
Menu_Cut.Shortcut = "Ctrl+X"
Menu_Copy.Caption = "复制"
Menu_Copy.Shortcut = "Ctrl+C"
Menu_Paste.Caption = "粘贴"
Menu_Paste.Shortcut = "Ctrl+V"
Menu14.Caption = ""
Menu_SelectAll.Caption = "全选"
Menu_SelectAll.Shortcut = "Ctrl+A"
Menu_Clear.Caption = "清空"

Menu_Project.Caption = "工程"
Menu_Run.Caption = "运行"
Menu_Run.Shortcut = "F5"
Menu_Run.Picture = Picture["icon:/32/play"]
Menu_Attribute.Caption = "设置文件可执行属性..."
Menu_Attribute.Shortcut = "Ctrl+P"
Menu_Attribute.Picture = Picture["icon:/32/tools"]
```

```
Menu20.Caption = ""
Menu_Terminal.Caption = "终端"
Menu_Terminal.Shortcut = "Ctrl+T"
Menu_Terminal.Picture = Picture["icon:/32/terminal"]

Menu_Tool.Caption = "工具"
Menu_Head.Caption = "插入脚本文件头"
Menu_Head.Shortcut = "Ctrl+H"
Menu_Main.Caption = "插入脚本 Main 函数"
Menu_Main.Shortcut = "Ctrl+M"
Menu_Function.Caption = "插入脚本函数或过程"
Menu_Function.Shortcut = "Ctrl+F"
Menu_Include.Caption = "插入引用脚本"
Menu_Include.Shortcut = "Ctrl+I"
Menu_Component.Caption = "插入脚本引用组件"
Menu_Component.Shortcut = "Ctrl+U"
Menu_Arguments.Caption = "插入脚本命令行传递参数"
Menu_Arguments.Shortcut = "Ctrl+R"
Menu_Class.Caption = "插入类"
Menu_Class.Shortcut = "Ctrl+L"

Menu_Help.Caption = "帮助"
Menu_HelpTopic.Caption = "帮助"
Menu_HelpTopic.Shortcut = "F1"
Menu_About.Caption = "关于"

HBox1.Left = 0
HBox1.Top = 0
HBox1.Height = 36
HBox1.Width = 855
ToolButton1.Left = 0
ToolButton1.Top = 9
ToolButton1.Width = 36
ToolButton1.Height = 27
ToolButton1.Picture = Picture["icon:/32/home"]
ToolButton1.Tooltip = "插入脚本文件头"
ToolButton2.Left = 45
ToolButton2.Top = 9
ToolButton2.Width = 36
ToolButton2.Height = 27
ToolButton2.Picture = Picture["icon:/32/calendar"]
ToolButton2.Tooltip = "插入脚本 Main 函数"
```

```
ToolButton3.Left = 81
ToolButton3.Top = 9
ToolButton3.Width = 36
ToolButton3.Height = 27
ToolButton3.Picture = Picture["icon:/32/grid"]
ToolButton3.Tooltip = "插入脚本函数或过程"
ToolButton4.Left = 117
ToolButton4.Top = 9
ToolButton4.Width = 36
ToolButton4.Height = 27
ToolButton4.Picture = Picture["icon:/32/indent"]
ToolButton4.Tooltip = "插入引用脚本"
ToolButton5.Left = 153
ToolButton5.Top = 9
ToolButton5.Width = 36
ToolButton5.Height = 27
ToolButton5.Picture = Picture["icon:/32/insert-link"]
ToolButton5.Tooltip = "插入脚本引用组件"
ToolButton6.Left = 198
ToolButton6.Top = 9
ToolButton6.Width = 36
ToolButton6.Height = 27
ToolButton6.Picture = Picture["icon:/32/menu"]
ToolButton6.Tooltip = "插入脚本命令行传递参数"
ToolButton11.Left = 252
ToolButton11.Top = 9
ToolButton11.Width = 36
ToolButton11.Height = 27
ToolButton11.Picture = Picture["icon:/32/wizard"]
ToolButton11.Tooltip = "插入类"
Separator1.Left = 306
Separator1.Top = 9
Separator1.Height = 27
Separator1.Width = 9
ToolButton7.Left = 324
ToolButton7.Top = 9
ToolButton7.Width = 36
ToolButton7.Height = 27
ToolButton7.Picture = Picture["icon:/32/view-split-h"]
ToolButton7.Tooltip = "双栏功能切换"
ToolButton8.Left = 378
ToolButton8.Top = 9
```

```
ToolButton8.Width = 36
ToolButton8.Height = 27
ToolButton8.Picture = Picture["icon:/32/play"]
ToolButton8.Tooltip = "运行"
ToolButton9.Left = 432
ToolButton9.Top = 9
ToolButton9.Width = 36
ToolButton9.Height = 27
ToolButton9.Picture = Picture["icon:/32/tools"]
ToolButton9.Tooltip = "设置文件可执行属性"
ToolButton10.Left = 477
ToolButton10.Top = 9
ToolButton10.Width = 36
ToolButton10.Height = 27
ToolButton10.Picture = Picture["icon:/32/terminal"]
ToolButton10.Tooltip = "终端"
Label1.Left = 549
Label1.Top = 9
Label1.Width = 300
Label1.Height = 18

FMain.Width = 1400
FMain.Height = 700
FMain.Text = "GBS 脚本编辑器"
FMain.Icon = Picture["icon:/32/gambas"]
FMain.Arrangement = Arrange.Vertical

HSplit1.Left = 45
HSplit1.top = 72
HSplit1.Width = 500
HSplit1.Height = 500
HSplit1.Expand = True
TextAreaLine.Left = 10
TextAreaLine.Top = 50
TextAreaLine.Width = 10
TextAreaLine.Height = 200
TextArea1.Left = 100
TextArea1.Top = 50
TextArea1.Width = 200
TextArea1.Height = 200

FMain.Show
```

```
End

Public Sub Main()
  gui
End

Public Sub FMain_Open()

  Dim i As Integer

  '设置左右分栏比例
  HSplit1.Layout = [5, 95]
  '设置行号
  For i = 1 To 1000
    TextAreaLine.Insert(Str(i) & "\n")
  Next
End

'该过程只建议在 Deepin 下使用
Public Sub TextArea1_Cursor()
  '在使用键盘操作时，使双栏同步显示
  TextAreaLine.Line = TextArea1.Line
  Label1.Text = "行" & (TextArea1.Line + 1) & "," & "列" & TextArea1.Column & "        字符数
" & TextArea1.Length
  '错误返回
  Catch
    Return
End

Public Sub ToolButton1_Click()
  '虚拟按键
  Desktop.SendKeys("{[Control_L]h}")
End

Public Sub ToolButton2_Click()
  '虚拟按键
   Desktop.SendKeys("{[Control_L]m}")
End

Public Sub ToolButton3_Click()
  '虚拟按键
   Desktop.SendKeys("{[Control_L]f}")
```

```
End

Public Sub ToolButton4_Click()
  '虚拟按键
   Desktop.SendKeys("{[Control_L]i}")
End

Public Sub ToolButton5_Click()
  '虚拟按键
   Desktop.SendKeys("{[Control_L]u}")
End

Public Sub ToolButton6_Click()
  '虚拟按键
   Desktop.SendKeys("{[Control_L]r}")
End

Public Sub ToolButton7_Click()
  '双栏功能切换
  If ToolButton7.Tag Then
    TextAreaLine.Clear
    FMain_Open
    ToolButton7.Tag = False
  Else
    HSplit1.Layout = [50, 50]
    TextAreaLine.Text = TextArea1.Text
    ToolButton7.Tag = True
  Endif
End

Public Sub ToolButton8_Click()
  '虚拟按键
   Desktop.SendKeys("[F5]")
End

Public Sub ToolButton9_Click()
  '虚拟按键
   Desktop.SendKeys("{[Control_L]p}")
End

Public Sub ToolButton10_Click()
  '虚拟按键
```

```
    Desktop.SendKeys("{[Control_L]t}")
End

Public Sub ToolButton11_Click()
  '虚拟按键
    Desktop.SendKeys("{[Control_L]l}")
End

'保存脚本文件
Public Function SaveGbs(Optional sel As Boolean = False) As Integer

  Dim res As Integer

  If sel = False Then
    Message.Title = "保存"
    res = Message.Question("您是否要保存该文件？ ", "保存", "不保存", "取消")
  Else
    res = 1
  Endif
  Select Case res
    Case 1
      If IsNull(pth) Then
        Dialog.Title = "保存"
        Dialog.Filter = ["*.gbs", "Gambas Scripter"]
        Dialog.Path = "."
        If Dialog.SaveFile() Then Return
      Endif
      File.Save(Dialog.Path, TextArea1.Text)
      pth = Dialog.Path
      '清除程序改变标志
      TextArea1.Tag = False
      FMain.Text = "GBS 脚本编辑器"
      '返回已保存
      Return 1
    Case 2
      '清除程序改变标志
      TextArea1.Tag = False
      FMain.Text = "GBS 脚本编辑器"
      '返回不保存
      Return 2
    Case 3
      '返回取消，无操作
```

```
        Return 3
    End Select
End

Public Sub TextArea1_Change()
    '设置程序改变标志
    TextArea1.Tag = True
    FMain.Text = "GBS 脚本编辑器" & "*"
End

'文件菜单
Public Sub FileOperation_Click()

    Dim res As Integer

    Select Case Last.Text
      Case "新建"           '新建
        If TextArea1.Tag = True Then
          res = SaveGbs()
          If (res = 1) Or (res = 2) Then TextArea1.Clear
          If res = 3 Then Return
        Else
          TextArea1.Clear
        Endif
        pth = ""
      Case "打开..."        '打开
        If TextArea1.Tag = True Then
          res = SaveGbs()
          If (res = 1) Or (res = 2) Then TextArea1.Clear
          If res = 3 Then Return
        Else
          TextArea1.Clear
          '清除程序改变标志
          TextArea1.Tag = False
          FMain.Text = "GBS 脚本编辑器"
        Endif
        '打开
        Dialog.Title = "打开"
        Dialog.Filter = ["*.gbs", "Gambas Scripter"]
        Dialog.Path = "."
        If Dialog.OpenFile() Then Return
        TextArea1.Text = File.Load(Dialog.Path)
```

```
      pth = Dialog.Path
      '清除程序改变标志
      TextArea1.Tag = False
      FMain.Text = "GBS 脚本编辑器"
    Case "保存..."          '保存
      SaveGbs(True)
    Case "退出"          '退出
      If TextArea1.Tag = True Then
        res = SaveGbs()
        If (res = 1) Or (res = 2) Then FMain.Close
        If res = 3 Then Return
      Else
        FMain.Close
      Endif
  End Select
End

Public Sub FMain_Close()

  Dim res As Integer

  '窗体右上角的关闭按钮事件
  If TextArea1.Tag = True Then
    res = SaveGbs()
    If (res = 1) Or (res = 2) Then FMain.Close
    '停止响应关闭事件
    If res = 3 Then Stop Event
  Else
    FMain.Close
  Endif
End

'编辑菜单
Public Sub EditOperation_Click()
  Select Case Last.Text
    Case "撤销"          '撤销
      TextArea1.Undo
    Case "重做"          '重做
      TextArea1.Redo
    Case "剪切"          '剪切
      TextArea1.Cut
    Case "复制"          '复制
```

```
            TextArea1.Copy
        Case "粘贴"          '粘贴
            Menu_Copy.Tag = TextArea1.Selection.Start
            TextArea1.Text = String.Left(TextArea1.Text, TextArea1.Selection.Start) & String.Right
(TextArea1.Text, String.Len(TextArea1.Text) - TextArea1.Selection.Start - TextArea1.Selection.Length)
            TextArea1.Pos = Menu_Copy.Tag
            TextArea1.Paste
        Case "全选"          '全选
            TextArea1.SelectAll
        Case "清空"          '清空
            TextArea1.Clear
    End Select
End

'工程菜单
Public Sub ProjectOperation_Click()

    Dim tmp As String
    Dim rt As Integer[]

    Select Case Last.Text
        Case "运行"              '运行
            tmp = User.Home &/ "tmp.gbs"
            File.Save(tmp, TextArea1.Text)
            '设置文件可执行属性
            Shell "chmod u+x " & tmp
            '打开终端
            Shell "deepin-terminal"
            '优麒麟
            'Shell "mate-terminal"
            'ubuntu
            'Shell "gnome-terminal"
            '延时
            Wait 2
            '查找当前终端窗口
            'Deepin
            rt = Desktop.FindWindow("*深度终端")
            'ubuntu 优麒麟
            'rt = Desktop.FindWindow("", "*terminal*")
            Desktop.ActiveWindow = rt[rt.Count - 1]
            '发送虚拟按键命令
            Desktop.SendKeys(tmp & "\n")
```

```
            'Desktop.SendKeys("\n")
        Case "设置文件可执行属性..."     '设置文件可执行属性
            Dialog.Title = "属性设置"
            Dialog.Filter = ["*.gbs", "Gambas Scripter"]
            Dialog.Path = "."
            If Dialog.OpenFile() Then Return
            Shell "chmod u+x " & Dialog.Path
        Case "终端"     '终端
            'Deepin
            Shell "deepin-terminal"
            '优麒麟
            'Shell "mate-terminal"
            'ubuntu
            'Shell "gnome-terminal"
    End Select
End

Public Sub SetPos()
    '设置光标当前位置，方便后续脚本代码插入
    TextArea1.ToLine(TextArea1.Line)
    TextArea1.ToColumn(TextArea1.Column)
End

'工具菜单
Public Sub ToolOperation_Click()

    Dim fname As String

    SetPos
    Select Case Last.Text
        Case "插入脚本文件头"              '插入脚本文件头
            TextArea1.Insert("#!/usr/bin/env gbs3\n")
        Case "插入脚本 Main 函数"          '插入脚本 Main 函数
            TextArea1.Insert("Public Sub Main()\n" & "    Print \"Hello,World!\"\n" & "End\n")
        Case "插入脚本函数或过程"          '插入脚本函数或过程
            fname = InputBox("请输入函数或过程名： ", "创建函数或过程", "func")
            If Not IsNull(fname) Then TextArea1.Insert("Public Sub " & fname & "()\n" & "    \n" &
"End\n")
        Case "插入引用脚本"            '插入引用脚本
            fname = InputBox("请输入 Gambas 脚本文件名： ", "引用脚本", "func.gbs")
            If Not IsNull(fname) Then TextArea1.Insert("INCLUDE \"" & fname & "\"\n")
        Case "插入脚本引用组件"      '插入脚本引用组件
```

```
        fname = InputBox("请输入 Gambas 组件名：", "引用组件", "")
        If Not IsNull(fname) Then TextArea1.Insert("Use \"" & fname & "\"\n")
      Case "插入脚本命令行传递参数"      '插入脚本命令行传递参数
        TextArea1.Insert("Dim arg as String\nDim i as Integer\n\nFor Each arg In ARGS\n Print
\"ARGS No.\" & i & arg\n    Inc i\nNext\n")
      Case "插入类"            '插入类
        '注释文档

TextArea1.Insert("'=======================MyClassFile.gbs=======================\n")
        TextArea1.Insert("'Class MyClass\n")
        TextArea1.Insert("   '可以设置函数的参数与返回值\n")
        TextArea1.Insert("   'Static Public Function MyFunc()\n")
        TextArea1.Insert("   '...\n")
        TextArea1.Insert("   'End\n")
        TextArea1.Insert("'End Class\n")

TextArea1.Insert("'==============================================================\n")
        TextArea1.Insert("\n")
        TextArea1.Insert("\n")

TextArea1.Insert("'=======================MyScript.gbs=========================\n")
        TextArea1.Insert("'注意，INCLUDE 必须大写，如果与 MyClassFile.gbs 不在同一目录
时，应使用绝对路径\n")
        TextArea1.Insert("'INCLUDE \"MyClassFile.gbs\"\n")
        TextArea1.Insert("'...\n")
        TextArea1.Insert("'MyClass.MyFunc()\n")
        TextArea1.Insert("'...\n")

TextArea1.Insert("'==============================================================\n")
        TextArea1.Insert("\n")
        TextArea1.Insert("\n")
        '插入类
        TextArea1.Insert("Class  MyClass\n   Static  Public  Function  MyFunc()\n   End\nEnd
Class\n")
    End Select
  End

  Public Sub HelpTopic_Click()
    Select Case Last.Text
      Case "帮助"    '帮助
        '打开指定网页
        Desktop.Open("http://gambaswiki.org/wiki/doc/scripting")
```

```
        Case "关于"          '关于
          Message.Title = "关于"
          Message("Gambas 脚本编辑器！\n 本程序发布遵循 GNU 通用公共许可协议！", "确定")
      End Select
    End
```

程序中，该脚本程序与 Gambas 集成开发环境中的 GBS 脚本编辑器代码相比，增加了 Use 引用代码，以通知编译器加载相关模块：

```
#!/usr/bin/env gbs3
Use "gb.form"
Use "gb.gui"
Use "gb.image"
Use "gb.desktop"
Use "gb.desktop.x11"
```

此外，窗体及窗体中的各种控件需要由程序自动生成，采用 New 关键字将窗体和窗体中的每一个控件、对象实例化，并通过 Public Sub gui 过程进行显示，包括：FMain、HSplit1、TextAreaLine、TextArea1、HBox1 以及 ToolButton 和 Menu 等。菜单在开始设计阶段采用了多个 Menu 响应同一个事件的 Group 属性，而该属性只能在可视化设计状态下使用，在编写代码状态下不可用，即不可以通过代码形式引用 Group 属性。为了解决这个问题，如在“文件”菜单中，将所有子菜单项定义为相同事件“FileOperation”，如：

```
  Menu_File = New Menu(FMain)
  Menu_New = New Menu(Menu_File) As "FileOperation"
  Menu_Open = New Menu(Menu_File) As "FileOperation"
  Menu_Save = New Menu(Menu_File) As "FileOperation"
  Menu5 = New Menu(Menu_File)
  Menu_Quit = New Menu(Menu_File) As "FileOperation"
```

其中，第 1 行定义了菜单条，菜单条的父容器为当前窗体 FMain，即该菜单为窗体的子控件；第 2～6 行以第 1 个菜单 Menu_File 为父菜单；第 5 行不响应任何事件，并且将 Caption 属性设置为空字符串后，运行时显示为分隔符。

在 Public Sub FileOperation_Click 过程中，为了区分程序到底响应了哪个菜单项事件，通过 Select Case Last.Text 选择结构获得最后一次点击菜单的菜单 Caption 属性，利用 Case "新建"、Case "打开..."、Case "保存"、Case "退出"等选择响应相关事件。

由于 GBS 脚本编辑器代码超过了 600 行，修改后可能会遇到调试不方便的问题，可以使用 Gambas 集成开发环境进行调试运行。

① 启动 Gambas 集成开发环境，可以在菜单栏选择“文件”→“新建工程...”，或在启动窗体中直接选择“新建工程...”项。

② 在“新建工程”对话框中选择“1.工程类型”中的“Command-line application”项，点击“下一个(N)”按钮。

③ 在“新建工程”对话框中选择“2.Parent directory”中要新建工程的目录，点击“下一个(N)”按钮。

④ 在“新建工程”对话框的“3.Project details”中输入工程名和工程标题，工程名为存储目录的名称，工程标题为应用程序的实际名称，可以设置相同的工程名和工程标题。完成

之后，点击“确定”按钮。

⑤ 在菜单中选择“工程”→“属性...”项，在弹出的“工程属性”对话框中，勾选“gb.form”“gb.gui”“gb.image”项。

⑥ 系统默认生成的启动模块为Main。系统在Main模块（Main.module）中自动添加Main函数，并自动生成“Print "Hello world"”代码。

⑦ 在Main模块中添加代码。

Main模块中的代码与上述代码完成相同，但是需要注释“#!/usr/bin/env gbs3”语句，调试与运行不受影响，如图2-64所示。

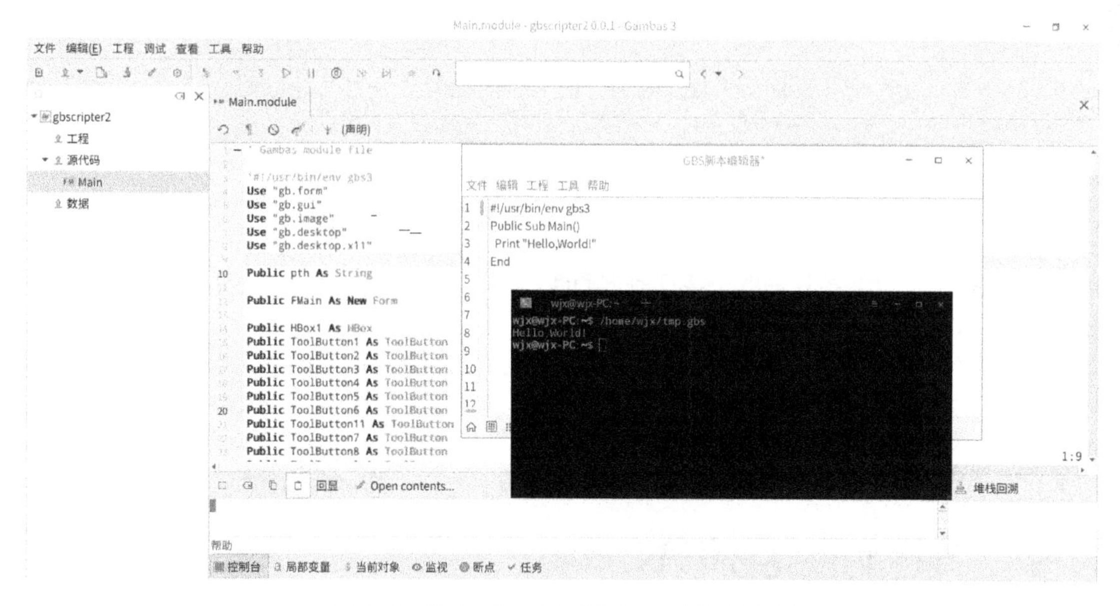

图2-64 用Gambas IDE调试GBS脚本编辑器

第3章 网络通信技术

网络通信类组件包含 gb.net 和 gb.net.curl 组件，是组成 Gambas 应用程序的重要对象，主要为用户提供串口通信、Tcp、Udp、Ftp 服务功能，以控件的形式存在，在运行时不可见，操作方便，易于掌握。网络通信类组件在加载后，全部位于集成开发环境中控件工具箱的 Network 标签页。这些控件来源于并且兼容 Qt4、Qt5、GTK+2、GTK+3，可方便地发布和移植到各种 Linux 操作系统中。

本章介绍了 Gambas 网络通信类组件的使用方法，包括 SerialPort、ServerSocket、Socket、UdpSocket、DnsClient、HttpClient、FtpClient 控件以及与之关联的类和虚类，并给出了串口助手程序、双机通信程序、Udp 双机通信程序、天气预报程序、Ftp 文件查看器程序等示例，能够使读者快速掌握网络通信类组件的属性、方法、事件，以及相关程序设计方法。

3.1 串行通信技术

计算机与外部信息交换的方式有两种，一种是并行通信，另一种是串行通信。并行通信时，数据各位同时传送；而串行通信时，数据和控制信息一位接一位串行传送出去。由于串行通信中数据按位依次传输，每位数据占据固定的时间长度，使用较少通信线路完成系统间信息交换，适用于计算机与计算机、计算机与外设之间的短距离通信。串行通信多用于系统间、设备间、器件间的数据传输，其特点是：通信线路少，布线简单，结构灵活。

3.1.1 RS-232C 串行通信

RS-232C 是串行数据接口标准，是由美国电子工业协会 EIA（Electronic Industry Association）制定的一种串行物理接口标准。RS（Recommended Standard）是英文“推荐标准”的缩写，232 为标识号。它规定连接电缆、机械、电器特性、信号功能及传送过程。

RS-232C 被定义为一种在低速率串行通信中增强通信距离的单端标准。RS-232C 接口是计算机及工业通信中应用最广泛的一种串行接口形式。

（1）RS-232C 接口标准及电气特性

RS-232C 标准最初是根据远程数据终端 DTE（Data Terminal Equipment）与数据通信设备 DCE（Data Communication Equipment）而制定的。RS-232C 标准中所提到的“发送”和“接收”都是基于数据终端 DTE 而非 DCE。RS-232C 常用的接口信号定义如下：

DSR：数据装置准备好（Data Set Ready）。处于有效状态时，表示设备处于可以使用的状态。

DTR：数据终端准备好（Data Terminal Ready）。处于有效状态时，表示数据终端可以使用。

RTS：请求发送（Request To Send）。表示 DTE 请求 DCE 发送数据。

CTS：允许发送（Clear To Send）。表示 DCE 准备好接收 DTE 发来的数据。

RLSD：接收信号线检测（Received Line detection）。表示 DCE 已接通通信链路，通知 DTE 准备接收数据。

RI：振铃信号（Ring）。当收到其他设备发来的振铃信号时，使该信号有效，通知终端已被呼叫。

TxD：发送数据（Transmitted Data）。通过 TxD 终端将串行数据发送到 DCE。

RxD：接收数据（Received Data）。通过 RxD 线终端接收从 DTE 发来的串行数据。

SG、PG：信号地和保护地信号线。

RS-232C 采用负逻辑，逻辑 1 电平表示电压在-15～-5V 范围内，逻辑 0 电平表示电压在+5～+15V 范围内。数据最高传输速率为 20KB/s，通信距离最长为 15m。

RS-232C 以串行方式按位传输数据，其 ASCII 码的传输一般是由起始位开始，以终止位结束。需要指出的是，RS-232C 标准接口可以收发 5～8 位的数据位，附加 1 位校验位和 1～2 位停止位。RS-232C 数据传输格式如图 3-1 所示。

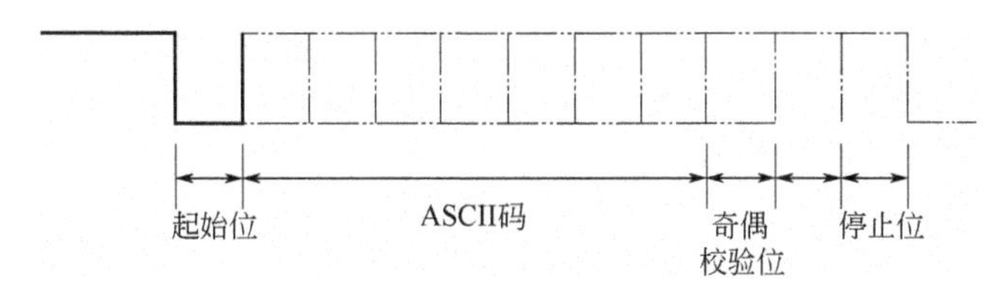

图 3-1　RS-232C 数据传输格式

（2）RS-232C 连接器

台式计算机一般都会集成有 RS-232C 串行接口，通常使用 DB9 型（9 针）连接器，而一些专用计算机也配备了 DB25 型（25 针）连接器，如图 3-2 所示。

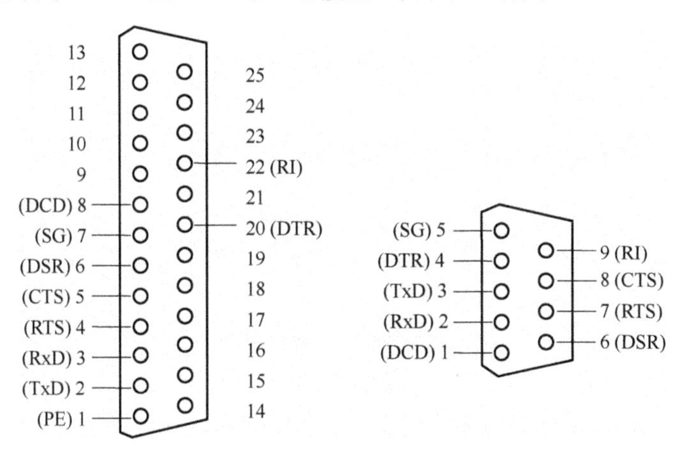

图 3-2　RS-232C 连接器

DB25 型连接器定义了 25 根信号线，分为 4 组：

异步通信的 9 个电压信号（包含地信号）（2、3、4、5、6、7、8、20、22）。

9 个 20mA 电流环信号（12、13、14、15、16、17、19、23、24）。

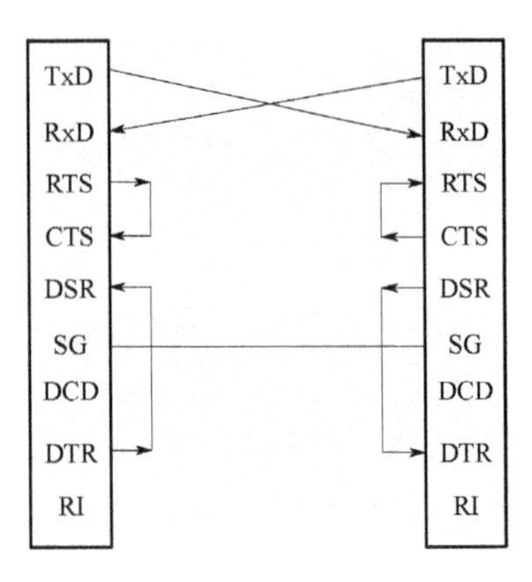

图 3-3　零 Modem 最简连接方式

6 个空信号（9、10、11、18、21、25）。

保护地 PE，作为设备接地端（1）。

当通信距离较近时，通信双方可以直接连接，只需使用少数几根信号线。在最简情况下，只需三根线（发送线、接收线、信号地线）便可实现全双工异步串行通信，即零 Modem 最简连接，如图 3-3 所示。

在最简连接方式下，系统把通信双方都当作数据终端设备，RxD 与 TxD 交叉连接，双方均可收可发。在这种方式下，通信双方的任何一方，只要请求发送 RTS 有效和数据终端准备好 DTR 有效就能开始发送和接收数据。

RTS 与 CTS 互连：只要请求发送，立即得到允许。

DTR 与 DSR 互连：只要数据装置与数据终端准备好，则可以接收数据。

3.1.2　SerialPort 控件

Gambas 的 gb.net 组件具有串口通信功能，提供了 SerialPort 串口控件。SerialPort 串口控件使用串行接口（通常为 RS-232C 串口）进行通信。该类继承自 Stream 类，可以使用标准的流（Stream）方法来发送和接收数据以及关闭串口。

（1）SerialPort 控件的主要属性

① Blocking 属性　Blocking 属性用于返回或设置是否流阻塞。当设置该属性时，流没有数据可读时读操作被阻塞，流内部系统缓冲区满时写操作被阻塞。函数声明为：

```
Stream.Blocking As Boolean
```

② ByteOrder 属性　ByteOrder 用于返回或设置从流读/写二进制数据的字节顺序。函数声明为：

```
Stream.ByteOrder As Integer
```

③ CTS 属性　CTS 属性用于返回 CTS 端口的当前状态，如果串口关闭则返回 False。函数声明为：

```
SerialPort.CTS As Boolean
```

④ DCD 属性　DCD 属性用于返回 DCD 端口的当前状态，如果串口关闭则返回 False。函数声明为：

```
SerialPort.DCD As Boolean
```

⑤ DSR 属性　DSR 属性用于返回 DSR 端口的当前状态，如果串口关闭则返回 False。函数声明为：

```
SerialPort.DSR As Boolean
```

⑥ DTR 属性　DTR 属性用于返回或设置 DTR 端口的当前状态。关闭串口时，无法设置该值。如果串口关闭，并且读取该属性，则返回 False。函数声明为：

```
SerialPort.DTR As Boolean
```

⑦ DataBits 属性　DataBits 属性用于返回或设置串口使用的数据位数。可以使用以下常量之一：SerialPort.Bits5、SerialPort.Bits6、SerialPort.Bits7、SerialPort.Bits8。函数声明为：

```
SerialPort.DataBits As Integer
```

⑧ EndOfFile 属性　EndOfFile 属性用于返回最后一次使用 LINE INPUT 读操作是到达了文件末尾，还是读取了一个用行结束字符结尾的完整行。检查文件是否到达末尾，可使用 Eof 函数或 Eof 属性。函数声明为：

```
Stream.EndOfFile As Boolean
```

⑨ EndOfLine 属性　EndOfLine 属性用于返回或设置当前流使用的新行分隔符。LINE INPUT 语句和 PRINT 语句会使用这个属性的值。函数声明为：

```
Stream.EndOfLine As Integer
```

EndOfLine 属性常量如表 3-1 所示。

表 3-1　EndOfLine 属性常量

常量名	常量值	备注
gb.Unix	0	Chr$(10)
gb.Windows	1	Chr$(13) & Chr$(10)
gb.Mac	2	Chr$(13)

⑩ Eof 属性　Eof 属性用于返回流是否到达末尾。函数声明为：

```
Stream.Eof As Boolean
```

⑪ FlowControl 属性　FlowControl 属性用于返回或设置串口流控制。可以使用以下常量之一：SerialPort.None、SerialPort.Hardware、SerialPort.Software、SerialPort.Both。函数声明为：

```
SerialPort.FlowControl As Integer
```

⑫ Handle 属性　Handle 属性用于返回与 Stream 关联的系统文件句柄。函数声明为：

```
Stream.Handle As Integer
```

⑬ InputBufferSize 属性　InputBufferSize 属性用于返回内部输入缓冲区的字节数。函数声明为：

```
SerialPort.InputBufferSize As Integer
```

⑭ IsTerm 属性　IsTerm 属性用于返回流是否与终端关联。函数声明为：

```
Stream.IsTerm As Boolean
```

⑮ Lines 属性　Lines 属性用于返回允许用户一行一行枚举流内容的虚类对象。函数声明为：

```
Stream.Lines As .Stream.Lines
```

⑯ NullTerminatedString 属性　NullTerminatedString 属性用于返回是否为空结束符。函数声明为：

```
Stream.NullTerminatedString As Boolean
```

⑰ OutputBufferSize 属性　OutputBufferSize 属性用于返回内部输出缓冲区的字节数。函数声明为：

```
SerialPort.OutputBufferSize As Integer
```

⑱ Parity 属性　Parity 属性用于返回或设置串口奇偶校验。可以使用以下常量之一：SerialPort.None、SerialPort.Odd、SerialPort.Even。函数声明为：

```
SerialPort.Parity As Integer
```

⑲ PortName 属性　PortName 属性用于返回或设置当前串口号字符串。仅当串口关闭时

才能更改该属性。函数声明为：

```
SerialPort.PortName As String
```

举例说明：

```
Dim Sp As New SerialPort
Sp.PortName = "/dev/ttyS0"
```

⑳ RNG 属性　RNG 属性用于返回 RI 端口的当前状态。如果串口关闭则返回 False。函数声明为：

```
SerialPort.RNG As Boolean
```

㉑ RTS 属性　RTS 属性用于返回或设置 RTS 端口的当前状态。关闭串口时，无法设置该值。如果关闭串口，并且读取了该属性，则返回 False。函数声明为：

```
SerialPort.RTS As Boolean
```

㉒ Speed 属性　Speed 属性用于返回或设置波特率。波特率必须是串口驱动程序允许的标准值，如：9600、19200 等。函数声明为：

```
SerialPort.Speed As Integer
```

㉓ Status 属性　Status 属性用于返回串口当前状态。函数声明为：

```
SerialPort.Status As Integer
```

Status 属性常量如表 3-2 所示。

表 3-2　Status 属性常量

常量名	常量值	备注
Net.Inactive	0	串口已关闭
Net.Active	1	串口已打开

㉔ StopBits 属性　StopBits 属性用于返回或设置串口停止位。可以使用以下常量之一：SerialPort.Bits1、SerialPort.Bits2。函数声明为：

```
SerialPort.StopBits As Integer
```

㉕ Tag 属性　Tag 属性用于返回或设置与流关联的标签。函数声明为：

```
Stream.Tag As Variant
```

㉖ Term 属性　Term 属性用于返回与流关联的终端的虚拟对象。函数声明为：

```
Stream.Term As .Stream.Term
```

（2）SerialPort 控件的主要方法

① Begin 方法　Begin 方法用于写入缓冲数据到流，以便在调用 Send 方法时发送相关数据。函数声明为：

```
Stream.Begin ( )
```

② Close 方法　Close 方法用于关闭流。函数声明为：

```
Stream.Close ( )
```

③ Drop 方法　Drop 方法用于清除自上次调用 Begin 方法以来缓冲的数据。函数声明为：

```
Stream.Drop ( )
```

④ Open 方法　Open 方法用于打开串口。函数声明为：

```
SerialPort.Open ( [ Polling As Integer ] )
```

Polling 为串口号。

⑤ ReadLine 方法　ReadLine 方法用于从流中读取一行文本，类似于 LINE INPUT。函数声明为：

```
Stream.ReadLine ( [ Escape As String ] ) As String
```

Escape 为忽略文本，即忽略两个 Escape 字符之间的新行。

⑥ Send 方法　Send 方法用于发送自上次调用 Begin 方法以来的所有数据。函数声明为：

```
Stream.Send ( )
```

⑦ Watch 方法　Watch 方法用于开始或停止监视流文件描述符以进行读写操作。函数声明为：

```
Stream.Watch ( Mode As Integer, Watch As Boolean )
```

Mode 为监视类型。gb.Read 为读，gb.Write 为写。

Watch 为监视开关。

（3）SerialPort 控件的主要事件

① CTSChange 事件　CTSChange 事件当 CTS 信号改变时触发。函数声明为：

```
Event SerialPort.CTSChange ( CurrentValue As Boolean )
```

CurrentValue 存储该属性值。

② DCDChange 事件　DCDChange 事件当 DCD 信号改变时触发。函数声明为：

```
Event SerialPort.DCDChange ( CurrentValue As Boolean )
```

CurrentValue 存储该属性值。

③ DSRChange 事件　DSRChange 事件当 DSR 信号改变时触发。函数声明为：

```
Event SerialPort.DSRChange ( CurrentValue As Boolean )
```

CurrentValue 存储该属性值。

④ DTRChange 事件　DTRChange 事件当 DTR 信号改变时触发。函数声明为：

```
Event SerialPort.DTRChange ( CurrentValue As Boolean )
```

CurrentValue 存储该属性值。

⑤ RNGChange 事件　RNGChange 事件当 RNG 信号改变时触发。函数声明为：

```
Event SerialPort.RNGChange ( CurrentValue As Boolean )
```

CurrentValue 存储该属性值。

⑥ RTSChange 事件　RTSChange 事件当 RTS 信号改变时触发。函数声明为：

```
Event SerialPort.RTSChange ( CurrentValue As Boolean )
```

CurrentValue 存储该属性值。

⑦ Read 事件　Read 事件当从串口读取数据时触发。函数声明为：

```
Event SerialPort.Read ( )
```

（4）SerialPort 控件的主要常数

SerialPort 控件的主要常数如表 3-3 所示。

表 3-3　SerialPort 控件的主要常数

常量名	常量值	备注
SerialPort.Bits1	1	1 位停止位
SerialPort.Bits2	2	2 位停止位
SerialPort.Bits5	5	每帧 5 位数据

续表

常量名	常量值	备注
SerialPort.Bits6	6	每帧 6 位数据
SerialPort.Bits7	7	每帧 7 位数据
SerialPort.Bits8	8	每帧 8 位数据
SerialPort.None	0	无奇偶校验，无流量控制
SerialPort.Even	1	偶校验
SerialPort.Odd	2	奇校验
SerialPort.Hardware	1	硬件流控制
SerialPort.Software	2	软件流控制
SerialPort.Both	3	软硬件流控制

3.1.3 tty 终端设备操作

tty 是 Teletype 或 TeletypeWriter 的缩写，即电传打字机。电传打字机通常包括键盘、收发报器和打字机，后被显示器和键盘所取代，当前使用 tty 来指代各种类型的终端设备。在 Deepin 的终端下输入 tty 命令可显示终端，如图 3-4 所示。

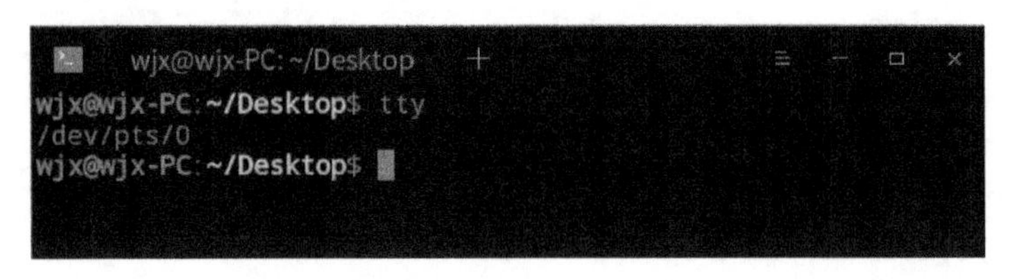

图 3-4　tty 命令显示终端

（1）pty 虚拟终端

pty 为虚拟终端或伪终端，是一对虚拟的字符设备，使用双向管道进行连接，可以在终端模拟器（Terminal Emulator）中运行。pty 是成对的逻辑终端设备，即 Master 主设备和 Slave 从设备，与实际物理设备无关。从设备上的应用进程可以像使用传统终端一样读取来自主设备上应用程序的输入，以及向主设备应用输出信息。Linux 提供了两套虚拟终端接口，即 BSD-style 和 System V-style。System V-style 终端也被称为 UNIX 98 Pseudoterminals，是目前使用的虚拟终端方式。ssh 和 Telnet 登录远程主机时的终端就是 pty。

（2）串口终端

与计算机串口（RS-232）连接的终端设备，对应的设备文件名称为“/dev/tty+类型+设备编号”，如/dev/ttyS0，S 为设备类型，0 为指定类型下的设备编号。串口可以通过硬件或软件进行模拟，如 USB 转串口、虚拟串口等。

（3）远程访问串口

通过网络远程访问串口，首先需要把串口虚拟化为网络端口，之后在网络中的另一台主机上通过 Telnet 等工具直接访问该网络端口，或把网络端口逆向为一个虚拟串口，进而通过 minicom 等工具进行访问。

3.1.4 socat 虚拟化

socat 虚拟化可以实现端口的虚拟化功能，如：本地串口为/dev/ttyS0，主机 IP 为

192.168.0.1，主机端口为 54321，虚拟串口文件为 tty.virt001。

（1）串口转 TCP 端口

```
sudo socat tcp-l:54321 /dev/ttyS0,clocal=1,nonblock
```

（2）TCP 端口转虚拟串口

```
sudo socat pty,link=/dev/tty.virt001,waitslave tcp:192.168.0.1:54321
```

（3）远程访问串口

```
sudo minicom -D /dev/tty.virt001
```

或

```
telnet 192.168.0.1 54321
```

当需要远程控制串口设备而该设备本身不支持网络时，可以把串口接入带有网络的主机，并把串口进行网络虚拟化接入开发测试环境。

3.1.5 minicom 工具

minicom 是 Linux 下串口通信软件，一般用于串口调试。

（1）minicom 安装

```
sudo apt-get install minicom
```

（2）查看串口权限

Linux 的设备对应于/dev/目录中的某个文件，如：串口 COM1 对应 ttyS0，COM2 对应 ttyS1。查看 COM1 的权限命令为：

```
ls -l /dev/ttyS0
```

输出结果形式为：

```
crw-rw-rw- 1 root dialout 4, 64 7 月   27 20:46 /dev/ttyS0
```

（3）minicom 配置

在终端输入命令：

```
sudo minicom -s
```

弹出“configuration”对话框，如图 3-5 所示。

图 3-5 “configuration”对话框

选择“Serial port setup”菜单项后，在新窗口中光标停留在“Change which setting?”菜单项上，输入“A”时，光标转移到第 A 项对应处，串口 COM1 对应 ttyS0，如图 3-6 所示。

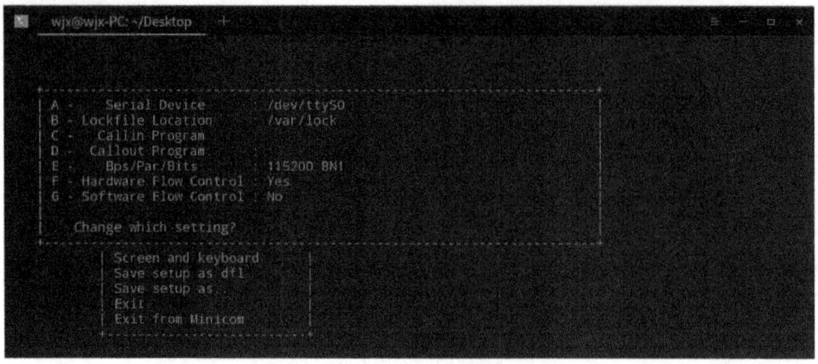

```
wjx@wjx-PC: ~/Desktop

+-----------------------------------------------------------+
| A -    Serial Device      : /dev/ttyS0                    |
| B - Lockfile Location     : /var/lock                     |
| C -   Callin Program      :                               |
| D -  Callout Program      :                               |
| E -    Bps/Par/Bits       : 115200 8N1                    |
| F - Hardware Flow Control : Yes                           |
| G - Software Flow Control : No                            |
|                                                           |
|    Change which setting?                                  |
+-----------------------------------------------------------+
        | Screen and keyboard      |
        | Save setup as dfl        |
        | Save setup as..          |
        | Exit                     |
        | Exit from Minicom        |
        +--------------------------+
```

图 3-6 “Change which setting?”菜单项

设置波特率、数据位和停止位。输入“E”，波特率选为 115200 8N1，即波特率为 115200bps，8 位数据位，无奇偶校验，1 位停止位，如图 3-7 所示。

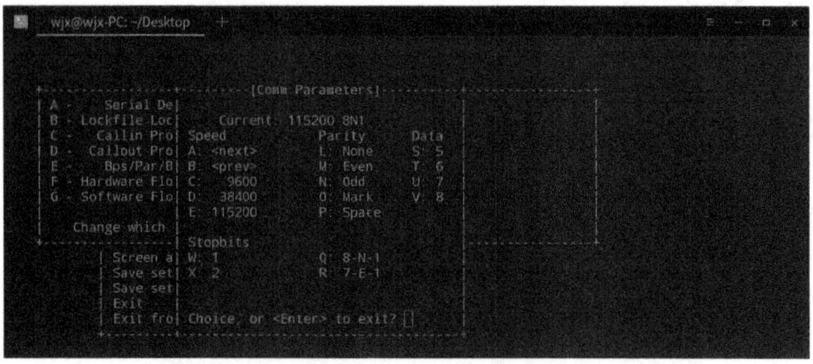

```
wjx@wjx-PC: ~/Desktop

+-----------------+-------[Comm Parameters]-------+-----------------+
| A -    Serial De|                               |                 |
| B - Lockfile Loc|    Current: 115200 8N1        |                 |
| C -   Callin Pro| Speed          Parity    Data |                 |
| D -  Callout Pro| A: <next>      L: None   S: 5 |                 |
| E -    Bps/Par/B| B: <prev>      M: Even   T: 6 |                 |
| F - Hardware Flo| C:   9600      N: Odd    U: 7 |                 |
| G - Software Flo| D:  38400      O: Mark   V: 8 |                 |
|                 | E: 115200      P: Space       |                 |
|    Change which |                               |                 |
+-----------------| Stopbits                      |-----------------+
        | Screen a| W: 1           Q: 8-N-1       |
        | Save set| X: 2           R: 7-E-1       |
        | Save set|                               |
        | Exit    |                               |
        | Exit fro| Choice, or <Enter> to exit?   |
        +---------+-------------------------------+
```

图 3-7 设置串口参数

通常情况下，硬/软件流控制分别输入“F”和“G”，并且设置“No”。在确认配置正确之后，可回车返回上级配置界面，并将其保存为默认配置，即：Save setup as dfl。

选择“Exit from Minicom”菜单项退出。

3.1.6 cutecom 调试工具

cutecom 是 Deepin 下图形界面串口通信软件，一般用于串口调试。

（1）cutecom 安装

在终端输入命令：

```
sudo apt-get install cutecom
```

（2）cutecom 打开

在终端输入命令：

```
sudo cutecom
```

CuteCom 操作界面如图 3-8 所示。

（3）cutecom 设置

点击“Open”按钮，可以打开和关闭串口。点击“Settings”按钮，可以调出串口设置对话框，如图 3-9 所示。

打开串口后，可以在“Input”文本框内输入要发送的文本，也可以设置格式、延迟时间以及发送文件，如图 3-10 所示。

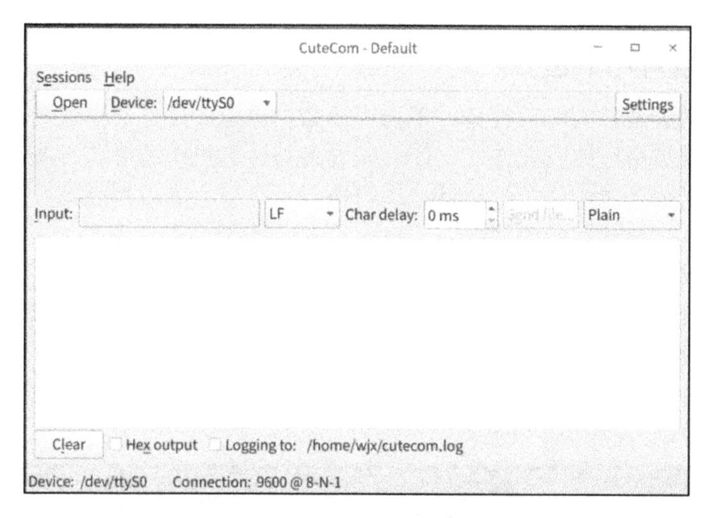

图 3-8　CuteCom 操作界面

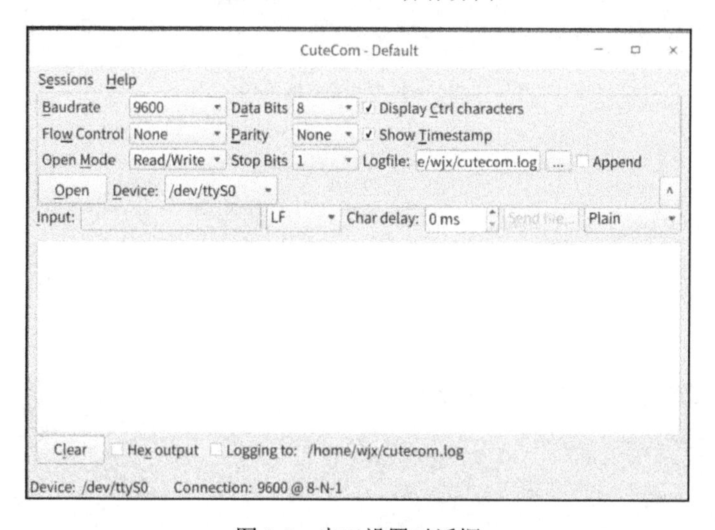

图 3-9　串口设置对话框

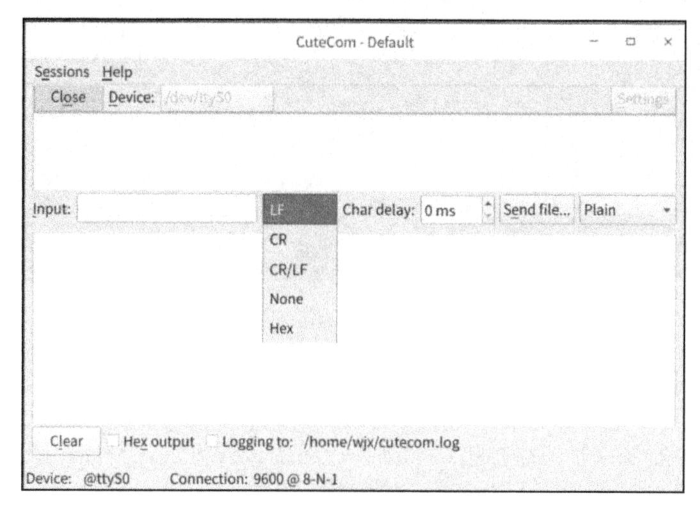

图 3-10　串口数据发送

3.1.7 虚拟串口通信

虚拟串口可以屏蔽外围串口设备，不再需要数据电缆和硬件通信设备，通过虚拟化形式完成计算机内部模拟串口的收发操作。在一些设备与计算机距离远或设备端口无法使用的情况下，进行上位机程序操作或系统调试。虚拟串口具有广泛的运用领域，如设备运行状态监控、故障分析处理、系统升级改造等。

① 在一台计算机创建两个虚拟串口，实现二者之间的通信。

在终端输入命令：

```
socat -d -d PTY PTY
```

当前产生的虚拟串口对为“/dev/pts/1”和“/dev/pts/2”，两个串口可互相通信，如图 3-11 所示。

```
wjx@wjx-PC:~/Desktop
wjx@wjx-PC:~/Desktop$ socat -d -d PTY PTY
2020/07/27 23:49:15 socat[9206] N PTY is /dev/pts/1
2020/07/27 23:49:15 socat[9206] N PTY is /dev/pts/2
2020/07/27 23:49:15 socat[9206] N starting data transfer loop with FDs [5,5] and [7,7]
```

图 3-11 设置虚拟串口

② 测试。

使用 minicom 工具，打开两个终端，分别输入命令：

```
minicom -D /dev/pts/1 -b 9600
minicom -D /dev/pts/2 -b 9600
```

此时，可以在任意一个虚拟串口窗口中输入发送字符，另一个窗口即可实时接收，如图 3-12 所示。

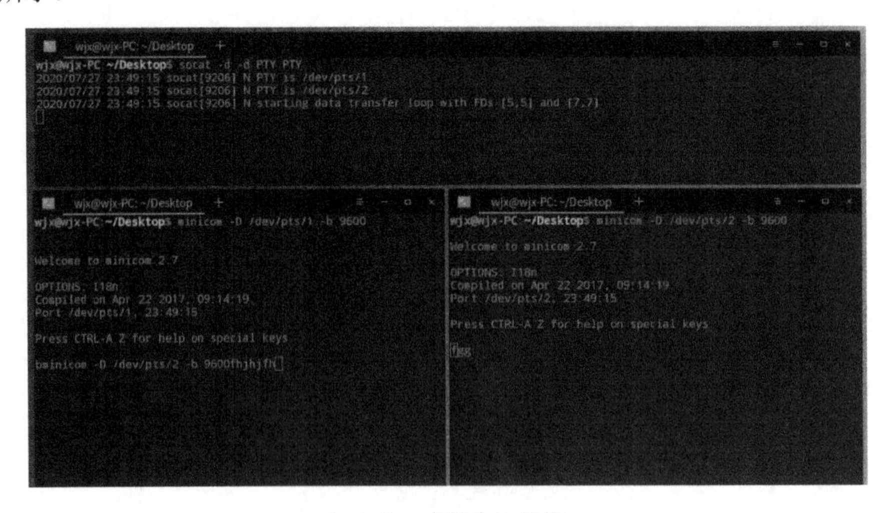

图 3-12 虚拟串口通信

3.1.8 串口助手程序设计

下面通过一个实例来学习虚拟串口和串口程序的设计方法。设计一个串口数据收发应用程序，可以设置串口的串口号、波特率、校验位、数据位、停止位、流控制等。

同时打开两个终端，在一个终端中输入命令：

```
socat -d -d PTY PTY
```

在另一个终端中输入命令：

```
minicom -D /dev/pts/1 -b 9600
```

即该串口号为“1”，波特率为9600bps。

运行串口助手程序，设置串口号为/dev/pts/2，波特率为 9600bps，校验位为无，数据位为8，停止位为1，流控制为无，点击“打开”按钮，如图 3-13 所示。

（1）实例效果预览

实例效果预览如图 3-13 所示。

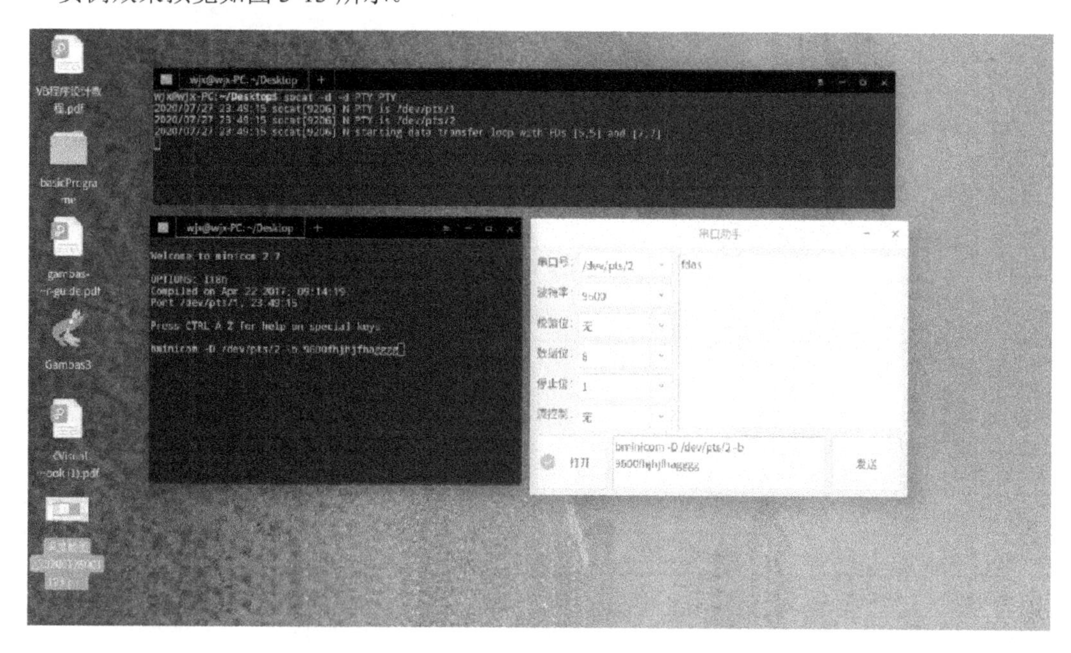

图 3-13　串口助手程序窗体

（2）实例步骤

① 启动 Gambas 集成开发环境，可以在菜单栏选择“文件”→“新建工程...”，或在启动窗体中直接选择“新建工程...”项。

② 在“新建工程”对话框中选择“1.工程类型”中的“Graphical application”项，点击“下一个(N)”按钮。

③ 在“新建工程”对话框中选择“2.Parent directory”中要新建工程的目录，点击“下一个(N)”按钮。

④ 在“新建工程”对话框的“3.Project details”中输入工程名和工程标题，工程名为存储目录的名称，工程标题为应用程序的实际名称，在这里设置相同的工程名和工程标题。完成之后，点击“确定”按钮。

⑤ 在菜单中选择“工程”→“属性...”项，在弹出的“工程属性”对话框中，勾选“gb.net”项，在控件工具栏中会添加相应的控件。

⑥ 系统默认生成的启动窗体名称(Name)为FMain。在FMain窗体中添加6个ComboBox控件、6个Label控件、2个TextArea控件、2个Button控件、1个SerialPort控件，如图3-14

所示，并设置相关属性，如表 3-4 所示。

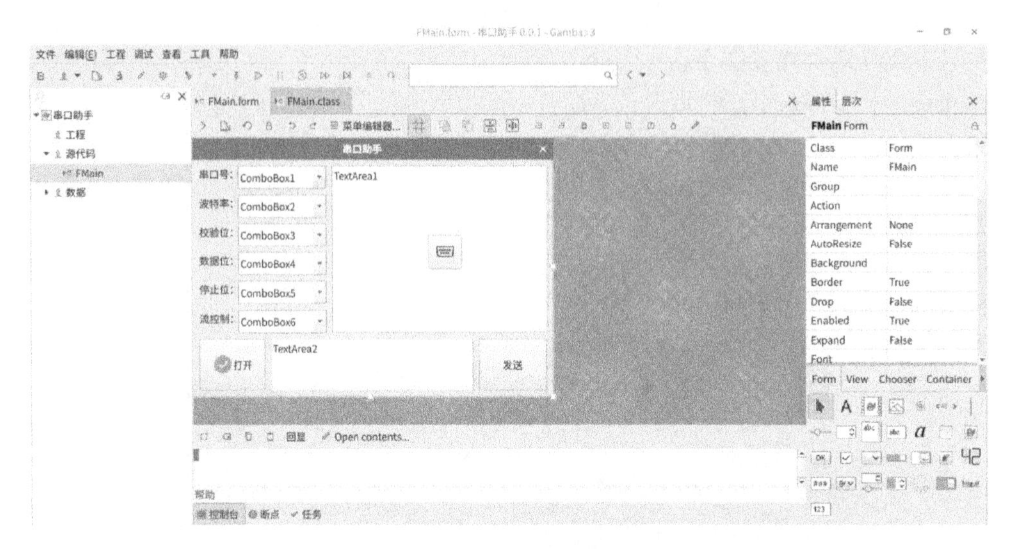

图 3-14　窗体设计

表 3-4　窗体和控件属性设置

名称	属性	说明
FMain	Text：串口助手 Resizable：False	标题栏显示的名称 固定窗体大小，取消最大化按钮
ComboBox1	List：/dev/pts/0、/dev/pts/1、/dev/pts/2 等	串口号
ComboBox2	List：110、300、600、1200、2400、4800 等	波特率
ComboBox3	List：无、偶检验、奇校验	检验位
ComboBox4	List：5、6、7、8	数据位
ComboBox5	List：1、2	停止位
ComboBox6	List：无、硬件、软件、软硬件	流控制
Label1	Text：串口号：	标签控件
Label2	Text：波特率：	标签控件
Label3	Text：校验位：	标签控件
Label4	Text：数据位：	标签控件
Label5	Text：停止位：	标签控件
Label6	Text：流控制：	标签控件
TextArea1	ReadOnly：True ScrollBar：Vertical Wrap：True	只读 垂直滚动条 自动换行
TextArea2	ScrollBar：Vertical Wrap：True	垂直滚动条 自动换行
Button1	Text：打开 Picture：icon:/32/ok	命令按钮，响应相关点击事件 显示图标
Button2	Text：发送	命令按钮，响应相关点击事件
SerialPort1		串口控件

⑦ 设置 Tab 键响应顺序。在 FMain 窗体的“属性”窗口点击“层次”，出现控件切换排序，即按下键盘上的 Tab 键时，控件获得焦点的顺序。

⑧ 在 FMain 窗体中添加代码。

```
' Gambas class file

  Public rx As String

Public Sub Form_Open()
  '设置控件默认显示的串口号、波特率、校验位、数据位、停止位、流控制
  ComboBox1.Index = 0
  ComboBox2.Index = 6
  ComboBox3.Index = 0
  ComboBox4.Index = 3
  ComboBox5.Index = 0
  ComboBox6.Index = 0
End

Public Sub Button1_Click()
  '如果串口已经打开则关闭
  SerialPort1.Close
  '设置默认串口号、波特率、校验位、数据位、停止位、流控制
  SerialPort1.PortName = ComboBox1.Text
  SerialPort1.Speed = Val(ComboBox2.Text)
  SerialPort1.Parity = ComboBox3.Index
  SerialPort1.DataBits = ComboBox4.Index + 5
  SerialPort1.StopBits = ComboBox5.Index + 1
  SerialPort1.FlowControl = ComboBox6.Index
  '打开串口
  SerialPort1.Open()
End

Public Sub SerialPort1_Read()
  '接收串口数据
  Read #SerialPort1, rx, Lof(SerialPort1)
  TextArea1.Insert(rx)
End

Public Sub Button3_Click()
  '发送串口数据
  Write #SerialPort1, TextArea2.Text, Len(TextArea2.Text)
End
```

```
Public Sub Form_Close()
  '关闭串口
  SerialPort1.Close
  FMain.Close
End
```

程序中，采用 SerialPort 控件的 Public Sub SerialPort1_Read 事件读取流数据，可以使用 Read #SerialPort1, rx, Lof(SerialPort1)语句一次性读取当前串口的所有数据，使用 Write # SerialPort1, TextArea2.Text, Len(TextArea2.Text)语句一次性发送文本框内的所有数据，即使用 Read 语句读取数据，使用 Write 或 Print 语句发送数据。

3.2 网络通信技术

网络是用物理链路将各个孤立的工作站或主机相连在一起，组成数据链路，从而达到资源共享和通信的目的。网络通信是通过网络将各个孤立的设备进行连接，利用信息交换实现人与人、人与计算机、计算机与计算机之间的通信。

网络通信中最重要的就是网络通信协议。常用的网络协议包括：NETBEUI、IPX/SPX 和 TCP/IP 协议。通常根据实际需要来选择合适的网络协议。目前网络技术的主流是应用 Internet 技术，在 TCP/IP 协议和 WWW 规范的支持下，合理组织软件结构，使用户通过访问网络服务器来迅速获取自己权限下的所有信息并及时作出响应。

3.2.1 OSI 体系结构及协议

随着计算机网络发展的复杂化与多元化，如果只要一个人编写单个软件去完成不同计算机之间通信所需的每一项任务，是难以想象的。为了便于维护或得以执行，通常的做法是把所有的要求分成“组”，一组相关的任务就称为“层”。例如，负责处理数据传输任务的一个组就是传输层，处理终端用户应用程序任务的另一个组，就是应用层。

层的划分有不同方法与标准，这里采用国际标准化组织（International Standardization Organization，ISO）于 1983 年制定的开放系统互联（Open System Interconnection，OSI）网络参考模型。该模型广泛适用于分层的网络体系结构定义框架。与 OSI 标准并行发展且相辅相成的是 TCP/IP 标准，它并不是由国际标准化组织提出的，但却是世界上广泛使用的事实标准。

OSI 参考模型包括七层功能及其对应的协议，每层完成一个明确定义的功能集合，并按协议相互通信。每层向上层提供所需的服务，在完成本层协议时使用下层提供的服务。各层功能是相互独立的，层间的相互作用通过层接口实现。只要保证层接口不变，任何一层实现技术的变更均不影响其余各层。其体系结构如表 3-5 所示。

表 3-5 OSI 参考模型体系结构

层号	层名称	功能	应用协议
7	应用层	提供网络与应用进程接口	Telnet、FTP、HTTP
6	表示层	数据的表示，完成数据转换、压缩和加密，实现数据安全等功能	工作站服务、网络转向器
5	会话层	会话的连接、管理及数据传输的同步等	NetBIOS

续表

层号	层名称	功能	应用协议
4	传输层	建立、维护和拆除传送连接，提供端到端的错误恢复和流控制	TCP、UDP、SPX
3	网络层	解决路由选择、拥塞控制、网络互联等问题	IP、SPX
2	数据链路层	实现无差错传送，提供信息流量调节机制	Ethernet、ATM、Token Ring、FDDI
1	物理层	确保位流的传输，提供链路所需的机械、电气、功能和过程特性等	第5类双绞线、光纤、集线器等

该七层参考模型的各层描述如下：

（1）物理层

该层处于OSI参考模型的最底层，是整个开放系统模型的基础。数据传输介质包括：电线电缆、光纤、无线电波和微波等。物理层使用的设备要传输、接收包含数据的信号。网络信号传输有模拟和数字两种。在信号传输中，物理层处理数据传输速率，监控数据出错频率，处理电压电平信号。

（2）数据链路层

数据链路层的作用是构造帧。每一帧均以特定的方式格式化，使得数据传输可以同步将数据可靠地在节点间传送。这一层将数据格式化，以便作为帧编码为传输节点发送电信号，由接收节点解码，并检验错误。数据链路层创建了所谓的“数据链路帧”，包含着由地址和控制信息组成的域。

只要在两个节点间建立了通信，它们的数据链路层就会在物理层和逻辑协议上连接起来。链接一旦确立，接收端的数据链路层就将信号解码为单独的帧。数据链路层检查接收的信号，以防接收到的数据重复、不正确或是接收不完整。如果检测到了错误，就要求从发送节点一帧接一帧地重新传输数据。数据链接错误检测过程由循环冗余校验（Cyclic Redundancy Check，CRC）处理。当数据链路层将帧向上传送时，该值可确保帧是以接收时的顺序发送的。

（3）网络层

OSI参考模型的第三层为网络层。这一层沿网络控制包（报文）的通路。网络层读取包协议地址信息并将每一个包沿最优路径转发以进行有效传输。这一层允许包通过路由器从一个网络发送到另一个网络。为确定最优路径，网络层需要持续地收集有关各个网络和节点地址的信息，这一过程称为发现。网络层可以通过创建虚拟（逻辑）电路在不同的路径上路由数据。虚拟电路是用来发送和接收数据的逻辑通信路径。虚拟电路只针对网络层，既然网络层沿着多个虚拟电路管理数据，那么数据到达时就有可能出现错误的顺序。网络层在将包传输给下一层前检查数据的顺序，如有必要会对其进行校正。网络层还要对帧编址并调整它们的大小，使之符合接收网络协议的需要，并保证帧传输的速度不高于接收层接收的速度。

（4）传输层

与数据链路层和网络层一样，传输层的功能是保证数据可靠地从发送节点发送到目标结点。例如，传输层确保数据以相同的顺序发送和接收，并且传输后接收节点会给出响应。当在网络中采用虚拟电路时，传输层还要负责跟踪指定给每一电路的唯一标识值。这一标识称为端口或套接字，由会话层指定。传输层还要确定包错误校验的级别，最高的级别可以确保包在可以接受的时间内无差错地从一个节点发送到另一个节点。

用于在传输层间通信的协议采用了多种可靠性措施。传输层的另一个功能就是当网络使用不同的协议、包的大小各异时，可以将消息分段为较小的单元。由发送端传输层分割的数据单元被接收端的传输层重新以正确的顺序组合，以便会话层解释。

（5）会话层

会话层负责建立并维护两个节点间的通信链接，也为节点间的通信确定正确的顺序。例如，它可以确定首先传输哪个节点。会话层还可以确定节点可以传输多远的距离以及如何从传输错误中恢复。如果传输在低层中无意地中断了，会话层将努力重新建立通信。在某些工作站操作系统中，可以将工作站从网络上断开，然后重新连接，之后无须登录便可继续工作。这是因为物理层断开又重新连接后，会话层也重新进行了连接。这个层使每一个给定的节点与唯一的地址一一对应起来，就像邮政编码只与特定的邮政区域相关联一样。一旦通信会话结束，该层将与节点断开。

（6）表示层

这一层处理数据格式化问题，因为不同的软件应用程序经常使用不同的数据格式化方案，所以数据格式化是必需的。在某种意义上，表示层类似于语法检查器，它可以确保数字和文本以接收节点的表示层可以阅读的格式发送。例如，从 IBM 大型机上发送的数据可能使用的是 EBCDIC 字符格式化方案，要使 Windows 工作站可以读取信息，就必须将其解释为 ASCII 字符格式。表示层还负责数据的加密。加密是将数据编码，让未授权的用户不能截取或阅读的过程。表示层的另一功能是数据压缩。当数据格式化后，在文本和数字中间可能会有空格也格式化了，数据压缩将这些空格删除并压缩数据，减小其占用空间以便发送。数据传输后，由接收节点的表示层来解压缩。

（7）应用层

该层是开放系统互联环境中的最高层，并且是 OSI 系统的终端用户接口，其任务是显示接收到的信息，把用户的新数据发送至较低层。不同的应用层为特定类型的网络应用提供访问 OSI 环境手段。网络环境下不同主机间的文件传输、访问和管理，如传输标准电子邮件的报文处理系统，方便不同类型终端通过网络交互方式访问虚拟终端。

还应注意，OSI 参考模型并非网络体系结构的全部内容，因为它并未确切描述各层的服务和协议，仅说明每一层应完成的功能。它只是一个简单的理论模型。在现实网络中，大多数协议并不真正遵从 OSI 规范。但只有整体理解了 OSI 的七层参考模型，才能更好地理解网络协议、网络通信及其他的网络体系结构。

3.2.2 TCP/IP 协议参考模型

按照层次结构思想，对计算机网络模块形成的一组从上到下单向的依赖关系称为协议栈，也叫协议族。TCP/IP（传输控制协议/网际协议，Transfer Control Protocol/Internet Protocol）实际上是进行网络传输的一组协议（协议族）。它是至今为止最广泛使用的网络通信协议，被用于当今最大的开放式网络系统 Internet 上。它最初是为满足军事需要而设计的，直到今天其原有标准如开放性、抗毁性和可靠性等，依然是进行网络设计与开发所强调的。这些特性包括可靠传输数据、自动检测和避免网络发生错误的能力，更重要的是 TCP/IP 是一个开放式通信协议，开放性意味着在任何空间，不管这些设备的物理特性有多大差异，都可以进行通信。开放式通信的关键在于理解所有两端系统相互之间通信和共享数据所必需的功能，这些必需的功能以及建立它们时必须发生的先后顺序是开放式通信的基础，只有两端系统对如何通信达成一致，才能建立通信。

与 OSI 参考模型不同，TCP/IP 模型更侧重于互联设备间的数据传送，而不是严格的功能层次划分。它在计算机网络体系结构中占有非常重要的地位，几乎所有的工作站都配有TCP/IP协议，这就使得TCP/IP成为计算机网络事实上的国际标准，即工业标准。它的设计基于美国国防部（Department of Defense，DOD）的通信协议模型，它更强调功能分布而不是严格的功能层次划分，因此比OSI模型更灵活。TCP/IP参考模型共有四层：应用层、传输层、互联网层和网络接口层。与OSI参考模型相比，TCP/IP参考模型没有表示层和会话层。互联网层（有时也称网络层）相当于OSI模型的网络层，网络接口层相当于OSI模型中的物理层和数据链路层。TCP/IP参考模型如表3-6所示。

表3-6　TCP/IP参考模型

OSI参考模型	TCP/IP参考模型
应用层、表示层和会话层	应用层（DNS，SMTP，Telnet等）
传输层	传输层（TCP，UDP）
网络层	互联网层（IP）
物理层和数据链路层	网络接口层

下面对TCP/IP参考模型各层分别进行说明。

（1）应用层（Application Layer）

应用层提供计算机之间的高层网络通信，相当于OSI模型中的应用层、表示层和会话层。应用层协议指定在客户机和服务器之间传输命令，提供标准的访问方法。应用层的协议主要有：

① 虚拟终端协议Telnet：允许一台机器上的用户登录到远程机器上并且进行工作。

② 文件传输协议FTP（File Transfer Protocol）：提供有效地将数据从一台机器上移动到另一台机器上的方法。

③ 电子邮件协议SMTP（Simple Message Transfer Protocol）：最初仅是一种文件传输协议，但是后来为其提供了专门的电子邮件传输协议。

④ 域名系统服务DNS（Domain Name Service）：用于把主机名映射到网络地址上。

⑤ 超文本传输协议HTTP（Hyper Text Transfer Protocol）：用于提交申请并在万维网（WWW）上获取主页等。

（2）传输层（Transport Layer）

传输层的功能是使源端和目标主机上的对等实体可以进行会话。该层与OSI的传输层相似，为网络中的主机提供了面向连接或无连接通信。它允许从一台计算机发出的字节流无差错地发往另一台计算机。它将输入的字节流分成报文段并传输给互联网层。传输层还要进行流量控制，以避免快速发送方向低速接收方发送过多的报文而使接收方无法处理。主要包括：

① 传输控制协议TCP（Transfer Control Protocol）：它是一个面向连接，可以在两个对等实体间进行可靠传送的协议，它保证源端发送的字节流毫无差错地顺序到达目的终端。

② 用户数据报协议UDP（User Datagram Protocol）：它是一个面向无连接、无差错控制的协议，用于不需要TCP排序和流量控制能力而是独立完成这些功能的应用程序。

（3）互联网层（Internet Layer）

互联网层是整个体系结构的关键部分。该层定义了互联网络协议（IP）的报文格式和传送过程，使主机把分组报文发往任何网络并使分组独立地传向目标（可能经由不同的网络），对应于OSI参考模型的网络层。这些分组到达的顺序和发送的顺序可能不同，因此如果需要按顺序发送和接收时，高层必须对分组进行排序。所有上述的需求导致了基于互联网层无连接的分组交换网络。网络层定义了正式的分组格式和协议，即 IP 协议（Internet Protocol），负责把 IP 分组发送到目标终端。IP、TCP 和 UDP 的关系如图 3-15 所示。

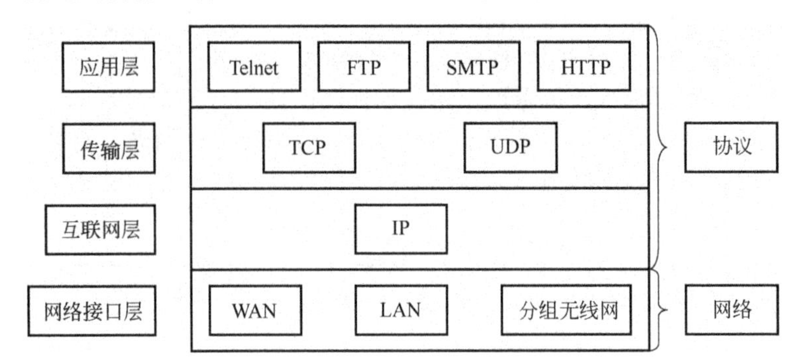

图 3-15　TCP/IP 中的网络和协议

（4）网络接口层（Interface Layer）

TCP/IP 参考模型没有真正描述这一部分，只是指出主机必须使用某种协议与网络相连。实际上，网络接口层对应于 OSI 模型的底端两层，即数据链路层和物理层，该层的主要功能是从网卡中接收和发送数据。该层的标准包括 Ethernet、令牌环、光纤分布数据接口（Fiber Distributed Data Interface，FDDI）和帧中继等。

TCP/IP 具有如下特性：

① 良好的破坏恢复机制。

② 高效的错误处理能力。

③ 平台无关性。

④ 能够在不中断现有服务的情况下加入网络。

⑤ 低数据开销。

⑥ 异构网络互联。

3.3　网络类控件及使用方法

在网络程序设计中，客户机/服务器模式（Client/Server，C/S）是常用解决方案。这种模式包含客户机和服务器两类应用程序，其中客户机应用程序向服务器请求服务，而服务器侦听客户机请求，即服务进程处于休眠状态，直到客户机提出连接请求。此时，服务将被唤醒，并对客户机的请求作出响应，包含建立连接和数据传输两个阶段。

3.3.1　ServerSocket 控件

ServerSocket 控件用于 TCP 和 UNIX 协议服务器。

（1）ServerSocket 控件的主要属性

① Count 属性　Count 属性用于返回由 Accept 方法创建的套接字数量。函数声明为：

```
ServerSocket.Count As Integer
```

② Interface 属性　Interface 属性用于返回或设置服务器套接字使用的以太网接口。函数声明为：

```
ServerSocket.Interface As String
```

③ Path 属性　Path 属性用于返回或设置本地服务器套接字路径。函数声明为：

```
ServerSocket.Path As String
```

④ Port 属性　Port 属性用于返回或设置服务器套接字侦听端口。函数声明为：

```
ServerSocket.Port As Integer
```

⑤ Status 属性　Status 属性用于返回套接字的状态常量。函数声明为：

```
ServerSocket.Status As Integer
```

⑥ Timeout 属性　Timeout 属性用于返回或设置服务器套接字超时，以毫秒计。函数声明为：

```
ServerSocket.Timeout As Integer
```

⑦ Type 属性　Type 属性用于返回或设置套接字类型。套接字类型可以是以下值之一：Net.Internet、Net.Local。函数声明为：

```
ServerSocket.Type As Integer
```

（2）ServerSocket 控件的主要方法

① Accept 方法　Accept 方法用于接受来自客户机的连接请求，并返回 Socket 对象。函数声明为：

```
ServerSocket.Accept ( ) As Socket
```

② Close 方法　Close 方法用于关闭服务器建立的所有连接，并停止侦听。函数声明为：

```
ServerSocket.Close ( )
```

③ Listen 方法　Listen 方法用于侦听指定的 TCP 端口或本地路径。函数声明为：

```
ServerSocket.Listen ( [ MaxConn As Integer ] )
```

MaxConn 为同时连接的最大活动数量。如果为 0，则为无连接限制。

④ Pause 方法　Pause 方法用于使现有连接保持活动状态，但在使用 Resume 方法之前，不接受新连接。函数声明为：

```
ServerSocket.Pause ( )
```

⑤ Resume 方法　Resume 方法用于重新开始接受新连接。函数声明为：

```
ServerSocket.Resume ( )
```

（3）ServerSocket 控件的主要事件

① Connection 事件　Connection 事件当客户机尝试连接到服务器时触发。函数声明为：

```
Event ServerSocket.Connection ( RemoteHostIP As String )
```

RemoteHostIP 为尝试建立连接的客户机 IP。

② Error 事件　Error 事件当侦听失败时触发。错误类型可以是以下值之一：Net.CannotCreate-Socket、Net.CannotBindSocket、Net.CannotListen。函数声明为：

```
Event ServerSocket.Error ( )
```

3.3.2　Socket 控件

Socket 控件用于 Socket（套接字）客户机，使之与 Socket 服务器连接。Socket 采用异步执行方式，当处于连接、发送或接收状态时不会停止程序。

（1）Socket 控件的主要属性

① Blocking 属性　Blocking 属性用于返回或设置是否流阻塞。当设置该属性，流没有数

据可读时读操作被阻塞，流内部系统缓冲区满时写操作被阻塞。函数声明为：

```
Stream.Blocking As Boolean
```

② ByteOrder 属性　ByteOrder 用于返回或设置从流读/写二进制数据的字节顺序。函数声明为：

```
Stream.ByteOrder As Integer
```

③ EndOfFile 属性　EndOfFile 属性用于返回最后一次使用 LINE INPUT 读操作是到达了文件末尾，还是读取了一个用行结束字符结尾的完整行。检查文件是否到达末尾，可使用 Eof 函数或 Eof 属性。函数声明为：

```
Stream.EndOfFile As Boolean
```

④ EndOfLine 属性　EndOfLine 属性用于返回或设置当前流使用的新行分隔符。LINE INPUT 语句和 PRINT 语句会使用这个属性的值。函数声明为：

```
Stream.EndOfLine As Integer
```

⑤ Eof 属性　Eof 属性用于返回流是否到达终点。函数声明为：

```
Stream.Eof As Boolean
```

⑥ Handle 属性　Handle 属性用于返回与 Stream 关联的系统文件句柄。函数声明为：

```
Stream.Handle As Integer
```

⑦ Host 属性　Host 属性用于返回要连接的主机名。函数声明为：

```
Socket.Host As String
```

⑧ IsTerm 属性　IsTerm 属性用于返回流是否与终端关联。函数声明为：

```
Stream.IsTerm As Boolean
```

⑨ LocalHost 属性　LocalHost 属性用于返回建立 TCP 连接后使用的本地 IP。函数声明为：

```
Socket.LocalHost As String
```

⑩ LocalPort 属性　LocalPort 属性用于返回建立 TCP 连接后使用的本地端口，范围为：1～65535。函数声明为：

```
Socket.LocalPort As Integer
```

⑪ NullTerminatedString 属性　NullTerminatedString 属性用于返回是否为空结束符。函数声明为：

```
Stream.NullTerminatedString As Boolean
```

⑫ Path 属性　Path 属性用于返回或设置要连接的本地 Socket 的路径。函数声明为：

```
Socket.Path As String
```

⑬ Port 属性　Port 属性用于返回要连接到远程主机的端口。函数声明为：

```
Socket.Port As Integer
```

⑭ RemoteHost 属性　RemoteHost 属性用于返回建立 TCP 连接后使用的远程 IP。函数声明为：

```
Socket.RemoteHost As String
```

⑮ RemotePort 属性　RemotePort 属性用于返回建立 TCP 连接后使用的远程端口，范围为：1～65535。函数声明为：

```
Socket.RemotePort As Integer
```

⑯ Server 属性　Server 属性用于如果 Socket 是通过 ServerSocket 的 Accept 方法创建的，返回该 ServerSocket 对象，否则，返回 NULL。函数声明为：

```
Socket.Server As ServerSocket
```

⑰ Status 属性　Status 属性用于返回 Socket 对象的当前状态。函数声明为：

```
Socket.Status As Integer
```

⑱ Tag 属性　Tag 属性用于返回或设置与流关联的标签。函数声明为：

```
Stream.Tag As Variant
```

⑲ Term 属性　Term 属性用于返回与流关联的终端的虚拟对象。函数声明为：

```
Stream.Term As .Stream.Term
```

⑳ Timeout 属性　Timeout 属性用于返回或设置 Socket 超时，以毫秒计。函数声明为：

```
Socket.Timeout As Integer
```

（2）Socket 控件的主要方法

① Begin 方法　Begin 方法用于将缓冲数据写入流，调用 Send 方法发送数据。函数声明为：

```
Stream.Begin ( )
```

② Close 方法　Close 方法用于关闭流。函数声明为：

```
Stream.Close ( )
```

③ Connect 方法　Connect 方法用于与远程 TCP 或本地服务器建立 TCP 或本地（Unix）连接。函数声明为：

```
Socket.Connect ( [ HostOrPath As String, Port As Integer ] )
```

网络连接：

HostOrPath 为要连接的主机名或主机 IP。

Port 为要连接的 TCP 端口号，范围为：1～65535。

本地连接，启动 Unix 连接，只需传递 HostOrPath 参数。

HostOrPath 为要连接的 UNIX 套接字路径，可以为相对路径。

举例说明：

```
' Gambas class file

Public MySock As Socket

Public Sub Button1_Click()

  Dim sBuf As String

  MySock = New Socket
  MySock.Connect("localhost", 7000)
  Do While (MySock.Status <> Net.Connected) And (MySock.Status > 0)
    Wait 0.1
  Loop
  If MySock.Status <> Net.connected Then
```

```
      Print "Error"
      Quit
    End If
    sBuf = "Hello over there.\n"
    Write #MySock, sBuf, Len(sBuf)
    Do While Lof(MySock) = 0
      Wait 0.1
    Loop
    Read #MySock, sBuf, Lof(MySock)
    Print sBuf
    Close #MySock
  End
```

④ Drop 方法　Drop 方法用于删除自上次调用 Begin 方法以来的缓冲数据。函数声明为：

```
Stream.Drop ( )
```

⑤ Peek 方法　Peek 方法用于从 Socket 接收数据。当连接处于活动状态 Status = Net.Connected 时可用。值得注意的是，接收数据不会从 Socket 缓冲区中删除，再次接收数据时，将收到相同的字符串以及到达 Socket 的新数据。函数声明为：

```
Socket.Peek ( ) As String
```

⑥ ReadLine 方法　ReadLine 方法用于从流中读取一行文本，类似于 LINE INPUT。函数声明为：

```
Stream.ReadLine ( [ Escape As String ] ) As String
```

Escape 为忽略文本，即忽略两个 Escape 字符之间的新行。

⑦ Send 方法　Send 方法用于发送自上次调用 Begin 方法以来的所有数据。函数声明为：

```
Stream.Send ( )
```

⑧ Watch 方法　Watch 方法用于开始或停止监视流文件描述符以进行读写操作。函数声明为：

```
Stream.Watch ( Mode As Integer, Watch As Boolean )
```

Mode 为监视类型。gb.Read 为读，gb.Write 为写。

Watch 为监视开关。

（3）Socket 控件的主要事件

① Closed 事件　Closed 事件当 Socket 关闭连接时触发。函数声明为：

```
Event Socket.Closed ( )
```

② Error 事件　Error 事件当产生错误时触发。函数声明为：

```
Event Socket.Error ( )
```

③ Found 事件　Found 事件当使用 TCP 套接字进行连接时触发。函数声明为：

```
Event Socket.Found ( )
```

④ Read 事件　Read 事件当数据从连接的另一端到达 Socket 时触发。函数声明为：

```
Event Socket.Read ( )
```

⑤ Ready 事件　Ready 事件当建立连接后触发。函数声明为：

```
Event Socket.Ready ( )
```

举例说明：检查在指定范围内本地主机打开的端口。如果连接成功，则将触发 Ready 事件。如果无法打开，则 Status 属性值为错误代码，其值小于零。连接成功后，Status 属性值大于零。

```
Public Connection As New Socket As "SocketClient"

Public Sub ButtonScan_Click()
  Dim portNumber As Integer
  For portNumber = 1 To 3000
    Connection.Connect("localhost", portNumber)
    ' Wait until the socket is closed
    ' or an error is found
    Repeat
      Wait 0.01
    Until Connection.Status <= Net.Inactive
    If Connection.Status = Net.HostNotFound Then
      Print "Host not found"
      ' No point in scanning if we can not find the host
      Break
    End If
  Next
End

Public Sub SocketClient_Ready()
  Print "Port " & Connection.Port & " open on " & Connection.Host
  Close #Connection
End
```

⑥ Write 事件　Write 事件当内部 Socket 发送缓冲区接收数据时触发。函数声明为：

```
Event Socket.Write ( )
```

举例说明：

```
Private $hServer As ServerSocket

Public Sub Main()
  $hServer = New ServerSocket As "Server"
  $hServer.Type = Net.Internet
  $hServer.Port = 8080
  $hServer.Listen
End

Public Sub Server_Connection(RemoteHostIP As String)
  $hServer.Accept()
End
```

```
Public Sub Socket_Read()
  Dim sBuf As String
  Dim sResponse As String

  ' Assemble and parse the HTTP request here...
  sBuf = Read #Last, -4096
  ' Just always send that one large file
  sResponse = Subst$("HTTP/1.1 200 OK\r\nContent-Length: &1\r\n\r\n", Stat("large_file.txt").Size)
  Write #Last, sResponse, Len(sResponse)
  ' The above Write kicks off a cycle of Write events which consume the stream
  ' registered in the socket's Tag property.
  Last.Tag = Open "large_file.txt" For Read
End

Public Sub Socket_Write()
  Dim hFile As Stream = Last.Tag
  Dim sBuf As String

  If Not Eof(hFile) Then
    ' Read a chunk of at most 4KiB from the file and send it to the socket.
    sBuf = Read #hFile, -4096
    Write #Last, sBuf
  Endif
  ' Once we didn't write anything, the cycle of Write events will stop.
End
```

3.3.3 双机通信程序设计

下面通过一个实例来学习 Socket 控件和 ServerSocket 控件的使用方法。设计一个应用程序，实现客户机和服务器之间的通信，当在客户机端输入数据并回车后，数据将发送到服务器，当在服务器端输入数据并回车后，数据将发送到客户机，如图 3-16 所示。

（1）实例效果预览

实例效果预览如图 3-16 所示。

（2）实例步骤

① 启动 Gambas 集成开发环境，可以在菜单栏选择“文件”→“新建工程...”，或在启动窗体中直接选择“新建工程...”项。

② 在“新建工程”对话框中选择“1.工程类型”中的“Graphical application”项，点击“下一个(N)”按钮。

③ 在“新建工程”对话框中选择“2.Parent directory”中要新建工程的目录，点击“下一个(N)”按钮。

④ 在“新建工程”对话框的“3.Project details”中输入工程名和工程标题，工程名为存

储目录的名称，工程标题为应用程序的实际名称，在这里设置相同的工程名和工程标题。完成之后，点击“确定”按钮。

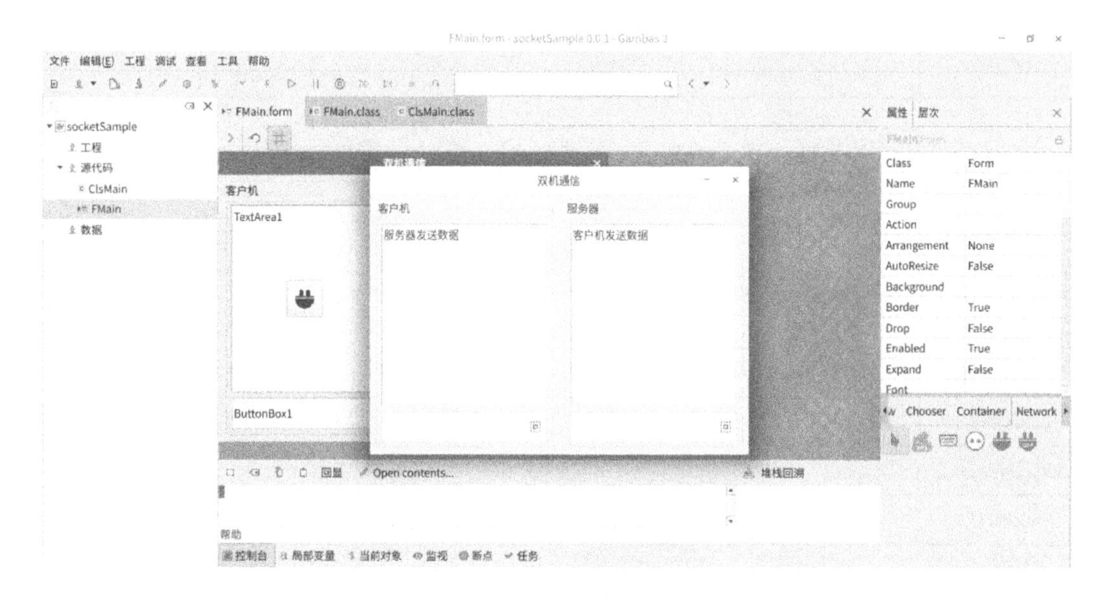

图 3-16　双机通信程序窗体

⑤ 在菜单中选择“工程”→“属性...”项，在弹出的“工程属性”对话框中，勾选“gb.net”项，在控件工具栏中会添加相应的控件。

⑥ 系统默认生成的启动窗体名称（Name）为 FMain。在 FMain 窗体中添加 2 个 Frame 控件、2 个 TextArea 控件、2 个 ButtonBox 控件、1 个 ServerSocket 控件、1 个 Socket 控件，如图 3-17 所示，并设置相关属性，如表 3-7 所示。

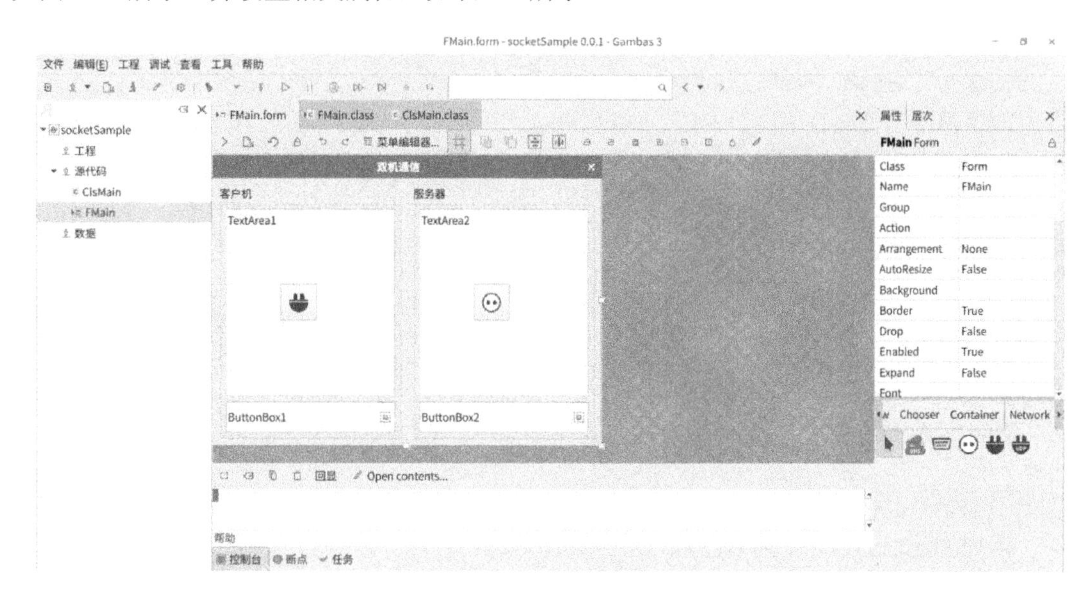

图 3-17　窗体设计

表 3-7　窗体和控件属性设置

名称	属性	说明
FMain	Text：双机通信 Resizable：False	标题栏显示的名称 固定窗体大小，取消最大化按钮
Frame1	Text：客户机	框架控件
Frame2	Text：服务器	框架控件
TextArea1	ScrollBar：Vertical Wrap：True	垂直滚动条 自动换行
TextArea2	ScrollBar：Vertical Wrap：True	垂直滚动条 自动换行
ButtonBox1	Picture：icon:/32/select-all	输入发送文本，显示按钮图标
ButtonBox2	Picture：icon:/32/select-all	输入发送文本，显示按钮图标
ServerSocket1		Socket 服务器控件
Socket1		Socket 客户机控件

⑦ 设置 Tab 键响应顺序。在 FMain 窗体的“属性”窗口点击“层次”，出现控件切换排序，即按下键盘上的 Tab 键时，控件获得焦点的顺序。

⑧ 在 FMain 窗体中添加代码。

```
' Gambas class file

  Public skt As Socket

Public Sub Form_Open()
  '设置客户机连接
  Socket1.Connect("localhost", 3450)
  '设置服务器连接
  ServerSocket1.Port = 3450
  ServerSocket1.Type = Net.Internet
  ServerSocket1.Listen()
End

Public Sub Socket1_Read()

  Dim rx As String

  '接收端口数据
  Read #Last, rx, Lof(Socket1)
  TextArea1.Insert(rx & "\n")
End
```

```
Public Sub ButtonBox1_Click()
  '客户机发送数据
  Write #Socket1, ButtonBox1.Text, Len(ButtonBox1.Text)
  ButtonBox1.clear
End

Public Sub ButtonBox1_KeyPress()
  '按下回车键
  If Key.code = Key.Return Then
    ButtonBox1_Click
  Endif
End

Public Sub ServerSocket1_Connection(RemoteHostIP As String)
  '接受来自客户机的连接请求
  skt = ServerSocket1.Accept()
End

Public Sub Socket_Read()

  Dim rx As String

  '接收端口数据
  Read #Last, rx, Lof(Last)
  TextArea2.Insert(rx & "\n")
End

Public Sub ServerSocket1_Error()
  '错误处理
  Select Case ServerSocket1.Status
    Case -2
      TextArea2.Insert("CannotCreateSocket" & "\n")
    Case -10
      TextArea2.Insert("CannotBindSocket" & "\n")
    Case -14
      TextArea2.Insert("CannotListen" & "\n")
  End Select
End

Public Sub ButtonBox2_Click()
  '服务器发送数据
  Write #skt, ButtonBox2.Text, Len(ButtonBox2.Text)
```

```
    ButtonBox2.Clear
  End

  Public Sub ButtonBox2_KeyPress()
    '按下回车键
    If Key.code = Key.Return Then
      ButtonBox2_Click
    Endif
  End

  Public Sub Form_Close()
    '关闭连接
    Socket1.Close
    ServerSocket1.Close
  End
```

程序中，首先要设置服务器端口号、类型并打开侦听；客户机按指定端口号连接到服务器，通过 Socket1_Read 过程接收服务器发送的数据，通过 Write 语句发送数据到服务器；服务器通过 ServerSocket1_Connection 过程接受客户机连接请求，通过 Socket_Read 过程接收客户机发送的数据，通过 Write 语句发送数据到客户机；会话结束后，使用 Close 方法关闭连接。

3.3.4 UdpSocket 控件

UdpSocket 控件用于 UDP 通信。类似于服务器/客户机模式，发送或接收的数据通过主机 IP 和端口标识。

（1）UdpSocket 控件的主要属性

① Blocking 属性　Blocking 属性用于返回或设置是否流阻塞。当设置该属性，流没有数据可读时读操作被阻塞，流内部系统缓冲区满时写操作被阻塞。函数声明为：

```
Stream.Blocking As Boolean
```

② Broadcast 属性　Broadcast 属性用于返回或设置 UpdSocket 是否广播其数据包。函数声明为：

```
UdpSocket.Broadcast As Boolean
```

③ ByteOrder 属性　ByteOrder 属性用于返回或设置从流读/写二进制数据的字节顺序。函数声明为：

```
Stream.ByteOrder As Integer
```

④ EndOfFile 属性　EndOfFile 属性用于返回最近一次使用 LINE INPUT 读操作是到达了文件末尾，还是读取了一个用行结束字符结尾的完整行。检查文件是否到达末尾，可使用 Eof 函数或 Eof 属性。函数声明为：

```
Stream.EndOfFile As Boolean
```

⑤ EndOfLine 属性　EndOfLine 属性用于返回或设置当前流使用的新行分隔符。LINE INPUT 语句和 PRINT 语句会使用这个属性的值。函数声明为：

```
Stream.EndOfLine As Integer
```

⑥ Eof 属性　Eof 属性用于返回流是否到达终点。函数声明为：

```
Stream.Eof As Boolean
```

⑦ Handle 属性　Handle 属性用于返回与 Stream 关联的系统文件句柄。函数声明为：

```
Stream.Handle As Integer
```

⑧ Host 属性　Host 属性用于返回或设置 UDP 绑定的 IP 地址。函数声明为：

```
UdpSocket.Host As String
```

⑨ IsTerm 属性　IsTerm 属性用于返回流是否与终端关联。函数声明为：

```
Stream.IsTerm As Boolean
```

⑩ Lines 属性　Lines 属性用于返回允许用户一行一行枚举流内容的虚类对象。函数声明为：

```
Stream.Lines As .Stream.Lines
```

⑪ NullTerminatedString 属性　NullTerminatedString 属性用于返回是否为空结束符。函数声明为：

```
Stream.NullTerminatedString As Boolean
```

⑫ Path 属性　Path 属性用于返回或设置本地 UDP 路径。函数声明为：

```
UdpSocket.Path As String
```

⑬ Port 属性　Port 属性用于返回或设置 UDP 端口号，范围为 0～65535。0 为系统中的任何可用端口，1～65535 为指定端口。函数声明为：

```
UdpSocket.Port As Integer
```

⑭ SourceHost 属性　SourceHost 属性用于如果消息来自互联网，则返回源 IP 地址。函数声明为：

```
UdpSocket.SourceHost As String
```

⑮ SourcePath 属性　SourcePath 属性用于如果消息来自本地，则返回源路径。函数声明为：

```
UdpSocket.SourcePath As Integer
```

⑯ SourcePort 属性　SourcePort 属性用于如果消息来自互联网，则返回源端口。函数声明为：

```
UdpSocket.SourcePort As Integer
```

⑰ Status 属性　Status 属性用于返回 Socket 状态。函数声明为：

```
UdpSocket.Status As Integer
```

⑱ Tag 属性　Tag 属性用于返回或设置与流关联的标签。函数声明为：

```
Stream.Tag As Variant
```

⑲ TargetHost 属性　TargetHost 属性用于设置目标 IP 地址。函数声明为：

```
UdpSocket.TargetHost As String
```

⑳ TargetPath 属性　TargetPath 属性用于设置目标路径。函数声明为：

```
UdpSocket.TargetPath As String
```

㉑ TargetPort 属性　TargetPort 属性用于设置目标端口。函数声明为：

```
UdpSocket.TargetPort As Integer
```

㉒ Term 属性　Term 属性用于返回与流关联的终端的虚拟对象。函数声明为：

```
Stream.Term As .Stream.Term
```

㉓ Timeout 属性　Timeout 属性用于返回或设置 UDP 超时，以毫秒计。函数声明为：

```
UdpSocket.Timeout As Integer
```

（2）UdpSocket 控件的主要方法

① Begin 方法　Begin 方法用于将缓冲数据写入流，调用 Send 方法发送数据。函数声明为：

```
Stream.Begin ( )
```

② Bind 方法　Bind 方法用于绑定套接字，准备发送和接收数据。如果定义了 Path，则绑定到其本地 Socket。对于 Internet socket，绑定到由 Port 属性指定的端口。函数声明为：

```
UdpSocket.Bind ( )
```

③ Close 方法　Close 方法用于关闭流。函数声明为：

```
Stream.Close ( )
```

④ Drop 方法　Drop 方法用于删除自上次调用 Begin 方法以来的缓冲数据。函数声明为：

```
Stream.Drop ( )
```

⑤ Peek 方法　Peek 方法用于查看来自远程主机的信息。接收数据不会从 Socket 缓冲区中删除，再次接收数据时，将收到相同的字符串以及到达 Socket 的新数据。函数声明为：

```
UdpSocket.Peek ( ) As String
```

⑥ ReadLine 方法　ReadLine 方法用于从流中读取一行文本，类似于 LINE INPUT。函数声明为：

```
Stream.ReadLine ( [ Escape As String ] ) As String
```

Escape 为忽略文本，即忽略两个 Escape 字符之间的新行。

⑦ Send 方法　Send 方法用于发送自上次调用 Begin 以来的所有数据。函数声明为：

```
Stream.Send ( )
```

⑧ Watch 方法　Watch 方法用于开始或停止监视流文件描述符以进行读写操作。函数声明为：

```
Stream.Watch ( Mode As Integer, Watch As Boolean )
```

Mode 为监视类型。gb.Read 为读，gb.Write 为写。

Watch 为监视开关。

（3）UdpSocket 控件的主要事件

① Error 事件　Error 事件当产生错误时触发。该属性值为下列情况之一：Net.CannotCreateSocket 为系统不允许创建套接字；Net.CannotWrite 为尝试发送数据时出错；Net.Cannot-

Read 为接收数据时出错；Net.CannotBindSocket 为无法绑定端口。函数声明为：

```
Event UdpSocket.Error ( )
```

② Read 事件　Read 事件当数据从远程主机到达时触发。函数声明为：

```
Event UdpSocket.Read ( )
```

3.3.5　Udp 双机通信程序设计

下面通过一个实例来学习 UdpSocket 控件的使用方法。设计一个应用程序，服务器随机产生 0～50 的数字，客户机随机产生 51～100 的数字，互相发送给对方并以 LCD 字体形式显示，由于采用 UDP 传输方式，可能会造成一定的数据丢失，如图 3-18 所示。

（1）实例效果预览

实例效果预览如图 3-18 所示。

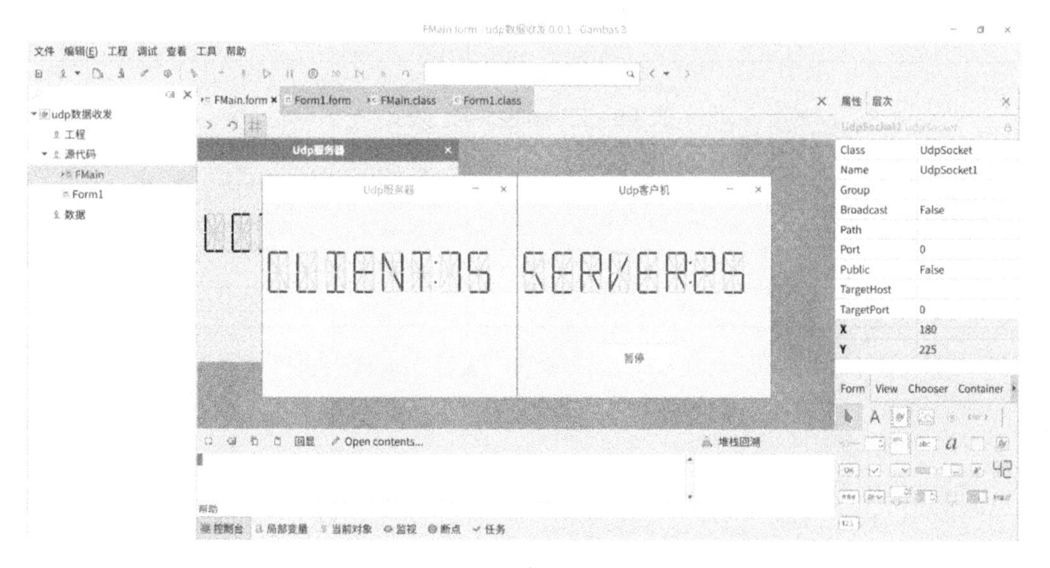

图 3-18　Udp 双机通信程序窗体

（2）实例步骤

① 启动 Gambas 集成开发环境，可以在菜单栏选择“文件”→“新建工程...”，或在启动窗体中直接选择“新建工程...”项。

② 在“新建工程”对话框中选择“1.工程类型”中的“Graphical application”项，点击“下一个(N)”按钮。

③ 在“新建工程”对话框中选择“2.Parent directory”中要新建工程的目录，点击“下一个(N)”按钮。

④ 在“新建工程”对话框的“3.Project details”中输入工程名和工程标题，工程名为存储目录的名称，工程标题为应用程序的实际名称，在这里设置相同的工程名和工程标题。完成之后，点击“确定”按钮。

⑤ 在菜单中选择“工程”→“属性...”项，在弹出的“工程属性”对话框中，勾选“gb.net”项，在控件工具栏中会添加相应的控件。

⑥ 系统默认生成的启动窗体名称(Name)为 FMain。在 FMain 窗体中添加 1 个 LCDLabel 控件、1 个 UdpSocket，如图 3-19 所示，并设置相关属性，如表 3-8 所示。

图 3-19　窗体设计

表 3-8　窗体和控件属性设置

名称	属性	说明
FMain	Text：Udp 服务器 Resizable：False	标题栏显示的名称 固定窗体大小，取消最大化按钮
LCDLabel1		显示数据
UdpSocket1		UDP 控件

⑦ 设置 Tab 键响应顺序。在 FMain 窗体的“属性”窗口点击“层次”，出现控件切换排序，即按下键盘上的 Tab 键时，控件获得焦点的顺序。

⑧ 在 FMain 窗体中添加代码。

```
' Gambas class file

Public Sub Form_Open()
  '设置 UDP 端口
  UdpSocket1.Port = "3450"
  '绑定 UDP
  UdpSocket1.Bind
  '设置客户机窗体显示位置
  Form1.Left = FMain.Left + FMain.Width
  Form1.Top = FMain.Top
  '显示窗体
  Form1.Show
End

Public Sub UdpSocket1_Read()

  Dim s As String
```

```
    '接收客户机数据
    Read #UdpSocket1, s, Lof(UdpSocket1)
    '显示数据
    LCDLabel1.Text = s
    '发送数据
    Trans
End

Public Sub Trans()
    '打开随机数种子发生器
    Randomize
    '设置目标 IP 和端口
    UdpSocket1.TargetHost = UdpSocket1.SourceHost
    UdpSocket1.TargetPort = UdpSocket1.SourcePort
    '发送数据到客户机
    Write #UdpSocket1, "Server:" & Str(Rand(0, 50)), Len("Server:" & Str(Rand(0, 50)))
End

Public Sub Form_Close()
    '关闭 UDP
    UdpSocket1.Close
    Form1.UdpSocket1.Close
    '关闭窗体
    Form1.Close
    FMain.Close
End
```

⑨ 新建一个窗体 Form1。在 Form1 窗体中添加 1 个 LCDLabel 控件、1 个 UdpSocket 控件、1 个 Timer 控件、1 个 Button 控件，如图 3-20 所示，并设置相关属性，如表 3-9 所示。

图 3-20　窗体设计

表 3-9 窗体和控件属性设置

名称	属性	说明
Form1	Text：Udp 客户机 Resizable：False	标题栏显示的名称 固定窗体大小，取消最大化按钮
LCDLabel1		显示数据
UdpSocket1	Public：True	UDP 控件
Timer1		定时器
Button1	Text：开始	命令按钮，响应相关点击事件

⑩ 设置 Tab 键响应顺序。在 FMain 窗体的“属性”窗口点击“层次”，出现控件切换排序，即按下键盘上的 Tab 键时，控件获得焦点的顺序。

⑪ 在 Form1 窗体中添加代码。

```
' Gambas class file

Public Sub Form_Open()
  '绑定 UDP
  UdpSocket1.Bind
  '设置目标 IP 和端口
  UdpSocket1.TargetHost = "127.0.0.1"
  UdpSocket1.TargetPort = "3450"
End

Public Sub UdpSocket1_Read()

  Dim s As String

  '接收服务器数据
  Read #UdpSocket1, s, Lof(UdpSocket1)
  LCDLabel1.Text = s
End

Public Sub Button1_Click()
  '开始或暂停发送数据
  If Button1.Tag Then
    Button1.Tag = False
    Button1.Text = "开始"
    Timer1.Enabled = False
  Else
    Button1.Tag = True
    Button1.Text = "暂停"
    Timer1.Enabled = True
```

```
  Endif
End

Public Sub Timer1_Timer()
  '打开随机数种子发生器
  Randomize
  '发送数据到服务器
  Write #UdpSocket1, "Client:" & Str(Rand(51, 100)), Len("Client:" & Str(Rand(51, 100)))
End

Public Sub Form_Close()
  '关闭 UDP
  UdpSocket1.Close
End
```

3.3.6 DnsClient 控件

DnsClient 控件实现了一个客户机，可以从主机名获取 IP 地址，反之亦然。

（1）DnsClient 控件的主要属性

① Async 属性　Async 属性用于返回或设置 DNS 客户机是否为异步模式。如果设置为 True，则 DNS 客户机以异步模式运行，在解析期间不会暂停程序。函数声明为：

```
DnsClient.Async As Boolean
```

② HostIP 属性　HostIP 属性用于返回或设置主机 IP。函数声明为：

```
DnsClient.HostIP As String
```

③ HostName 属性　HostName 属性用于返回或设置主机名。函数声明为：

```
DnsClient.HostName As String
```

④ Status 属性　Status 属性用于返回当前 DnsClient 对象状态。状态值为以下之一：Net. Active 为将主机名转换为 IP，反之亦然；Net.Inactive 为无效。函数声明为：

```
DnsClient.Status As Integer
```

（2）DnsClient 控件的主要方法

① GetHostIP 方法　GetHostIP 方法用于返回主机 IP。解析失败返回 NULL。函数声明为：

```
DnsClient.GetHostIP ( )
```

② GetHostName 方法　GetHostName 方法用于返回主机名。解析失败返回 NULL。函数声明为：

```
DnsClient.GetHostName ( )
```

③ Stop 方法　Stop 方法用于取消异步请求。函数声明为：

```
DnsClient.Stop ( )
```

（3）DnsClient 控件的主要事件

DnsClient 控件的主要事件为 Finished 事件。

Finished 事件当异步解析请求终止时触发。函数声明为：

```
Event DnsClient.Finished ( )
```

3.3.7 Net 类

Net 类为控件提供了常量定义，与控件中的 Status 属性链接。其中，Error 始终为负值，Inactive 始终为零，其余为正值。

（1）Net 类的主要静态方法

Net 类的主要静态方法为 Format 方法。

Format 方法用于格式化包含 IP 地址的字符串。函数声明为：

```
Static Function Net.Format ( IpString As String [ , Format As Integer, LeadZero As Boolean ] ) As String
```

IpString 为 IP 地址的字符串。

Format 为 Net.IPv4 格式。

LeadZero 为 True，则所有 IP 用零填充。

（2）Net 类的主要常量

Net 类的主要常量如表 3-10 所示。

表 3-10　Net 类的主要常量

常量名	常量值	备注
Net.IPv4	0	IPv4 地址
Net.Inactive	0	网络对象处于空闲状态
Net.Local	0	定义一个本地或 Unix 域 Socket
Net.Unix	0	定义一个本地或 Unix 域 Socket
Net.Active	1	网络对象处于运行状态
Net.Internet	1	定义一个 Internet 域 Socket
Net.Pending	2	远程客户机尝试与服务器连接，并且该连接必须被接受或拒绝
Net.Accepting	3	连接被接受
Net.ReceivingData	4	正在从网络下载数据
Net.Searching	5	正在尝试将主机名转换为 IP 地址
Net.Connecting	6	正在连接到远程服务器
Net.Connected	7	已连接到远程服务器
Net.CannotCreateSocket	-2	无法创建 Socket
Net.ConnectionRefused	-3	远程服务器拒绝客户机连接
Net.CannotRead	-4	不能从端口接收数据
Net.CannotWrite	-5	不能从端口发送数据
Net.HostNotFound	-6	不能将主机名转换为 IP 地址
Net.CannotBindSocket	-10	Socket 不能绑定到端口
Net.CannotListen	-14	无法侦听 TCP 端口或本地路径
Net.CannotBindInterface	-15	不能绑定到指定接口
Net.CannotAuthenticate	-16	无法验证

3.3.8 HttpClient 控件

HttpClient 控件实现了一个 HTTP 客户端，可以将请求发送到 HTTP 服务器，并接收响应。

（1）HttpClient 控件的主要静态属性

HttpClient 控件的主要静态属性为 DefaultProxy 属性。

DefaultProxy 属性用于返回或设置所有创建的 HttpClient 对象的默认代理。函数声明为：

```
Curl.DefaultProxy As .Curl.Proxy
```

（2）HttpClient 控件的主要静态方法

HttpClient 控件的主要静态方法为 Download 方法。

Download 方法用于下载文件。函数声明为：

```
Static Function HttpClient.Download ( URL As String [ , Headers As String[] ] ) As String
```

URL 为 URL 地址。

Headers 为 HTTP 标头。

（3）HttpClient 控件的主要属性

① Async 属性　Async 属性用于返回或设置 FTP/HTTP 请求是否为异步。函数声明为：

```
Curl.Async As Boolean
```

② Auth 属性　Auth 属性用于返回或设置 HTTP 身份验证模式。可以是以下常量之一：Net.AuthNone 为默认值，不进行身份验证；Net.AuthBasic 为 BASIC 身份验证；Net.AuthNTLM 为 NTLM 身份验证。函数声明为：

```
HttpClient.Auth As Integer
```

③ Blocking 属性　Blocking 属性用于返回或设置是否流阻塞。当设置该属性，流没有数据可读时读操作被阻塞，流内部系统缓冲区满时写操作被阻塞。函数声明为：

```
Stream.Blocking As Boolean
```

④ BufferSize 属性　BufferSize 属性用于返回或设置接收缓冲区大小，在 0～512KB 之间。如果设置为零，则默认接收缓冲区大小为 16 KB。函数声明为：

```
Curl.BufferSize As Integer
```

⑤ ByteOrder 属性　ByteOrder 属性用于返回或设置从流读/写二进制数据的字节顺序。函数声明为：

```
Stream.ByteOrder As Integer
```

⑥ Code 属性　Code 属性用于返回服务器发送的 HTTP 状态码。函数声明为：

```
HttpClient.Code As Integer
```

⑦ CookiesFile 属性　CookiesFile 属性用于返回或设置用于读取和存储 Cookie 的文件。仅当还设置了 UpdateCookies 属性时，才会存储 Cookies。函数声明为：

```
HttpClient.CookiesFile As String
```

⑧ Debug 属性　Debug 属性用于返回或设置调试模式。如果设置该属性，则 FtpClient 对象将打印所有发送到 ftp 服务器的命令。函数声明为：

```
Curl.Debug As Boolean
```

⑨ Downloaded 属性　Downloaded 属性用于返回已下载的字节数量。函数声明为：

```
Curl.Downloaded As Long
```

⑩ Encoding 属性　Encoding 属性用于返回或设置“Accept-Encoding”HTTP 标头。

```
HttpClient.Encoding As String
```

⑪ EndOfFile 属性　EndOfFile 属性用于返回最后一次使用 LINE INPUT 读操作是到达了文件末尾，还是读取了一个用行结束字符结尾的完整行。检查文件是否到达末尾，可使用 Eof 函数或 Eof 属性。函数声明为：

```
Stream.EndOfFile As Boolean
```

⑫ EndOfLine 属性　EndOfLine 属性用于返回或设置当前流使用的新行分隔符。LINE INPUT 语句和 PRINT 语句会使用这个属性的值。函数声明为：

```
Stream.EndOfLine As Integer
```

⑬ Eof 属性　Eof 属性用于返回流是否到达终点。函数声明为：

```
Stream.Eof As Boolean
```

⑭ ErrorText 属性　ErrorText 属性用于返回与 Curl 关联的错误字符串。函数声明为：

```
Curl.ErrorText As String
```

⑮ Handle 属性　Handle 属性用于返回与 Stream 关联的系统文件句柄。函数声明为：

```
Stream.Handle As Integer
```

⑯ Headers 属性　Headers 属性用于返回 HTTP 标头。函数声明为：

```
HttpClient.Headers As String[]
```

⑰ IsTerm 属性　IsTerm 属性用于返回流是否与终端关联。函数声明为：

```
Stream.IsTerm As Boolean
```

⑱ Lines 属性　Lines 属性用于返回允许用户一行一行枚举流内容的虚类对象。函数声明为：

```
Stream.Lines As .Stream.Lines
```

⑲ NullTerminatedString 属性　NullTerminatedString 属性用于返回是否为空结束符。函数声明为：

```
Stream.NullTerminatedString As Boolean
```

⑳ Password 属性　Password 属性用于返回或设置授权口令。函数声明为：

```
Curl.Password As String
```

㉑ Proxy 属性　Proxy 属性用于返回一个用于定义代理参数的虚类对象。函数声明为：

```
Curl.Proxy As .Curl.Proxy
```

㉒ Reason 属性　Reason 属性用于返回 HTTP 错误原因字符串。函数声明为：

```
HttpClient.Reason As String
```

㉓ Redirect 属性　Redirect 属性用于返回或设置 HttpClient 是否必须遵循 HTTP 重定向。默认情况下，不遵循重定向。函数声明为：

```
HttpClient.Redirect As Boolean
```

㉔ SSL 属性　SSL 属性用于定义 CURL 连接的 SSL 属性。函数声明为：

```
Curl.SSL As .Curl.SSL
```

㉕ Status 属性　Status 属性用于返回客户机的状态。可以是下列值之一：Net.Inactive 为客户机空闲；Net.ReceivingData 为客户机正从网络接收数据；Net.Connecting 为客户机正在连接服务器。函数声明为：

```
Curl.Status As Integer
```

㉖ Tag 属性　Tag 属性用于返回或设置与流关联的标签。函数声明为：

```
Stream.Tag As Variant
```

㉗ TargetFile 属性　TargetFile 属性用于返回或设置用于下载操作的目标文件。函数声明为：

```
Curl.TargetFile As String
```

㉘ Term 属性　Term 属性用于返回与流关联的终端的虚拟对象。函数声明为：

```
Stream.Term As .Stream.Term
```

㉙ Timeout 属性　Timeout 属性用于返回或设置客户机超时秒数。如果超时超过规定的秒数请求将终止。如果超时是零，则未定义超时。函数声明为：

```
Curl.Timeout As Integer
```

㉚ TotalDownloaded 属性　TotalDownloaded 属性用于返回要下载文件的字节数量。函数声明为：

```
Curl.TotalDownloaded As Long
```

㉛ TotalUploaded 属性　TotalUploaded 属性用于返回要上传文件的字节数量。函数声明为：

```
Curl.TotalUploaded As Long
```

㉜ URL 属性　URL 属性用于返回或设置资源 URL。函数声明为：

```
Curl.URL As String
```

㉝ UpdateCookies 属性　UpdateCookies 属性用于返回或设置是否必须更新 Cookies，默认值为 False。当设置 CookiesFile 属性时，Cookies 才会保存。函数声明为：

```
HttpClient.UpdateCookies As Boolean
```

㉞ Uploaded 属性　Uploaded 属性用于返回上传的字节数量。函数声明为：

```
Curl.Uploaded As Long
```

㉟ User 属性　User 属性用于返回或设置授权使用的用户。函数声明为：

```
Curl.User As String
```

㊱ UserAgent 属性　UserAgent 属性用于返回或设置用于发出请求的 UserAgent。默认 UserAgent 是 Gambas Http/1.0。函数声明为：

```
HttpClient.UserAgent As String
```

（4）HttpClient 控件的主要方法

① Begin 方法　Begin 方法用于写入缓冲数据到流，以便在调用 Send 方法时发送相关数据。函数声明为：

```
Stream.Begin ( )
```

② Close 方法　Close 方法用于关闭流。函数声明为：

```
Stream.Close ( )
```

③ CopyFrom 方法　CopyFrom 方法用于用另一个 HttpClient 对象的属性填充当前 HttpClient 对象。函数声明为：

```
HttpClient.CopyFrom ( HttpClient As Source )
```

HttpClient 为源 HttpClient 对象。

④ Drop 方法　Drop 方法用于清除自上次调用 Begin 方法以来缓冲的数据。函数声明为：

```
Stream.Drop ( )
```

⑤ Get 方法　Get 方法用于使用标准的 GET 方法呼叫 HTTP 服务器。使用之前必须设置 URL 属性以进行检索。函数声明为：

```
HttpClient.Get ( [ Headers As String[], TargetFile As String ] )
```

Headers 为标头的可选 String 数组，随请求一起发送到服务器。

TargetFile 如果未指定 TargetFile，从服务器接收的数据存储在内存中，可以用流方法或 Peek 方法访问；如果指定 TargetFile，从服务器接收的数据将被保存在指定的文件中，内部存储缓冲区将不可用。

⑥ Head 方法　Head 方法用于使用标准的 HEAD 方法执行对 HTTP 服务器的调用。使用之前必须设置 URL 属性以进行检索。函数声明为：

```
HttpClient.Head ( [ Headers As String[]] )
```

Headers 为标头的可选 String 数组，随请求一起发送到服务器。

⑦ Peek 方法　Peek 方法用于返回内部流缓冲区的内容。数据不会从缓冲区中删除，可以重复读取。函数声明为：

```
Curl.Peek ( ) As String
```

⑧ Post 方法　Post 方法用于使用标准的 POST 方法执行对 HTTP 服务器的调用。使用之前必须设置 URL 属性以进行检索。函数声明为：

```
HttpClient.Post ( ContentType As String, Data As String [ , Headers As String[], TargetFile As String ] )
```

ContentType 为 MIME 类型数据。

Data 为数据。

Headers 为标头的可选 String 数组。

TargetFile 为可选响应文件。如果未指定 TargetFile，从服务器接收的数据存储在内存中，可以用流方法或 Peek 方法访问；如果指定 TargetFile，从服务器接收的数据将被保存在指定的文件中，内部存储缓冲区将不可用。

⑨ PostFile 方法　PostFile 方法用于通过 POST 请求发送文件。函数声明为：

```
HttpClient.PostFile ( ContentType As String, Path As String [ , Headers As String[], TargetFile As String ] )
```

ContentType 为 MIME 类型数据。

Path 为要发送文件的路径。

Headers 为标头的可选 String 数组。

TargetFile 为可选响应文件。如果未指定 TargetFile，从服务器接收的数据存储在内存中，可以用流方法或 Peek 方法访问；如果指定 TargetFile，从服务器接收的数据将被保存在指定的文件中，内部存储缓冲区将不可用。

⑩ Put 方法　Put 方法用于使用 PUT 方法将数据发送到指定的 URL。函数声明为：

```
HttpClient.Put ( ContentType As String, Data As String [ , Headers As String[], TargetFile As String ] )
```

ContentType 为 MIME 类型数据。

Data 为数据。

Headers 为标头的可选 String 数组。

TargetFile 为可选响应文件。

⑪ PutFile 方法　PutFile 方法用于使用 PUT 请求发送文件。函数声明为：

```
HttpClient.PutFile ( ContentType As String, Path As String [ , Headers As String[], TargetFile As String ] )
```

ContentType 为 MIME 类型数据。

Path 为要发送文件的路径。

Headers 为标头的可选 String 数组。

TargetFile 为可选响应文件。如果未指定 TargetFile，从服务器接收的数据存储在内存中，可以用流方法或 Peek 方法访问；如果指定 TargetFile，从服务器接收的数据将被保存在指定的文件中，内部存储缓冲区将不可用。

⑫ ReadLine 方法　ReadLine 方法用于从流中读取一行文本，类似于 LINE INPUT。函数声明为：

```
Stream.ReadLine ( [ Escape As String ] ) As String
```

Escape 为忽略文本，即忽略两个 Escape 字符之间的新行。

⑬ Send 方法　Send 方法用于发送自上次调用 Begin 方法以来的所有数据。函数声明为：

```
Stream.Send ( )
```

⑭ Stop 方法　Stop 方法用于终止请求。函数声明为：

```
HttpClient.Stop ( )
```

⑮ Watch 方法　Watch 方法用于开始或停止监视流文件描述符以进行读写操作。函数声明为：

```
Stream.Watch ( Mode As Integer, Watch As Boolean )
```

Mode 为监视类型。gb.Read 为读，gb.Write 为写。

Watch 为监视开关。

（5）HttpClient 控件的主要事件

① Cancel 事件　Cancel 事件当取消请求时触发。函数声明为：

```
Event Curl.Cancel ( )
```

② Connect 事件　Connect 事件当建立连接时触发。函数声明为：

```
Event Curl.Connect ( )
```

③ Error 事件　Error 事件当产生错误时触发。函数声明为：

```
Event Curl.Error ( )
```

④ Finished 事件　Finished 事件当执行完成时触发。函数声明为：

```
Event Curl.Finished ( )
```

⑤ Progress 事件　Progress 事件当下载或上传时定期触发。函数声明为：

```
Event Curl.Progress ( )
```

⑥ Read 事件　Read 事件当接收数据时触发。函数声明为：

```
Event Curl.Read ( )
```

举例说明 1：从 Internet 同步下载文件，在 Get 方法前将 Async 属性设置为 FALSE，用 Timeout 属性设置超时，否则，如果服务器未正确答复，则可能被挂起。

```
Public Sub GetFile()

  Dim hClient As HttpClient
  Dim sBuffer As String

  hClient = New HttpClient As "hClient"
  hClient.URL = "http://elinks.or.cz/"
  hClient.Async = False
  hClient.Timeout = 60
  hClient.Get
  Print "Begin"
  If hClient.Status < 0 Then
    Print "ERROR"
  Else
    ' Success - read the data
    If Lof(hClient) Then sBuffer = Read #hClient, Lof(hClient)
    Print sBuffer
  End If
  Print "end"
End
```

举例说明 2：从 Internet 异步下载文件，调用 DownloadAsync 过程进行下载设置。下载完成后，在 Finished 事件处理程序中显示收到的 HTML。

```
Public hAsyncClient As New HttpClient As "hAsyncClient"
Private sDownloadBuffer As String

Public Sub DownloadAsync(URL As String)
  sDownloadBuffer = ""
  hAsyncClient.URL = URL
  hAsyncClient.TimeOut = 20
  hAsyncClient.Async = True
  hAsyncClient.Get()
End

Public Sub hAsyncClient_Connect()
  Print "Connected to " & hAsyncClient.URL
End

Public Sub hAsyncClient_Read()

  Dim sBuffer As String
```

```
    sBuffer = Read #Last, Lof(Last)
    sDownloadBuffer &= sBuffer
End

Public Sub hAsyncClient_Error()
    Print "Error " & hAsyncClient.Status & " while downloading " & hAsyncClient.URL
End

Public Sub hAsyncClient_Finished()
    Print sDownloadBuffer
End
```

3.3.9 .Curl.Proxy 虚类

.Curl.Proxy 虚类定义代理参数。

.Curl.Proxy 虚类的主要属性包括：

① Auth 属性　Auth 属性用于返回或设置身份验证方法。可以是以下常量之一：Net.Auth None（默认值）、Net.AuthBasic、Net.AuthNtlm。函数声明为：

```
.Curl.Proxy.Auth As Integer
```

② Host 属性　Host 属性用于返回或设置代理主机名。函数声明为：

```
.Curl.Proxy.Host As String
```

③ Password 属性　Password 属性用于返回或设置代理密码。函数声明为：

```
.Curl.Proxy.Password As String
```

④ Type 属性　Type 属性用于返回或设置代理类型。可以是以下常量之一：Net.ProxyHTTP（默认值）、Net.ProxySocks5。函数声明为：

```
.Curl.Proxy.Type As Integer
```

⑤ User 属性　User 属性用于返回或设置代理用户名。函数声明为：

```
.Curl.Proxy.Use As String
```

3.3.10 .Curl.SSL 虚类

.Curl.SSL 虚类定义 Curl 连接的 SSL 属性。

.Curl.SSL 虚类的主要属性包括：

① VerifyHost 属性　VerifyHost 属性用于返回或设置 Curl 验证服务器证书是否适用于已知的服务器。函数声明为：

```
.Curl.SSL.VerifyHost As Boolean
```

② VerifyPeer 属性　VerifyPeer 属性用于返回或设置 Curl 是否验证对等方证书的真实性。函数声明为：

```
.Curl.SSL.VerifyPeer As Boolean
```

3.3.11 天气预报程序设计

下面通过一个实例来学习 HttpClient 控件和 DnsClient 控件的使用方法。设计一个应用程序，点击窗体中的“查询”按钮，能够查询并显示指定地区的天气情况，主要包括城市、天气、温度、风力、湿度、污染指数、IP 地址等，如图 3-21 所示。

（1）实例效果预览

实例效果预览如图 3-21 所示。

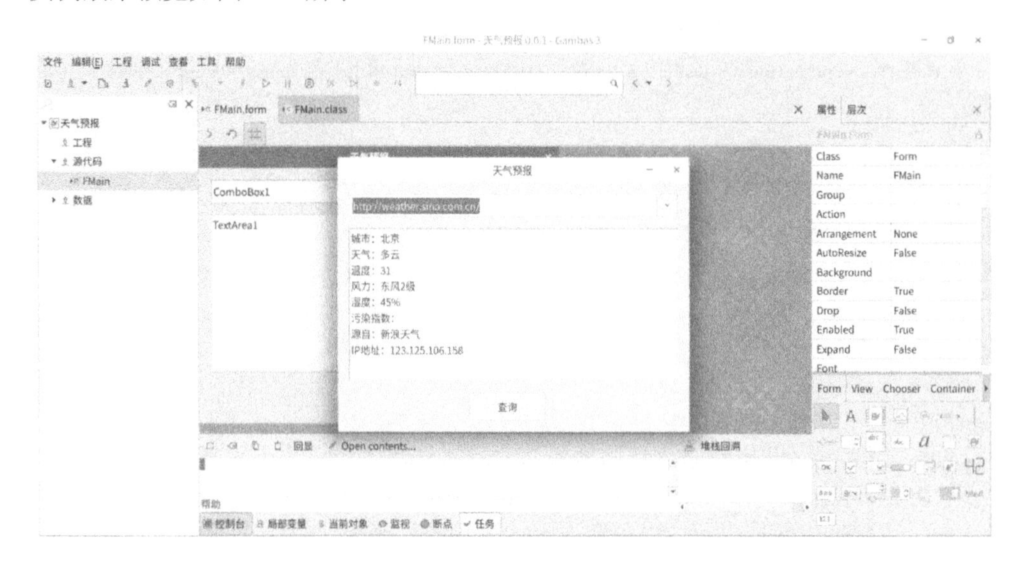

图 3-21　天气预报程序窗体

首先，打开 Chrome 浏览器。本例中，天气信息数据来源于新浪天气，可从新浪首页进入，找到“天气”项，点击进入，或直接输入网址进入新浪天气预报网页，如图 3-22 所示。

图 3-22　新浪天气预报网页

其次，需要找到网页的 HTML 文本。可在网页上右击，在弹出菜单中选择“查看网页源代码(V)”项，如图 3-23 所示。

图 3-23　查看网页源代码菜单

再次，在 HTML 源代码中找到 cnName、weatherName、temp 等字符串，其后紧跟城市、天气、温度内容，如图 3-24 所示。

图 3-24　查找 HTML 源代码（1）

最后，找到风力、湿度和天气图片的存储位置：风力为东风 2 级，湿度为 45%，天气图片为 http://www.sinaimg.cn/dy/weather/main/index14/007/icons_128_wt/w_02_08_00.png。此外，有可能会预报污染指数，如图 3-25 所示。

在程序设计中，针对 HTML 中出现的相关数据进行抓取，方法是先按关键词查找并定位字符串，字符串内包含有相关的天气信息；其次用 Split 函数一次或多次分离字符串，提取有效信息字符串；最后再将获得的字符串插入应用程序中。

（2）实例步骤

① 启动 Gambas 集成开发环境，可以在菜单栏选择“文件”→“新建工程...”，或在启动窗体中直接选择“新建工程...”项。

图 3-25　查找 HTML 源代码（2）

② 在“新建工程”对话框中选择“1.工程类型”中的“Graphical application”项，点击“下一个(N)”按钮。

③ 在“新建工程”对话框中选择“2.Parent directory”中要新建工程的目录，点击“下一个(N)”按钮。

④ 在“新建工程”对话框的“3.Project details”中输入工程名和工程标题，工程名为存储目录的名称，工程标题为应用程序的实际名称，在这里设置相同的工程名和工程标题。完成之后，点击“确定”按钮。

⑤ 在菜单中选择“工程”→“属性...”项，在弹出的“工程属性”对话框中，勾选“gb.net”和“gb.net.curl”项，在控件工具栏中会添加相应的控件。

⑥ 系统默认生成的启动窗体名称(Name)为 FMain。在 FMain 窗体中添加 1 个 ComboBox 控件、1 个 TextArea 控件、1 个 Button 控件、2 个 HttpClient 控件、1 个 DnsClient 控件，如图 3-26 所示，并设置相关属性，如表 3-11 所示。

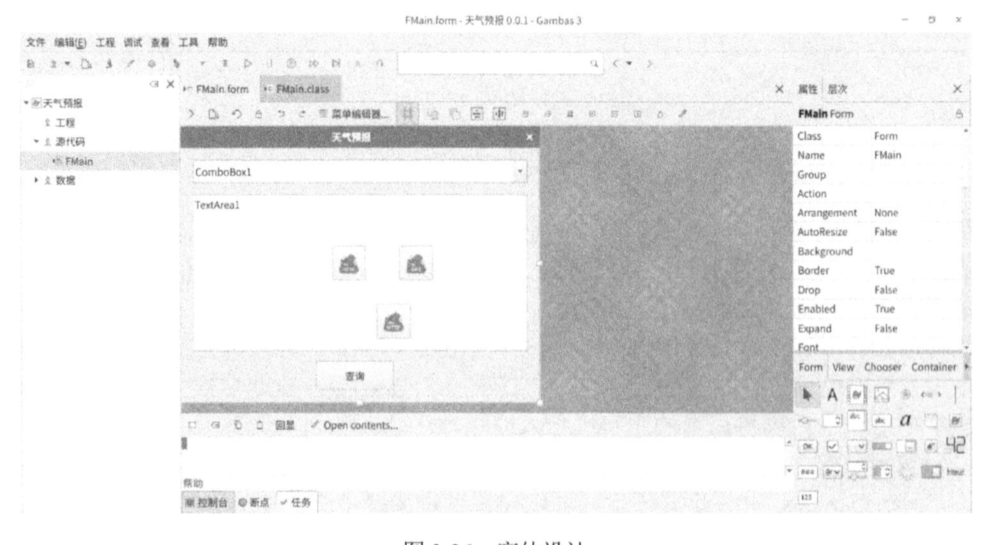

图 3-26　窗体设计

表 3-11　窗体和控件属性设置

名称	属性	说明
FMain	Text：天气预报 Resizable：False	标题栏显示的名称 固定窗体大小，取消最大化按钮
ComboBox1	List：http://weather.sina.com.cn/	显示新浪天气网址
TextArea1		显示天气预报信息
Button1	Text：查询	命令按钮，响应相关点击事件
HttpClient1		请求天气数据
HttpClient2		请求天气图片
DnsClient1		获得 IP

⑦ 设置 Tab 键响应顺序。在 FMain 窗体的“属性”窗口点击“层次”，出现控件切换排序，即按下键盘上的 Tab 键时，控件获得焦点的顺序。

⑧ 在 FMain 窗体中添加代码。

```
' Gambas class file

  Public tmp As String
  Public flag As Boolean

Public Sub Form_Open()
  '设置默认 URL
  ComboBox1.Index = 0
End

Public Sub Button1_Click()
  '清空操作
  tmp = ""
  TextArea1.Clear
  '设置下载资源的 URL
  HttpClient1.URL = ComboBox1.Text
  '呼叫 HTTP 服务器
  HttpClient1.Get()
  '设置主机名
  DnsClient1.HostName = "weather.sina.com.cn"
  '获得主机 IP
  DnsClient1.GetHostIP
End

Public Sub HttpClient1_Read()

  Dim s As String
```

```
    '接收 html 文本
    Read #Last, s, Lof(HttpClient1)
    tmp = tmp & s
  End

  Public Sub HttpClient1_Finished()

    Dim name As String
    Dim dst As String[]

    '提取当前城市信息
    name = Mid(tmp, InStr(tmp, "cnName : "), 50)
    dst = Split(name, " \n,", "''")
    TextArea1.Insert("城市：  " & dst[2] & "\n")
    '提取当前天气信息
    name = Mid(tmp, InStr(tmp, "weatherName : "), 50)
    dst = Split(name, " \n,", "''")
    TextArea1.Insert("天气：  " & dst[2] & "\n")
    '提取当前温度信息
    name = Mid(tmp, InStr(tmp, "temp : "), 50)
    dst = Split(name, " \n,", "''")
    TextArea1.Insert("温度：  " & dst[2] & "\n")
    '提取当前风力和湿度信息
    name = Mid(tmp, InStr(tmp, "slider_detail"), 500)
    dst = Split(name, " \n&")
    TextArea1.Insert("风力：  " & dst[61] & "\n")
    TextArea1.Insert(dst[93] & "\n")
    '提取当前污染指数信息
    Try name = Mid(tmp, InStr(tmp, "污染指数"), 500)
    dst = Split(name, " ><\n")
    TextArea1.Insert("污染指数：  " & dst[37] & "          " & dst[139] & "\n")
    '设置天气预报来源
    TextArea1.Insert("源自：  新浪天气\n")
    '获得服务器 IP 地址
    If flag Then
      TextArea1.Insert("IP 地址：  " & DnsClient1.HostIP)
      flag = False
    Endif
    '获得天气情况图片的存储 URL
    name = Mid(tmp, InStr(tmp, "slider_whicon_w"), 500)
    dst = Split(name, " \n")
```

```
    dst = Split(dst[3], "\"")
    tmp = ""
    '设置下载资源的 URL
    HttpClient2.URL = dst[1]
    '呼叫 HTTP 服务器
    HttpClient2.Get()
End

Public Sub HttpClient1_Error()
    '错误处理
    Message.Title = "错误"
    Message.Info(HttpClient1.Status)
End

Public Sub DnsClient1_Finished()
    '设置 IP 地址解析完成标识
    flag = True
End

Public Sub HttpClient2_Read()

    Dim s As String

    '接收图片文件
    Read #Last, s, Lof(HttpClient2)
    tmp = tmp & s
End

Public Sub HttpClient2_Finished()

    Dim p As String[]
    Dim fn As String

    '通过 URL 获得天气情况图片的名称
    p = Split(HttpClient2.URL, "/")
    fn = Application.Path &/ p[p.Count - 1]
    '保存图片文件
    File.Save(fn, tmp)
    '在窗体上显示图片
    FMain.Picture = Picture.Load(fn)
    '将图片作为程序的图标
    FMain.Icon = Picture.Load(fn)
```

```
End

Public Sub Form_Close()
  '关闭流
  HttpClient1.Close
  HttpClient2.Close
End
```

程序中，天气图片的资源使用 HttpClient2.URL = dst[1]进行设置，即获取下载地址，然后调用 HttpClient2.Get 语句呼叫 HTTP 服务器。此后，HttpClient2 开始进行侦听，Public Sub HttpClient2_Read 过程接收天气图片数据，通过 Read #Last, s, Lof(HttpClient2)语句以字符串形式读取数据，并用 tmp = tmp & s 语句暂存多次读取的结果到缓冲区。当天气图片接收完成后，触发 Public Sub HttpClient2_Finished 过程，保存天气图片到磁盘，在窗体上平铺显示并将其作为应用程序的图标在系统状态栏显示。

3.3.12 FtpClient 控件

FtpClient 控件实现了 FTP 服务功能，允许下载文件、上传文件以及将自定义命令发送到 FTP 服务器。

（1）FtpClient 控件的主要静态属性

FtpClient 控件的主要静态属性为 DefaultProxy 属性。

DefaultProxy 属性用于返回或设置所有创建的 HttpClient 对象的默认代理。函数声明为：

```
Curl.DefaultProxy As .Curl.Proxy
```

（2）FtpClient 控件的主要属性

① Async 属性　Async 属性用于返回或设置 FTP/HTTP 请求是否为异步。函数声明为：

```
Curl.Async As Boolean
```

② Blocking 属性　Blocking 属性用于返回或设置是否流阻塞。当设置该属性，流没有数据可读时读操作被阻塞，流内部系统缓冲区满时写操作被阻塞。函数声明为：

```
Stream.Blocking As Boolean
```

③ BufferSize 属性　BufferSize 属性用于返回或设置接收缓冲区大小，在 0～512KB 之间。如果设置为零，则默认接收缓冲区大小为 16KB。函数声明为：

```
Curl.BufferSize As Integer
```

④ ByteOrder 属性　ByteOrder 属性用于返回或设置从流读/写二进制数据的字节顺序。函数声明为：

```
Stream.ByteOrder As Integer
```

⑤ Debug 属性　Debug 属性用于返回或设置调试模式。如果设置该属性，则 FtpClient 对象将打印所有发送到 FTP 服务器的命令。函数声明为：

```
Curl.Debug As Boolean
```

⑥ Downloaded 属性　Downloaded 属性用于返回已下载的字节数量。函数声明为：

```
Curl.Downloaded As Long
```

⑦ EndOfFile 属性　EndOfFile 属性用于返回最后一次使用 LINE INPUT 读操作是到达了

文件末尾，还是读取了一个用行结束字符结尾的完整行。检查文件是否到达末尾，可使用 Eof 函数或 Eof 属性。函数声明为：

```
Stream.EndOfFile As Boolean
```

⑧ EndOfLine 属性　EndOfLine 属性用于返回或设置当前流使用的新行分隔符。LINE INPUT 语句和 PRINT 语句会使用这个属性的值。函数声明为：

```
Stream.EndOfLine As Integer
```

⑨ Eof 属性　Eof 属性用于返回流是否到达终点。函数声明为：

```
Stream.Eof As Boolean
```

⑩ ErrorText 属性　ErrorText 属性用于返回与 Curl 关联的错误字符串。函数声明为：

```
Curl.ErrorText As String
```

⑪ Handle 属性　Handle 属性用于返回与 Stream 关联的系统文件句柄。函数声明为：

```
Stream.Handle As Integer
```

⑫ IsTerm 属性　IsTerm 属性用于返回流是否与终端关联。函数声明为：

```
Stream.IsTerm As Boolean
```

⑬ Lines 属性　Lines 属性用于返回允许用户一行一行枚举流内容的虚类对象。函数声明为：

```
Stream.Lines As .Stream.Lines
```

⑭ NoEPSV 属性　NoEPSV 属性用于返回或设置 FtpClient 在下载时是否可以使用 EPSV。默认情况下，未设置该属性，始终允许使用 EPSV。如果设置该属性，仅使用 PASV，不使用 EPSV。如果服务器使用 IPv6，则该属性无效。函数声明为：

```
FtpClient.NoEPSV As Boolean
```

⑮ NullTerminatedString 属性　NullTerminatedString 属性用于返回是否为空结束符。函数声明为：

```
Stream.NullTerminatedString As Boolean
```

⑯ Password 属性　Password 属性用于返回或设置授权口令。函数声明为：

```
Curl.Password As String
```

⑰ Proxy 属性　Proxy 属性用于返回一个用于定义代理参数的虚类对象。函数声明为：

```
Curl.Proxy As .Curl.Proxy
```

⑱ SSL 属性　SSL 属性用于定义 CURL 连接的 SSL 属性。函数声明为：

```
Curl.SSL As .Curl.SSL
```

⑲ Status 属性　Status 属性用于返回客户机的状态。可以是下列值之一：Net.Inactive 为客户机空闲；Net.ReceivingData 为客户机正从网络接收数据；Net.Connecting 为客户机正在连接服务器。函数声明为：

```
Curl.Status As Integer
```

⑳ Tag 属性　Tag 属性用于返回或设置与流关联的标签。函数声明为：

```
Stream.Tag As Variant
```

㉑ TargetFile 属性　TargetFile 属性用于返回或设置用于下载操作的目标文件。函数声明为：

```
Curl.TargetFile As String
```

㉒ Term 属性　Term 属性用于返回与流关联的终端的虚拟对象。函数声明为：

```
Stream.Term As .Stream.Term
```

㉓ Timeout 属性　Timeout 属性用于返回或设置客户机超时秒数。如果超时超过规定的秒数请求将终止。如果超时是零，则未定义超时。函数声明为：

```
Curl.Timeout As Integer
```

㉔ TotalDownloaded 属性　TotalDownloaded 属性用于返回要下载文件的字节数量。函数声明为：

```
Curl.TotalDownloaded As Long
```

㉕ TotalUploaded 属性　TotalUploaded 属性用于返回要上传文件的字节数量。函数声明为：

```
Curl.TotalUploaded As Long
```

㉖ URL 属性　URL 属性用于返回或设置资源 URL。函数声明为：

```
Curl.URL As String
```

㉗ Uploaded 属性　Uploaded 属性用于返回上传的字节数量。函数声明为：

```
Curl.Uploaded As Long
```

㉘ User 属性　User 属性用于返回或设置授权使用的用户。函数声明为：

```
Curl.User As String
```

（3）FtpClient 控件的主要方法

① Begin 方法　Begin 方法用于写入缓冲数据到流，以便在调用 Send 方法时发送相关数据。函数声明为：

```
Stream.Begin ( )
```

② Close 方法　Close 方法用于关闭流。函数声明为：

```
Stream.Close ( )
```

③ Drop 方法　Drop 方法用于清除自上次调用 Begin 方法以来缓冲的数据。函数声明为：

```
Stream.Drop ( )
```

④ Exec 方法　Exec 方法用于执行指定的 FTP 命令。函数声明为：

```
FtpClient.Exec ( Commands As String[] )
```

Commands 为字符串数组，其中的每个字符串都是一条 FTP 命令。

⑤ Get 方法　Get 方法用于使用标准的 GET 方法呼叫 FTP 服务器，从服务器检索文件。使用之前必须设置 URL 属性以进行检索。函数声明为：

```
FtpClient.Get ( [ TargetFile As String ] )
```

TargetFile 为文件保存路径。

⑥ Peek 方法　Peek 方法用于返回内部流缓冲区的内容。数据不会从缓冲区中删除，可

以重复读取。函数声明为：

```
Curl.Peek ( ) As String
```

⑦ Put 方法　Put 方法用于将文件发送到 FTP 服务器。函数声明为：

```
FtpClient.Put ( LocalFile As String )
```

LocalFile 为要发送的文件。

⑧ ReadLine 方法　ReadLine 方法用于从流中读取一行文本，类似于 LINE INPUT。函数声明为：

```
Stream.ReadLine ( [ Escape As String ] ) As String
```

Escape 为忽略文本，即忽略两个 Escape 字符之间的新行。

⑨ Send 方法　Send 方法用于发送自上次调用 Begin 方法以来的所有数据。函数声明为：

```
Stream.Send ( )
```

⑩ Stop 方法　Stop 方法用于终止当前命令。函数声明为：

```
FtpClient.Stop ( )
```

⑪ Watch 方法　Watch 方法用于开始或停止监视流文件描述符以进行读写操作。函数声明为：

```
Stream.Watch ( Mode As Integer, Watch As Boolean )
```

Mode 为监视类型。gb.Read 为读，gb.Write 为写。

Watch 为监视开关。

（4）FtpClient 控件的主要事件

① Cancel 事件　Cancel 事件当取消请求时触发。函数声明为：

```
Event Curl.Cancel ( )
```

② Connect 事件　Connect 事件当建立连接时触发。函数声明为：

```
Event Curl.Connect ( )
```

③ Error 事件　Error 事件当产生错误时触发。函数声明为：

```
Event Curl.Error ( )
```

④ Finished 事件　Finished 事件当执行完成时触发。函数声明为：

```
Event Curl.Finished ( )
```

⑤ Progress 事件　Progress 事件当下载或上传时定期触发。函数声明为：

```
Event Curl.Progress ( )
```

⑥ Read 事件　Read 事件当接收数据时触发。函数声明为：

```
Event Curl.Read ( )
```

3.3.13　Ftp 文件查看器程序设计

下面通过一个实例来学习 FtpClient 控件的使用方法。设计一个应用程序，在下拉列表框选择一个 Ftp 地址，点击右侧的命令按钮，访问相关 Ftp 站点，并显示目录和文件列表；当双击文件夹时，则打开文件夹，进入下一级目录；当双击文件时会自动下载到当前的工程目录中，下载完成后会自动弹出提示框，如图 3-27 所示。

（1）实例效果预览

实例效果预览如图 3-27 所示。

图 3-27　Ftp 文件查看器程序窗体

打开 Chrome 浏览器，输入 Ftp 地址 ftp://anonymous@ftp.gnu.org/，浏览器中显示的内容与 Ftp 文件查看器显示的内容完全相同，如图 3-28 所示。

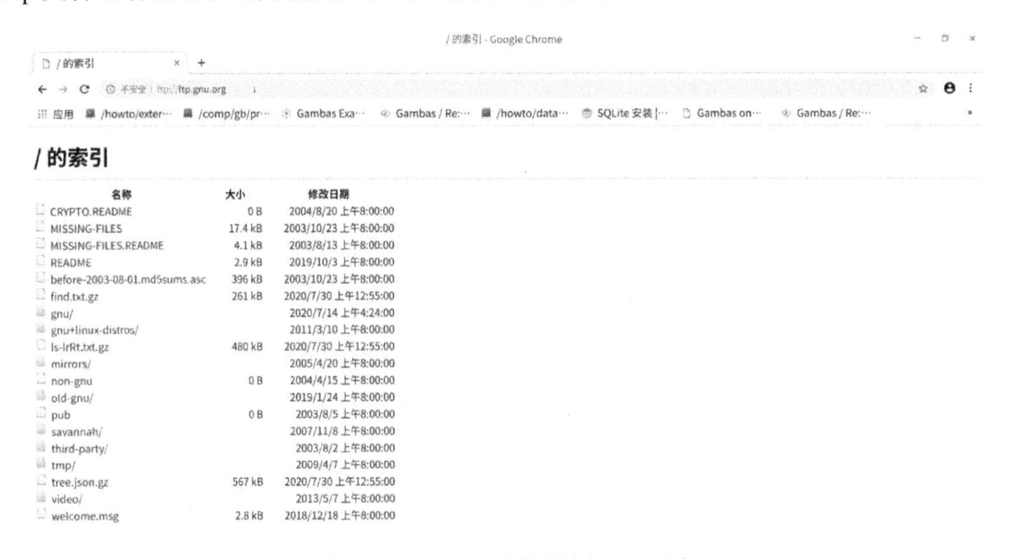

图 3-28　Chrome 浏览器访问 Ftp 站点

（2）实例步骤

① 启动 Gambas 集成开发环境，可以在菜单栏选择“文件”→“新建工程...”，或在启动窗体中直接选择“新建工程...”项。

② 在“新建工程”对话框中选择“1.工程类型”中的“Graphical application”项，点击“下一个(N)”按钮。

③ 在“新建工程”对话框中选择“2.Parent directory”中要新建工程的目录，点击“下一个(N)”按钮。

④ 在“新建工程”对话框的“3.Project details”中输入工程名和工程标题，工程名为存储目录的名称，工程标题为应用程序的实际名称，在这里设置相同的工程名和工程标题。完

成之后，点击“确定”按钮。

⑤ 在菜单中选择“工程”→“属性...”项，在弹出的“工程属性”对话框中，勾选“gb.net”和“gb.net.curl”项，在控件工具栏中会添加相应的控件。

⑥ 系统默认生成的启动窗体名称(Name)为FMain。在FMain窗体中添加1个ComboBox控件、1个ColumnView控件、1个Button控件、1个FtpClient控件，如图3-29所示，并设置相关属性，如表3-12所示。

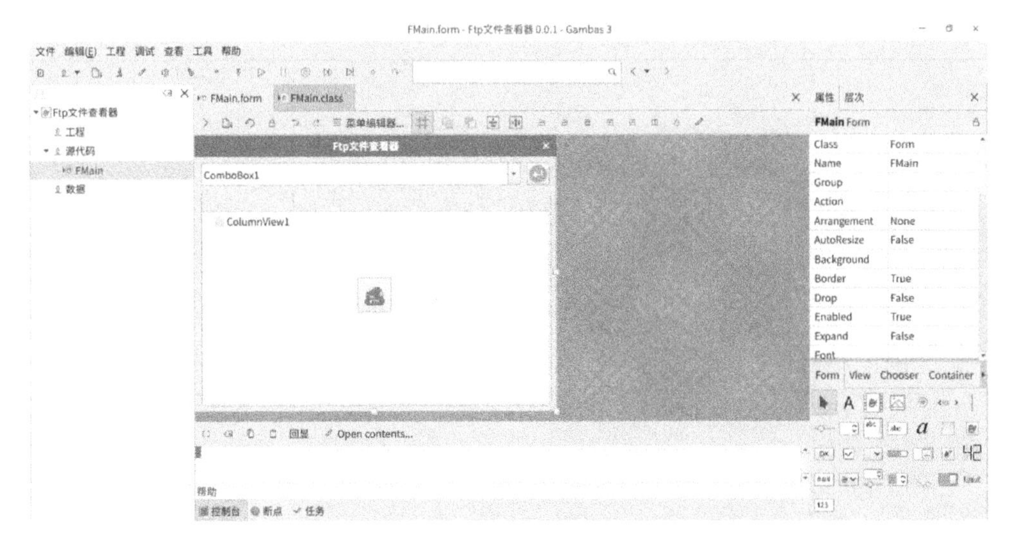

图 3-29　窗体设计

表 3-12　窗体和控件属性设置

名称	属性	说明
FMain	Text：Ftp 文件查看器 Resizable：False	标题栏显示的名称 固定窗体大小，取消最大化按钮
ComboBox1	List：ftp://anonymous@ftp.gnu.org/ ftp://anonymous@ftp.ubuntu.com/ ftp://anonymous@cddis.gsfc.nasa.gov/ ftp://anonymous@ftp.pangeia.com.br/	Ftp 站点列表
ColumnView1		显示目录和文件列表
Button1	Picture：icon:/32/apply	命令按钮，响应相关点击事件
FtpClient1		Ftp 访问控件

⑦ 设置Tab键响应顺序。在FMain窗体的“属性”窗口点击“层次”，出现控件切换排序，即按下键盘上的Tab键时，控件获得焦点的顺序。

⑧ 在FMain窗体中添加代码。

```
' Gambas class file

  Public path As String
  Public flag As Integer
```

```
Public Sub Form_Open()
  '设置控件显示 3 列，标题依次为：名称、大小、修改日期
  ColumnView1.Columns.Count = 3
  ColumnView1.Columns[0].Text = "名称"
  ColumnView1.Columns[1].Text = "大小"
  ColumnView1.Columns[2].Text = "修改日期"
  '设置地址栏默认显示值
  ComboBox1.Index = 0
End

Public Sub Button1_Click()
  '停止所有 Ftp 连接
  FtpClient1.Stop
  '设置连接 URL
  FtpClient1.URL = ComboBox1.Text
  '呼叫 FTP 服务器
  FtpClient1.Get
  '清除控件内容
  ColumnView1.Clear
  '设置标志
  flag = 2
End

Public Sub FtpClient1_Read()

  Dim s As String
  Dim f As String[]
  Dim fs As String[]
  Dim i As Integer
  Dim j As Integer
  Dim k As Integer
  Dim pic As String
  Dim fl As File
  Dim fls As String[]

  '接收 Ftp 文件
  Read #FtpClient1, s, Lof(FtpClient1)
  '下载文件
  If flag = 1 Then
    fls = Split(FtpClient1.URL, "/")
    fl = Open Application.Path &/ fls[fls.Count - 1] For Write Append
    Write #fl, s
```

```
      Close #fl
    Endif
    '显示文件列表
    If flag = 2 Then
      f = Split(s, "\n")
      '分离文件信息
      For i = 0 To f.Count - 1
        fs = Split(f[i], " ")
        k = 0
        For j = 0 To fs.Count - 1
          If fs[j] <> "" Then
            fs[k] = fs[j]
            Inc k
          Endif
        Next
        '如果当前文件为目录，设置目录图标
        If fs[0] Begins LCase("d") Then
          pic = "icon:/32/directory"
        Endif
        '如果当前文件为链接，设置链接图标
        If fs[0] Begins LCase("l") Then
          pic = "icon:/32/link"
        Endif
        '如果当前文件为文件，设置文件图标
        If fs[0] Begins LCase("-") Then
          pic = "icon:/32/file"
        Endif
        '显示文件列表
        '插入当前文件名称和图标
        ColumnView1.Add(fs[8], fs[8], Picture[pic])
        '插入当前文件大小
        ColumnView1[fs[8]][1] = fs[4]
        '插入当前文件修改日期
        ColumnView1[fs[8]][2] = fs[5] & " " & fs[6] & " " & fs[7]
      Next
    Endif
    '错误处理
    Catch
      Return
End

Public Sub ColumnView1_DblClick()
```

```
    flag = 0
    '停止所有 Ftp 连接
    FtpClient1.Stop
    '双击目录时打开下一级目录，双击文件时下载
    If ColumnView1.Current.Picture = Picture["icon:/32/directory"] Then
      '双击目录操作
      FtpClient1.URL = ComboBox1.Text &/ ColumnView1.Current.Text & "/"
      FtpClient1.Get
      ComboBox1.Text = ComboBox1.Text &/ ColumnView1.Current.Text & "/"
      ColumnView1.Clear
      flag = 2
    Else
      '双击文件操作
      FtpClient1.URL = ComboBox1.Text &/ ColumnView1.Current.Text
      FtpClient1.Get
      flag = 1
    Endif
  End

  Public Sub FtpClient1_Finished()
    Message.Title = "下载文件"
    '下载文件完成后提示
    If flag = 1 Then
      Message.Title = "下载文件"
      Message.Info("文件下载完成，保存在" & Application.Path & "目录！", "确定")
      flag = 0
    Endif
  End

  Public Sub Form_Close()
    '关闭下载
    FtpClient1.Stop
    FtpClient1.Close
    FMain.Close
  End
```

Ftp是历史悠久的网络工具之一，从1971年A.K.Bhushan提出第一个Ftp的RFC（RFC114）以来，其凭借独特的优势成为互联网中最重要、最广泛的服务。Ftp采用Internet标准文件传输协议，面向用户提供一组用来管理计算机之间文件传输的应用程序。Ftp采用客户机/服务器（C/S）模型，需要在客户机与Ftp服务器之间建立连接，其特点是在两台通信的主机之间使用了两条TCP连接：一条是数据连接，用于数据传输；另一条是控制连接，用于传输控制信息（命令和应答）。这种将命令和数据分开传输的方法大大提高了Ftp的效率，而其他C/S

应用程序一般只有一条 TCP 连接。

Ftp 客户机包含三个模块，即用户接口、控制进程和数据传输进程；服务器包含两个模块，即控制进程和数据传输进程。在整个交互 Ftp 会话中，控制连接始终处于连接状态，数据连接则在每一次文件传输时打开，传输结束后关闭，如图 3-30 所示。

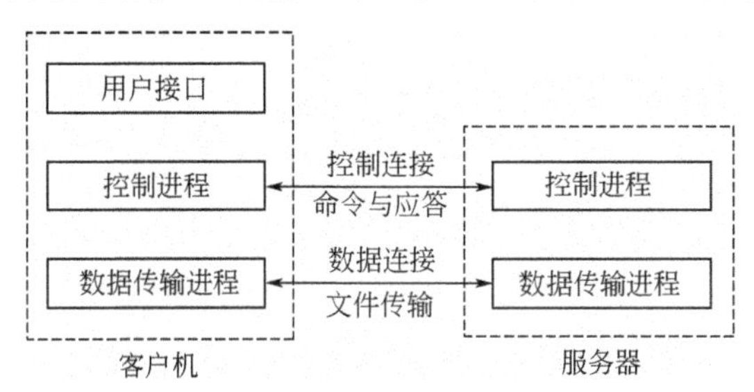

图 3-30　Ftp 传输模型

第4章 压缩与加密技术

压缩与加密类组件包含 gb.compress、gb.crypt 和 gb.openssl 组件是组成 Gambas 应用程序的重要对象，主要为用户提供压缩、认证、加解密服务功能，以类的形式存在，在运行时不可见，功能强大，使用方便。压缩与加密类组件来源于并且兼容 Qt4、Qt5、GTK+2、GTK+3，可方便地发布和移植到各种 Linux 操作系统中。

本章介绍了 Gambas 的压缩与加密类组件使用方法，包括 Compress、Uncompress、Crypt、Cipher、CipherText、Digest、HMac、OpenSSL 类以及与之关联的虚类，并给出了压缩与解压程序、口令验证程序、加密与解密程序、摘要算法程序等示例，能够使读者快速掌握压缩与加密类组件的属性、方法，以及相关程序设计方法。

4.1 gb.compress 组件

gb.compress 组件实现了文件的压缩和解压缩功能，用标准流读写压缩文件，也可以用来压缩和解压缩内存中的字符串。该组件使用 zlib 和 libbzip2 提供的两种压缩、解压缩算法，在组件内部调用 libz 和 libbz2 库。通常情况下，GNU/Linux 发行版均含有上述库，如果没有包含，需要在使用该组件的计算机上安装这些库文件。

4.1.1 Compress 类

Compress 类实现压缩文件、内存字符串以及用标准 Stream 方法写压缩文件。

（1）Compress 类的主要属性

① Blocking 属性　Blocking 属性用于返回或设置是否流阻塞。当设置该属性，流没有数据可读时读操作被阻塞，流内部系统缓冲区满时写操作被阻塞。函数声明为：

```
Stream.Blocking As Boolean
```

② ByteOrder 属性　ByteOrder 用于返回或设置从流读/写二进制数据的字节顺序。函数声明为：

```
Stream.ByteOrder As Integer
```

③ Default 属性　Default 属性用于返回当前压缩引擎的默认压缩等级。函数声明为：

```
Compress.Default As Integer
```

④ EndOfFile 属性　EndOfFile 属性用于返回最后一次使用 LINE INPUT 读操作是到达了

文件末尾，还是读取了一个用行结束字符结尾的完整行。检查文件是否到达末尾，可使用 Eof 函数或 Eof 属性。函数声明为：

```
Stream.EndOfFile As Boolean
```

⑤ EndOfLine 属性　EndOfLine 属性用于返回或设置当前流使用的新行分隔符。LINE INPUT 语句和 PRINT 语句会使用这个属性的值。函数声明为：

```
Stream.EndOfLine As Integer
```

⑥ Eof 属性　Eof 属性用于返回流是否到达终点。函数声明为：

```
Stream.Eof As Boolean
```

⑦ Handle 属性　Handle 属性用于返回与 Stream 关联的系统文件句柄。函数声明为：

```
Stream.Handle As Integer
```

⑧ IsTerm 属性　IsTerm 属性用于返回流是否与终端关联。函数声明为：

```
Stream.IsTerm As Boolean
```

⑨ Lines 属性　Lines 属性用于返回允许用户一行一行枚举流内容的虚类对象。函数声明为：

```
Stream.Lines As .Stream.Lines
```

⑩ Max 属性　Max 属性用于返回当前压缩引擎的最大压缩等级。函数声明为：

```
Compress.Max As Integer
```

⑪ Min 属性　Min 属性用于返回当前压缩引擎的最小压缩等级。函数声明为：

```
Compress.Min As Integer
```

⑫ NullTerminatedString 属性　NullTerminatedString 属性用于返回是否为空结束符。函数声明为：

```
Stream.NullTerminatedString As Boolean
```

⑬ Tag 属性　Tag 属性用于返回或设置与流关联的标签。函数声明为：

```
Stream.Tag As Variant
```

⑭ Term 属性　Term 属性用于返回与流关联的终端的虚拟对象。函数声明为：

```
Stream.Term As .Stream.Term
```

⑮ Type 属性　Type 属性用于返回或设置压缩引擎。可以选择的压缩引擎有：zlib、bzlib2。函数声明为：

```
Compress.Type As String
```

（2）Compress 类的主要方法

① Begin 方法　Begin 方法用于写入缓冲数据到流，以便在调用 Send 方法时发送相关数据。函数声明为：

```
Stream.Begin ( )
```

② Close 方法　Close 方法用于关闭流。函数声明为：

```
Stream.Close ( )
```

③ Drop 方法　Drop 方法用于清除自上次调用 Begin 方法以来缓冲的数据。函数声明为：

```
Stream.Drop ( )
```

④ File 方法　File 方法用于压缩文件并保存。函数声明为：

```
Compress.File ( Source As String, Target As String [ , Level As Integer ] )
```

Source 为源文件路径。

Target 为目标文件路径。如果文件已经存在，将会被覆盖。

Level 为压缩级别，Min 与 Max 之间的一个值。如果不设置该参数，使用默认值。

举例说明：

```
Dim Cp As New Compress

Cp.Type = "zlib"
Cp.File("/home/foo/README.TXT", "/home/foo/README.TXT.gz", Cp.Max)
```

⑤ Open 方法　Open 方法用于打开压缩文件。函数声明为：

```
Compress.Open ( Path As String [ , Level As Integer ] )
```

Path 为存储路径。

Level 为压缩级别，Min 与 Max 之间的一个值。如果不设置该参数，使用默认值。

举例说明：

```
Dim Cz As New Compress

Cz.Type = "bzlib2"
Cz.Open("/home/foo/compressed.bz2", Cz.Max)
Print #Cz, "Hello, this is a compressed file,"
Print #Cz, "using bzlib2 algorithm. Remember that"
Print #Cz, "highest compression level provides"
Print #Cz, "a little output file, but requires"
Print #Cz, "more CPU time"
Close #Cz
```

⑥ ReadLine 方法　ReadLine 方法用于从流中读取一行文本，类似于 LINE INPUT。函数声明为：

```
Stream.ReadLine ( [ Escape As String ] ) As String
```

Escape 为忽略文本，即忽略两个 Escape 字符之间的新行。

⑦ Send 方法　Send 方法用于发送自上次调用 Begin 方法以来的所有数据。函数声明为：

```
Stream.Send ( )
```

⑧ String 方法　String 方法用于压缩一个字符串。函数声明为：

```
Compress.String ( Source As String [ , Level As Integer, AllowGrow As Boolean ] ) As String
```

Source 为压缩的字符串。

Level 为压缩级别，Min 与 Max 之间的一个值。如果不设置该参数，使用默认值。

AllowGrow 不设置或者为 False，该函数仅当压缩的字符串长度小于原始字符串（未压缩）的长度时才返回压缩的字符串；如果为 True，则总是返回压缩的字符串。

举例说明：

```
Dim Cz As New Compress
Dim Buf As String

Cz.Type = "bzlib2"
Buf = Cz.String(SourceString, Cz.Max, False)
If Len(Buf) < Len(SourceString) Then
  Print "压缩成功结束"
Else
  Print "不能压缩该字符串"
End If
```

⑨ Watch 方法　Watch 方法用于开始或停止监视流文件描述符以进行读写操作。函数声明为：

```
Stream.Watch ( Mode As Integer, Watch As Boolean )
```

Mode 为监视类型。gb.Read 为读，gb.Write 为写。
Watch 为监视开关。

4.1.2 Uncompress 类

Uncompress 类实现解压缩文件、内存字符串以及用标准 Stream 方法读压缩文件。

（1）Compress 类的主要属性

① Blocking 属性　Blocking 属性用于返回或设置是否流阻塞。当设置该属性，流没有数据可读时读操作被阻塞，流内部系统缓冲区满时写操作被阻塞。函数声明为：

```
Stream.Blocking As Boolean
```

② ByteOrder 属性　ByteOrder 属性用于返回或设置从流读/写二进制数据的字节顺序。函数声明为：

```
Stream.ByteOrder As Integer
```

③ EndOfFile 属性　EndOfFile 属性用于返回最后一次使用 LINE INPUT 读操作是到达了文件末尾，还是读取了一个用行结束字符结尾的完整行。检查文件是否到达末尾，可使用 Eof 函数或 Eof 属性。函数声明为：

```
Stream.EndOfFile As Boolean
```

④ EndOfLine 属性　EndOfLine 属性用于返回或设置当前流使用的新行分隔符。LINE INPUT 语句和 PRINT 语句会使用这个属性的值。函数声明为：

```
Stream.EndOfLine As Integer
```

⑤ Eof 属性　Eof 属性用于返回流是否到达终点。函数声明为：

```
Stream.Eof As Boolean
```

⑥ Handle 属性　Handle 属性用于返回与 Stream 关联的系统文件句柄。函数声明为：

```
Stream.Handle As Integer
```

⑦ IsTerm 属性　IsTerm 属性用于返回流是否与终端关联。函数声明为：

```
Stream.IsTerm As Boolean
```

⑧ Lines 属性　Lines 属性用于返回允许用户一行一行枚举流内容的虚类对象。函数声

明为：

```
Stream.Lines As .Stream.Lines
```

⑨ NullTerminatedString 属性　NullTerminatedString 属性用于返回是否为空结束符。函数声明为：

```
Stream.NullTerminatedString As Boolean
```

⑩ Tag 属性　Tag 属性用于返回或设置与流关联的标签。函数声明为：

```
Stream.Tag As Variant
```

⑪ Term 属性　Term 属性用于返回与流关联的终端的虚拟对象。函数声明为：

```
Stream.Term As .Stream.Term
```

⑫ Type 属性　Type 属性用于返回或设置解压缩引擎。可以选择的压缩引擎有 zlib、bzlib2。函数声明为：

```
Uncompress.Type As String
```

（2）Uncompress 类的主要方法

① Begin 方法　Begin 方法用于写入缓冲数据到流，以便在调用 Send 方法时发送相关数据。函数声明为：

```
Stream.Begin ( )
```

② Close 方法　Close 方法用于关闭流。函数声明为：

```
Stream.Close ( )
```

③ Drop 方法　Drop 方法用于清除自上次调用 Begin 方法以来缓冲的数据。函数声明为：

```
Stream.Drop ( )
```

④ File 方法　File 方法用于解压缩文件并保存。函数声明为：

```
Uncompress.File ( Source As String, Target As String )
```

Source 为源文件路径。
Target 为目标文件路径。如果文件已经存在，将会被覆盖。
举例说明：

```
Dim Cp As New Uncompress

Cp.Type = "zlib"
Cp.File("/home/foo/README.TXT.gz", "/home/foo/README.TXT")
```

⑤ Open 方法　Open 方法用于打开压缩文件。函数声明为：

```
Uncompress.Open ( Path As String )
```

Path 为存储路径。
举例说明：

```
Dim Cz As New Uncompress
Dim Buf As String

Cz.Type = "bzlib2"
```

```
Cz.Open("/home/foo/compressed.bz2")
Line Input #Cz, Buf
...
Close #Cz
```

⑥ ReadLine 方法　ReadLine 方法用于从流中读取一行文本，类似于 LINE INPUT。函数声明为：

```
Stream.ReadLine ( [ Escape As String ] ) As String
```

Escape 为忽略文本，即忽略两个 Escape 字符之间的新行。

⑦ Send 方法　Send 方法用于发送自上次调用 Begin 方法以来的所有数据。函数声明为：

```
Stream.Send ( )
```

⑧ String 方法　String 方法用于解压缩一个字符串。函数声明为：

```
Uncompress.String ( Source As String ) As String
```

Source 为被压缩的字符串，必须是有效的压缩字符串。

举例说明：

```
Dim Cz As New Uncompress
Dim Buf As String

Cz.Type = "bzlib2"
Buf = Cz.String(SourceString)
Print Buf
```

⑨ Watch 方法　Watch 方法用于开始或停止监视流文件描述符以进行读写操作。函数声明为：

```
Stream.Watch ( Mode As Integer, Watch As Boolean )
```

Mode 为监视类型。gb.Read 为读，gb.Write 为写。

Watch 为监视开关。

4.1.3　压缩与解压程序设计

下面通过一个实例来学习 Compress 类和 Uncompress 类的使用方法。设计一个应用程序，在文件浏览器选中指定文件，能够完成 gz 格式和 bz2 格式的文件压缩和解压缩，如图 4-1 所示。gz 格式和 bz2 格式是 Linux 系统中的常用压缩格式，遵循 GNU 通用公共许可协议。bz2 格式和 gz 格式的区别在于，前者比后者压缩率更高，后者比前者花费更少的时间，即同一个文件压缩后 bz2 文件比 gz 文件更小，但 bz2 文件的小是以花费更多的时间为代价的。此外，压缩率与文件类型关系较大，一些文件类型 bz2 的压缩率会低于 gz，并且时间消耗接近，读者可自行对各类文件进行压缩比较。

（1）实例效果预览

实例效果预览如图 4-1 所示。

（2）实例步骤

① 启动 Gambas 集成开发环境，可以在菜单栏选择“文件”→“新建工程...”，或在启动窗体中直接选择“新建工程...”项。

② 在“新建工程”对话框中选择“1.工程类型”中的“Graphical application”项，点击

“下一个(N)”按钮。

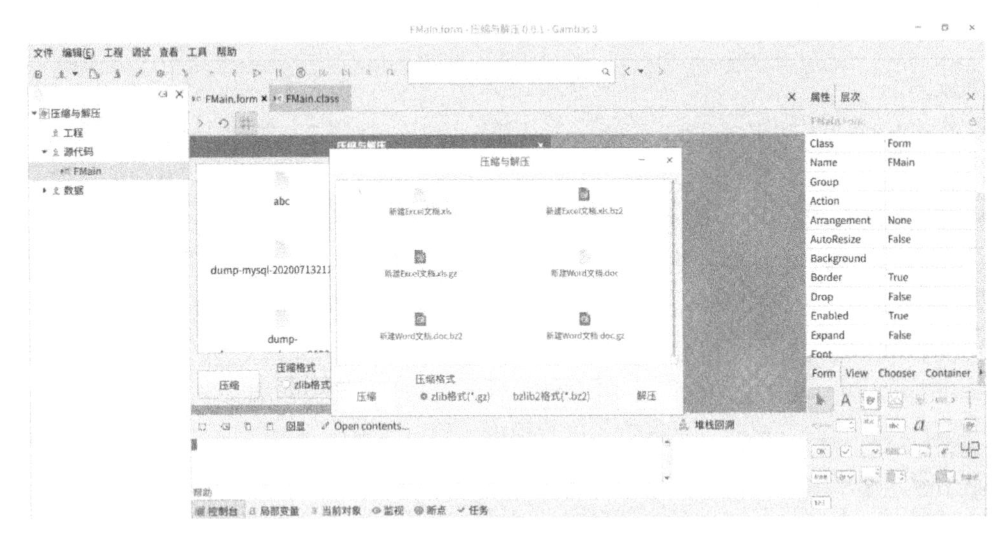

图 4-1　压缩与解压程序窗体

③ 在“新建工程”对话框中选择“2.Parent directory”中要新建工程的目录，点击“下一个(N)”按钮。

④ 在“新建工程”对话框的“3.Project details”中输入工程名和工程标题，工程名为存储目录的名称，工程标题为应用程序的实际名称，在这里设置相同的工程名和工程标题。完成之后，点击“确定”按钮。

⑤ 在菜单中选择“工程”→“属性...”项，在弹出的“工程属性”对话框中，勾选“gb.compress”项。

⑥ 系统默认生成的启动窗体名称（Name）为FMain。在FMain窗体中添加1个FileView控件、1个Frame控件、2个RadioButton控件、2个Button控件，如图4-2所示，并设置相关属性，如表4-1所示。

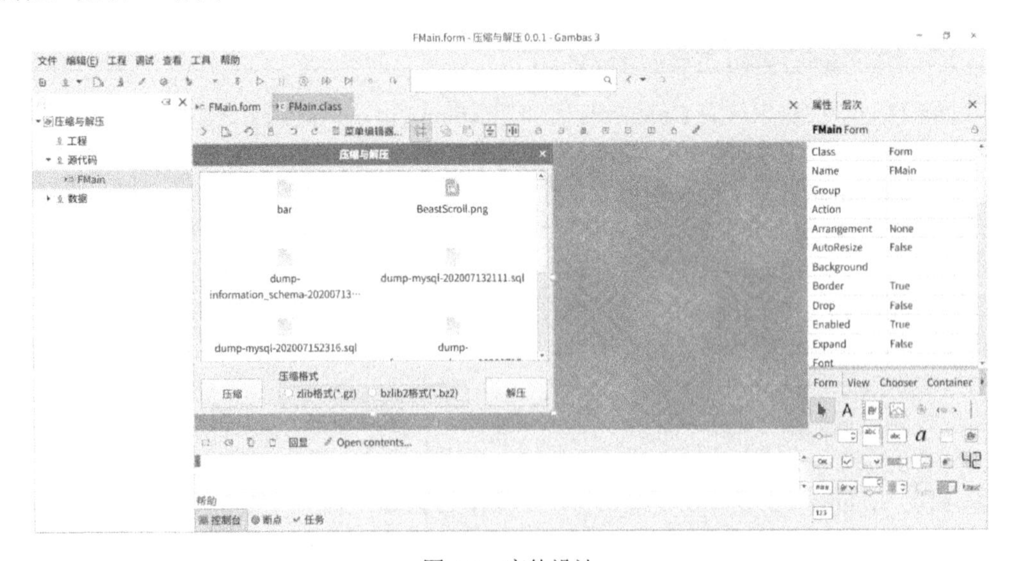

图 4-2　窗体设计

表 4-1　窗体和控件属性设置

名称	属性	说明
FMain	Text：压缩与解压 Resizable：False	标题栏显示的名称 固定窗体大小，取消最大化按钮
FileView1		文件浏览器
Frame1	Text：压缩格式	框架
RadioButton1	Text：zlib 格式(*.gz)	单选按钮
RadioButton2	Text：bzlib2 格式(*.bz2)	单选按钮
Button1	Text：压缩	命令按钮，响应相关点击事件
Button2	Text：解压	命令按钮，响应相关点击事件

⑦ 设置 Tab 键响应顺序。在 FMain 窗体的“属性”窗口点击“层次”，出现控件切换排序，即按下键盘上的 Tab 键时，控件获得焦点的顺序。

⑧ 在 FMain 窗体中添加代码。

```
' Gambas class file

Public Sub Button1_Click()

  Dim cmps As Compress
  Dim s As String
  Dim ext As String

  '压缩对象
  cmps = New Compress
  '压缩类型为 zlib 或 bzlib2
  If RadioButton1.Value = True Then
    cmps.Type = "zlib"
    '设置文件扩展名
    ext = ".gz"
  Else
    cmps.Type = "bzlib2"
    '设置文件扩展名
    ext = ".bz2"
  Endif
  '获得当前选中文件路径
  s = FileView1.Dir & "/" & FileView1.Current
  '压缩文件并添加相应扩展名
  cmps.File(s, s & ext, cmps.Max)
  '刷新目录
  FileView1.Reload
End
```

```
Public Sub Form_Open()
  '设置控件显示目录
  FileView1.Dir = Application.Path
End

Public Sub Button2_Click()

  Dim ucmps As Uncompress
  Dim s As String

  '解压缩对象
  ucmps = New Uncompress
  '解压缩类型为 zlib 或 bzlib2
  If RadioButton1.Value = True Then
    ucmps.Type = "zlib"
  Else
    ucmps.Type = "bzlib2"
  Endif
  '获得主文件名，不包含扩展名.gz 或.bz2
  s = File.BaseName(FileView1.Current)
  '解压缩文件
  ucmps.File(FileView1.Dir & "/" & FileView1.Current, FileView1.Dir & "/" & s)
  '刷新目录
  FileView1.Reload
End
```

程序中，使用 cmps.File(s, s & ext, cmps.Max)语句对文件进行压缩，压缩比例为最大，使用 ucmps.File(FileView1.Dir & "/" & FileView1.Current, FileView1.Dir & "/" & s)语句进行解压缩。

4.2 gb.crypt 组件

gb.crypt 组件使用 GNU libc 库实现了 DES、MD5、SHA256、SHA512 等算法加密口令以及用加密口令进行口令验证等功能。其中，MD5、SHA256、SHA512 都是 HASH 哈希函数，用于计算文件摘要值，不同之处在于长度，MD5 为 128 位，SHA256 为 256 位，SHA512 为 512 位。

4.2.1 Crypt 类

gb.crypt 组件只包含 Crypt 类。

Crypt 类的主要静态方法包括：

① Check方法　Check 方法用于检查Password 字符串与已加密的Crypt 字符串是否匹配。如果口令不匹配，函数返回 True。否则，返回 False。如果 Crypt 为空字符串，函数总是返回 False。加密算法被编码在加密后的字符串中，不需要专门指定。函数声明为：

```
Crypt.Check ( Password As String, Crypt As String ) As Boolean
```

Password 为口令字符串。

Crypt 为已加密字符串。

② DES 方法　DES 方法用于使用 Prefix 作为前缀的 DES 算法加密 Password 字符串。DES 算法强度低于 MD5 算法。函数声明为：

```
Crypt.DES ( Password As String [ , Prefix As String ] ) As String
```

Password 为口令字符串。

Prefix 为前缀字符串，如果不指定，则随机产生。可以是 0123456789ABCDEFGHIJKLMNOPQRSTUVWXYZabcedefghijklmnopqrstuvwxyz./中的任意 2 个字符。

③ MD5 方法　MD5 方法用于使用 Prefix 作为前缀的 MD5 算法加密 Password 字符串。函数声明为：

```
Crypt.MD5 ( Password As String [ , Prefix As String ] ) As String
```

Password 为口令字符串。

Prefix 为前缀字符串，如果不指定，则随机产生。可以是 0123456789ABCDEFGHIJKLMNOPQRSTUVWXYZabcedefghijklmnopqrstuvwxyz./中的任意 8 个字符。

④ SHA256 方法　SHA256 方法用于使用 Prefix 作为前缀的 SHA256 算法加密 Password 字符串。函数声明为：

```
Crypt.SHA256 ( Password As String [ , Prefix As String ] ) As String
```

Password 为口令字符串。

Prefix为前缀字符串，可以是 0123456789ABCDEFGHIJKLMNOPQRSTUVWXYZabce defghijklmnopqrstuvwxyz./中的任意 13 个字符。

⑤ SHA512 方法　SHA512 方法用于使用 Prefix 作为前缀的 SHA512 算法加密 Password 字符串。函数声明为：

```
Crypt.SHA512 ( Password As String [ , Prefix As String ] ) As String
```

Password 为口令字符串。

Prefix 为前缀字符串，可以是 0123456789ABCDEFGHIJKLMNOPQRSTUVWXYZabcedefghijklmnopqrstuvwxyz./中的任意 13 个字符。

⑥ Crypt 方法　Crypt 方法用于使用 Prefix 作为前缀的 MD5 算法加密 Password 字符串，与 Crypt.MD5 相同。函数声明为：

```
Static Function Crypt ( Password As String [ , Prefix As String ] ) As String
```

4.2.2　口令验证程序设计

下面通过一个实例来学习 gb.crypt 组件的使用方法。设计一个应用程序，选择“加密方案”，包括 DES、MD5、SHA256、SHA512，在“加密口令发送端”输入口令和前缀，点击“加密”按钮，获得密文；同理，选择“加密方案”，在“密文接收验证端”输入口令和密文，点击“验证”按钮，则显示验证成功或失败图片，表示口令和密文是否匹配，如图 4-3 所示。此外，对于前缀，DES 支持 2 字符前缀，MD5 支持 8 字符前缀，SHA256 支持 13 字符前缀，SHA512 支持 13 字符前缀。

（1）实例效果预览

实例效果预览如图 4-3 所示。

（2）实例步骤

① 启动 Gambas 集成开发环境，可以在菜单栏选择“文件”→“新建工程...”，或在启

动窗体中直接选择“新建工程...”项。

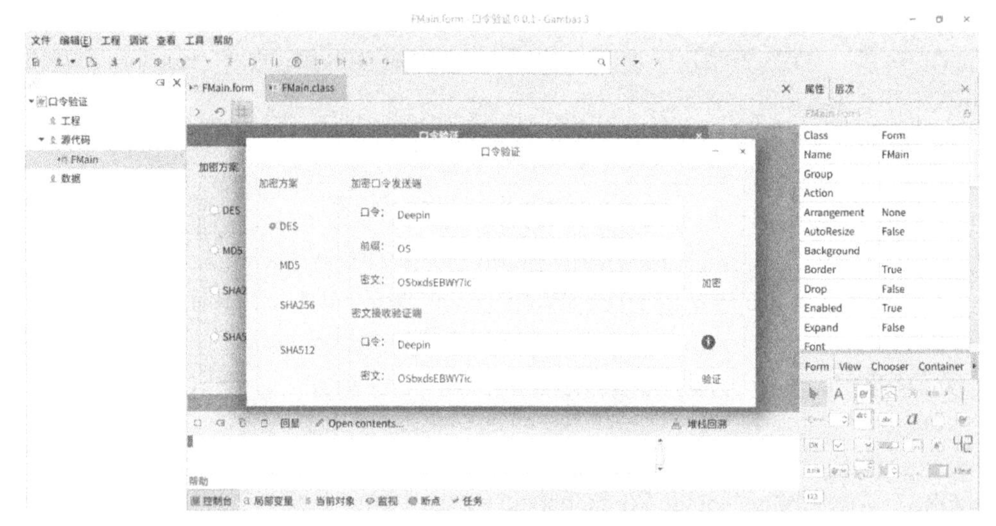

图 4-3 口令验证程序窗体

② 在“新建工程”对话框中选择“1.工程类型”中的“Graphical application”项，点击“下一个(N)”按钮。

③ 在“新建工程”对话框中选择“2.Parent directory”中要新建工程的目录，点击“下一个(N)”按钮。

④ 在“新建工程”对话框的“3.Project details”中输入工程名和工程标题，工程名为存储目录的名称，工程标题为应用程序的实际名称，在这里设置相同的工程名和工程标题。完成之后，点击“确定”按钮。

⑤ 在菜单中选择“工程”→“属性...”项，在弹出的“工程属性”对话框中，勾选“gb.crypt”项。

⑥ 系统默认生成的启动窗体名称（Name）为 FMain。在 FMain 窗体中添加 3 个 Frame 控件、4 个 RadioButton 控件、5 个 TextBox 控件、5 个 Label 控件、1 个 PictureBox 控件、2 个 Button 控件，如图 4-4 所示，并设置相关属性，如表 4-2 所示。

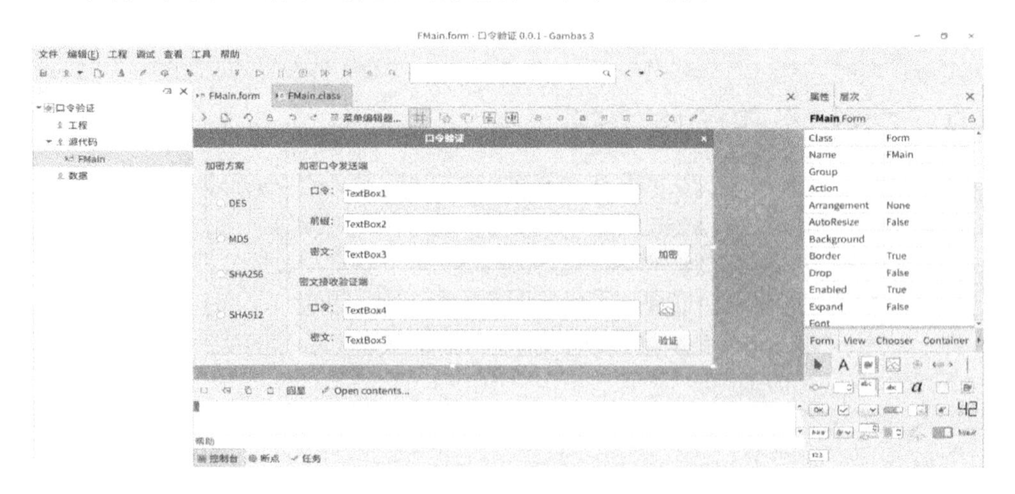

图 4-4 窗体设计

表 4-2　窗体和控件属性设置

名称	属性	说明
FMain	Text：压缩与解压 Resizable：False	标题栏显示的名称 固定窗体大小，取消最大化按钮
Frame1	Text：加密方案	框架
Frame2	Text：加密口令发送端	框架
Frame3	Text：密文接收验证端	框架
RadioButton1	Text：DES	单选按钮
RadioButton2	Text：MD5	单选按钮
RadioButton3	Text：SHA256	单选按钮
RadioButton4	Text：SHA512	单选按钮
TextBox1		输入口令
TextBox2		输入前缀
TextBox3		产生密文
TextBox4		输入口令
TextBox5		输入密文
Label1	Text：口令：	标签
Label2	Text：前缀：	标签
Label3	Text：密文：	标签
Label4	Text：口令：	标签
Label5	Text：密文：	标签
PictureBox1		显示验证成功或失败图片
Button1	Text：加密	命令按钮，响应相关点击事件
Button2	Text：验证	命令按钮，响应相关点击事件

⑦ 设置 Tab 键响应顺序。在 FMain 窗体的“属性”窗口点击“层次”，出现控件切换排序，即按下键盘上的 Tab 键时，控件获得焦点的顺序。

⑧ 在 FMain 窗体中添加代码。

```
' Gambas class file

Public Sub Button1_Click()

  Dim rd As RadioButton
  Dim s As String
  Dim cpt As Crypt

  '获得加密方案字符串
  For Each rd In Frame1.Children
    If rd.Value = True Then
```

```
            Break
        Endif
    Next
    s = rd.Text
    '清空密文字符串
    TextBox3.Clear
    '获得密文
    Select Case s
        Case "DES"   '前缀为 2 字符
            TextBox3.Text = cpt.DES(TextBox1.Text, Left(TextBox2.Text, 2))
        Case "MD5"   '前缀为 8 字符
            TextBox3.Text = cpt.MD5(TextBox1.Text, Left(TextBox2.Text, 8))
        Case "SHA256" '前缀为 13 字符
            TextBox3.Text = cpt.SHA256(TextBox1.Text, TextBox2.Text)
        Case "SHA512" '前缀为 13 字符
            TextBox3.Text = cpt.SHA512(TextBox1.Text, TextBox2.Text)
    End Select
End

Public Sub Button2_Click()

    Dim cpt As Crypt
    Dim res As Boolean

    '验证口令是否正确
    res = cpt.Check(TextBox4.Text, TextBox5.Text)
    '显示验证成功或失败图片
    If res = True Then
        PictureBox1.Picture = Picture["icon:/32/error"]
    Else
        PictureBox1.Picture = Picture["icon:/32/access"]
    Endif
End
```

程序中，For Each rd In Frame1.Children 语句枚举 Frame1 中所有子控件，即枚举所有单选按钮控件，当 rd.Value = True 时，即遇到被选中的单选按钮时则退出枚举（在一个框架内部所有单选按钮都是互斥的，某一时刻，只能有一个单选按钮被选中）。Picture["icon:/32/error"] 语句用于装载图片或图标文件，其中的“icon:/32/error”为系统保留图标。

4.3 gb.openssl 组件

gb.openssl 组件封装了 OpenSSL 密码算法，以及哈希算法、基于哈希的消息认证算法，是 Linux 下 OpenSSL 密码算法的子集。

4.3.1 Cipher 类

Cipher 类封装了 OpenSSL 密码算法中的对称密码算法和流密码算法。

（1）Cipher 类的主要静态属性

Cipher 类的主要静态属性为 List 属性。

List 属性用于返回算法列表。函数声明为：

```
Cipher.List As String[]
```

（2）Cipher 类的主要静态方法

Cipher 类的主要静态方法为 IsSupported 方法。

IsSupported 方法用于返回系统是否支持相关密码算法。函数声明为：

```
Cipher.IsSupported ( Method As String ) As Boolean
```

Method 为密码算法。

举例说明：

```
If Not Cipher.IsSupported("AES-256-CBC") Then
  Error.Raise("AES-256 is not supported on this system. Can't continue.")
  Quit
Endif
```

使用Cipher类完成加密和解密。确定密码算法，如AES256的CBC模式。可以从Cipher.List获取本地 OpenSSL 支持的密码算法列表。

举例说明：

```
Public Sub Main()
  Dim sCipher, sData As String

  sCipher = Cipher["AES-256-CBC"].EncryptSalted("Hello there", "secret")
  Print "Cipher text (base64):";; Base64$(sCipher)
  sData = Cipher["AES-256-CBC"].DecryptSalted(sCipher, "secret")
  Print "Decrypted:";; sData
  Try Cipher["AES-256-CBC"].DecryptSalted(sCipher, "wrong")
  If Error Then Print "ERROR:";; Error.Text
End
```

4.3.2 .Cipher.Method 虚类

（1）.Cipher.Method 虚类的主要静态属性

① IvLength 属性　IvLength 属性用于返回 IV 长度。函数声明为：

```
.Cipher.Method.IvLength As Integer
```

② KeyLength 属性　KeyLength 属性用于返回 Key 长度。函数声明为：

```
.Cipher.Method.KeyLength As Integer
```

（2）.Cipher.Method 虚类的主要静态方法

① Decrypt 方法　Decrypt 方法用于返回解密文本。函数声明为：

```
.Cipher.Method.Decrypt ( Cipher As CipherText ) As String
```

② DecryptSalted 方法　DecryptSalted 方法用于返回加盐解密文本。函数声明为：

```
.Cipher.Method.DecryptSalted ( Cipher As String, Password As String ) As String
```

Cipher 为密文。
Password 为口令。
③ Encrypt 方法　Encrypt 方法用于返回加密文本。函数声明为：

```
.Cipher.Method.Encrypt ( Plain As String [ , Key As String, InitVector As String ] ) As CipherText
```

Plain 为明文。
Key 为密钥。
InitVector 为初始 IV。
④ EncryptSalted 方法　EncryptSalted 方法用于返回加盐加密文本。函数声明为：

```
.Cipher.Method.EncryptSalted ( Plain As String, Password As String [ , Salt As String ] ) As String
```

Plain 为明文。
Password 为口令。
Salt 为盐值，即随机分量。

4.3.3 CipherText 类

CipherText 类的主要属性包括：
① Cipher 属性　Cipher 属性用于返回密文。函数声明为：

```
CipherText.Cipher As String
```

② InitVector 属性　InitVector 属性用于返回 IV。函数声明为：

```
CipherText.InitVector As String
```

③ Key 属性　Key 属性用于返回密钥。函数声明为：

```
CipherText.Key As String
```

4.3.4 加密与解密程序设计

下面通过一个实例来学习 Cipher 类的使用方法。设计一个应用程序，枚举操作系统中支持的所有加解密算法并存储到“加解密算法”下拉列表框中，供文件加解密使用，如图 4-5 所示。在“加解密密钥”文本框中输入密钥，在“明文文本”中输入明文，点击“加密”按钮，则在“密文文本”文本框中显示十六进制形式密文；点击“解密”按钮，则在“解密文本”文本框中显示解密后的文本，方便与明文进行对比，如图 4-6 所示。

（1）实例效果预览

实例效果预览如图 4-5 所示。

（2）实例步骤

① 启动 Gambas 集成开发环境，可以在菜单栏选择“文件”→“新建工程...”，或在启动窗体中直接选择“新建工程...”项。

② 在“新建工程”对话框中选择“1.工程类型”中的“Graphical application”项，点击“下一个(N)”按钮。

③ 在“新建工程”对话框中选择“2.Parent directory”中要新建工程的目录，点击“下

一个(N)”按钮。

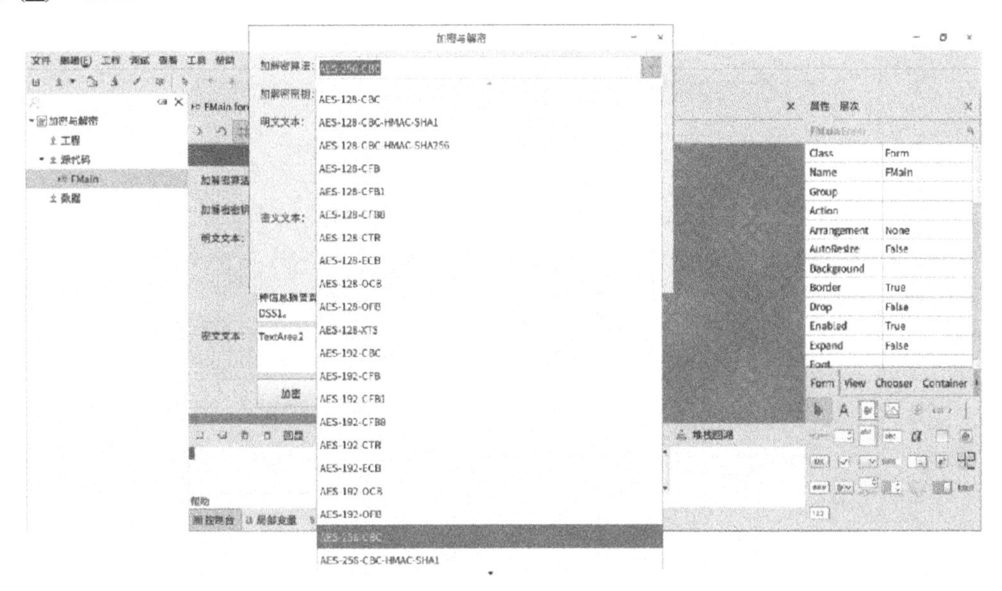

图 4-5　枚举操作系统中的加解密算法

图 4-6　加密与解密程序窗体

④ 在“新建工程”对话框的“3.Project details”中输入工程名和工程标题，工程名为存储目录的名称，工程标题为应用程序的实际名称，在这里设置相同的工程名和工程标题。完成之后，点击“确定”按钮。

⑤ 在菜单中选择“工程”→“属性...”项，在弹出的“工程属性”对话框中，勾选“gb.openssl”项。

⑥ 系统默认生成的启动窗体名称(Name)为FMain。在FMain窗体中添加1个ComboBox控件、1个TextBox控件、3个TextArea控件、5个Label控件、2个Button控件，如图4-7所示，并设置相关属性，如表4-3所示。

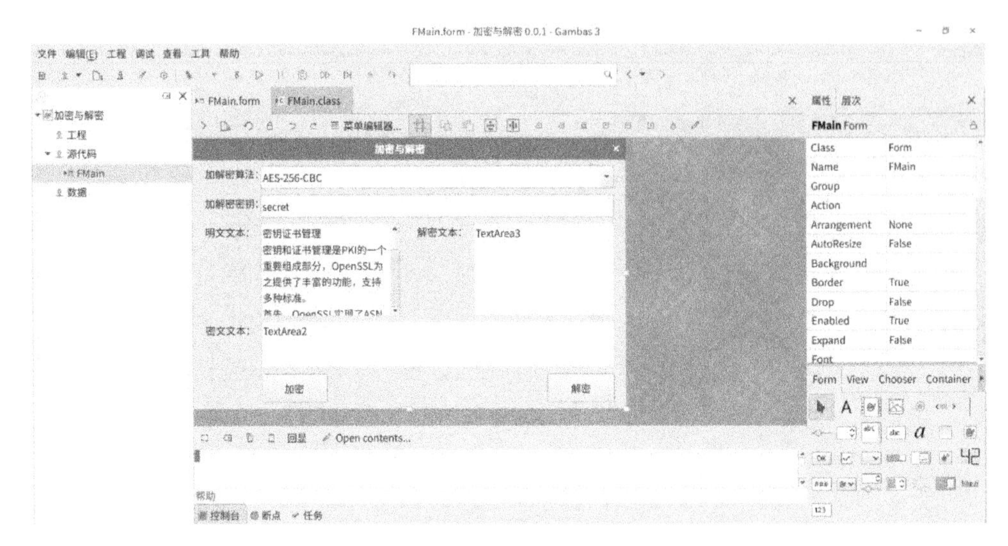

图 4-7　窗体设计

表 4-3　窗体和控件属性设置

名称	属性	说明
FMain	Text：加密与解密 Resizable：False	标题栏显示的名称 固定窗体大小，取消最大化按钮
ComboBox1	Text：AES-256-CBC	默认加解密算法
TextBox1	Text：secret	默认密钥
TextArea1	Text：密钥证书管理 Alignment：Left ScrollBar：Vertical Wrap：True	明文文本 左对齐 显示垂直滚动条 自动换行
TextArea2	Alignment：Left ScrollBar：Vertical Wrap：True	左对齐 显示垂直滚动条 自动换行
TextArea3	Alignment：Left ScrollBar：Vertical Wrap：True	左对齐 显示垂直滚动条 自动换行
Label1	Text：加解密算法	标签
Label2	Text：加解密密钥	标签
Label3	Text：明文文本	标签
Label4	Text：密文文本	标签
Label5	Text：解密文本	标签
Button1	Text：加密	命令按钮，响应相关点击事件
Button2	Text：解密	命令按钮，响应相关点击事件

⑦ 设置 Tab 键响应顺序。在 FMain 窗体的“属性”窗口点击“层次”，出现控件切换排序，即按下键盘上的 Tab 键时，控件获得焦点的顺序。

⑧ 在 FMain 窗体中添加代码。

```
' Gambas class file

  Public en As String
  Public de As String

Public Sub Form_Open()
  '获得算法列表
  ComboBox1.List = Cipher.List
End

Public Sub Button1_Click()
  '加密
  If Cipher.IsSupported(ComboBox1.Text) = True Then
    '用指定算法加密
    en = Cipher[ComboBox1.Text].EncryptSalted(TextArea1.Text, TextBox1.Text)
    '使用 Base64 方式显示
    ' TextArea2.Text = Base64(en)
    '以十六进制字符串形式显示
    TextArea2.Text = StrToHex(en)
  Endif
End

Public Sub Button2_Click()
  '解密
  If Cipher.IsSupported(ComboBox1.Text) = True Then
    '用指定算法解密
    de = Cipher[ComboBox1.Text].DecryptSalted(en, TextBox1.Text)
    '显示解密文本，即明文
    TextArea3.Text = de
  Endif
End

Public Function StrToHex(StringToHex As String) As String

  Dim i As Integer
  Dim l As Integer
  Dim n As Integer
  Dim tmp As String

  '二进制数据转换为十六进制文本
  l = Len(StringToHex)
  For i = 1 To l
```

```
        n = Asc(StringToHex, i)
        tmp = tmp & Hex(n, 2) & " "
    Next
    '返回结果
    Return tmp
End
```

程序中，ComboBox1.List = Cipher.List 语句枚举系统中所有的加解密算法，并存储到 ComboBox1 控件中。加密之后的文本是以二进制形式存在的，如果显示出来，通常都是乱码，此时，可以使用 Okteta 等工具软件显示十六进制字符串，或通过自定义函数 StrToHex 将乱码转换为十六进制字符串。一般来说，为了方便识别，系统提供了 Base64 编码格式，将乱码转换为 ASCII 码显示，如可以使用 TextArea2.Text = Base64(en)语句显示密文。

4.3.5 Digest 类

Digest 类封装了 OpenSSL 的哈希算法，即摘要算法。

（1）Digest 类的主要静态属性

Digest 类的主要静态属性为 List 属性。

List 属性用于返回算法列表。函数声明为：

```
Digest.List As String[]
```

（2）Digest 类的主要静态方法

Digest 类的主要静态方法为 IsSupported 方法。

IsSupported 方法用于返回系统是否支持相关密码算法。函数声明为：

```
Digest.IsSupported ( Method As String ) As Boolean
```

Method 为密码算法。

举例说明：哈希函数用于返回二进制数据，可使用 Base64$函数显示。

```
Print Base64$(Digest["sha256"]("Gambas Almost Means BASIC!"))
```

4.3.6 .Digest.Method 虚类

.Digest.Method 虚类实现指定的哈希算法。

.Digest.Method 虚类的主要静态方法为 Hash 方法。

Hash 方法用于返回文本哈希值。函数声明为：

```
.Digest.Method.Hash ( Data As String ) As String
```

Data 为文本。

或

```
Static Function Digest.Method ( Data As String ) As String
```

4.3.7 HMac 类

HMac 类实现基于哈希的消息认证算法。

（1）HMac 类的主要方法

HMac 类的主要方法为 HMac 方法。

HMac 方法用于返回文本哈希值。函数声明为：

```
Static Function HMac ( Key As String, Data As String [ , Method As Variant ] ) As String
```

Key 为密钥。

Data 为文本。

Method 为方法。

（2）HMac 类常数

HMac 类常量如表 4-4 所示。

表 4-4　HMac 类常量

常量名	常量值	备注
HMac.RipeMD160	117	RIPEMD-160 哈希算法
HMac.Sha1	64	SHA-1 哈希算法

4.3.8　OpenSSL 类

OpenSSL 类静态方法主要包括：Pbkdf2 方法、RandomBytes 方法、Scrypt 方法。

Pbkdf2 方法用一个伪随机函数以导出密钥，导出密钥的长度理论上是没有限制的，但导出密钥的最大有效搜索空间受限于基本伪随机函数的结构。Pbkdf2 是将 Salted Hash 进行多次重复计算，次数可选，如计算一次所需要的时间是 1μs，则计算 1 百万次就需要 1s。假如攻击一个密码所需的 Rainbow Table 有 1 千万条，建立所对应的 Rainbow Table 所需要的时间就是 115 天。

Scrypt 方法由 FreeBSD 黑客 Colin Percival 为他的备份服务 Tarsnap 开发的。Scrypt 方法不仅计算所需的时间长，并且占用的内存大，使得并行计算多个摘要异常困难，利用 Rainbow Table 进行暴力攻击更加困难。Scrypt 方法没有在生产环境中大规模应用，但理论上其安全性高于 Pbkdf2 方法。

① Pbkdf2 方法　Pbkdf2 方法用于返回密钥。函数声明为：

```
OpenSSL.Pbkdf2 ( Password As String, Salt As String, Iterations As Long, KeyLength As Integer, Method As String ) As String
```

Password 为口令。

Salt 为盐值。

Iterations 为迭代次数。

KeyLength 为导出密钥长度。

Method 为方法。

② RandomBytes 方法　RandomBytes 方法用于返回随机数。函数声明为：

```
OpenSSL.RandomBytes ( Length As Integer ) As String
```

Length 为长度。

③ Scrypt 方法　Scrypt 方法用于返回密钥。函数声明为：

```
OpenSSL.Scrypt ( Password As String, Salt As String, N As Long, R As Long, P As Long, KeyLength As Long ) As String
```

Password 为口令。

Salt 为盐值。

N 为 CPU/内存成本参数。

R 为块大小参数，通常为 8。

P 为并行化参数。

KeyLength 为密钥长度。

4.3.9 摘要算法程序设计

下面通过一个实例来学习 Digest 类和 HMac 类的使用方法。设计一个应用程序，枚举操作系统中支持的所有摘要算法并存储到“摘要算法”下拉列表框中，供计算文件摘要使用，如图 4-8 所示。在“密钥”文本框中输入密钥，选择“摘要计算模式”和“摘要显示方式”，点击“计算 Hash”或“计算 HMac”按钮，则在“摘要”文本框中显示计算的摘要值，如图 4-9 所示。

（1）实例效果预览

实例效果预览如图 4-9 所示。

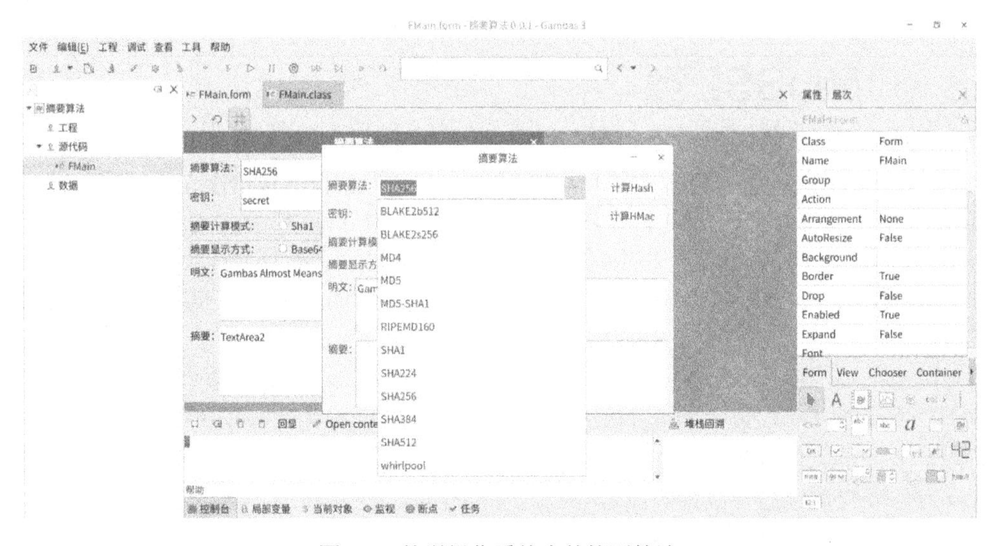

图 4-8 枚举操作系统中的摘要算法

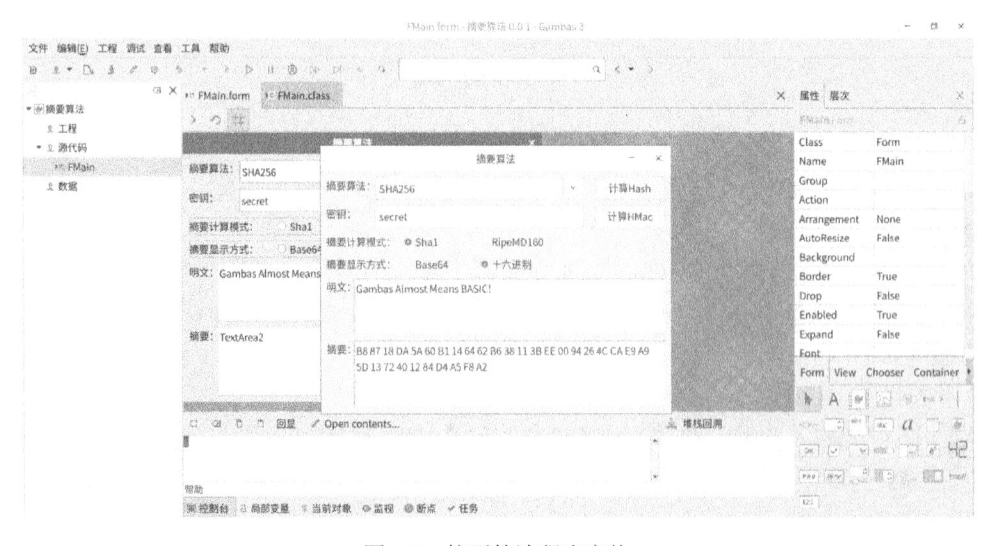

图 4-9 摘要算法程序窗体

（2）实例步骤

① 启动 Gambas 集成开发环境，可以在菜单栏选择“文件”→“新建工程...”，或在启动窗体中直接选择“新建工程...”项。

② 在“新建工程”对话框中选择“1.工程类型”中的“Graphical application”项，点击“下一个(N)”按钮。

③ 在“新建工程”对话框中选择“2.Parent directory”中要新建工程的目录，点击“下一个(N)”按钮。

④ 在“新建工程”对话框的“3.Project details”中输入工程名和工程标题，工程名为存储目录的名称，工程标题为应用程序的实际名称，在这里设置相同的工程名和工程标题。完成之后，点击“确定”按钮。

⑤ 在菜单中选择“工程”→“属性...”项，在弹出的“工程属性”对话框中，勾选“gb.openssl”项。

⑥ 系统默认生成的启动窗体名称(Name)为FMain。在FMain窗体中添加1个ComboBox控件、1个TextBox控件、2个TextArea控件、4个RadioButton控件、6个Label控件、2个Button控件，如图4-10所示，并设置相关属性，如表4-5所示。

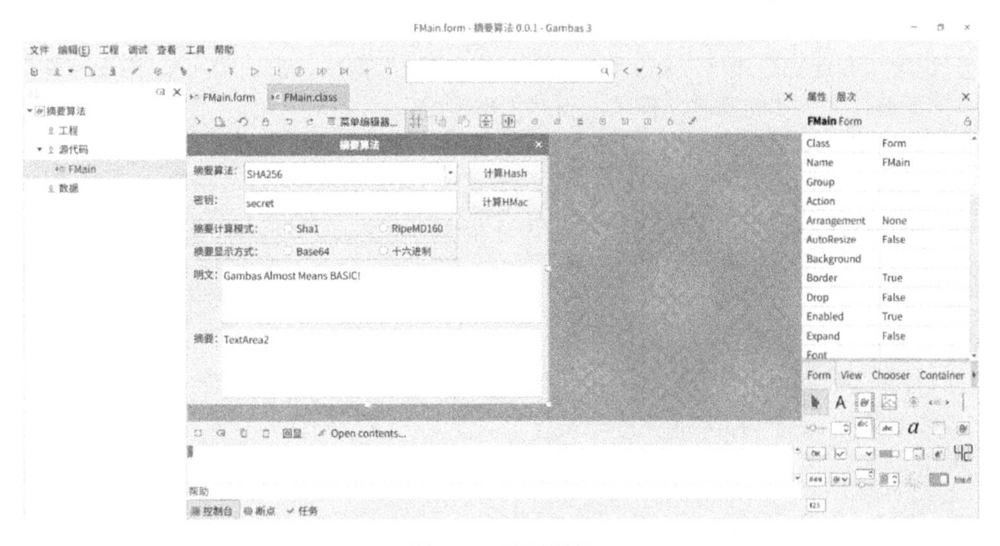

图4-10 窗体设计

表4-5 窗体和控件属性设置

名称	属性	说明
FMain	Text：摘要算法 Resizable：False	标题栏显示的名称 固定窗体大小，取消最大化按钮
ComboBox1	Text：SHA256	默认摘要算法
TextBox1	Text：secret	默认密钥
TextArea1	Text：Gambas Almost Means BASIC! ScrollBar：Vertical Wrap：True	明文文本 显示垂直滚动条 自动换行
TextArea2	ScrollBar：Vertical Wrap：True	显示垂直滚动条 自动换行

续表

名称	属性	说明
RadioButton1	Text：Base64	单选按钮
RadioButton2	Text：十六进制	单选按钮
RadioButton3	Text：Sha1	单选按钮
RadioButton4	Text：RipeMD160	单选按钮
Label1	Text：摘要算法	标签
Label2	Text：密钥	标签
Label3	Text：摘要计算模式	标签
Label4	Text：摘要显示方式	标签
Label5	Text：明文	标签
Label6	Text：摘要	标签
Button1	Text：计算 Hash	命令按钮，响应相关点击事件
Button2	Text：计算 HMac	命令按钮，响应相关点击事件

⑦ 设置 Tab 键响应顺序。在 FMain 窗体的“属性”窗口点击“层次”，出现控件切换排序，即按下键盘上的 Tab 键时，控件获得焦点的顺序。

⑧ 在 FMain 窗体中添加代码。

```
' Gambas class file

  Public en As String

Public Sub Form_Open()
  '获得算法列表
  ComboBox1.List = Digest.List
End

Public Sub Button1_Click()

  Dim i As Integer

  '用指定算法计算哈希值
  en = Digest[ComboBox1.Text].Hash(TextArea1.Text)
  TextArea2.Clear
  '设置二进制数据显示方式
  If RadioButton1.Value = True Then
    TextArea2.Text = Base64(en)
  Else
    For i = 1 To Len(en)
      TextArea2.Text &= Hex(Asc(en, i), 2) & " "
```

```
    Next
  Endif
End

Public Sub Button2_Click()

  Dim i As Integer

  '用指定算法计算 HMac
  If RadioButton3.Value = True Then
    'Sha1 模式
    en = HMac(TextBox1.Text, TextArea1.Text, HMac.Sha1)
  Else
    'RipeMD160 模式
    en = HMac(TextBox1.Text, TextArea1.Text, HMac.RipeMD160)
  Endif
  TextArea2.Clear
  '设置二进制数据显示方式
  If RadioButton1.Value = True Then
    TextArea2.Text = Base64(en)
  Else
    For i = 1 To Len(en)
      TextArea2.Text &= Hex(Asc(en, i), 2) & " "
    Next
  Endif
End
```

程序中，摘要算法部分使用了 RipeMD。RipeMD 是一种加密哈希函数，以 MD4 为基础，与 SHA-1 类似，由鲁汶大学的 COSIC 研究小组 Hans Dobbertin、Antoon Bosselaers 和 Bart Prenee 设计，并于 1996 年发布。RipeMD160 是以 RipeMD 为基础改进的 160 位版本。RipeMD160 没有专利限制，所以最为常见，使用频繁。

第5章 外部接口技术

外部接口类包含共享库支持函数、Process 类、Embedder 控件和 gb.desktop 组件，是组成 Gambas 应用程序的重要对象，主要为用户提供系统调用、外部程序管理功能，以函数、控件、类、组件的形式存在。外部接口类来源于并且兼容 Qt4、Qt5、GTK+2、GTK+3，可方便地发布和移植到各种 Linux 操作系统中。

本章介绍了 Gambas 的外部接口技术，包括各种函数、类、控件和组件，给出了外部库操作程序、自定义库操作程序、计算器程序、Word 查看器程序、PDF 阅读器程序、控制计算器程序等示例，能够使读者快速掌握外部接口程序设计的基本思路和基本方法。

5.1 外部接口

Linux下的库文件本质上是一个程序函数库，文件中包含了编译好的代码和数据，可供其他程序调用。这些程序函数库可以使系统模块化，容易重新编译，方便升级。库文件包括两种类型：静态库（Static Libraries）、共享库（Shared Libraries）。

5.1.1 库文件

（1）静态库

静态库的代码在运行过程中被载入可执行程序。静态库实际上是目标文件的集合，以“.a”作为文件的后缀（扩展名）。可以用 ar 工具生成静态库文件。静态库可把程序链接起来而不用再重新编译代码，比使用共享库的程序运行速度要快。如创建一个静态库文件，或向一个已存在的静态库文件中添加新的目标代码，可以用下面的命令：

```
ar rcs my_library.a file1.o file2.o
```

示例中，把目标代码 file1.o 和 file2.o 加入 my_library.a 函数库文件中，如果 my_library.a 不存在则创建该文件。

（2）共享库

共享库的代码是在可执行程序运行时载入内存，在编译过程中仅引用。共享库也称为动态库，以“.so”作为文件的后缀（扩展名）。应用程序在重新运行时可以自动装载最新的共享库函数。通常情况下，升级新版本共享库仍可使用老版本的共享库，可以在库函数被使用的过程中修改共享库。

每个共享库都有一个真正的名称，即 soname。soname 命名中通常以“lib”作为前缀，紧接着是函数库的名字，然后是“.so”，最后是版本信息。然而，一些底层的 C 共享库可能不以“lib”开头命名。

举例说明：

libname.so.x.y.z

lib 为固定共享库前缀。

name 为 soname，即共享库的真实名称，编译器在编译的时候使用该名称。

so 为固定后缀。

x 为主版本号。

y 为次版本号。

z 为发行版本号，可选。

使用 ldd 工具查看共享库的依赖关系，如：

```
ldd libname.so.x.y.z
```

管理共享库的关键是区分库名。当可执行程序调用共享库时，只需要用 soname。当创建新的共享库时，需要指定文件名，包含版本信息。当安装新版本的共享库时，先将库文件拷贝到特定的目录中，运行 ldconfig 检查已经存在的库文件，创建 soname 符号链接到真正的共享库，同时设置/etc/ld.so.cache 这个缓冲文件。一般情况下，自定义库文件放在/usr/local/lib 目录下，命令可执行程序放在/usr/local/bin 目录下。

5.1.2 外部声明

Linux 系统中包含许多可用的共享库，能够执行特定的操作，可以对 Gambas 的功能进行扩展。Gambas 目前支持用 C 编写的库文件。

外部函数声明为：

```
{ PUBLIC | PRIVATE } EXTERN
  Identifier
  (
    [ Parameter AS Datatype [ , ... ] ]
  )
  [ AS Datatype ]
  [ IN Library ] [ EXEC Alias ]
```

声明一个位于系统某个共享库中的外部函数。

Parameter 为除变体型外的任意 Gambas 数据类型。Gambas 自动将其数据类型匹配到系统内部的数据类型。传递一个对象时，函数接收一个指向其数据的指针。如果对象是一个类，那么函数接收一个指向类的静态数据指针。对于任何指针参数，应使用 Pointer 数据类型。如果必须传递指针给变量，必须使用 VarPtr 函数，并且仅用于非字符串参数。

外部函数的返回值可以是除了对象和变体类型之外的任意 Gambas 数据类型。如果外部函数返回一个字符串，Gambas 将返回它的一个副本。如果需要函数返回真正的字符串，可以使用 Pointer 数据类型和 StrPtr 函数。

外部库名用 LIBRARY 参数指定。如果不指定库名，那么使用最近的 LIBRARY 语句声明的库名。库名必须是库的文件名，不包含任何扩展名和版本号。如 OpenGL 库文件在系统中的名称为 libGL.so.1，在 Gambas 中使用的库名是 libGL。如果需要指定一个特定版本的库（Linux 中版本号在“.so”扩展名之后），可以用“:”分隔库名和版本号，如指定的 1.0.7667

版本的 OpenGL 库，库名为：libGL:1.0.7667。

外部库中的函数名默认是在 Gambas 中指定的函数名，如果出现函数名冲突，可以用 EXEC 关键字指定真正的库函数名。

外部声明以 EXTERN 开头，通知 Gambas 解释系统，外部函数的主体并非在系统内部实现，而是由其他外部库定义的，还要指定要使用的库，通过 IN LIBRARY library 子句完成，小写 library 为库文件名。此外，可以单独使用 LIBRARY 语句实现，后续 EXTERN 声明都将引用该语句。在 IN "library:version"或 LIBRARY "library:version"的冒号后指定库的版本号。

例如：

```
LIBRARY "libc:6"
EXTERN getgid() AS Integer
```

上述定义说明，在版本号为 6 的 libc 库中存在一个名为 getgid 的函数，该函数不带参数，并返回一个整数。

同样，也可以写成如下形式：

```
EXTERN getgid() AS Integer IN "libc:6"
```

当库中的函数带有参数时，如 kill 函数，C 语言定义为：

```
int kill(pid_t pid, int sig);
```

在 libc 库中定义了一个名为 kill 的函数，返回 int 类型数据，包含两个参数：第一个参数名为 pid，类型为 pid_t；第二个参数名为 sig，类型为 int。

改写为 Gambas 的函数声明为：

```
EXTERN killme(pid AS Integer, sig AS Integer) AS Integer IN "libc:6" EXEC "kill"
```

Gambas 函数声明与 C 语言相反，变量类型放在变量之后。Gambas 中的 Integer 对应 C 语言的 int，pid_t 是在程序中定义的一种数据类型，实际上为 int 类型，对应 Gambas 中的 Integer。EXEC 说明函数的真实名称为 kill，而 killme 为别名，这是因为 Gambas 中已经存在一个名为 kill 的函数，为了区分这两个函数，而将外部库函数改名为 killme，即系统声明了一个别名为 killme 的外部函数，但其真实名称为 kill。此外，应注意的是，Gambas 不区分大小写，即大小写名称的函数相同，而 C 语言区分大小写。当可能存在命名冲突时，建设使用 EXEC 重命名。

5.1.3 指针变量

对于上例中的 pid_t 类型，可以在终端中输入以下两条命令查询其定义：

```
grep -r pid_t /usr/include/* |grep "#define"
grep -r pid_t /usr/include/* |grep typedef
```

Gambas 与 C 语言的数据类型对应关系如表 5-1 所示。

表 5-1 Gambas 与 C 语言数据类型对应关系

Gambas 数据类型	C 语言数据类型
integer	int
long	long
single	float
float	double

续表

Gambas 数据类型	C 语言数据类型
pointer	xxx*（xxx 为数据类型）
pointer	char*
integer 或 pointer	其他数据类型

Gambas 中的指针是一个类实例，如在 Gambas 中创建 Form 时，大量数据存储在内存块中，包括标题、颜色等属性，程序将内存块的地址返回程序：

```
MainForm = NEW Form()
```

实际上，MainForm 是一个指针，用 4（或 8）个字节指向数据存储地址，相比传递大量数据效率要高。

此外，函数调用时，会通过地址传参，在 Gambas 中为：

```
INPUT a
```

利用 INPUT 命令填充变量 a。

在 C 语言中为：

```
void input(int *a);
...
input(&a);
```

调用 input 函数，并定义整型指针变量 a，以便填充变量，&号获取变量的地址，并将其传递给函数。a 不是整数，而是指向整数的指针，即 a 表示到何处查找该值，而不是 a 值本身。

5.1.4 指针的实现

Gambas 具有 Pointer 数据类型，以及相关操作函数。使用指针前应声明，然后为其分配一个值。指针可以访问 Gambas 规定的内存中的任何单元。如 MainForm = 3 是错误写法，可以写成 MainForm = NEW Form()、MainForm = AnotherExistentForm、MainForm = NULL 等形式。可以直接为指针分配 NULL 值。

有时，外部函数会返回一个指针，并且需要使用该指针实现对外部库的后续调用，类似于创建 Form，并对其进行操作。以 LDAP 库为例，首先应打开与服务器的连接，后续所有操作将在该连接上进行。

```
LIBRARY "libldap:2"
PRIVATE EXTERN ldap_init(host AS String, port AS Integer) AS Pointer
PRIVATE ldapconn as Pointer
...
ldapconn = ldap_init(host, 389)
IF ldapconn = NULL THEN error.Raise("Can not connect to the ldap server")
```

最后两行为打开连接并存储连接句柄，如果出现错误将返回 NULL。

如果进行删除操作，则：

```
PRIVATE EXTERN ldap_delete_s(ldconn AS Pointer, dn AS String) AS Integer
...
PUBLIC SUB remove(dn AS String) AS Integer
```

```
DIM res AS Integer
res = ldap_delete_s(ldapconn, dn)
```

在一些情况复杂的场合，可能存在二维数组。如启动 alsa 音序器，C 语言定义为：

```
int snd_seq_open(snd_seq_t **seqp, const char * name, Int streams, Int mode);
```

snd_seq_t ** seqp 中，seqp 为指向指针的指针。在 Gambas 中，VarPtr 函数返回一个变量或地址，即：VAR-PTR 变量的指针。

上述代码可修改为：

```
PRIVATE EXTERN snd_seq_open(seqp AS Pointer, name AS String, streams AS Integer, mode AS Integer) AS Integer
...
PRIVATE AlsaHandler as Pointer
...
err = snd_seq_open(VarPtr(AlsaHandler), "default", 0, 0)
```

seqp 为一个指向指针的指针，可以将变量 Alsahandler 声明为指针，并使用 VarPtr 函数传递地址，该变量返回指向变量的指针。

如获取系统平均负载可以使用 getloadavg 函数，其 C 语言定义为：

```
int getloadavg(double loadavg[], int nelem);
```

loadavg 为系统中不同时期的平均负载样本，连续存放在数组 loadavg 中，通过 nelem 确定数组中元素的个数。

Gambas 声明为：

```
EXTERN getloadavg(loadavg AS Pointer, nelem AS Integer) AS Integer
```

loadavg 指针必须指向空闲内存，由 getloadavg 函数填充该指针指向的内存单元，再将这些值读出来。

完整程序为：

```
PUBLIC SUB get_load() AS Float

  DIM p AS Pointer
  DIM r AS Float

  p = Alloc(8)
  IF getloadavg(p, 1) <> 1 THEN
    Free(p)
    RETURN -1     ' error
  ENDIF
  r = Float@(p)
  Free(p)
  RETURN r
END
```

程序中，p 分配了 8 个字节，因为 Float 类型数据为 8 个字节，可以使用 SizeOf(gb.Float) 测试 Float 类型数据长度。然后，调用 getloadavg 函数填充这 8 个字节，无论操作成功与否，都必须释放分配的内存。

5.1.5 外部函数管理

Gambas 提供了丰富的外部函数，方便应用程序设计，如表 5-2 所示。

表 5-2 外部函数

函数名	说明
Alloc	分配内存块
Boolean@	返回位于指定内存地址的 Boolean 值
Byte@	返回位于指定内存地址的 Byte 值
EXTERN	声明外部函数
Float@	返回位于指定内存地址的 Float 值
Free	释放由 Alloc 分配的内存块
Integer@	返回位于指定内存地址的 Integer 值
LIBRARY	定义外部函数所在的库
Long@	返回位于指定内存地址的 Long 值
MkBoolean$	返回一个 Boolean 值的内存表达字符串
MkByte$	返回一个 Byte 值的内存表达字符串
MkDate$	返回一个 Date 值的内存表达字符串
MkFloat$	返回一个 Float 值的内存表达字符串
MkInteger$	返回一个 Integer 值的内存表达字符串
MkLong$	返回一个 Long 值的内存表达字符串
MkPointer$	返回一个 Pointer 值的内存表达字符串
MkShort$	返回一个 Short 值的内存表达字符串
MkSingle$	返回一个 Single 值的内存表达字符串
Pointer@	返回位于指定内存地址的 Pointer 值
Realloc	缩小或扩大由 Alloc 分配的内存块
Short@	返回位于指定内存地址的 Short 值
Single@	返回位于指定内存地址的 Single 值
StrPtr	返回位于指定内存地址的以 ASCII 码 0 结尾的字符串副本
String@	返回位于指定内存地址的以 ASCII 码 0 结尾的字符串副本
VarPtr	返回指向变量内容的指针

外部函数主要包括：

（1）Alloc 函数

```
Pointer = Alloc ( Size [ , Count ] )
```

分配一块大小为 Size×Count 字节的内存块，并返回指向它的指针。Count 默认值为 1。

```
Pointer = Alloc ( String AS String )
```

分配包含指定字符串的内存块，并返回指向它的指针。内存块的大小为字符串的长度加NULL结束符。

（2）Boolean@函数

```
Result = Boolean@ ( Pointer AS Pointer )
```

返回Pointer指定内存地址中的布尔值。如果内存单元不可读，则会触发参数无效（20）错误。

```
Result = Boolean@ ( String AS String )
```

返回String的第一个字节中的布尔值。如果字符串为空，则结果不确定。

（3）Byte@函数

```
Result = Byte@ ( Pointer AS Pointer )
```

返回Pointer指定内存地址中的Byte值。如果内存单元不可读，则会触发参数无效（20）错误。

```
Result = Byte@ ( String AS String )
```

返回String的第一个字节中的Byte值。如果字符串为空，则结果不确定。

（4）EXTERN声明

EXTERN关键字用于声明一个位于系统共享库中的外部函数。

（5）Float@函数

```
Result = Float@ ( Pointer AS Pointer )
```

返回Pointer指定内存地址中的Float值。如果内存单元不可读，则会触发参数无效（20）错误。

```
Result = Float@ ( String AS String )
```

返回String字符串前8个字节中的Float值。如果字符串长度少于8个，则触发参数无效（20）错误或返回一个不确定的结果。

（6）Free函数

```
Free ( Pointer AS Pointer )
```

释放Alloc函数分配的内存块。

（7）Integer@函数

```
Result = Int@ ( Pointer AS Pointer )
Result = Integer@ ( Pointer AS Pointer )
```

返回Pointer指定内存地址中的Integer值。如果内存单元不可读，则会触发参数无效（20）错误。

```
Result = Int@ ( String AS String )
Result = Integer@ ( String AS String )
```

返回String的前4个字节中的Integer值。如果字符串长度少于4个，则触发参数无效（20）错误或返回一个不确定的结果。

（8）LIBRARY关键字

```
LIBRARY Library name
```

LIBRARY关键字声明外部函数库，Library name为库名。

（9）Long@函数

```
Result = Long@ ( Pointer AS Pointer )
```

返回 Pointer 指定内存地址中的 Long 值。如果内存单元不可读，则会触发参数无效（20）错误。

```
Result = Long@ ( String AS String )
```

返回 String 的前 8 个字节中的 Long 值。如果字符串长度少于 8 个，则触发参数无效（20）错误或返回一个不确定的结果。

（10）MkBoolean$函数

```
String = MkBool ( Value As Boolean )
String = MkBool$ ( Value As Boolean )
String = MkBoolean ( Value As Boolean )
String = MkBoolean$ ( Value As Boolean )
```

返回内存中布尔值的字符串形式。

（11）MkByte$函数

```
String = MkByte ( Value As Byte )
String = MkByte$ ( Value As Byte )
```

返回内存中 Byte 值的字符串形式。

（12）MkDate$函数

```
String = MkDate ( Value As Date )
String = MkDate$ ( Value As Date )
```

返回内存中日期的字符串形式，包含 8 个字符。

（13）MkFloat$函数

```
String = MkFloat ( Value As Float )
String = MkFloat$ ( Value As Float )
```

返回内存中 Float 值的字符串形式，包含 8 个字符。

（14）MkInteger$函数

```
String = MkInt ( Value As Integer )
String = MkInt$ ( Value As Integer )
String = MkInteger ( Value As Integer )
String = MkInteger$ ( Value As Integer )
```

返回内存中 Integer 值的字符串形式，包含 4 个字符。

（15）MkLong$函数

```
String = MkLong ( Value As Long )
String = MkLong$ ( Value As Long )
```

返回内存中 Long 值的字符串形式，包含 8 个字符。

（16）MkPointer$函数

```
String = MkPointer ( Value As Pointer )
String = MkPointer$ ( Value As Pointer )
```

返回内存中 Pointer 值的字符串形式，32 位系统包含 4 个字符，64 位系统包含 8 个字符。

（17）MkShort$函数

```
String = MkShort ( Value As Short )
```

```
String = MkShort$ ( Value As Short )
```

返回内存中 Short 值的字符串形式，包含 2 个字符。

（18）MkSingle$函数

```
String = MkSingle ( Value As Single )
String = MkSingle$ ( Value As Single )
```

返回内存中 Single 值的字符串形式，包含 4 个字符。

（19）Pointer@函数

```
Result = Pointer@ ( Pointer AS Pointer )
```

返回 Pointer 指定内存地址中的 Pointer 值。如果内存单元不可读，则会触发参数无效（20）错误。

```
Result = Pointer@ ( String AS String )
```

返回 String 的 32 位系统中 4 个字节中第 1 个字节的 Pointer 值，64 位系统为 8 字节。如果 32 位系统字符串长度少于 4 个或 64 位系统字符串长度少于 8 个，则触发参数无效（20）错误或返回一个不确定的结果。

（20）Realloc 函数

```
New pointer = Realloc ( Oldpointer AS Pointer , Size AS Integer , Count AS Integer )
```

缩小或扩大用 Alloc 函数分配的内存块。

（21）Short@函数

```
Result = Short@ ( Pointer AS Pointer )
```

返回 Pointer 指定内存地址中的 Short 值。如果内存单元不可读，则会触发参数无效（20）错误。

```
Result = Short@ ( String AS String )
```

返回 String 的前 2 个字节中的 Short 值。如果字符串长度少于 2 个，则触发参数无效（20）错误或返回一个不确定的结果。

（22）Single@函数

```
Result = Single@ ( Pointer AS Pointer )
```

返回 Pointer 指定内存地址中的 Single 值。如果内存单元不可读，则会触发参数无效（20）错误。

（23）StrPtr 函数

```
Result = StrPtr ( Pointer AS Pointer )
```

返回指定内存地址以 NULL 结尾的字符串的副本，作为 Gambas 常量字符串。如果 Pointer 指向 Alloc 函数分配的内存，在结束 StrPtr 函数调用之前不要释放该内存。

（24）String@函数

```
Result = String@ ( Pointer AS Pointer )
```

返回 Pointer 指定内存地址中的 String 值。如果 Pointer 指向 Alloc 函数分配的内存，在结束 String@函数调用之前不要释放该内存。如果内存单元不可读，则返回 NULL。

```
Result = String@ ( Pointer AS Pointer , Length AS Integer )
```

返回 Pointer 指定内存地址中的 String 值，字符串长度由 Length 参数确定。

（25）VarPtr 函数

```
Pointer = VarPtr ( Variable )
```

返回一个指向内存 Variable 变量的指针。变量的数据类型必须是数值、指针或字符串。当外部函数的参数是指向数值变量的指针时使用该函数，如 int *、void **，不能处理 char **。

5.1.6 外部库操作程序设计

下面通过一个实例来学习外部库的调用方法。设计一个应用程序，调用 Linux 下的 libc 库（Deepin 下为/usr/lib/x86_64-linux-gnu/libc.so.6），在窗体中点击“确定”按钮时，获得执行当前进程的组识别码和系统平均负载参数并显示，如图 5-1 所示。

（1）实例效果预览

实例效果预览如图 5-1 所示。

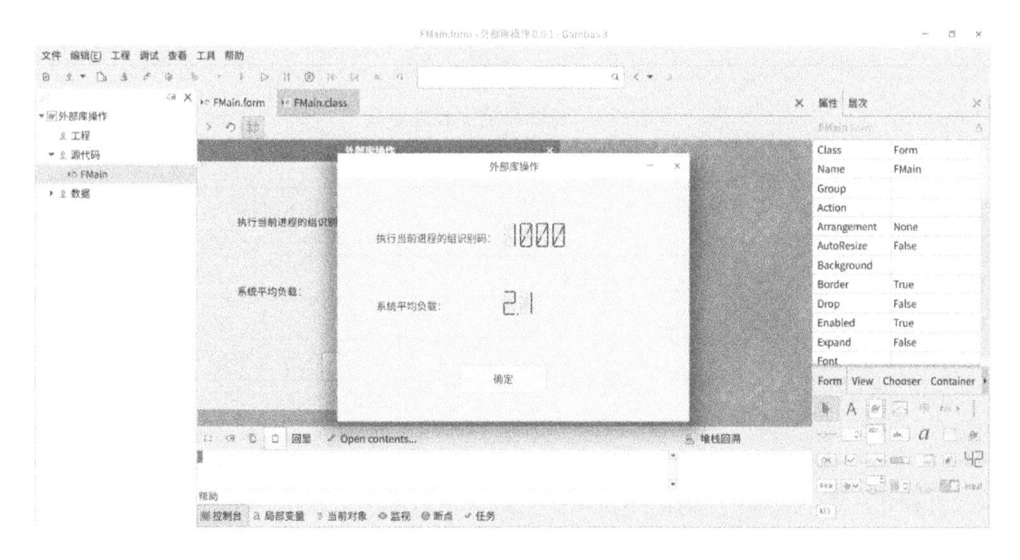

图 5-1 外部库操作程序窗体

（2）实例步骤

① 启动 Gambas 集成开发环境，可以在菜单栏选择“文件”→“新建工程...”，或在启动窗体中直接选择“新建工程...”项。

② 在“新建工程”对话框中选择“1.工程类型”中的“Graphical application”项，点击“下一个(N)”按钮。

③ 在“新建工程”对话框中选择“2.Parent directory”中要新建工程的目录，点击“下一个(N)”按钮。

④ 在“新建工程”对话框的“3.Project details”中输入工程名和工程标题，工程名为存储目录的名称，工程标题为应用程序的实际名称，在这里设置相同的工程名和工程标题。完成之后，点击“确定”按钮。

⑤ 系统默认生成的启动窗体名称（Name）为 FMain。在 FMain 窗体中添加 2 个 Label 控件、2 个 LCDLabel 控件、1 个 Button 控件，如图 5-2 所示，并设置相关属性，如表 5-3 所示。

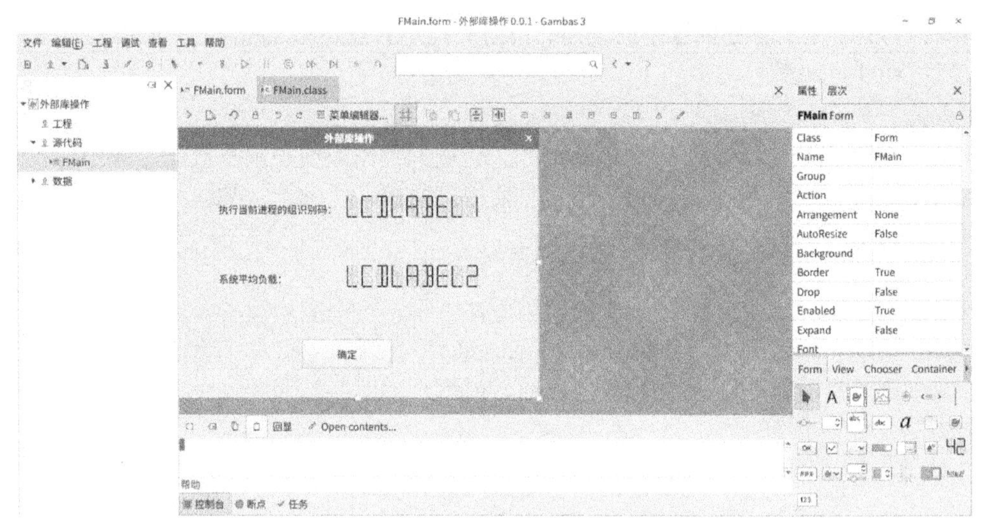

图 5-2 窗体设计

表 5-3 窗体和控件属性设置

名称	属性	说明
FMain	Text：外部库操作 Resizable：False	标题栏显示的名称 固定窗体大小，取消最大化按钮
Label1	Text：执行当前进程的组识别码	标签
Label2	Text：系统平均负载	标签
LCDLabel1		显示执行当前进程的组识别码
LCDLabel2		显示系统平均负载
Button1	Text：确定	命令按钮，响应相关点击事件

⑥ 设置 Tab 键响应顺序。在 FMain 窗体的“属性”窗口点击“层次”，出现控件切换排序，即按下键盘上的 Tab 键时，控件获得焦点的顺序。

⑦ 在 FMain 窗体中添加代码。

```
' Gambas class file

  '外部库调用声明
  Public Extern getloadavg(loadavg As Pointer, nelem As Integer) As Integer In "libc:6"
  Public Extern getgid() As Integer In "libc:6"

Public Sub get_load() As Float

  Dim p As Pointer
  Dim r As Float
  Dim s As Integer

  '测试 Float 数据类型大小
  s = SizeOf(gb.Float)
```

```
    '分配内存
    p = Alloc(s)
    '获得系统平均负载
    If getloadavg(p, 1) <> 1 Then
      '错误处理
      Free(p)
      Return -1
    Endif
    '读取内存数据
    r = Float@(p)
    '释放内存
    Free(p)
    '返回结果
    Return r
End

Public Sub Button1_Click()
    '获得执行当前进程的组识别码
    LCDLabel1.Value = getgid()
    '获得系统平均负载
    LCDLabel2.Value = get_load()
End
```

程序中，Public Extern getloadavg(loadavg As Pointer, nelem As Integer) As Integer In "libc:6"语句为声明一个外部函数接口，即获得系统平均负载，函数名为 getloadavg，函数实现位于/usr/lib/i386-linux-gnu/libc.so.6，其 C 语言定义为：

```
int getloadavg(double loadavg[], int nelem);
```

其中，loadavg 为 double 数组（指针），转换为 Gambas 的 Pointer 类型。

在对 loadavg 数据进行读取时，使用 r = Float@(p)语句，即读取指针 p 指向的内存地址中的数据，并返回给变量 r。

Public Extern getgid() As Integer In "libc:6"语句为声明一个外部函数接口，即获得执行目前进程的组识别码，函数名为 getgid，函数实现位于/usr/lib/i386-linux-gnu/libc.so.6，其 C 语言定义为：

```
gid_t getegid(void);
```

其中，gid_t 数据类型实际上为整型。

5.2 共享库设计

so 文件是 Linux 下的共享库，与 Windows 下的 dll 动态库类似。共享库中的函数可供多个进程调用，提供二进制代码复用。共享库可以使代码的维护工作大大简化，当修正了一些错误或添加了新特性的时候，用户只需要安装升级后的共享库即可。在操作系统中，执行一个进程的时候，会将这个进程的代码加载到内存，系统为这段程序分配一个入口地址，一般为 main 函数地址，程序中其他函数的地址都是相对地址。对于共享库文件，在加载的时候不需为其分配绝对地址，也不需要入口地址。

5.2.1 简易共享库编写与编译

下面通过一个实例来学习如何通过命令行生成一个共享库。编写一个程序，头文件为 sotest.h，两个“.c”文件分别为 test1.c 和 test2.c，将其编译为一个共享库：libtest.so。

```
//头文件 sotest.h 代码:
#include "stdio.h"
void test1();
void test2();

//test1.c 代码:
#include "sotest.h"
void test1()
{
  printf("Show test1...\n");
}

//test2.c 代码:
#include "sotest.h"
void test2()
{
  printf("Show test2...\n");
}
```

将上述文件编译成一个共享库文件 libtest.so：

```
gcc test1.c test2.c -fPIC -shared -o libtest.so
```

-fPIC 为编译位置独立代码。

-shared 为指定生成共享库。

5.2.2 CodeLite 集成开发环境

CodeLite 是一个 C/C++语言的跨平台 IDE，运行在 Deepin、Windows、Ubuntu 和 MacOSX 等操作系统上，同时，CodeLite 源代码使用遵循 GPL v2 许可证。为便于操作与调试，可通过 CodeLite IDE 生成共享库 so 文件，并在 Gambas 中调用。

① 打开 Deepin 操作系统（Deepin V15.11 桌面版）的“应用商店”，点击左侧的“编程开发”找到 CodeLite，或直接在搜索框输入“CodeLite”搜索该应用程序，如图 5-3 所示。

② 在 CodeLite 页面中，点击“安装”按钮，系统将自动完成软件的下载与安装。安装完成后，该按钮变成“打开”，点击即可启动 CodeLite。也可以通过“启动器”→“所有分类”→“编程开发”→“CodeLite”打开该应用，如图 5-4 所示。

③ 在“New Workspace”对话框中的“Workspace Name”文本框中输入工作空间名称“algrithm”，在“Workspace Path”中输入存储路径，完成后点击“OK”按钮，如图 5-5 所示。

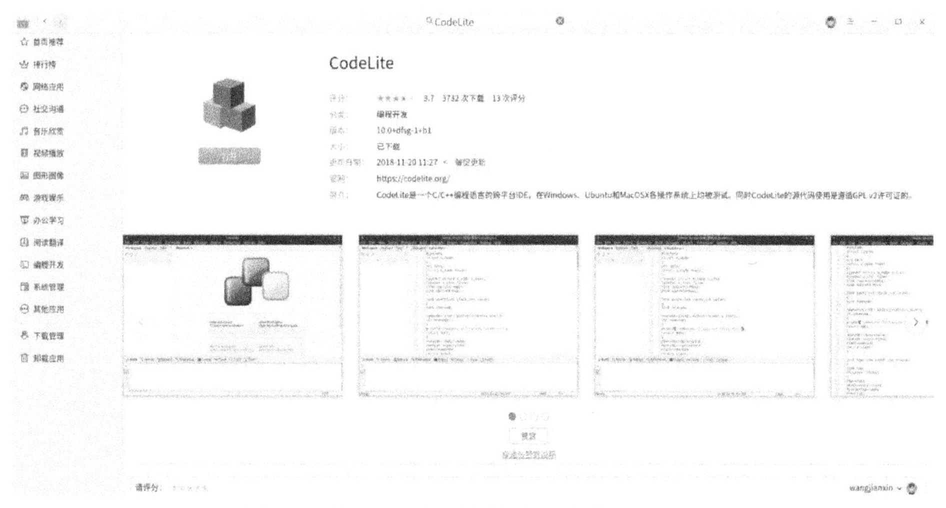

图 5-3　从 Deepin“应用商店”查找 CodeLite

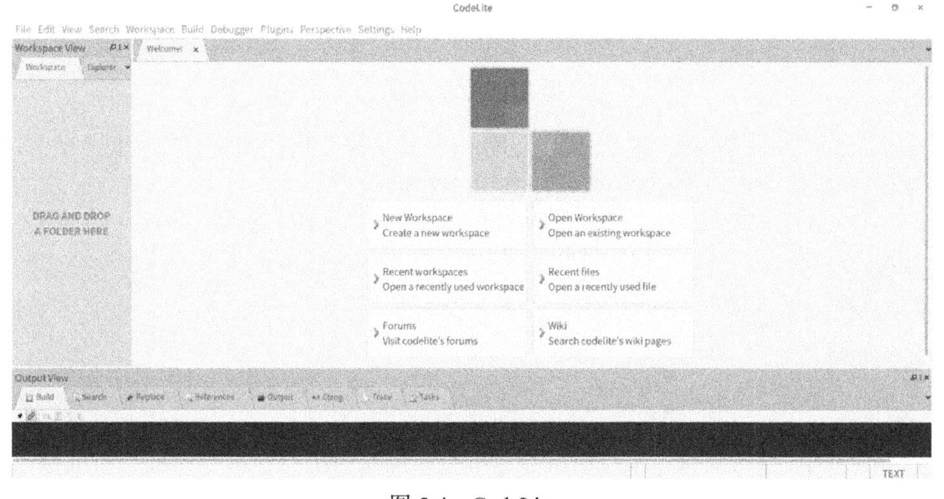

图 5-4　CodeLite

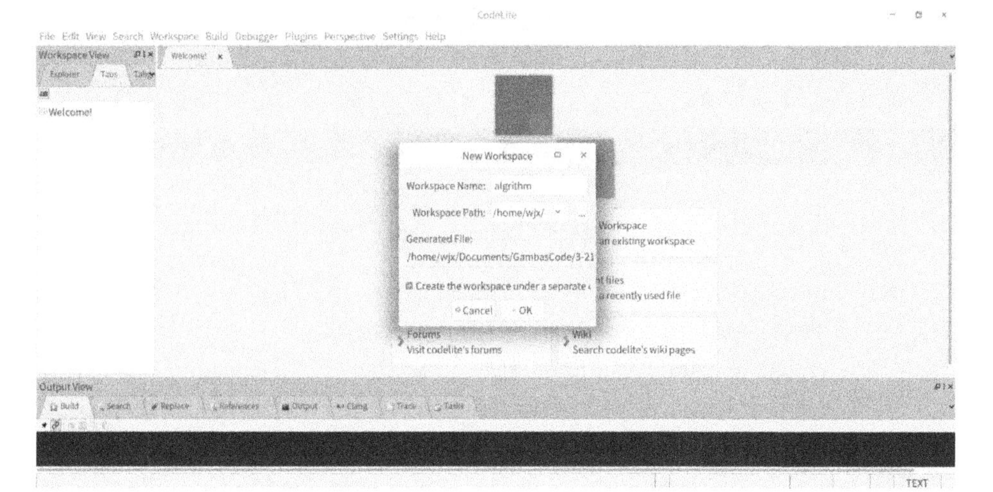

图 5-5　“New Workspace”对话框

④ 在左侧导航栏的“algrithm”项上右击弹出菜单，选择“New”→“New Project”，新建一个工程，如图 5-6 所示。

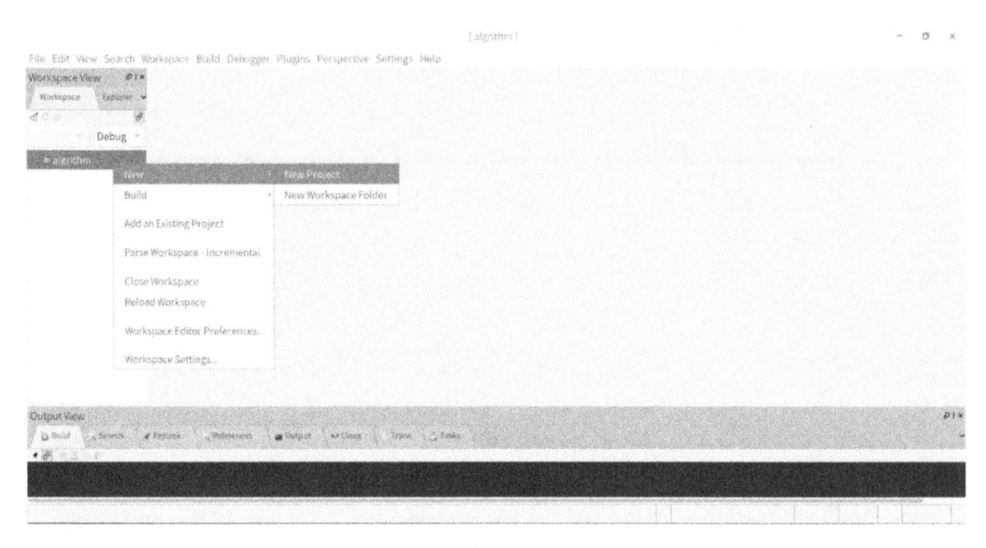

图 5-6 新建工程

⑤ 在弹出的“New Project Wizard”对话框中选择生成工程的类型，在这里选择“Dynamic library”项，完成后点击“Next>”按钮，如图 5-7 所示。

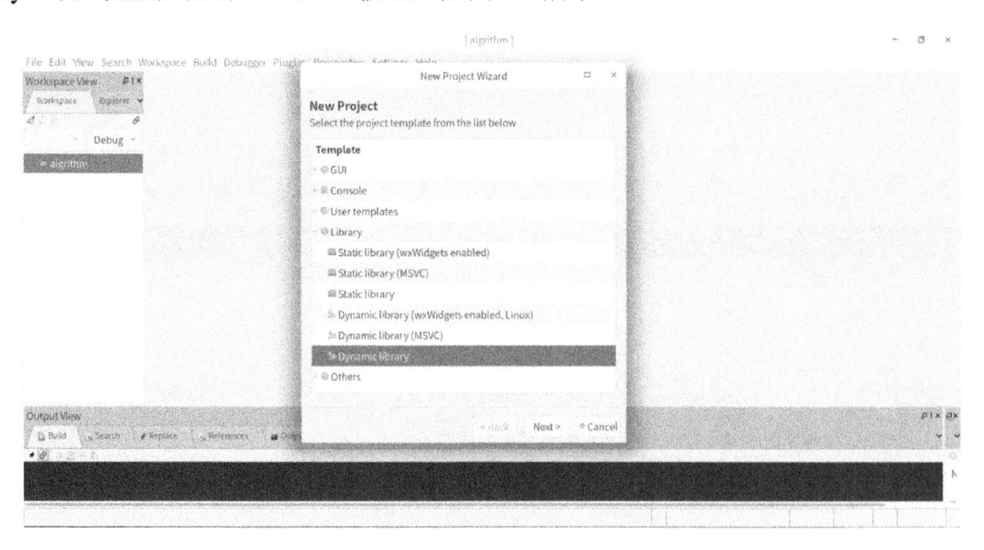

图 5-7 新建“Dynamic library”项

⑥ 在“New Project Wizard”对话框中的“Project name”输入工程名，并设置“Project path”工程存储路径，完成后点击“Next>”按钮，如图 5-8 所示。

⑦ 在“New Project Wizard”对话框中提供了“Compiler”“Debugger”“Build System”等选项，一般按默认设置即可，完成后点击“Finish”按钮，则创建新工程完成，如图 5-9 所示。

⑧ 在左侧导航栏的“include”项上右击弹出菜单，选择“Add a New File...”，新建一个头文件，如图 5-10 所示。

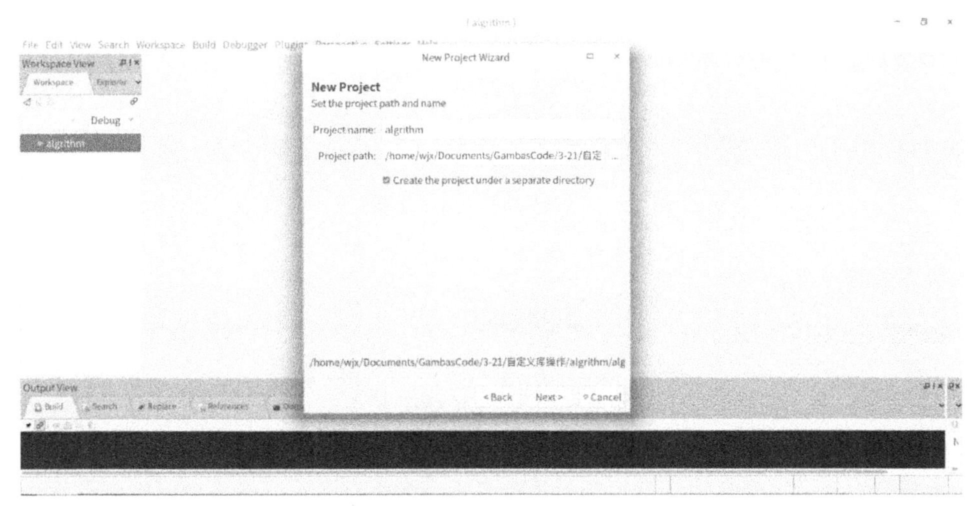

图 5-8　工程设置

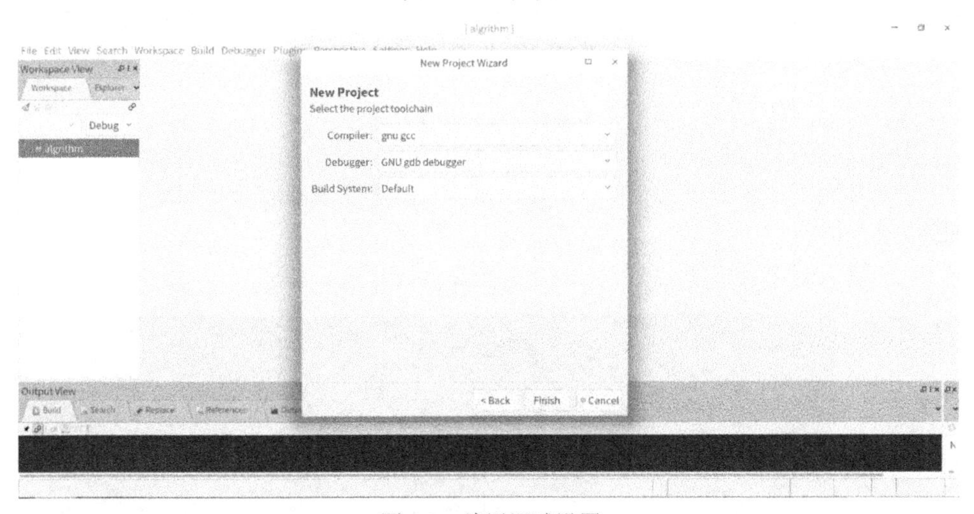

图 5-9　编译调试设置

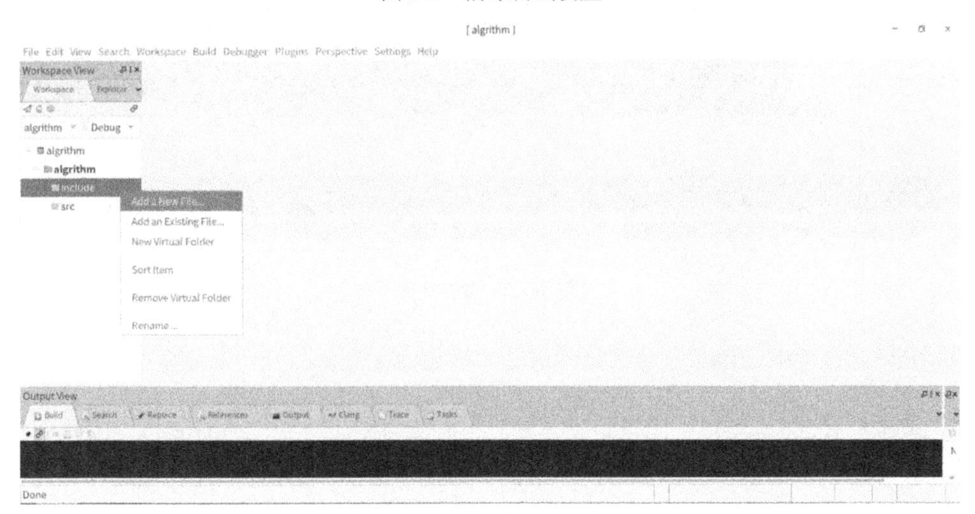

图 5-10　添加新文件

⑨ 在弹出的“New Item”对话框中选择“Header File (.h)”项，在“Name”中输入头文件名，完成后点击“OK”按钮，如图 5-11 所示。

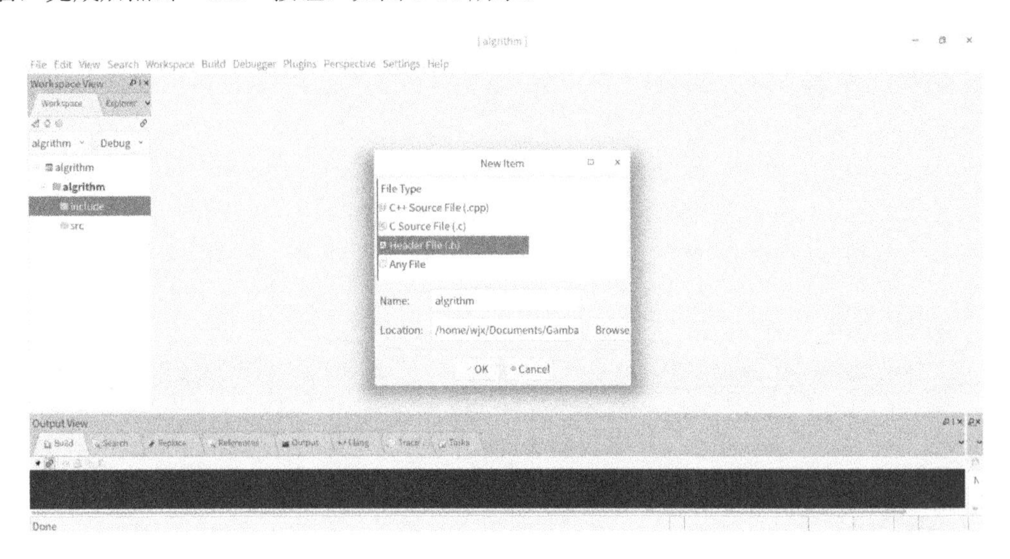

图 5-11　添加头文件名

⑩ 在左侧导航栏的“src”项上右击弹出菜单，选择“Add a New File...”，新建一个 c 文件，如图 5-12 所示。

图 5-12　添加文件

⑪ 在弹出的“New Item”对话框中选择“C Source File (.c)”项，在“Name”中输入 c 文件名，完成后点击“OK”按钮，如图 5-13 所示。

⑫ 分别双击 algrithm.h、algrithm.c 文件，完成函数代码编写，如图 5-14 和图 5-15 所示。

⑬ 选择菜单“Build”→“Build Project”，编译工程，则会对工程进行编译，并输出编译结果，如图 5-16 所示。

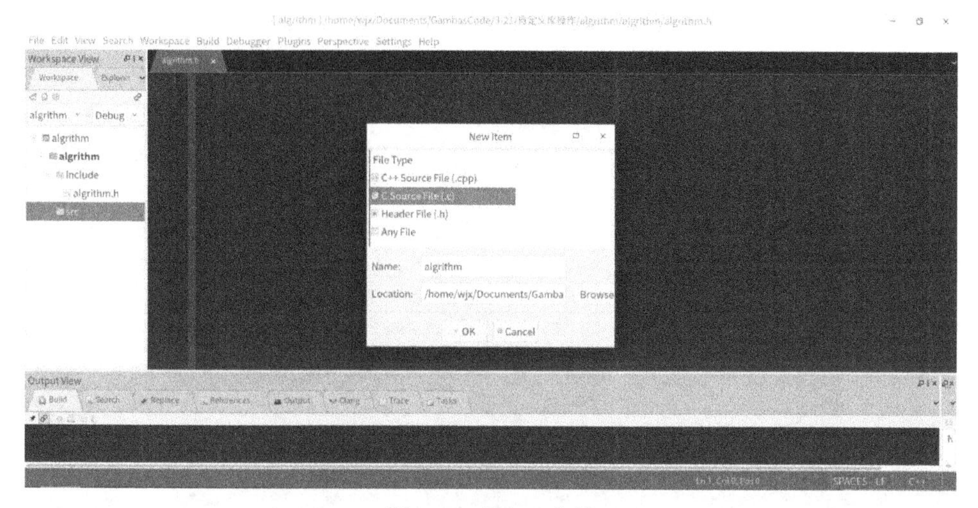

图 5-13　添加 c 文件

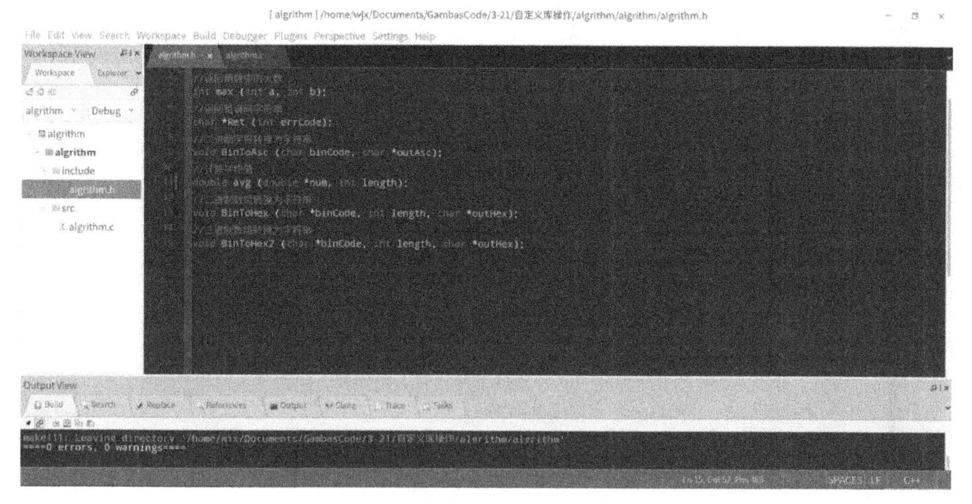

图 5-14　头文件

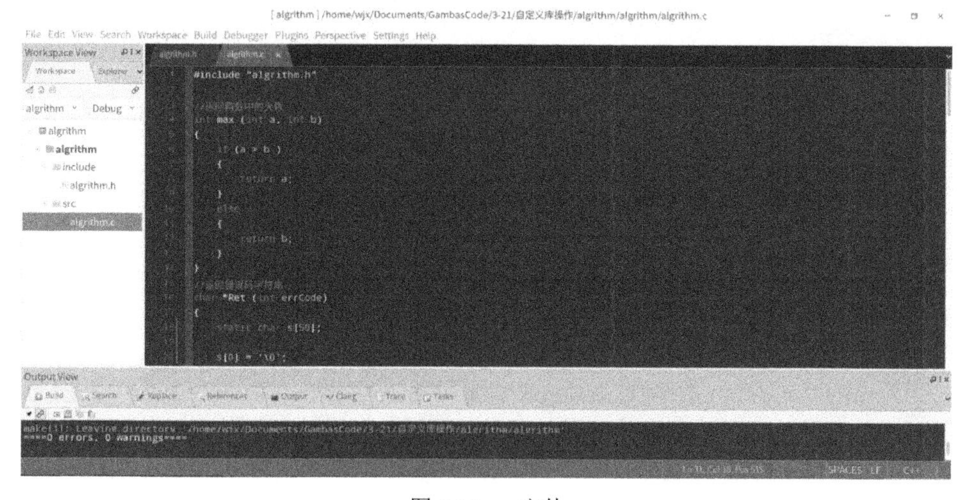

图 5-15　c 文件

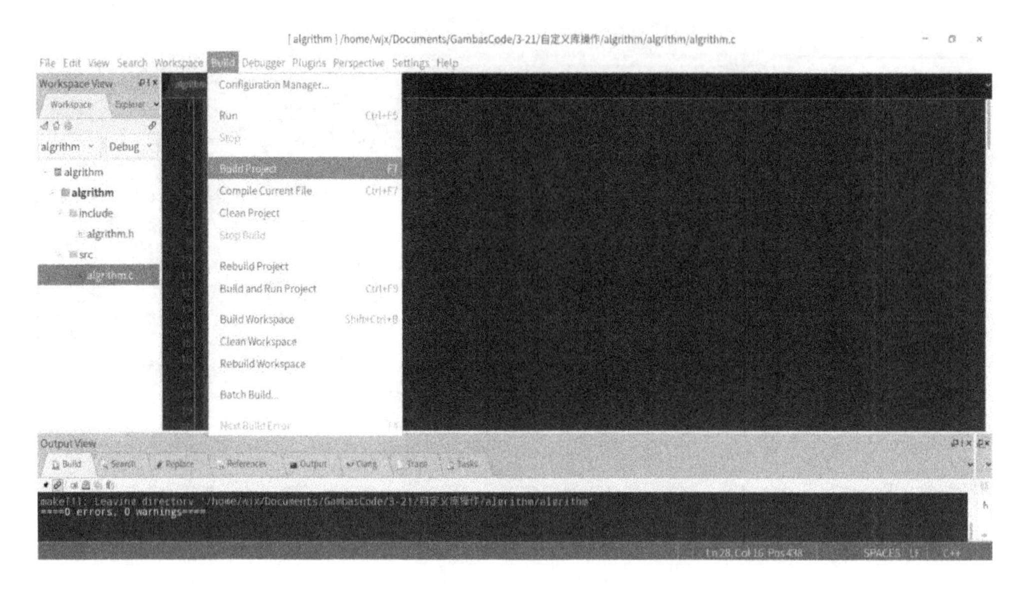

图 5-16　编译工程

⑭ 该工程在 Debug 模式下会创建 Debug 文件夹，在文件夹中生成 algrithm.c.o、algrithm.c.o.d、algrithm.so 三个文件，如图 5-17 所示。同理，在 Release 模式下，会创建 Release 文件夹，在文件夹中生成 algrithm.c.o、algrithm.c.o.d、algrithm.so 三个文件。

图 5-17　编译生成的文件

⑮ 在左侧导航栏的“algrithm”项上右击弹出菜单，选择“Settings...”，设置工程属性，如图 5-18 所示。

⑯ 在弹出的“algrithm Project Settings”对话框中，可设置“Project Type”工程类型，包括 Static library、Dynamic Library 和 Executable 三种类型，即静态库、共享库和可执行文件；“Output File”输出文件的后缀为 so，也可加入版本号，以示区分，如可将默认设置修改为 $(IntermediateDirectory)/$(ProjectName).so.1，如图 5-19 所示。

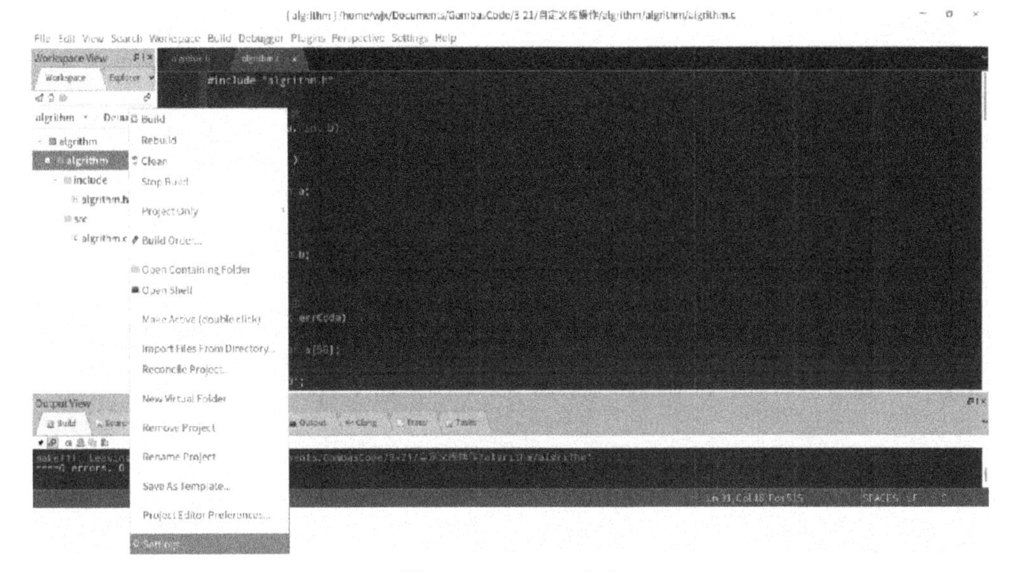

图 5-18　Settings 菜单

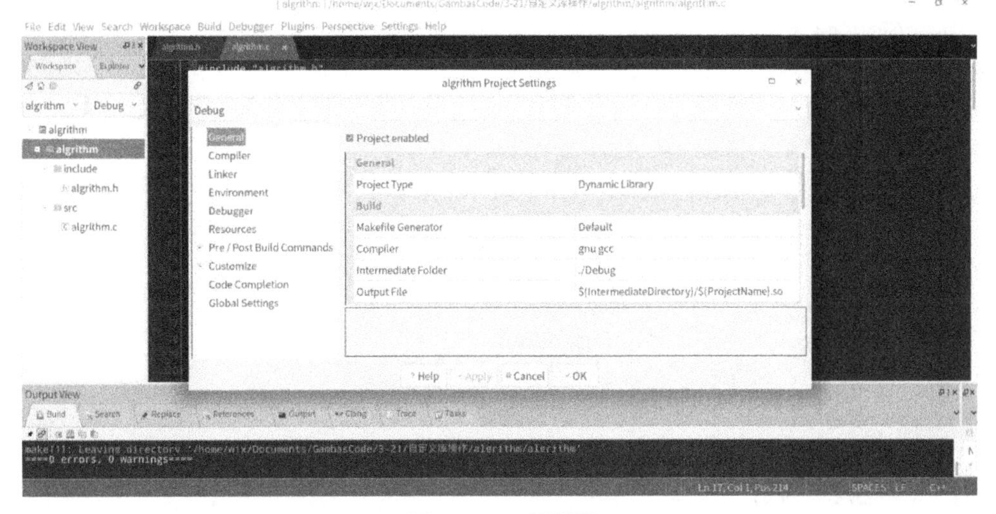

图 5-19　工程设置

5.2.3　生成共享库文件

利用 CodeLite 生成共享库文件，供 Gambas 调用，扩展其功能。该共享库函数用 C 代码编写，实现了比较两数大小，并返回最大值的 max 函数；输入错误码后返回错误码字符串的 Ret 函数；将一个二进制字符转换为字符串的 BinToAsc 函数；计算多个数平均值的 avg 函数；分别用两种方式实现了二进制数组转换为字符串的 BinToHex 和 BinToHex2 函数。

（1）algrithm.h

```
#include <stdio.h>
#include <string.h>

//返回两数中的大数
```

```
int max (int a, int b);
//返回错误码字符串
char *Ret (int errCode);
//二进制字符转换为字符串
void BinToAsc (char binCode, char *outAsc);
//计算平均值
double avg (double *num, int length);
//二进制数组转换为字符串
void BinToHex (char *binCode, int length, char *outHex);
//二进制数组转换为字符串
void BinToHex2 (char *binCode, int length, char *outHex);
```

（2）algrithm.c

```
#include "algrithm.h"

//返回两数中的大数
int max (int a, int b)
{
    if (a > b )
    {
        return a;
    }
    else
    {
        return b;
    }
}
//返回错误码字符串
char *Ret (int errCode)
{
    static char s[50];

    s[0] = '\0';
    switch (errCode)
    {
        case 0:
            strcat(s, "Error Code 0.");
            break;
        case -1:
            strcat(s, "Error Code -1.");
            break;
```

```
            case -2:
                strcat(s, "Error Code -2.");
                break;
            default:
                strcat(s, "Error Code others.");
                break;
        }
        return s;
}
//二进制字符转换为字符串
void BinToAsc (char binCode, char *outAsc)
{
        sprintf(outAsc, "%2X", (unsigned char)binCode);
        if (outAsc[0] == ' ')
        {
            outAsc[0] = '0';
        }
}
//计算平均值
double avg (double *num, int length)
{
        int i;
        double sum;

        for (i = 0; i < length; i ++)
        {
            sum = sum + num[i];
        }
        num[0] = sum / length;
        return (sum / length);
}
//二进制数组转换为字符串
void BinToHex (char *binCode, int length, char *outHex)
{
        int i;
        int s;

        for (i = 0; i < length; i ++)
        {
            s = (unsigned char)binCode[i] >> 4;
            if ((s >= 0) && (s <= 9))
            {
```

```
                outHex[i*2] = s + '0';
            }
            else
            {
                outHex[i*2] = s + 'A' - 10;
            }
            s = binCode[i] & 0x0F;
            if ((s >= 0) && (s <= 9))
            {
                outHex[i*2+1] = s + '0';
            }
            else
            {
                outHex[i*2+1] = s + 'A' - 10;
            }
        }
}
//二进制数组转换为字符串
void BinToHex2 (char *binCode, int length, char *outHex)
{
        int i;

        for (i = 0; i < length; i ++)
        {
            sprintf(outHex+i*2, "%2X", (unsigned char)binCode[i]);
        }
        for (i = 0; i < 2*length; i ++)
        {
            if (outHex[i] == ' ')
            {
                outHex[i] = '0';
            }
        }
}
```

5.2.4 自定义库操作程序设计

下面通过一个实例来学习外部库的调用方法。设计一个应用程序，调用上节生成的共享库文件，该库文件与工程文件存储在相同目录下，完成计算最大值、返回错误码、计算平均值、转换十六进制字符串等操作，如图 5-20 所示。

(1) 实例效果预览

实例效果预览如图 5-20 所示。

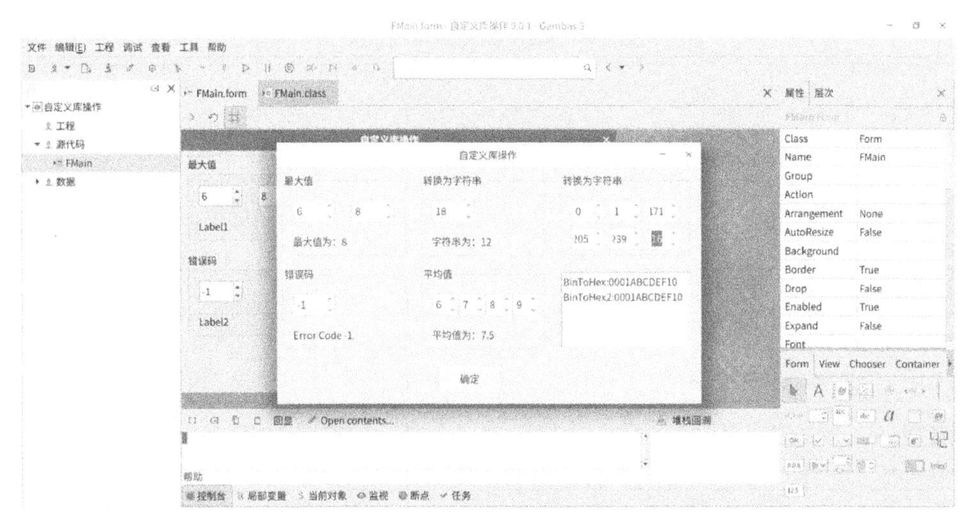

图 5-20　自定义库操作程序窗体

（2）实例步骤

① 启动 Gambas 集成开发环境，可以在菜单栏选择“文件”→“新建工程...”，或在启动窗体中直接选择“新建工程...”项。

② 在“新建工程”对话框中选择“1.工程类型”中的“Graphical application”项，点击“下一个(N)”按钮。

③ 在“新建工程”对话框中选择“2.Parent directory”中要新建工程的目录，点击“下一个(N)”按钮。

④ 在“新建工程”对话框的“3.Project details”中输入工程名和工程标题，工程名为存储目录的名称，工程标题为应用程序的实际名称，在这里设置相同的工程名和工程标题。完成之后，点击“确定”按钮。

⑤ 系统默认生成的启动窗体名称（Name）为 FMain。在 FMain 窗体中添加 5 个 Frame 控件、14 个 SpinBox 控件、4 个 Label 控件、1 个 TextArea 控件、1 个 Button 控件，如图 5-21 所示，并设置相关属性，如表 5-4 所示。

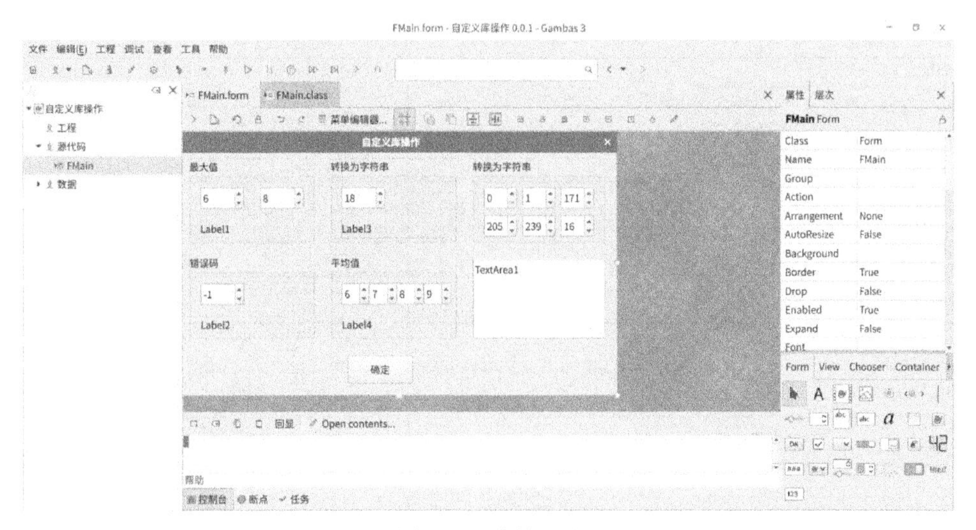

图 5-21　窗体设计

表 5-4　窗体和控件属性设置

名称	属性	说明
FMain	Text：自定义库操作 Resizable：False	标题栏显示的名称 固定窗体大小，取消最大化按钮
Frame1	Text：最大值	框架
Frame2	Text：错误码	框架
Frame3	Text：转换为字符串	框架
Frame4	Text：平均值	框架
Frame5	Text：转换为字符串	框架
SpinBox1	Value：6	微调按钮
SpinBox2	Value：8	微调按钮
SpinBox3	MiniValue：-10 Value：-1	微调按钮
SpinBox4	MaxValue：255 Value：18	微调按钮
SpinBox5	Value：6	微调按钮
SpinBox6	Value：7	微调按钮
SpinBox7	Value：8	微调按钮
SpinBox8	Value：9	微调按钮
SpinBox9	MaxValue：255 Value：0	微调按钮
SpinBox10	MaxValue：255 Value：1	微调按钮
SpinBox11	MaxValue：255 Value：171	微调按钮
SpinBox12	MaxValue：255 Value：205	微调按钮
SpinBox13	MaxValue：255 Value：239	微调按钮
SpinBox14	MaxValue：255 Value：16	微调按钮
Label1		标签
Label2		标签
Label3		标签
Label4		标签
TextArea1		显示十六进制字符串
Button1	Text：确定	命令按钮，响应相关点击事件

⑥ 设置 Tab 键响应顺序。在 FMain 窗体的“属性”窗口点击“层次”，出现控件切换排序，即按下键盘上的 Tab 键时，控件获得焦点的顺序。

⑦ 在 FMain 窗体中添加代码。

```
' Gambas class file

    'int max (int a, int b);
    Extern maxVal(a As Integer, b As Integer) As Integer In "/home/wjx/Documents/GambasCode/5/自定义库操作/algrithm" Exec "max"
    'char *Ret (int errCode);
    Extern Ret(errCode As Integer) As String In "/home/wjx/Documents/GambasCode/5/自定义库操作/algrithm"
    'void BinToAsc (char binCode, char *outAsc);
    Extern BinToAsc(binCode As Byte, outAsc As Pointer) In "/home/wjx/Documents/GambasCode/5/自定义库操作/algrithm"
    'double avg(double *num, int length);
    Extern avg(num As Pointer, length As Integer) As Float In "/home/wjx/Documents/GambasCode/5/自定义库操作/algrithm"
    'void BinToHex (char *binCode, int length, char *outHex);
    Extern BinToHex(binCode As Pointer, length As Integer, outHex As Pointer) In "/home/wjx/Documents/GambasCode/5/自定义库操作/algrithm"
    'void BinToHex2(char * binCode, int length, char * outHex);
    Extern BinToHex2(binCode As Pointer, length As Integer, outHex As Pointer) In "/home/wjx/Documents/GambasCode/5/自定义库操作/algrithm"

Public Sub Button1_Click()

    Dim res As Integer
    Dim err As String
    Dim num As Integer
    Dim pt As Pointer
    Dim pt2 As Pointer
    Dim hs As String
    Dim hs2 As String
    Dim nf As New Float[]
    Dim spbx As Object
    Dim i As Integer
    Dim fr As Float
    Dim nb As New Byte[]

    '返回两数中的大数
    res = maxVal(SpinBox1.Value, SpinBox2.Value)
    Label1.Text = "最大值为：" & Str(res)
```

```
'返回错误码字符串
err = Ret(SpinBox3.Value)
Label2.Text = err

'二进制字符转换为字符串
'计算占用空间大小
num = SizeOf(gb.Short)
'分配内存
pt = Alloc(num)
BinToAsc(SpinBox4.Value, pt)
'读取内存字符串
hs = String@(pt)
Label3.Text = "字符串为：" & hs
'释放内存
Free(pt)

'计算平均值
i = 0
'遍历 SpinBox
For Each spbx In Frame4.Children
  Try nf.Add(spbx.Value, i)
  Inc i
Next
fr = avg(nf.Data, nf.Count)
Label4.Text = "平均值为：" & Str(fr)

'二进制数组转换为字符串
i = 0
'遍历 SpinBox
For Each spbx In Frame5.Children
  Try nb.Add(spbx.Value, i)
  Inc i
Next
num = SizeOf(gb.Short)
pt = Alloc(num * nb.Count)
pt2 = Alloc(num * nb.Count)
BinToHex(nb.Data, nb.Count, pt)
BinToHex2(nb.Data, nb.Count, pt2)
'读取内存字符串
hs = String@(pt)
hs2 = String@(pt2)
TextArea1.Clear
```

```
    TextArea1.Text = "BinToHex:" & hs & "\n"
    TextArea1.Text = TextArea1.Text & "BinToHex2:" & hs2
    Free(pt)
    Free(pt2)
End
```

程序中，在 Gambas 函数声明区声明了外部库函数名称。Extern maxVal(a As Integer, b As Integer) As Integer In "/home/wjx/Documents/GambasCode/5/自定义库操作/algrithm" Exec "max"语句中，In 之后的路径为共享库实际存储路径全称；如果共享库文件无版本号，则忽略“:”及之后的版本号；Exec 后字符串为真实函数名，这是由于系统中已经存在一个 max 函数，为避免冲突而设置了别名 maxVal。

如果要向共享库输入一个指针型变量，在 Gambas 中应声明为数组对象，如 fr = avg(nf.Data, nf.Count)语句对应的 C 语言函数声明为 double avg (double *num, int length)，第一个参数为需要输入的数组，Gambas 中声明为 Dim nf As New Float[]，对应 C 语言中的 double 类型指针。

如果要从共享库接收一个指针型变量，在 Gambas 中应声明为 Pointer 指针，如 BinToAsc(SpinBox4.Value, pt)语句对应的 C 语言函数声明为 void BinToAsc (char binCode, char *outAsc)，第二个参数为需要接收的数组，Gambas 中声明为 Dim pt As Pointer，对应 C 语言中的 char 类型指针。

5.3 外部进程管理

外部进程管理包含三个命令：EXEC、SHELL、Shell$。EXEC 运行一个外部进程，SHELL 运行一个外部命令（可包含 Shell$引用字符串，以便可以安全地传递 Shell 参数）。Shell 是一个命令解释器，提供用户与内核进行交互操作的接口，接收用户输入的命令并传入内核执行。不仅如此，Shell 有自己的编程语言用于对命令的编辑，允许用户编写由 Shell 命令组成的程序，用这种编程语言编写的 Shell 程序与用其他语言编写的应用程序具有同样的效果。

5.3.1 SHELL 应用

（1）SHELL 标准语法

```
[ Process = ] SHELL Command [ WAIT ] [ FOR { { READ | INPUT } | { WRITE | OUTPUT } } ]
[ AS Name ]
```

执行一条命令，创建一个内部 Process，用来管理命令行。

命令包含在一个字符串中被传递给系统命令解释器（/bin/sh）。

如果指定 WAIT，解释器等待命令结束，否则命令在后台执行。

如果指定 FOR，重定向命令输入输出，程序可以截获：

① 如果指定 WRITE，可以用 Process 通用输出语句（PRINT、WRITE）发送数据到命令的标准输入流。

② 如果指定 READ，每次发送数据到标准输出流时触发，即数据发送到标准输出流时 Read 事件发生，当数据发送到标准错误输出流时 Error 事件发生。流与输入/输出功能使用进程对象读取进程标准输出。

③ 如果使用 INPUT 和 OUTPUT 关键字替换 READ 和 WRITE，进程在虚拟终端中执行。

Name 为 Process 使用的事件名，使用 Process。

（2）SHELL 快速语法

```
SHELL Command TO Variable
```

解释器等待命令结束，并将输出保存到指定位置。缺点是无法控制执行的进程，并且仅检索过程的标准输出，错误输出无重定向。如果需要混合使用两种输出，可以使用 Shell 重定向语法：

```
SHELL "command 2>&1" To Result
```

（3）环境

可以在命令参数之后使用 WITH 关键字为正在运行的进程指定新的环境变量：

```
[ Process = ] SHELL Command WITH Environment ...
```

Environment 为字符串数组，具有如下形式："NAME=VALUE"。NAME 是环境变量的名称，VALUE 是它的值。如果要清除环境变量，使用字符串"NAME="。

（4）在虚拟终端中运行

如果进程在虚拟终端中运行，使用 FOR INPUT / OUTPUT 语句，则可以将控制字符发送到标准输入，以获得与真实终端输入控制字符相同的效果。^C 表示停止进程，^Z 表示挂起。一个虚拟终端只有一个输出，通过 Read 事件接收正在执行的进程的标准错误输出。

当终止 Gambas 程序时，将不会终止用 Shell 执行程序。必须终止该进程或允许其运行到结束。

举例说明：

```
' 获得目录内容并将其输出到标准输出
Shell "ls -la /tmp" Wait
 ' 获得目录内容
Dim Result As String
Shell "ls -la /tmp" To Result
 ' 获得目录内容
Dim Result As String
Shell "ls -la /tmp" For Read As "Process"
...

Public Sub Process_Read()
   Dim sLine As String
   sLine = Read #Last, -256
   Result &= sLine
   Print sLine;
End
```

如果要获得 Process_Read 事件处理程序中读取的字节数，可以使用 Lof 函数。

5.3.2 Shell$应用

Shell$语法为：

```
QuotedString = Shell ( String )
QuotedString = Shell$ ( String )
```

引用字符串，以便将其安全地传递给 SHELL 命令。使用 Shell$函数创建带引号的字符串，Shell 不会修改该字符串。

举例说明：

```
'This routine will create a file in your home folder with the name "what a stupid name 4 a file % $ !.txt"
'The string created by Shell$ will be printed and the file opened.

Public Sub Main()
  Dim sString As String

  sString = Shell$("what a stupid name 4 a file % $ !.txt")
  Print sString
  Shell "echo " & sString & " >> " & user.home &/ sString
  Shell "cat " & User.home &/ sString
End
```

5.3.3 Process 类

Process 类用于管理由 EXEC 或 SHELL 命令启动的进程。Process 类继承于 Stream，可以使用输入/输出指令来操作标准输入输出。要读取错误输出，使用 Error 事件。

（1）Process 类的主要静态属性

① LastState 属性　LastState 属性用于返回上一次终止进程的状态。函数声明为：

```
Process.LastState As Integer
```

② LastValue 属性　LastValue 属性用于返回上一次终止的进程的值。函数声明为：

```
Process.LastValue As Integer
```

（2）Process 类的主要属性

① Blocking 属性　Blocking 属性用于返回或设置是否流阻塞。当设置该属性，流没有数据可读时读操作被阻塞，流内部系统缓冲区满时写操作被阻塞。函数声明为：

```
Stream.Blocking As Boolean
```

② ByteOrder 属性　ByteOrder 属性用于返回或设置从流读/写二进制数据的字节顺序。函数声明为：

```
Stream.ByteOrder As Integer
```

③ EndOfFile 属性　EndOfFile 属性用于返回最后一次使用 LINE INPUT 读操作是到达了文件末尾，还是读取了一个用行结束字符结尾的完整行。检查文件是否到达末尾，可使用 Eof 函数或 Eof 属性。函数声明为：

```
Stream.EndOfFile As Boolean
```

④ EndOfLine 属性　EndOfLine 属性用于返回或设置当前流使用的新行分隔符。LINE INPUT 语句和 PRINT 语句会使用这个属性的值。函数声明为：

```
Stream.EndOfLine As Integer
```

⑤ Eof 属性　Eof 属性用于返回流是否到达终点。函数声明为：

```
Stream.Eof As Boolean
```

⑥ Handle 属性　Handle 属性用于返回进程对象的句柄，即 pid。函数声明为：

```
Process.Handle As Integer
```

⑦ Id 属性　Id 属性用于返回进程对象的句柄，与 Handle 属性相同，即 pid。函数声明为：

```
Process.Id As Integer
```

⑧ Ignore 属性　Ignore 属性用于返回或设置是否忽略进程。如果为 False（默认值），则在进程结束之前，解释器不会退出，否则，解释器在退出时将终止该进程。函数声明为：

```
Process.Ignore As Boolean
```

⑨ IsTerm 属性　IsTerm 属性用于返回流是否与终端关联。函数声明为：

```
Stream.IsTerm As Boolean
```

⑩ Lines 属性　Lines 属性用于返回允许用户一行一行枚举流内容的虚类对象。函数声明为：

```
Stream.Lines As .Stream.Lines
```

⑪ NullTerminatedString 属性　NullTerminatedString 属性用于返回是否为空结束符。函数声明为：

```
Stream.NullTerminatedString As Boolean
```

⑫ State 属性　State 属性用于返回进程对象的当前状态，包括：Stopped、Running、Crashed。函数声明为：

```
Process.State As Integer
```

⑬ Tag 属性　Tag 属性用于返回或设置与流关联的标签。函数声明为：

```
Stream.Tag As Variant
```

⑭ Term 属性　Term 属性用于返回与流关联的终端的虚拟对象。函数声明为：

```
Stream.Term As .Stream.Term
```

⑮ Value 属性　Value 属性用于返回进程退出时的值，如果崩溃则返回所发出信号的编号。函数声明为：

```
Process.Value As Integer
```

（3）Process 类的主要方法

① Begin 方法　Begin 方法用于写入缓冲数据到流，以便在调用 Send 方法时发送相关数据。函数声明为：

```
Stream.Begin ( )
```

② Close 方法　Close 方法用于关闭流。函数声明为：

```
Stream.Close ( )
```

③ CloseInput 方法　CloseInput 方法用于关闭进程输入流。函数声明为：

```
Process.CloseInput ( )
```

④ Drop 方法　Drop 方法用于清除自上次调用 Begin 方法以来缓冲的数据。函数声明为：

```
Stream.Drop ( )
```

⑤ Kill 方法　Kill 方法用于立即终止进程。函数声明为：

```
Process.Kill ( )
```

⑥ ReadLine 方法　ReadLine 方法用于从流中读取一行文本，类似于 LINE INPUT。函数声明为：

```
Stream.ReadLine ( [ Escape As String ] ) As String
```

Escape 为忽略文本，即忽略两个 Escape 字符之间的新行。

⑦ Send 方法　Send 方法用于发送自上次调用 Begin 方法以来的所有数据。函数声明为：

```
Stream.Send ( )
```

⑧ Signal 方法　Signal 方法用于向进程发送用户信号，在 IDE 调试器内部使用。函数声明为：

```
Process.Signal ( )
```

⑨ Wait 方法　Wait 方法用于等待过程结束，如 SHELL 和 EXEC 指令中的 WAIT 选项。函数声明为：

```
Process.Wait ( [ Timeout As Float ] )
```

⑩ Watch 方法　Watch 方法用于开始或停止监视流文件描述符以进行读写操作。函数声明为：

```
Stream.Watch ( Mode As Integer, Watch As Boolean )
```

Mode 为监视类型。gb.Read 为读，gb.Write 为写。

Watch 为监视开关。

（4）Process 类的主要事件

① Error 事件　Error 事件当标准输出有错误产生时触发，通过 Error 参数接收数据。函数声明为：

```
Event Process.Error ( Error As String )
```

Error 为错误字符串。

② Kill 事件　Kill 事件当进程终止时触发。函数声明为：

```
Event Process.Kill ( )
```

③ Read 事件　Read 事件当从进程的标准输出中读取数据时触发。函数声明为：

```
Event Process.Read ( )
```

（5）Process 类的主要常量

Process 类的主要常量如表 5-5 所示。

表 5-5　Process 类主要常量

常量名	常量值	备注
Process.Stopped	0	进程停止
Process.Running	1	进程正在运行
Process.Crashed	2	进程崩溃
Process.Signaled	2	进程崩溃

5.3.4 计算器程序设计

下面通过一个实例来学习 SHELL 命令的使用方法。设计一个应用程序，利用 SHELL 命令隐式调用 Linux 下的 bc 计算器，将窗体中生成的数学表达式发送给 bc，返回 bc 的计算结果并显示，仿照深度计算器进行界面元素的排布，完成一个无计算逻辑的计算器设计，如图 5-22 所示。

（1）实例效果预览

实例效果预览如图 5-22 所示。

图 5-22　计算器程序窗体

（2）实例步骤

① 启动 Gambas 集成开发环境，可以在菜单栏选择“文件”→“新建工程...”，或在启动窗体中直接选择“新建工程...”项。

② 在“新建工程”对话框中选择“1.工程类型”中的“Graphical application”项，点击“下一个(N)”按钮。

③ 在“新建工程”对话框中选择“2.Parent directory”中要新建工程的目录，点击“下一个(N)”按钮。

④ 在“新建工程”对话框的“3.Project details”中输入工程名和工程标题，工程名为存储目录的名称，工程标题为应用程序的实际名称，在这里设置相同的工程名和工程标题。完成之后，点击“确定”按钮。

⑤ 系统默认生成的启动窗体名称（Name）为 FMain。在 FMain 窗体中添加 1 个 HPanel 控件、1 个 TextBox 控件、20 个 Button 控件，如图 5-23 所示，并设置相关属性，如表 5-6 所示。

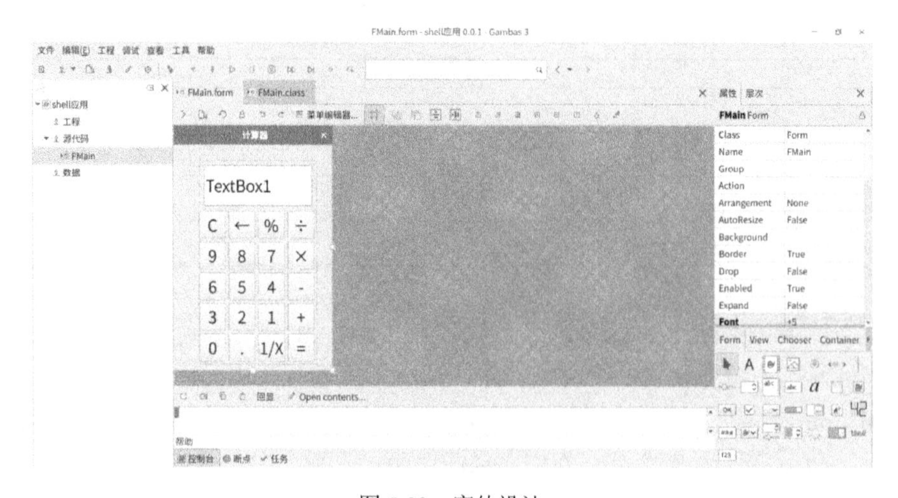

图 5-23　窗体设计

表 5-6　窗体和控件属性设置

名称	属性	说明
FMain	Text：计算器 Resizable：False	标题栏显示的名称 固定窗体大小，取消最大化按钮
HPanel1		顺序排列各控件
TextBox1	Font：+5	输入表达式，输出计算结果
Buttonc	Group：calc Font：+5 Text：C	响应 calc 事件 设置字体 清除
Buttonb	Group：calc Font：+5 Text：←	响应 calc 事件 设置字体 退格
Buttonp	Group：calc Font：+5 Text：%	响应 calc 事件 设置字体 %
Buttond	Group：calc Font：+5 Text：÷	响应 calc 事件 设置字体 ÷
Button9	Group：calc Font：+5 Text：9	响应 calc 事件 设置字体 9
Button8	Group：calc Font：+5 Text：8	响应 calc 事件 设置字体 8
Button7	Group：calc Font：+5 Text：7	响应 calc 事件 设置字体 7
Buttonm	Group：calc Font：+5 Text：×	响应 calc 事件 设置字体 ×
Button6	Group：calc Font：+5 Text：6	响应 calc 事件 设置字体 6
Button5	Group：calc Font：+5 Text：5	响应 calc 事件 设置字体 5
Button4	Group：calc Font：+5 Text：4	响应 calc 事件 设置字体 4
Buttoni	Group：calc Font：+5 Text：-	响应 calc 事件 设置字体 -
Button3	Group：calc Font：+5 Text：3	响应 calc 事件 设置字体 3
Button2	Group：calc Font：+5 Text：2	响应 calc 事件 设置字体 2

续表

名称	属性	说明
Button1	Group：calc Font：+5 Text：1	响应 calc 事件 设置字体 1
Buttona	Group：calc Font：+5 Text：+	响应 calc 事件 设置字体 +
Button0	Group：calc Font：+5 Text：0	响应 calc 事件 设置字体 0
Buttont	Group：calc Font：+5 Text：.	响应 calc 事件 设置字体 .
Buttonv	Group：calc Font：+5 Text：1/X	响应 calc 事件 设置字体 1/X
Buttone	Group：calc Font：+5 Text：=	响应 calc 事件 设置字体 =

⑥ 设置 Tab 键响应顺序。在 FMain 窗体的“属性”窗口点击“层次”，出现控件切换排序，即按下键盘上的 Tab 键时，控件获得焦点的顺序。

⑦ 在 FMain 窗体中添加代码。

```
' Gambas class file

Public s As String

Public Sub calc_Click()

  Dim alg As String

  '出现“=”清空，重新开始
  If InStr(TextBox1.Text, "=") > 0 Then s = ""
  '获得控件名最后一个字符
  alg = Right(Last.Name, 1)
  '控件名最后一个字符组合成一个计算用字符串
  s = s & alg
  '对非数字字符进行处理
  Select Case alg
    Case "c"   '清除
      s = ""
    Case "b"   '退格
      s = Left(s, -2)
```

```
        Case "p"    '%
            s = Left(s, -1) & "*100"
        Case "d"    '/
            s = Left(s, -1) & "/"
        Case "m"    '*
            s = Left(s, -1) & "*"
        Case "i"    '-
            s = Left(s, -1) & "-"
        Case "a"    '+
            s = Left(s, -1) & "+"
        Case "e"    '=
            s = Left(s, -1)
            '使用 SHELL 命令将字符串以管道方式传送给计算器 bc
            Shell "echo \"scale=5;" & s & "\" |bc" For Read As "Process"
        Case "v"    '1/x
            s = "1/" & Left(s, -1)
        Case "t"    '.
            s = Left(s, -1) & "."
    End Select
    '显示字符串
    TextBox1.Text = s
End

Public Sub Process_Read()

    Dim sr As String

    '读取计算结果
    Read #Last, sr, -256
    '显示结果
    TextBox1.Text = TextBox1.Text & "=" & sr
End

Public Sub Form_Close()
    '退出
    Quit
End
```

程序中，Shell "echo \"scale=5;" & s & "\" |bc" For Read As "Process"语句使用 Shell 调用 bc 计算器，采用管道方式，计算结果保留 5 位小数，并通过 Public Sub Process_Read 过程读取计算结果。bc 命令使用方法中，如 echo "scale=5;5/3" |bc，由于其中包含了双引号，在发送命令时如果不进行处理会被系统自动删除，因此，采用转义字符“\"”方式保留该双引号，也

可以使用 Shell$函数。

在进行字符串处理时，获取每次点击按钮的 Name 属性值中最后一个字符，使用语句 alg = Right(Last.Name, 1)；使用语句 s = s & alg 对其进行连接，组成一个表达式。为方便进行事件处理，所有命令按钮均响应同一个事件 calc，通过 Group 属性进行设置。

Linux 操作系统都会集成有命令计算器 bc，Deepin 也不例外，可以很方便地进行数值计算。bc 支持变量、数组、输入输出、分支结构、循环结构、函数等基本的编程元素。

在终端输入 bc 命令后回车即可进入 bc，进行交互式数学计算，如图 5-24 所示。

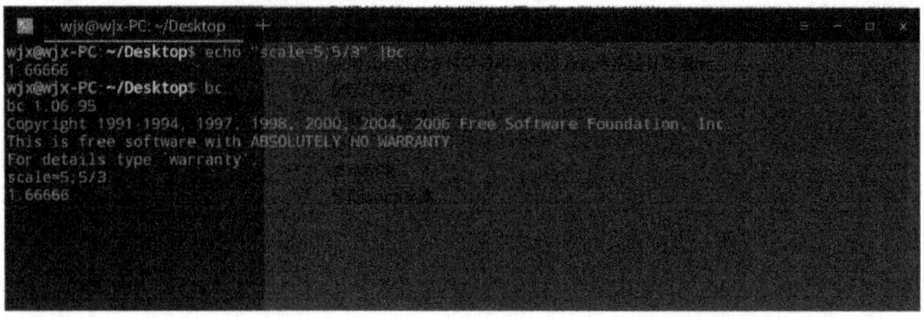

图 5-24　bc 计算器

bc 命令包含的选项如表 5-7 所示。

表 5-7　bc 命令选项

选项	说明
-h | --help	帮助信息
-v | --version	显示命令版本信息
-l | --mathlib	使用标准数学库
-i | --interactive	强制交互
-w | --warn	显示 POSIX 的警告信息
-s | --standard	使用 POSIX 标准处理
-q | --quiet	不显示欢迎信息

bc 有四个内置变量，如表 5-8 所示。

表 5-8　bc 内置变量

变量名	作用
scale	指定精度，即小数点后的位数，默认为 0，不使用小数部分
ibase	指定输入的数字的进制，默认为十进制
obase	指定输出的数字的进制，默认为十进制
last 或.	表示最近打印的数字

在 SHELL 脚本中，可以借助管道或者输入重定向来使用 bc 计算器。管道是 Linux 进程间的一种通信机制，它可以将前一个命令（进程）的输出作为下一个命令（进程）的输入，两个命令之间使用竖线“|”分隔。如：

```
echo "scale=5;3*8/7" |bc
```

表示用管道方式使用 bc 计算 3*8/7，结果保留 5 位小数。

5.3.5 EXEC 应用

（1）EXEC 标准语法

```
[ Process = ] EXEC Command [ WAIT ] [ FOR { { READ | INPUT } | { WRITE | OUTPUT } } ] [ AS Name ]
```

执行一条命令，创建一个内部 Process，用来管理命令行。

命令必须被指定为一个至少包含一个元素的字符串数组。该数组的第一个元素是命令名，其他的元素是可选择的参数。

如果指定 WAIT，解释器等待命令结束，否则命令在后台执行。

如果指定 FOR，重定向命令输入输出，程序可以截获：

① 如果指定 WRITE，可以用 Process 通用输出语句（PRINT、WRITE）发送数据到命令的标准输入流。

② 如果指定 READ，每次发送数据到标准输出流时触发，即数据发送到标准输出流时 Read 事件发生，当数据发送到标准错误输出流时 Error 事件发生。流与输入/输出功能使用进程对象读取进程标准输出。

③ 如果使用 INPUT 和 OUTPUT 关键字替换 READ 和 WRITE，进程在虚拟终端中执行。

Name 为 Process 使用的事件名，使用 Process。

（2）EXEC 快速语法

```
EXEC Command TO Variable
```

解释器等待命令结束，并将输出保存到指定位置。缺点是无法控制执行的进程，并且仅检索过程的标准输出，错误输出无重定向。

（3）环境

可以在命令参数之后使用 WITH 关键字为正在运行的进程指定新的环境变量：

```
[ Process = ] EXEC Command WITH Environment ...
```

Environment 为字符串数组，具有如下形式："NAME=VALUE"。NAME 是环境变量的名称，VALUE 是它的值。如果要清除环境变量，使用字符串"NAME="。

（4）在虚拟终端中运行

如果进程在虚拟终端中运行，使用 FOR INPUT / OUTPUT 语句，则可以将控制字符发送到标准输入，以获得与真实终端输入控制字符相同的效果。^C 表示停止进程，^Z 表示挂起。一个虚拟终端只有一个输出，通过 Read 事件接收正在运行的进程的标准错误输出。

Gambas EXEC 命令绕过 Shell 系统调用，速度更快，更节省内存，但失去了 Shell 的一部分功能。

举例说明：

```
' 获得目录内容并将其输出到标准输出
Exec ["ls", "-la", "/tmp"] Wait
 ' 获得目录内容
Dim sOutput As String
Exec ["ls", "-la", "/tmp"] To sOutput
Print sOutput
' 给选项赋值，输出 tmp 目录内容
```

```
' 用 “=” 将选项与值分开，然后将它们都放入一个数组
Exec ["ls", "-l", "--hide=*gambas*", "/tmp"] Wait
' 或使用新的数组成员，形成短选项
Exec ["ls", "-l", "--hide", "*gambas*", "/tmp"] Wait

' 获取目录内容
Public sOutput As String

Public Sub Main()
Exec ["ls", "-la", "/tmp"] For Read As "Contents"
End

Public Sub Contents_Read()
  Dim sLine As String
  Read #Last, sLine, -256
  sOutput &= sLine
End

Public Sub Contents_Kill()
  Print sOutput
End
```

如果要获得 Contents_Read 事件处理程序中读取的字节数，可以使用 Lof 函数。

5.3.6 Word 查看器程序设计

下面通过一个实例来学习 Exec 命令的使用方法。设计一个应用程序，利用 Exec 命令隐式调用 antiword 打开 doc 格式的 Word 文档，antiword 返回文本给调用进程并显示，如图 5-25 所示。

（1）实例效果预览

实例效果预览如图 5-25 所示。

（2）实例步骤

① 启动 Gambas 集成开发环境，可以在菜单栏选择“文件”→“新建工程...”，或在启动窗体中直接选择“新建工程...”项。

② 在“新建工程”对话框中选择“1.工程类型”中的“Graphical application”项，点击“下一个(N)”按钮。

③ 在“新建工程”对话框中选择“2.Parent directory”中要新建工程的目录，点击“下一个(N)”按钮。

④ 在“新建工程”对话框的“3.Project details”中输入工程名和工程标题，工程名为存储目录的名称，工程标题为应用程序的实际名称，在这里设置相同的工程名和工程标题。完成之后，点击“确定”按钮。

⑤ 系统默认生成的启动窗体名称（Name）为 FMain。在 FMain 窗体中添加 1 个 TextArea 控件、1 个 Button 控件，如图 5-26 所示，并设置相关属性，如表 5-9 所示。

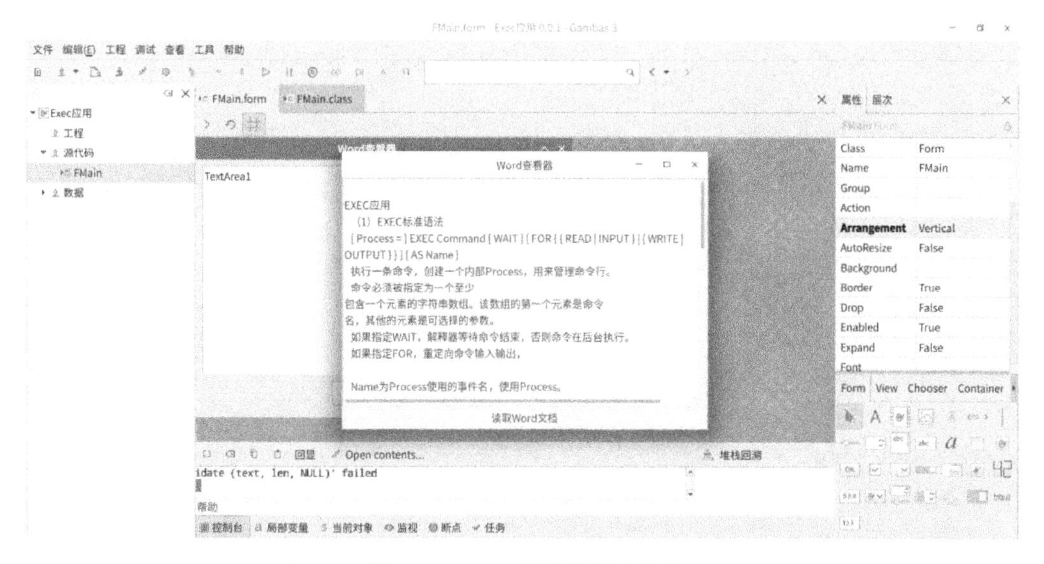

图 5-25　Word 查看器程序窗体

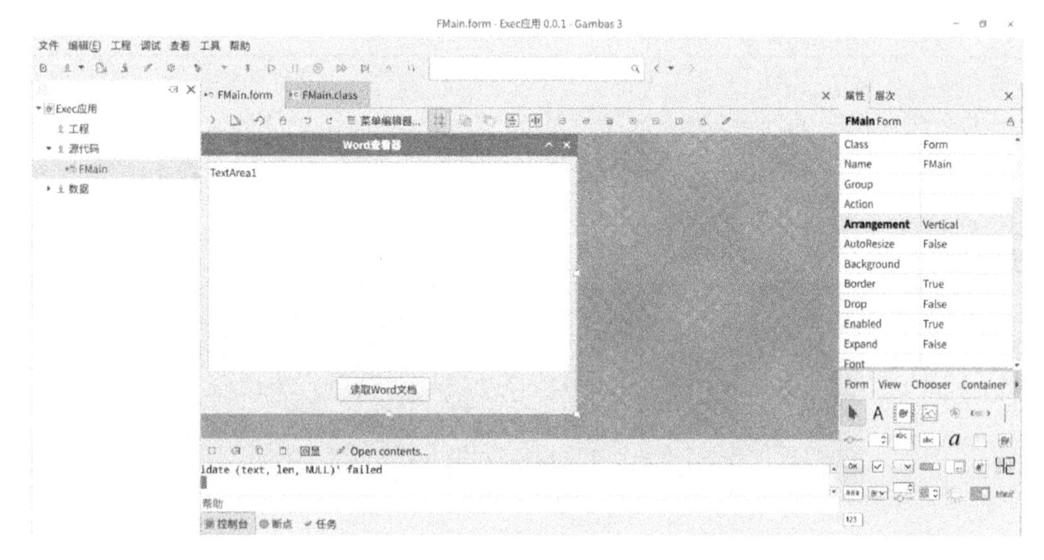

图 5-26　窗体设计

表 5-9　窗体和控件属性设置

名称	属性	说明
FMain	Text：Word 查看器 Arrangement：Vertical	标题栏显示的名称 垂直排序窗体控件
TextArea1	Expand：True	充满整个窗体
Button1	Text：读取 Word 文档	命令按钮，响应相关点击事件

⑥ 设置 Tab 键响应顺序。在 FMain 窗体的“属性”窗口点击“层次”，出现控件切换排序，即按下键盘上的 Tab 键时，控件获得焦点的顺序。

⑦ 在 FMain 窗体中添加代码。

```
' Gambas class file

Public Sub Button1_Click()
  'Shell 实现
  'Shell "antiword " & Application.Path & "/V3.doc" For Read As "Process"
  'Exec 实现
  Exec ["antiword", Application.Path & "/V3.doc"] For Read As "Process"
End

Public Sub Process_Read()

  Dim s As String

  '读取 word 文本
  Read #Last, s, -256
  '显示结果
  TextArea1.Insert(s & "\n")
End
```

程序中，使用 antiword 命令来显示 Word 文档。antiword 是 Linux 下一款常用的命令行 Word 文档查看器，使用之前应当进行安装，如图 5-27 所示。

在终端输入命令：

```
sudo apt-get install antiword
```

图 5-27　安装 antiword

antiword 可在终端方便地查看 Word 文档，如图 5-28 所示。

在终端输入命令：

```
antiword 文档名
```

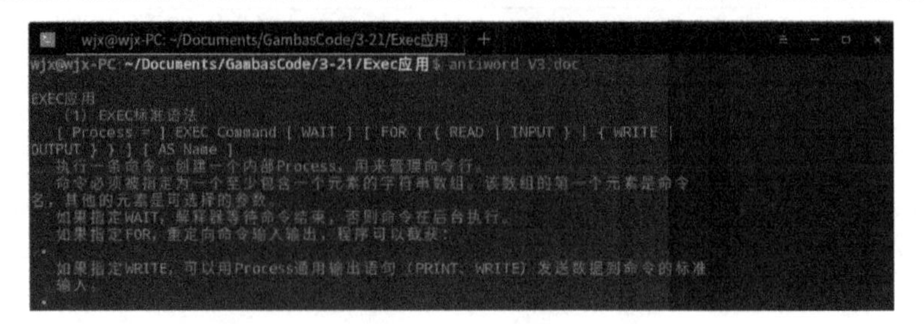

图 5-28　查看 Word 文档

程序中，可以用 Exec ["antiword", Application.Path & "/V3.doc"] For Read As "Process"语句实现 Word 文档的读取，也可以使用 Shell "antiword " & Application.Path & "/V3.doc" For Read As "Process"语句实现，二者实现效果没有差别。

5.4 嵌入外部应用

X11（X）即 X Window 系统，是一种基于图形显示的窗口系统。X11 是在 Unix、类 Unix 操作系统以及 OpenVMS 上建立图形用户界面的标准工具包和协议，并可用于几乎所有的操作系统。Embedder 控件提供一个能嵌入来自任何其他 X11 应用程序的 X11 窗口的控件。被嵌入的应用程序应遵循 XEmbed 嵌入式协议。

5.4.1 Embedder 控件

Gambas 应用程序默认不遵循 XEmbed 嵌入式协议。要遵循它，应用程序必须获取来自嵌入式应用程序的窗口句柄，并使用 Application.Embedder 属性嵌入嵌入式控件中。

（1）Embedder 控件的主要属性

Embedder 控件的主要属性为 Client 属性。

Client 属性用于返回被嵌入的应用程序的 X11 窗口标识符。函数声明为：

```
Embedder.Client As Integer
```

（2）Embedder 控件的主要方法

① Discard 方法　Discard 方法用于释放被嵌入的窗口。函数声明为：

```
Embedder.Discard ( )
```

② Embed 方法　Embed 方法用于嵌入一个 X11 应用程序。函数声明为：

```
Embedder.Embed ( Client As Integer )
```

Client 为被嵌入的 X11 窗口标识符。

（3）Embedder 控件的主要事件

① Close 事件　Close 事件当被嵌入的应用程序关闭时触发。函数声明为：

```
Event Embedder.Close ( )
```

② Embed 事件　Embed 事件当子窗口被嵌入时触发。函数声明为：

```
Event Embedder.Embed ( )
```

③ Error 事件　Error 事件当嵌入过程失败时触发。函数声明为：

```
Event Embedder.Error ( )
```

5.4.2 PDF 阅读器程序设计

下面通过一个实例来学习嵌入外部应用程序的设计方法。设计一个应用程序，当点击窗体底部的“打开 PDF”按钮时，弹出打开对话框，选中要打开的 PDF 文档后，利用 Shell 命令显示调用 evince 打开 PDF 文档。此时，应用程序会查询 evince 窗口，当找到后将其嵌入当前的 Embedder 控件中，“打开 PDF”按钮变为不可用状态，直到该 PDF 文档被关闭后才能再次可用，如图 5-29 所示。

（1）实例效果预览

实例效果预览如图 5-29 所示。

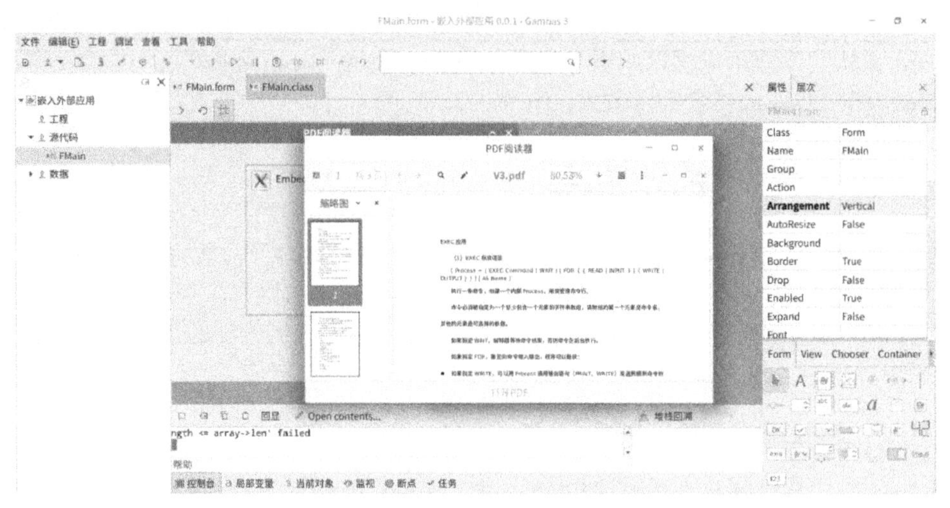

图 5-29　PDF 阅读器程序窗体

（2）实例步骤

① 启动 Gambas 集成开发环境，可以在菜单栏选择“文件”→“新建工程...”，或在启动窗体中直接选择“新建工程...”项。

② 在“新建工程”对话框中选择“1.工程类型”中的“Graphical application”项，点击“下一个(N)”按钮。

③ 在“新建工程”对话框中选择“2.Parent directory”中要新建工程的目录，点击“下一个(N)”按钮。

④ 在“新建工程”对话框的“3.Project details”中输入工程名和工程标题，工程名为存储目录的名称，工程标题为应用程序的实际名称，在这里设置相同的工程名和工程标题。完成之后，点击“确定”按钮。

⑤ 在菜单中选择“工程”→“属性...”项，在弹出的“工程属性”对话框中，勾选“gb.desktop”和“gb.desktop.x11”项。

⑥ 系统默认生成的启动窗体名称(Name)为 FMain。在 FMain 窗体中添加 1 个 Embedder 控件、1 个 Button 控件，如图 5-30 所示，并设置相关属性，如表 5-10 所示。

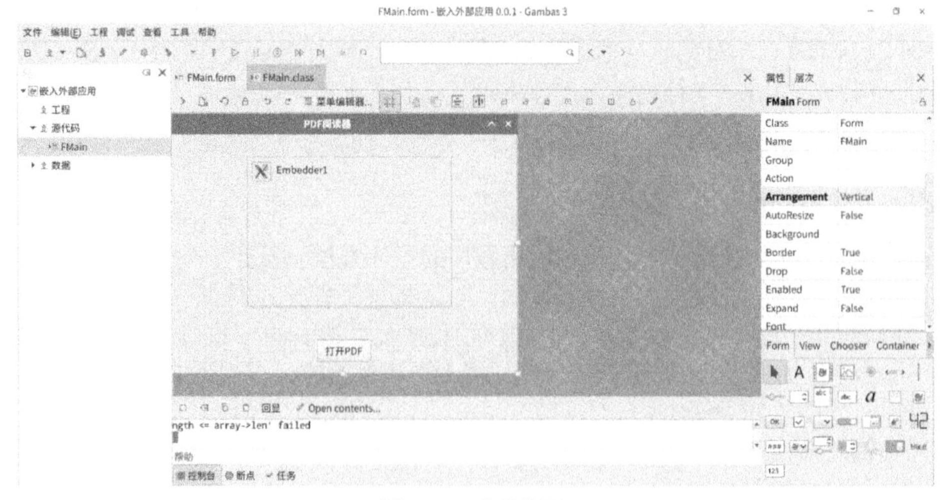

图 5-30　窗体设计

表 5-10　窗体和控件属性设置

名称	属性	说明
FMain	Text：PDF 阅读器 Arrangement：Vertical	标题栏显示的名称 垂直排序窗体控件
Embedder1	Expand：True	充满整个窗体
Button1	Text：打开 PDF	命令按钮，响应相关点击事件

⑦ 设置 Tab 键响应顺序。在 FMain 窗体的“属性”窗口点击“层次”，出现控件切换排序，即按下键盘上的 Tab 键时，控件获得焦点的顺序。

⑧ 在 FMain 窗体中添加代码。

```
' Gambas class file

Public Sub Button1_Click()

  Dim i As Integer
  Dim res As Integer[]

  '显示打开对话框
  Dialog.Title = "打开 PDF 文件"
  Dialog.Path = "."
  Dialog.Filter = ["*.pdf", "PDF 文档"]
  If Dialog.OpenFile() Then Return
  '用 evince 打开 PDF 文档
  Shell "evince " & Dialog.Path For Read As "Process"
  While True
    '查找 evince 打开的文件，evince 打开的文件以当前的文件名为标题
    res = Desktop.FindWindow(File.Name(Dialog.Path))
    Try i = res[0]
    '判断文件是否被打开
    If i > 0 Then Break
  Wend
  '嵌入 evince 窗体
  Embedder1.Embed(res[0])
  '按钮不可用
  Button1.Enabled = False
End

Public Sub Process_Kill()
  '按钮可用
  Button1.Enabled = True
End
```

程序中，res = Desktop.FindWindow(File.Name(Dialog.Path))语句为查找一个用 evince 打开的文档，其标题是文档的文件名。可能同一时刻有多个相同的文件被打开多次，因此，如果找到，使用 res 数组返回结果。

evince 是一个轻量级的文档浏览器，支持包括 PDF、Postscript、tiff、XPS、djvu、dvi 在内的多种文档格式，主要功能包括：搜索工具、页面缩略图、文档索引、文档打印、查看加密文档等。

在 Deepin 中安装 evince 的方法为在终端输入命令：

```
sudo apt-get install evince
```

打开文件的方法为：

```
evince 文件名
```

在 Deepin 中可以使用“系统监视器”查看应用程序的真实名称，如用 evince 打开 V3.pdf，则在系统监视器中显示 evince 应用程序图标以及被打开文档的名称 V3.pdf，如图 5-31 所示。

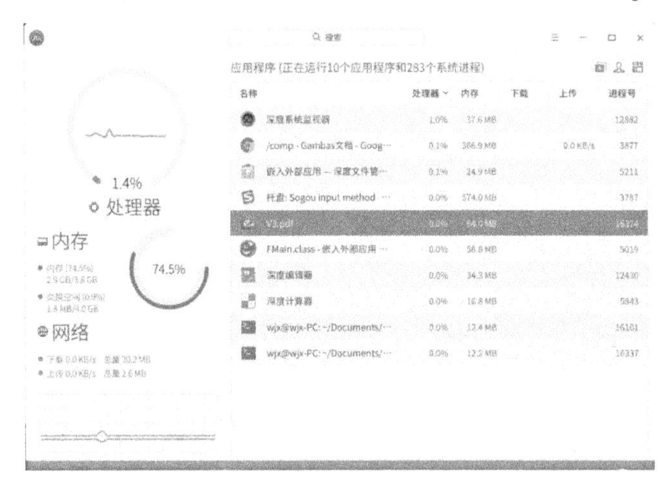

图 5-31　系统监视器

5.5　gb.desktop 组件

gb.desktop 组件遵循 freedesktop.org 窗口管理规范，使用基于 xdg-utils 的与桌面无关的方法来打开文件、发送邮件、管理屏幕保护程序等，并且，可以将键盘事件发送到具有焦点的窗口。

5.5.1　Desktop 类

Desktop 类基于 freedesktop 和 xdg-utils 规范来实现桌面管理。

（1）Desktop 类的主要静态属性

① ActiveWindow 属性　ActiveWindow 属性用于返回或设置当前激活的顶层窗口。函数声明为：

```
Desktop.ActiveWindow As Integer
```

② CacheDir 属性　CacheDir 属性用于返回存储用户指定数据文件的目录，由$XDG_CACHE_HOME 环境变量定义。如果$XDG_CACHE_HOME 未设置或为空，～/.cache 使用默

认值。函数声明为：

```
Desktop.CacheDir As String
```

③ ConfigDir 属性　ConfigDir 属性用于返回存储用户指定配置文件的目录，由$XDG_CONFIG_HOME 环境变量定义。如果$XDG_CONFIG_HOME 未设置或为空，～/.config 使用默认值。函数声明为：

```
Desktop.ConfigDir As String
```

④ Count 属性　Count 属性用于返回或设置虚拟桌面数量。函数声明为：

```
Desktop.Count As Integer
```

⑤ Current 属性　Current 属性用于返回或设置当前的虚拟桌面。函数声明为：

```
Desktop.Current As Integer
```

⑥ DataDir 属性　DataDir 属性用于返回存储用户指定数据文件的目录，由$XDG_DATA_HOME 环境变量定义。如果$XDG_DATA_HOME 未设置或为空，～/.local/share 使用默认值。函数声明为：

```
Desktop.DataDir As String
```

⑦ H 属性　H 属性用于返回桌面高度，与 Height 属性相同。函数声明为：

```
Desktop.H As Integer
```

⑧ HasSystemTray 属性　HasSystemTray 属性用于返回是否存在系统托盘。函数声明为：

```
Desktop.HasSystemTray As Boolean
```

⑨ Height 属性　Height 属性用于返回桌面高度。函数声明为：

```
Desktop.Height As Integer
```

⑩ NetworkAvailable 属性　NetworkAvailable 属性用于返回网络是否可用。函数声明为：

```
Desktop.NetworkAvailable As Boolean
```

⑪ Passwords 属性　Passwords 属性用于返回密码。函数声明为：

```
Desktop.Passwords As _Desktop_Passwords
```

⑫ Path 属性　Path 属性用于返回桌面的路径，通常是～/Desktop 目录。函数声明为：

```
Desktop.Path As String
```

⑬ RemoteDisplay 属性　RemoteDisplay 属性用于返回当前桌面是否为远程桌面。仅当应用程序连接到远程 X11 GUI 服务器时返回 True。函数声明为：

```
Desktop.RemoteDisplay As Boolean
```

⑭ Resolution 属性　Resolution 属性用于返回桌面屏幕分辨率。函数声明为：

```
Desktop.Resolution As Integer
```

⑮ RootWindow 属性　RootWindow 属性用于返回根窗口的 X11 句柄。函数声明为：

```
Desktop.RootWindow As Integer
```

⑯ RuntimeDir 属性　RuntimeDir 属性用于返回存储用户指定运行时文件和其他文件对象（如套接字，命名管道等）的目录，用户唯一拥有对该目录的读写权限，Unix 访问模式必须为 0700，由$XDG_RUNTIME_DIR 环境变量定义。如果未设置或为空，则使用一个临时目录（Temp$函数），并在标准错误输出中显示警告消息。函数声明为：

```
Desktop.RuntimeDir As String
```

⑰ Scale 属性　Scale 属性用于返回桌面默认像素高度的一半。被 MoveScaled 方法用于

移动或根据字体大小改变控件大小比例。函数声明为：

```
Desktop.Scale As Integer
```

⑱ ScreenSaver 属性　ScreenSaver 属性用于返回屏幕保护程序。函数声明为：

```
Desktop.ScreenSaver As _Desktop_ScreenSaver
```

⑲ Showing 属性　Showing 属性用于返回或设置是否设置显示桌面标识。设置该标识后，所有窗口都将隐藏，以便桌面背景完全可见。清除此标识后，将还原所有以前可见的窗口。函数声明为：

```
Desktop.Showing As Boolean
```

⑳ Type 属性　Type 属性用于返回当前的桌面环境标识符名称，包括：KDE4、KDE5、GNOME、MATE、ENLIGHTENMENT、WINDOWMAKER、XFCE 等。如果 XDG_CURRENT_DESKTOP 定义了环境变量，则返回其值。函数声明为：

```
Desktop.Type As String
```

㉑ Types 属性　Types 属性用于返回桌面标识符列表。函数声明为：

```
Desktop.Types As String[]
```

㉒ W 属性　W 属性用于返回桌面宽度，与 Width 属性相同。函数声明为：

```
Desktop.W As Integer
```

㉓ Width 属性　Width 属性用于返回桌面宽度。函数声明为：

```
Desktop.Width As Integer
```

㉔ Windows 属性　Windows 属性用于返回表示所有顶级窗口列表的虚拟对象。函数声明为：

```
Desktop.Windows As _Desktop_Windows
```

㉕ X 属性　X 属性用于返回监视器可用矩形横坐标，等效于 Screens[0].AvailableX。函数声明为：

```
Desktop.X As Integer
```

㉖ Y 属性　Y 属性用于返回监视器可用矩形纵坐标，等效于 Screens[0].AvailableY。函数声明为：

```
Desktop.Y As Integer
```

（2）Desktop 类的主要静态方法

① FindWindow 方法　FindWindow 方法用于查找与指定条件匹配的所有 X11 顶级窗口，返回 X11 窗口标识符数组。可使用 xprop 程序读取 X11 顶级窗口的属性。函数声明为：

```
Desktop.FindWindow ( [ Title As String, Application As String, Role As String ] ) As Integer[]
```

Title 为窗口的标题，存储于 WM_NAMEX11 窗口属性中。

Application 为窗口类，通常是创建窗口的应用程序的名称，存储于 WM_CLASSX11 窗口属性中。

Role 为窗口角色，存储于 WM_WINDOW_ROLEX11 窗口属性中。

② GetDirectory 方法　GetDirectory 方法用于返回在 Type 属性中指定的桌面目录。Desktop.Path 等效于 GetDirectory("DESKTOP")。函数声明为：

```
Desktop.GetDirectory ( Type As String ) As String
```

Type 为类型，可以是以下值之一：DESKTOP、DOCUMENTS、DOWNLOAD、MUSIC、

PICTURES、TEMPLATES、VIDEOS。

③ GetFileIcon 方法　GetFileIcon 方法用于返回与指定文件关联的图标。该功能基于 DesktopMime 类。函数声明为：

```
Desktop.GetFileIcon ( Path As String, Size As Integer [ , Preview As Boolean ] ) As Picture
```

Path 为文件路径，可以指向目录。

Size 为图标的大小。

Preview 为图像文件是否显示缩略图。默认情况下，Preview 为 False，并返回图像文件图标。

④ Is 方法　Is 方法用于返回指定的类型是否包含在 Desktop.Types 属性中。函数声明为：

```
Desktop.Is ( Type As String ) As Boolean
```

⑤ Open 方法　Open 方法用于打开文件或 URL。仅在桌面会话中使用。函数声明为：

```
Desktop.Open ( Url As String [ , Wait As Boolean ] )
```

Url 为网址，如果提供 URL，则在首选 Web 浏览器中打开 URL。如果提供文件，则在首选应用程序中打开该类型文件。支持文件、ftp、http 和 URL。

Wait 为 True，则该方法将等待 xdg-open 脚本终止。

⑥ OpenTerminal 方法　OpenTerminal 方法用于打开终端仿真器。终端程序中，Konsole 用于 KDE，gnome-terminal 用于 Gnome 等。函数声明为：

```
Desktop.OpenTerminal ( [ Dir As String ] )
```

Dir 为在终端中打开的 Shell 的起始目录。如果未指定，则使用主目录。

⑦ RunAsRoot 方法　RunAsRoot 方法用于以 root 用户身份运行指定的命令。否则，以 su 命令在 xterm 终端启动。函数声明为：

```
Desktop.RunAsRoot ( Command As String )
```

Command 为命令字符串。

⑧ Screenshot 方法　Screenshot 方法用于返回桌面的屏幕快照。函数声明为：

```
Desktop.Screenshot ( [ X As Integer, Y As Integer, Width As Integer, Height As Integer ] ) As Picture
```

X 为桌面横坐标。

Y 为桌面纵坐标。

Width 为屏幕快照宽度。

Height 为屏幕快照高度。

⑨ SendKeys 方法　SendKeys 方法用于将虚拟键盘事件发送到具有焦点的窗口。函数声明为：

```
Desktop.SendKeys ( Keys As String )
```

Keys 为键名字符串。键名在/usr/include/X11/keysymdef.hX11 头文件中定义，使用前要删除前缀 XK_。键名区分大小写。键名放在“[]”之间，可以原样发送任何 ASCII 或 LATIN-1 字符。“\n”为 RETURN 键，“\t”为 TAB 键。如果必须同时按下多个键，则将它们括在“{}”之间，发送“{”字符，则输入“{{}”。

举例说明：

发送一个新行，则：

Desktop.SendKeys("\n")

或

Desktop.SendKeys("[Return]")

发送字符串“Gambas Almost Means BASic”，则：

Desktop.SendKeys("Gambas Almost Means BASic")

或

Desktop.SendKeys("{[Shift_L]g}ambas {[Shift_L]a}lmost {[Shift_L]m}eans {[Shift_L]b}{[Shift_L]a}{[Shift_L]s}ic")

⑩ SendMail 方法　SendMail 方法用于使用图形化邮件客户端发送邮件。函数声明为：

```
Desktop.SendMail ( To As String[] [ , Cc As String[], Bcc As String[], Subject As String, Body As String, Attachment As String ] )
```

To 为收件人列表。

Cc 为收件人的列表。

Bcc 为收件人。

Subject 为邮件主题。

Body 为邮件正文。

Attachment 为附件存储路径。

（3）Desktop 类的主要常量

Desktop 类的主要常量如表 5-11 所示。

表 5-11　Desktop 类主要常量

常量名	常量值	备注
Desktop.Charset	UTF-8	图形界面显示文本的字符编码

QT 和 GTK+组件使用 UTF-8 字符编码。注意，不同操作系统可能使用不同的字符编码格式。

5.5.2　_Desktop_Passwords 虚类

_Desktop_Passwords 虚类根据使用的桌面环境，在 KDE 钱包或 GNOME 密钥环中存储和检索密码。

_Desktop_Passwords 虚类的主要属性为 Enabled 属性。

Enabled 属性用于返回是否可以存储密码。函数声明为：

```
_Desktop_Passwords.Enabled As Boolean
```

5.5.3　_Desktop_ScreenSaver 虚类

_Desktop_ScreenSaver 虚类用于管理屏幕保护程序。

（1）_Desktop_ScreenSaver 虚类的主要静态属性

_Desktop_ScreenSaver 虚类的主要静态属性为 Enabled 属性。

Enabled 属性用于返回是否启用屏幕保护程序。函数声明为：

```
_Desktop_ScreenSaver.Enabled As Boolean
```

（2）_Desktop_ScreenSaver 虚类的主要静态方法

① Activate 方法　Activate 方法用于激活屏幕保护程序。依据当前的系统策略，可能会锁定屏幕。函数声明为：

```
_Desktop_ScreenSaver.Activate ( )
```

② Lock 方法　Lock 方法用于立即锁定屏幕。函数声明为：

```
_Desktop_ScreenSaver.Lock ( )
```

③ Reset 方法　Reset 方法用于立即关闭屏幕保护程序。如果屏幕被锁定，则可能要求用户进行身份验证。函数声明为：

```
_Desktop_ScreenSaver.Reset ( )
```

④ Resume 方法　Resume 方法用于恢复屏幕保护程序并监视电源管理。函数声明为：

```
_Desktop_ScreenSaver.Resume ( Window As Window )
```

Window 为窗口。

⑤ Suspend 方法　Suspend 方法用于挂起屏幕保护程序并监视电源管理。在挂起期间，Window 必须一直存在。函数声明为：

```
_Desktop_ScreenSaver.Suspend ( Window As Window )
```

5.5.4 _Desktop_Windows 虚类

_Desktop_Windows 虚类为所有顶级窗口列表。

（1）_Desktop_Windows 虚类的主要属性

_Desktop_Windows 虚类的主要属性为 Count 属性。

Count 属性用于返回顶级窗口数量。函数声明为：

```
_Desktop_Windows.Count As Integer
```

（2）_Desktop_Windows 虚类的主要方法

① FromHandle 方法　FromHandle 方法用于返回 X11 句柄的顶级窗口 DesktopWindow 对象。函数声明为：

```
_Desktop_Windows.FromHandle ( Window As Integer ) As DesktopWindow
```

② Refresh 方法　Refresh 方法用于刷新窗口列表。当 DesktopWatcher 触发 Windows 事件时自动完成。函数声明为：

```
_Desktop_Windows.Refresh ( )
```

5.5.5 DesktopFile 类

DesktopFile 类管理 KDE、GNOME 应用程序启动文件或配置文件，这些文件描述了如何启动特定程序，以及在菜单中的显示方式等，即 freedesktop 标准定义的“ .desktop”文件。

（1）DesktopFile 类的主要静态方法

① FindExecutable 方法　FindExecutable 方法用于返回查找的可执行文件。函数声明为：

```
DesktopFile.FindExecutable ( Name As String ) As String
```

Name 为可执行文件名。

② FindMime 方法　FindMime 方法用于返回桌面文件数组，已被 FromMime 代替。函数声明为：

```
DesktopFile.FindMime ( MimeType As String ) As DesktopFile[]
```

③ FromMime 方法　FromMime 方法用于返回桌面文件数组。函数声明为：

```
DesktopFile.FromMime ( MimeType As String ) As DesktopFile[]
```

MimeType 为文件类型。如：DesktopEntry.FindMime("text/html")返回正在使用的桌面系统所有类型为“text / html”的桌面文件。

举例说明：

```
Dim hTest As DesktopFile[]
Dim idx As Integer

hTest = DesktopFile.FromMime("text/html")

For idx = 0 To hTest.Max
  Print hTest[idx].Name
Next
```

④ RunExec 方法　RunExec 方法用于执行可执行程序。函数声明为：

```
DesktopFile.RunExec ( sExec As String, sArgs As String [ , RunAsRoot As Boolean ] ) As Process
```

（2）DesktopFile 类的主要属性

① Actions 属性　Actions 属性用于返回或设置控件关联的动作字符串。函数声明为：

```
DesktopFile.Actions As String[]
```

② AlternativeActions 属性　AlternativeActions 属性用于返回替代动作。函数声明为：

```
DesktopFile.AlternativeActions As Collection
```

③ Categories 属性　Categories 属性用于返回或设置菜单中显示条目的类别（菜单组）。函数声明为：

```
DesktopFile.Categories As String[]
```

④ Comment 属性　Comment 属性用于返回或设置桌面文件的 Comment 条目。函数声明为：

```
DesktopFile.Comment As String
```

⑤ Exec 属性　Exec 属性用于返回或设置用于执行程序的命令行。函数声明为：

```
DesktopFile.Exec As String
```

⑥ GenericName 属性　GenericName 属性用于返回或设置应用程序名。函数声明为：

```
DesktopFile.GenericName As String
```

⑦ Hidden 属性　Hidden 属性用于返回或设置桌面文件是否已删除。函数声明为：

```
DesktopFile.Hidden As Boolean
```

⑧ Icon 属性　Icon 属性用于返回或设置在文件管理器、菜单等中显示的图标名。函数声明为：

```
DesktopFile.Icon As String
```

⑨ MimeTypes 属性　MimeTypes 属性用于返回或设置由应用程序支持的 MIME 类型。函数声明为：

```
DesktopFile.MimeTypes As String[]
```

⑩ Name 属性　Name 属性用于返回或设置应用程序名。函数声明为：

```
DesktopFile.Name As String
```

⑪ NoDisplay 属性　NoDisplay 属性用于返回或设置是否显示桌面。函数声明为：

```
DesktopFile.NoDisplay As Boolean
```

⑫ Path 属性　Path 属性用于返回或设置工作目录。函数声明为：

```
DesktopFile.Path As String
```

⑬ ProgramName 属性　ProgramName 属性用于返回程序名。函数声明为：

```
DesktopFile.ProgramName As String
```

⑭ Terminal 属性　Terminal 属性用于返回或设置程序是否在终端窗口中运行。函数声明为：

```
DesktopFile.Terminal As Boolean
```

⑮ WorkingDir 属性　WorkingDir 属性用于返回或设置工作目录。函数声明为：

```
DesktopFile.WorkingDir As String
```

（3）DesktopFile 类的主要方法

① Exist 方法　Exist 方法用于返回文件是否存在。函数声明为：

```
DesktopFile.Exist ( ) As Boolean
```

② GetIcon 方法　GetIcon 方法用于返回图标文件。函数声明为：

```
DesktopFile.GetIcon ( [ Size As Integer ] ) As Image
```

Size 为图标文件大小。

③ Run 方法　Run 方法用于运行程序。函数声明为：

```
DesktopFile.Run ( sArgs As String [ , RunAsRoot As Boolean ] ) As Process
```

④ Save 方法　Save 方法用于保存文件。函数声明为：

```
DesktopFile.Save ( [ Path As String ] )
```

Path 为保存文件路径。

5.5.6 DesktopMime 类

DesktopMime 类管理由 freedesktop 标准定义的文件 MIME。

（1）DesktopMime 类的主要静态属性

DesktopMime 类的主要静态属性为 PreciseSearch 属性。

PreciseSearch 属性用于返回或设置是否进行精确搜索。函数声明为：

```
DesktopMime.PreciseSearch As Boolean
```

（2）DesktopMime 类的主要静态方法

① Exist 方法　Exist 方法用于返回类型是否存在。函数声明为：

```
DesktopMime.Exist ( Type As String ) As Boolean
```

Type 为类型。

② FromFile 方法　FromFile 方法用于获取文件。函数声明为：

```
DesktopMime.FromFile ( Path As String ) As DesktopMime
```

Path 为文件存储路径。

③ Refresh 方法　Refresh 方法用于刷新操作。函数声明为：

```
DesktopMime.Refresh ( )
```

（3）DesktopMime 类的主要属性

① GenericIcon 属性　GenericIcon 属性用于返回图标名。函数声明为：

```
DesktopMime.GenericIcon As String
```

② IsSuffix 属性　IsSuffix 属性用于返回是否为后缀。函数声明为：

```
DesktopMime.IsSuffix As Boolean
```

③ Magic 属性　Magic 属性用于返回字符串数组。函数声明为：

```
DesktopMime.Magic As String[]
```

④ Pattern 属性　Pattern 属性用于返回模式字符串。函数声明为：

```
DesktopMime.Pattern As String
```

⑤ Type 属性　Type 属性用于返回类型字符串。函数声明为：

```
DesktopMime.Type As String
```

⑥ Weight 属性　Weight 属性用于返回权重。函数声明为：

```
DesktopMime.Weight As Integer
```

（4）DesktopMime 类的主要方法

① GetApplications 方法　GetApplications 方法用于返回应用桌面文件数组。函数声明为：

```
DesktopMime.GetApplications ( ) As DesktopFile[]
```

② GetComment 方法　GetComment 方法用于返回 Commont 字符串。函数声明为：

```
DesktopMime.GetComment ( [ Common As Boolean ] ) As String
```

③ GetIcon 方法　GetIcon 方法用于返回图标文件。函数声明为：

```
DesktopMime.GetIcon ( [ Size As Integer ] ) As Image
```

Size 为图标文件大小。

5.5.7　DesktopWatcher 类

DesktopWatcher 类实现了一个监视窗口管理器事件的对象。

（1）DesktopWatcher 类的主要属性

DesktopWatcher 类的主要属性为 RootWindow 属性。

RootWindow 属性用于返回或设置是否仅监视根窗口。函数声明为：

```
DesktopWatcher.RootWindow As Boolean
```

（2）DesktopWatcher 类的主要事件

① ActiveWindow 事件　ActiveWindow 事件当窗口激活时触发。函数声明为：

```
Event DesktopWatcher.ActiveWindow ( )
```

② Change 事件　Change 事件当虚拟桌面改变时触发。函数声明为：

```
Event DesktopWatcher.Change ( )
```

③ Count 事件　Count 事件当虚拟桌面的数量改变时触发。函数声明为：

```
Event DesktopWatcher.Count ( )
```

④ Geometry 事件　Geometry 事件当桌面尺寸改变时触发。函数声明为：

```
Event DesktopWatcher.Geometry ( )
```

⑤ WindowGeometry 事件　WindowGeometry 事件当指定窗口移动或调整大小时触发。函数声明为：

```
Event DesktopWatcher.WindowGeometry ( Window As DesktopWindow )
```

⑥ WindowIcon 事件　WindowIcon 事件当指定窗口图标改变时触发。函数声明为：

```
Event DesktopWatcher.WindowIcon ( Window As DesktopWindow )
```

⑦ WindowName 事件　WindowName 事件当指定窗口名称或可见名称改变时触发。函数声明为：

```
Event DesktopWatcher.WindowName ( Window As DesktopWindow )
```

⑧ WindowState 事件　WindowState 事件当指定窗口状态改变时触发，包括：正常、最小化、最大化、全屏等。函数声明为：

```
Event DesktopWatcher.WindowState ( Window As DesktopWindow )
```

⑨ Windows 事件　Windows 事件当窗口列表改变时触发，包括：创建、销毁、排序等。函数声明为：

```
Event DesktopWatcher.Windows ( )
```

5.5.8 DesktopWindow 类

DesktopWindow 类实现了一个顶层窗口。

（1）DesktopWindow 类的主要属性

① Desktop 属性　Desktop 属性用于返回或设置虚拟桌面。函数声明为：

```
DesktopWindow.Desktop As Integer
```

② Frame 属性　Frame 属性用于返回桌面指定矩形区域。函数声明为：

```
DesktopWindow.Frame As Rect
```

③ FullScreen 属性　FullScreen 属性用于返回或设置窗口状态是否为全屏。函数声明为：

```
DesktopWindow.FullScreen As Boolean
```

④ Geometry 属性　Geometry 属性用于返回桌面大小。函数声明为：

```
DesktopWindow.Geometry As Rect
```

⑤ H 属性　H 属性用于返回窗口高度，与 Height 属性相同。函数声明为：

```
DesktopWindow.H As Integer
```

⑥ Height 属性　Height 属性用于返回窗口高度。函数声明为：

```
DesktopWindow.Height As Integer
```

⑦ Icon 属性　Icon 属性用于返回窗口图标。函数声明为：

```
DesktopWindow.Icon As Image
```

⑧ Id 属性　Id 属性用于返回窗口 X11 句柄。函数声明为：

```
DesktopWindow.Id As Integer
```

⑨ Maximized 属性　Maximized 属性用于返回或设置窗口是否最大化。函数声明为：

```
DesktopWindow.Maximized As Boolean
```

⑩ Minimized 属性　Minimized 属性用于返回或设置窗口是否最小化。函数声明为：

```
DesktopWindow.Minimized As Boolean
```

⑪ Name 属性　Name 属性用于返回窗口名称，即拥有该窗口的应用程序标题。函数声明为：

```
DesktopWindow.Name As String
```

⑫ Shaded 属性　Shaded 属性用于返回或设置窗口是否具有阴影。函数声明为：

```
DesktopWindow.Shaded As Boolean
```

⑬ SkipTaskbar 属性　SkipTaskbar 属性用于返回或设置窗口是否在任务栏中可见。函数声明为：

```
DesktopWindow.SkipTaskbar As Boolean
```

⑭ Sticky 属性　Sticky 属性用于返回或设置窗口在所有虚拟桌面上是否可见。函数声明为：

```
DesktopWindow.Sticky As Boolean
```

⑮ VisibleName 属性　VisibleName 属性用于返回窗口可见名称，即窗口管理器显示的标题。当两个或多个窗口具有相同的名称时，可见名称可能与真实名称不同。函数声明为：

```
DesktopWindow.VisibleName As String
```

⑯ W 属性　W 属性用于返回窗口宽度，与 Width 属性相同。函数声明为：

```
DesktopWindow.W As Integer
```

⑰ Width 属性　Width 属性用于返回窗口宽度。函数声明为：

```
DesktopWindow.Width As Integer
```

⑱ X 属性　X 属性用于返回窗口的横坐标。函数声明为：

```
DesktopWindow.X As Integer
```

⑲ Y 属性　Y 属性用于返回窗口的纵坐标。函数声明为：

```
DesktopWindow.Y As Integer
```

（2）DesktopWindow 类的主要方法

① Activate 方法　Activate 方法用于激活窗口。函数声明为：

```
DesktopWindow.Activate ( )
```

② Close 方法　Close 方法用于关闭窗口。函数声明为：

```
DesktopWindow.Close ( )
```

③ GetIcon 方法　GetIcon 方法用于返回具有指定大小的窗口图标。函数声明为：

```
DesktopWindow.GetIcon ( Width As Integer, Height As Integer ) As Image
```

④ GetScreenshot 方法　GetScreenshot 方法用于返回屏幕快照。函数声明为：

```
DesktopWindow.GetScreenshot ( [ WithoutFrame As Boolean ] ) As Picture
```

WithoutFrame 为是否具有边框。

⑤ Move 方法　Move 方法用于移动并调整窗口大小。函数声明为：

```
DesktopWindow.Move ( X As Integer, Y As Integer [ , Width As Integer, Height As Integer ] )
```

X 为横坐标。

Y 为纵坐标。

Width 为宽度。

Height 为高度。

⑥ Refresh 方法　Refresh 方法用于刷新窗口。当 DesktopWatcher 触发 WindowGeometry 事件时，该方法自动完成。函数声明为：

```
DesktopWindow.Refresh ( )
```

⑦ Resize 方法　Resize 方法用于调整窗口大小。函数声明为：

```
DesktopWindow.Resize ( Width As Integer, Height As Integer )
```

Width 为宽度。

Height 为高度。

5.5.9 窗口属性查询工具

在 Deepin 中，可以通过 Desktop 类来获得外部窗口的一些属性，从而控制相关外部应用程序。通常可以使用类似于 Windows 中 Spy++的工具来检测外部窗口，以获得窗口属性。查询外部窗口的属性，可以使用 wininfo、xwininfo、xprop 等工具。

（1）wininfo 工具

wininfo 为可视化工具，在终端输入安装命令：

```
sudo apt-get install wininfo
```

使用方法为，在终端输入命令：

```
wininfo
```

此时，将光标指向应用窗口时，wininfo 窗口会显示相关内容。如指向计算器时，其窗口中的 Window List 标签页信息如图 5-32 所示。其中，0x5000013 即为窗口句柄。窗口句柄不是固定值，会在每次启动时改变。

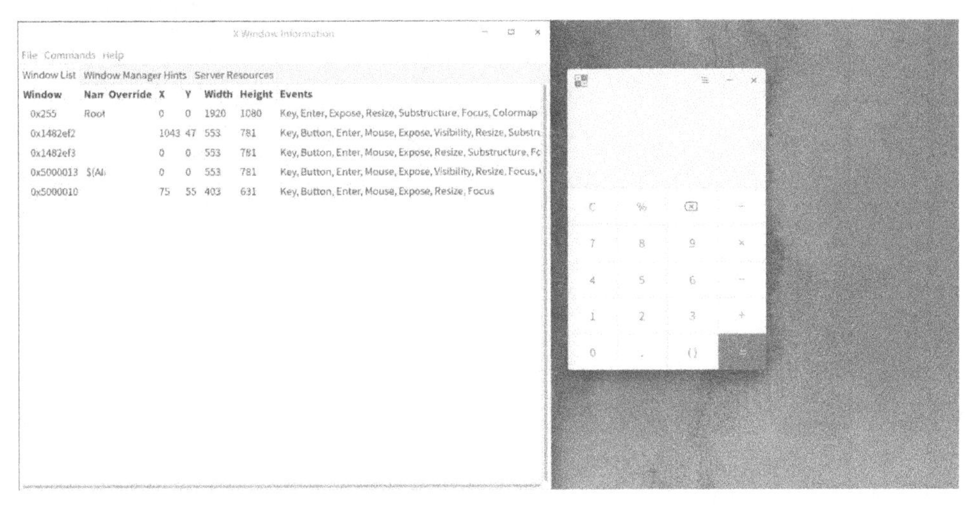

图 5-32　Window List 标签页信息

在 Window Manager Hints 标签页显示了 Window Hints 应用名称为深度计算器，PID 为 35940，同样，每次启动时可能会有所不同，如图 5-33 所示。

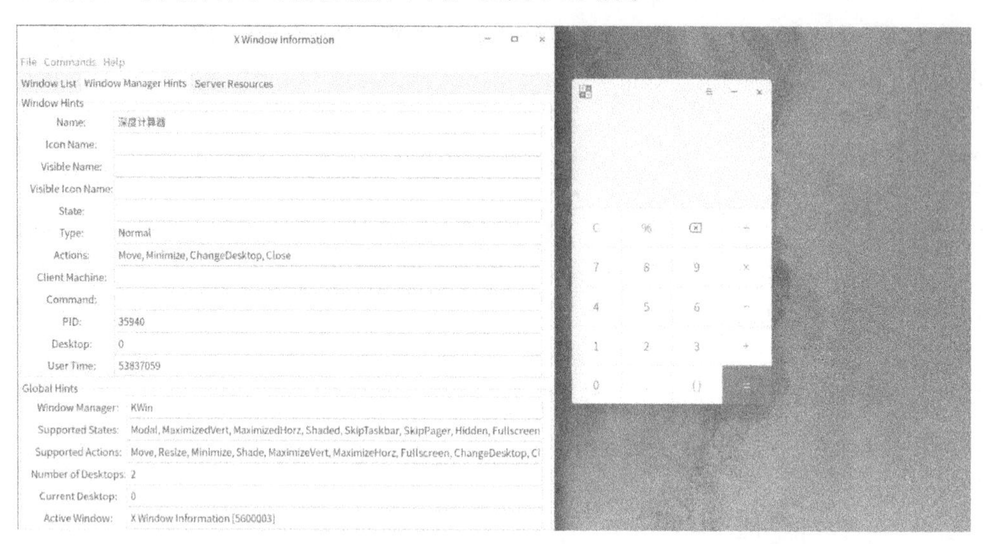

图 5-33 Window Manager Hints 标签页信息

此外，在 Server Resources 标签页中显示了 Windows、Crusors、Fonts 等信息，如图 5-34 所示。

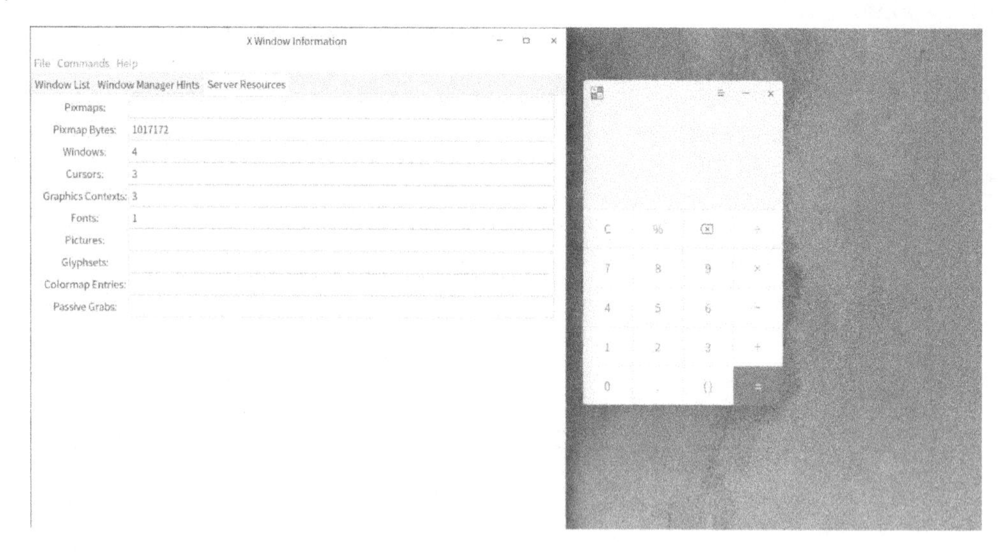

图 5-34 Server Resources 标签页信息

（2）xwininfo 工具

xwininfo 为命令行工具，在终端输入命令：

```
xwininfo
```

此时，鼠标光标变为十字形，当点击深度计算器后光标恢复原状，系统会自动生成并显示应用程序的相关信息，如图 5-35 所示。

```
wjx@wjx-PC:~/Desktop
wjx@wjx-PC:~/Desktop$ xwininfo

xwininfo: Please select the window about which you
          would like information by clicking the
          mouse in that window.

xwininfo: Window id: 0x5000013 "深度计算器"

  Absolute upper-left X:  1308
  Absolute upper-left Y:  142
  Relative upper-left X:  0
  Relative upper-left Y:  0
  Width: 553
  Height: 781
  Depth: 32
  Visual: 0x76
  Visual Class: TrueColor
  Border width: 0
  Class: InputOutput
  Colormap: 0x5000012 (not installed)
  Bit Gravity State: NorthWestGravity
  Window Gravity State: NorthWestGravity
  Backing Store State: NotUseful
  Save Under State: no
  Map State: IsViewable
  Override Redirect State: no
  Corners:  +1308+142  -59+142  -59-157  +1308-157
  -geometry 403x631-59+142

wjx@wjx-PC:~/Desktop$
```

图 5-35　xwininfo 工具

（3）xprop 工具

利用之前的工具查到深度计算器的 id（句柄）为 0x5000013，在终端输入命令：

```
xprop -id 0x5000013
```

系统会显示应用程序的相关信息，如图 5-36 所示。

```
wjx@wjx-PC:~/Desktop
wjx@wjx-PC:~/Desktop$ xprop -id 0x5000013
_NET_WM_USER_TIME(CARDINAL) = 53837059
_NET_WM_ICON_GEOMETRY(CARDINAL) = 728, 757, 100, 91
_DEEPIN_DXCB_SHM_INFO(CARDINAL) = 364904476, 403, 631, 1612, 6, 0, 0, 403, 631
_KDE_NET_WM_ACTIVITIES(STRING) = "00000000-0000-0000-0000-000000000000"
_NET_WM_ALLOWED_ACTIONS(ATOM) = _NET_WM_ACTION_MOVE, _NET_WM_ACTION_MINIMIZE, _NET_WM_ACTION
_CHANGE_DESKTOP, _NET_WM_ACTION_CLOSE
_NET_WM_DESKTOP(CARDINAL) = 0
WM_STATE(WM_STATE):
                window state: Normal
                icon window: 0x0
_NET_WM_STATE(ATOM) =
_KDE_NET_WM_USER_CREATION_TIME(CARDINAL) = 53595245
_GTK_FRAME_EXTENTS(CARDINAL) = 75, 75, 55, 95
XdndAware(ATOM) = BITMAP
WM_NAME(COMPOUND_TEXT) = "深度计算器"
_NET_WM_NAME(UTF8_STRING) = "深度计算器"
_MOTIF_WM_HINTS(_MOTIF_WM_HINTS) = 0x3, 0x3c, 0x0, 0x0, 0x0
_NET_WM_WINDOW_TYPE(ATOM) = _KDE_NET_WM_WINDOW_TYPE_OVERRIDE, _NET_WM_WINDOW_TYPE_NORMAL
_XEMBED_INFO(_XEMBED_INFO) = 0x0, 0x1
WM_CLIENT_LEADER(WINDOW): window id # 0x5000007
WM_HINTS(WM_HINTS):
                Client accepts input or input focus: True
                Initial state is Normal State.
                window id # of group leader: 0x5000007
_NET_WM_PID(CARDINAL) = 35940
_NET_WM_SYNC_REQUEST_COUNTER(CARDINAL) = 83886100
WM_CLASS(STRING) = "deepin-calculator", "deepin-calculator"
WM_PROTOCOLS(ATOM): protocols  WM_DELETE_WINDOW, WM_TAKE_FOCUS, _NET_WM_PING, _NET_WM_SYNC_R
EQUEST
WM_NORMAL_HINTS(WM_SIZE_HINTS):
                user specified location: 581, 8
                user specified size: 553 by 781
                program specified minimum size: 553 by 781
                program specified maximum size: 553 by 781
                program specified resize increment: 1 by 1
                program specified base size: 150 by 150
                window gravity: Static
wjx@wjx-PC:~/Desktop$
```

图 5-36　xprop 工具

信息显示，深度计算器的 WM_CLASS(STRING)类名为 deepin-calculator，该名称也是深度计算器的实际名称。

5.5.10 控制计算器程序设计

下面通过一个实例来学习控制外部计算器的方法。设计一个应用程序，当“控制计算器”程序启动时会自动启动深度计算器，当在“控制计算器”中输入数学表达式后发送给深度计算器，在深度计算器中进行计算，并显示结果，如图 5-37 所示。

（1）实例效果预览

实例效果预览如图 5-37 所示。

图 5-37 控制计算器程序窗体

（2）实例步骤

① 启动 Gambas 集成开发环境，可以在菜单栏选择“文件”→“新建工程...”，或在启动窗体中直接选择“新建工程...”项。

② 在“新建工程”对话框中选择“1.工程类型”中的“Graphical application”项，点击“下一个(N)”按钮。

③ 在“新建工程”对话框中选择“2.Parent directory”中要新建工程的目录，点击“下一个(N)”按钮。

④ 在“新建工程”对话框的“3.Project details”中输入工程名和工程标题，工程名为存储目录的名称，工程标题为应用程序的实际名称，在这里设置相同的工程名和工程标题。完成之后，点击“确定”按钮。

⑤ 在菜单中选择“工程”→“属性...”项，在弹出的“工程属性”对话框中，勾选“gb.desktop”和“gb.desktop.x11”项。

⑥ 系统默认生成的启动窗体名称（Name）为 FMain。在 FMain 窗体中添加 1 个 HPanel 控件、20 个 ToolButton 控件，如图 5-38 所示，并设置相关属性，如表 5-12 所示。

⑦ 设置 Tab 键响应顺序。在 FMain 窗体的“属性”窗口点击“层次”，出现控件切换排序，即按下键盘上的 Tab 键时，控件获得焦点的顺序。

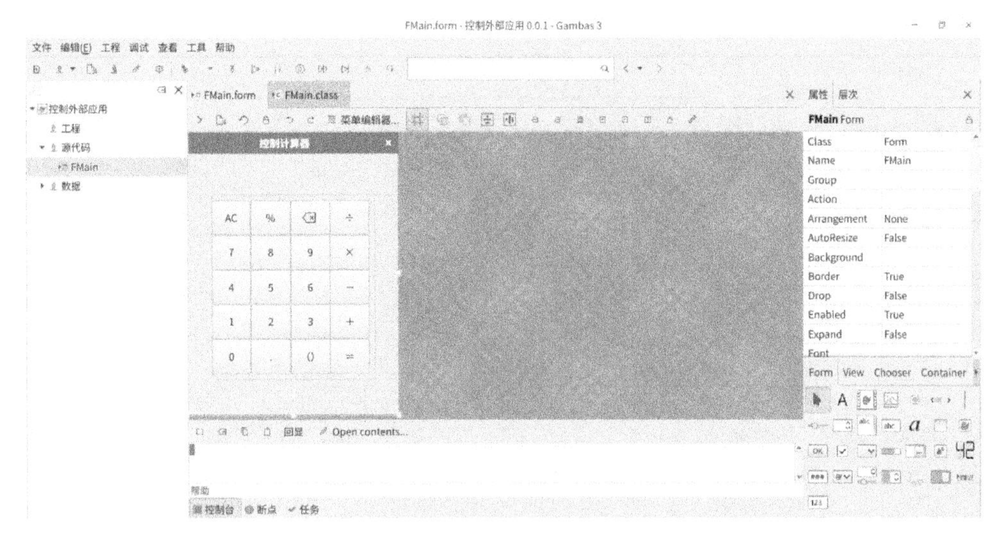

图 5-38　窗体设计

表 5-12　窗体和控件属性设置

名称	属性	说明
FMain	Text：控制计算器 Resizable：False	标题栏显示的名称 固定窗体大小，取消最大化按钮
HPanel1		顺序排列各控件
ToolButtonAC	Text：AC Group：act Border：True	清除按钮 响应 act 事件 显示边框
ToolButtonPercent	Text：% Group：act Border：True	百分比 响应 act 事件 显示边框
ToolButtonBackspace	Picture：icon:/32/clear Group：act Border：True	退格 响应 act 事件 显示边框
ToolButtonDivide	Text：÷ Group：act Border：True	除法 响应 act 事件 显示边框
ToolButton5	Text：7 Group：act Border：True	7 响应 act 事件 显示边框
ToolButton6	Text：8 Group：act Border：True	8 响应 act 事件 显示边框
ToolButton7	Text：9 Group：act Border：True	9 响应 act 事件 显示边框
ToolButtonMultiply	Text：× Group：act Border：True	乘法 响应 act 事件 显示边框

续表

名称	属性	说明
ToolButton9	Text：4 Group：act Border：True	4 响应 act 事件 显示边框
ToolButton10	Text：5 Group：act Border：True	5 响应 act 事件 显示边框
ToolButton11	Text：6 Group：act Border：True	6 响应 act 事件 显示边框
ToolButtonSubtract	Text：－ Group：act Border：True	减法 响应 act 事件 显示边框
ToolButton13	Text：1 Group：act Border：True	1 响应 act 事件 显示边框
ToolButton14	Text：2 Group：act Border：True	2 响应 act 事件 显示边框
ToolButton15	Text：3 Group：act Border：True	3 响应 act 事件 显示边框
ToolButtonAdd	Text：＋ Group：act Border：True	加法 响应 act 事件 显示边框
ToolButton17	Text：0 Group：act Border：True	0 响应 act 事件 显示边框
ToolButtonDecimal	Text：. Group：act Border：True	小数点 响应 act 事件 显示边框
ToolButtonparenleft	Text：（） Group：act Border：True	括号 响应 act 事件 显示边框
ToolButtonEqual	Text：＝ Group：act Border：True	等于 响应 act 事件 显示边框

⑧ 在 FMain 窗体中添加代码。

```
' Gambas class file

  Public res As Integer[]
  Public dw As DesktopWindow

Public Sub act_Click()

  Dim s As String
```

```
    '激活一个窗口
    Desktop.ActiveWindow = res[0]
    '发送虚拟按键信息给计算器
    Select Case Last.Name
      Case "ToolButtonAC"                   '清除
        Desktop.SendKeys("[Escape]")
      Case "ToolButtonPercent"              '%
        Desktop.SendKeys("{[Shift_L][percent]}")
      Case "ToolButtonBackspace"            '退格
        Desktop.SendKeys("[BackSpace]")
      Case "ToolButtonDivide"               '/
        Desktop.SendKeys("[KP_Divide]")
      Case "ToolButtonMultiply"             '*
        Desktop.SendKeys("[KP_Multiply]")
      Case "ToolButtonSubtract"             '-
        Desktop.SendKeys("[KP_Subtract]")
      Case "ToolButtonAdd"                  '+
        Desktop.SendKeys("[KP_Add]")
      Case "ToolButtonEqual"                '=
        Desktop.SendKeys("[KP_Equal]")
      Case "ToolButtonparenleft"            '()
        Desktop.SendKeys("{[parenleft][parenright]}")
      Case "ToolButtonDecimal"              '.
        Desktop.SendKeys("[KP_Decimal]")
      Default                               '0123456789
        s = "[" & Last.Text & "]"
        Desktop.SendKeys(s)
    End Select
End

Public Sub Form_Open()
    '启动深度计算器
    Shell "deepin-calculator"
    '等待 2s
    Wait 2
    '查找深度计算器窗口
    res = Desktop.FindWindow("深度计算器")
    '激活一个窗口
    Desktop.ActiveWindow = res[0]
    '通过窗口句柄获得窗口
    dw = Desktop.Windows.FromHandle(res[0])
```

```
    '设置计算器位置
    dw.Move(FMain.Left + FMain.Width, FMain.Top, 0, 0)
End

Public Sub Form_Move()
    '拖拽时一起移动
    dw.Move(FMain.Left + FMain.Width, FMain.Top, 0, 0)
End

Public Sub Form_Close()
    '关闭
    dw.Close
    FMain.Close
End
```

程序中，Desktop.SendKeys("[Escape]")语句为发送虚拟按下 Esc 键命令，令外部计算器窗口以为是真实按键，从而接收该命令。Escape 在 keysymdef.h 头文件中定义，如：

```
#define XK_BackSpace        0xff08  /* Back space, back char */
#define XK_Tab              0xff09
#define XK_Linefeed         0xff0a  /* Linefeed, LF */
#define XK_Clear            0xff0b
#define XK_Return           0xff0d  /* Return, enter */
#define XK_Pause            0xff13  /* Pause, hold */
#define XK_Scroll_Lock      0xff14
#define XK_Sys_Req          0xff15
#define XK_Escape           0xff1b
#define XK_Delete           0xffff  /* Delete, rubout */
```

在使用过程中，需要去掉前缀 XK_，直接引用后面部分，否则，程序会报错。

Shell "deepin-calculator"语句为启动深度计算器，实际上，深度计算器有中英文两个名称，如果用中文名称启动可能会报错。

dw = Desktop.Windows.FromHandle(res[0])语句为通过深度计算器的窗口句柄获得桌面窗口，从而对窗口进行移动、关闭等操作。

第6章 虚拟仪器技术

虚拟仪器技术包含虚拟仪器的基本概念、虚拟仪器的结构、虚拟仪器控制元件和虚拟仪器用户界面设计方法等，可以利用 Gambas 进行虚拟仪器平台和系统的开发，服务于工业控制与测试测量领域。由于采用了标准化设计方法，相关元件的设计代码来源于并且兼容 Qt4、Qt5、GTK+2、GTK+3，可方便地发布和移植到各种 Linux 操作系统中。

本章介绍基于 Gambas 的虚拟仪器工程实现方案，包括温度计元件、压力计元件、LED 元件、万用表元件、旋钮元件、水箱元件、示波器元件的设计方法，并给出了相关程序示例，能够使读者快速掌握虚拟仪器的设计思路与设计方法。

6.1 虚拟仪器

虚拟仪器（Virtual Instrument，VI）是计算机技术、仪器技术和通信技术相结合的产物。虚拟仪器的目的是利用计算机强大资源使硬件技术软件化，分立元件模块化，降低程序开发的复杂程度，增强系统的功能和灵活性。

一个典型的数据采集控制系统由传感器、信号调理电路、数据采集卡（板）、计算机、控制执行设备五部分组成。一个好的数据采集产品不仅应具备良好性能和高可靠性，还应提供高性能的驱动程序和简单易用的高层语言接口，使用户能较快速地建立可靠的应用系统。近年来，由于多层电路板、可编程仪器放大器、即插即用、系统定时控制器、多数据采集板、实时系统集成总线、高速数据采集的双缓冲区以及实现数据高速传送的中断、DMA 等技术的应用，使得最新的数据采集卡能保证仪器级的高准确度与可靠性。

软件是虚拟仪器测控方案的关键。虚拟仪器的软件系统主要分为四层结构：系统管理层、测控程序层、仪器驱动层和 I/O 接口层。I/O 接口驱动程序完成特定外部硬件设备的扩展、驱动和通信。DAQ 硬件是离不开相应软件的，大多数的 DAQ 应用都需要驱动软件。驱动软件直接编制 DAQ 硬件的登录、操作管理和集成系统资源，如处理器中断、DMA 和存储器等的软件层管理。驱动软件隐含了低级、复杂的硬件编程细节，而提供给用户的是容易理解的界面。控制 DAQ 硬件的驱动软件按功能可分为：模拟 I/O、数字 I/O 和定时 I/O。驱动软件有如下的基本功能：

① 以特定的采样率获取数据。

② 在处理器运算的同时提取数据。

③ 使用编程的 I/O、中断和 DMA 传送数据。

④ 在磁盘上存取数据流。

⑤ 同时执行几种功能。

⑥ 集成一个以上的DAQ卡。

⑦ 同信号调理器结合在一起。

虚拟仪器硬件系统包括GPIB（IEEE 488.2）、VXI、插入式数据/图像采集板、串行通信与网络等几类I/O接口。虚拟仪器测试系统构成方案如图6-1所示。

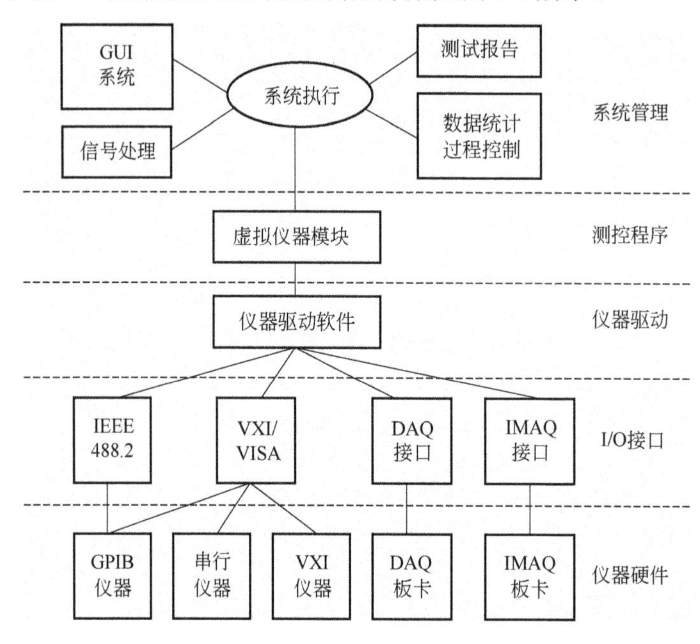

图6-1 虚拟仪器测试系统构成方案

GPIB（General Purpose Interface Bus）是目前使用最为广泛的仪器接口，IEEE 488.2标准使基于GPIB的计算机测试系统进入了一个新的发展阶段。GPIB总线的出现，提高了仪器设备的性能指标。利用计算机对带有GPIB接口的仪器实现操作和控制，可实现系统的自动校准、自诊断等要求，从而提高了测量精度，便于将多台带有GPIB接口的仪器组合起来，形成较大的自动测试系统，高效地完成各种不同的测试任务，而且组建和拆散灵活，使用方便。

VXI总线是 VMEbus eXtension for Instrumentation 的缩写，即VME总线在测量仪器领域中的扩展。它能够充分利用最新的计算机技术来降低测试费用，增加数据吞吐量和缩短开发周期。VXI系统的组建和使用越来越方便，其应用面也越来越广，尤其是在组建大、中规模自动测量系统以及对精度、可靠性要求较高的场合，有着其他仪器系统无法比拟的优势。

PCI（Peripheral Component Interconnect Special Interest Group，PCISIG简称PCI），即外部设备互连。PCI总线是一种即插即用（PnP，Plug-and-Play）的总线标准，支持全面的自动配置。PCI总线支持8位、16位、32位、64位数据宽度，采用地址/数据总线复用方式。其主要特点有：突发传输，多总线主控方式，同步总线操作，自动配置功能，编码总线命令，总线错误监视，不受处理器限制，适合多种机型，兼容性强，高性能价格比，预留了发展空间等。PC-DAQ测试系统是以数据采集卡、信号调理电路及计算机为硬件平台组成的测试系统，如图6-2所示。这种方式借助于插

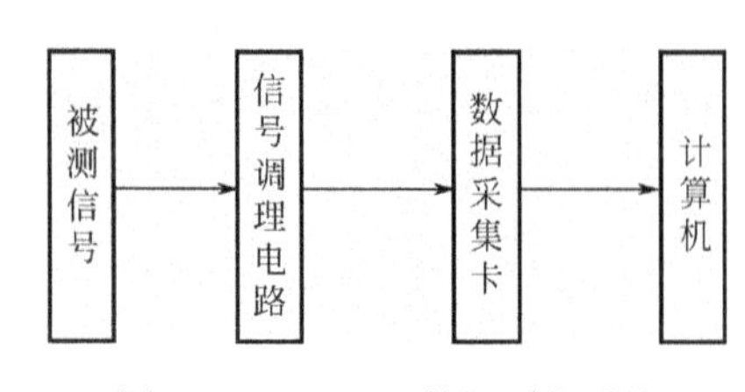

图6-2 PC-DAQ数据采集系统

入 PC 中的数据采集卡和专用的软件，完成具体的数据采集和处理任务。PC-DAQ 测试系统组建方便，数据采集效率高，成本低廉，因而得到广泛的应用。

串行总线，RS-232 总线是最早采用的通用串行总线，最初用于数据通信上，但随着工业测控行业的发展，许多测量测试仪器带有 RS-232 串口总线接口。

6.2 数据采集

数据采集是指从传感器和其他待测设备等模拟和数字被测单元中自动采集信息的过程，相应系统称为数据采集系统。数据采集系统是结合基于计算机的测量软硬件产品来实现灵活的、用户自定义的测量系统。在计算机广泛应用的今天，数据采集的重要性是十分显著的。它是计算机与外部物理世界连接的桥梁。

数据采集在科学研究和生产过程中起着重要的作用。一方面，在生产过程中，对工艺参数进行采集、监测，为提高质量、降低成本提供可靠信息；另一方面，在科学研究中，用来获取微观、动静态信息。数据采集系统的任务是将采集传感器输出的模拟信号转换成数字信号送入计算机，计算机系统对数字信号进行处理。评价数据采集系统性能优劣的标准是系统的采样精度和采样速度。在保证系统具备采样精度的条件下，应有尽可能高的采样速度，以满足实时处理、控制的要求。

数据采集卡是为使用计算机进行数据采集与控制而设计的。这类板卡均参照计算机的总线技术标准设计和生产，在一块印刷电路板上集成了多路开关、程控放大器、采样/保持器、A/D 和 D/A 转换器等器件，用户只要把这类板卡插入计算机主板上相应的扩展槽中，就可以迅速、方便地构成一个数据采集系统，节省大量的硬件研制时间。

（1）数据采集卡的组成

操作系统是通过 I/O 接口设备驱动来获取数据的。在虚拟仪器系统中，I/O 接口设备主要是数据采集卡。数据采集卡作为仪器系统硬件的主要组成部分，是外界的电信号进入 PC 机的桥梁。它不仅具有信号传输功能，还具有信号转换和译码功能。

数据采集卡一般由以下几部分组成：

① 多路开关：将各路信号轮流切换到放大器的输入端，实现多参数多路信号的分时采集。

② 放大器：将前一级多路开关切换进入的待采集信号放大（或衰减）至采样环节的量程范围内。通常实际系统中，将其做成增益可调的放大器，设计者可根据输入信号不同的幅值选择不同的增益倍数。

③ 采样/保持器：取出待测信号在某一瞬时的值（即实现信号的时间离散化），并在 A/D 转换过程中保持信号不变，如果被测信号变化很缓慢，也可以不用采样/保持器。

④ A/D 转换器：将输入的模拟量转换为数字量输出，并完成信号幅值的量化。随着电子技术的发展，目前，通常将采样/保持器和 A/D 转换器集成在同一块芯片上。

⑤ D/A 转换器：将计算机输出的数字量转换为模拟量，以实现控制功能。

数据采集卡的性能指标决定着数据采集卡的功能，所以在选用数据采集卡时应首先清楚这些性能指标。数据采集卡的性能指标主要有：

① 模拟信号的输入部分。

模拟输入通道：该参数表明数据采集卡所能采集的最多信号路数。

信号的输入方式：一般待采集信号的输入方式有四种，第一种为单端输入，即信号的其中一个端子接地；第二种为差动输入，即信号的两端均浮地；第三种为单极性，即信号幅值范围为[0～*A*]，*A* 为信号最大幅值；第四种为双极性，即信号幅值范围为[-*A*，*A*]。

信号的输入范围（量程）：一般根据信号输入特性的不同（单极性输入还是双极性输入）有不同的输入范围。如对单极性输入，典型值为 0～10V；对双极性输入，典型值为-5～+5V。

放大器增益：数据采集卡对信号的放大倍数。

模拟输入阻抗：数据采集卡固有的参数，一般不需用户设定。

② A/D 转换部分。

采样速率：指在单位时间内数据采集卡对模拟信号的采集次数，是数据采集卡的重要指标。由采样定理可知，为了使采样后输出的离散时间序列信号能无失真地复现原输入信号，必须使采样频率至少为输入信号最高频率的 2 倍，否则会出现频率混淆误差。

位数 *b*：指 A/D 转换器输出二进制数的位数。

分辨率与分辨力：指数据采集卡可分辨的输入信号最小变化量。分辨率一般以 A/D 转换器输出的二进制位数或 BCD 码位数表示。

精度：一般用量化误差表示。

③ D/A 转换部分。

分辨率：指当输入数字量发生单位数码变化即 1LSB 时，所对应输出模拟量的变化量。常用 D/A 转换器的转换位数 *b* 表示。

标称满量程：指相当于数字量标称值 2*b* 的模拟输出量。

响应时间：指数字量变化后，输出模拟量稳定到相应数值范围（1/2LSB）所经历的时间。

对一些功能丰富的数据采集板，还有定时/记数等其他功能。

（2）数据采集卡的选择

对于建立一个数据采集系统，数据采集卡的选择至关重要。要根据实际的测试任务，综合上述指标选择符合要求的板卡。主要选择依据为：

① 通道的类型及个数　根据测试任务选择满足任务的通道数，选择具有足够的数据通道数、足够的数字量输入输出通道数的数据采集卡。

② 最高采样速度　数据采集卡的最高采样速度决定了能够处理信号的最高频率。根据香农采样定理：要使信号采样后能够不失真还原，采样频率必须大于信号最高频率的 2 倍，即$f_s \geqslant 2f_{max}$。工程上一般选择$f_s=(5\sim10)f_{max}$。

③ 精度要求　如果模拟信号是低电压信号，用户就要考虑选择采集卡时需要高增益。如果信号的灵敏度比较低，则需要高的分辨率。同时还要注意最小可测的电压值和最大输入电压值，采集系统对同步和触发是否有要求。

④ 数据采集卡的安装　数据采集卡有 PXI、PCI、ISA、PCIE 等多种类型，一般是将板卡直接安装在工业控制计算机的标准总线插槽中。在安装板卡时，一定要将计算机关闭，最好将电源线拔掉。在安装好驱动程序后，在计算机的硬件设备管理器中就会看到相应的板卡。

6.3 虚拟仪器控制元件设计

Gambas 提供了丰富的控件与数学函数，包括 Form、View、Chooser、Container、Special 等通用控件，以及各种类型的第三方控件与库函数，为虚拟仪器测控系统设计提供了极大的便利。此外，对于测控领域的一些专用控件，如温度计、压力计、LED、万用表、旋钮、水箱、示波器等，给出了具体实现方案与实现代码，可根据具体领域和行业应用进行外观的修改和功能的增删。

6.3.1 温度计元件设计

温度计是温度测量的主要工具，在测控领域可分为半导体温度计、热电偶温度计、光测高温计、液晶温度计等。半导体温度计根据半导体的温漂特性设计制造，通常是 PN 结导通特性随外界环境温度的变化而变化，精度较高；热电偶温度计由两种不同金属和电压计所构成，金属接点在不同的温度下会在两端产生电位差，由电压计检测；光测高温计用于物体表面温度非常高时会发出大量的可见光，利用测量热辐射的方法检测其温度值；液晶温度计利用相变温度不同时光学性质发生改变而使液晶改变颜色的原理设计。下面通过一个实例来学习温度计元件的设计方法，如图 6-3 所示。

（1）实例效果预览

实例效果预览如图 6-3 所示。

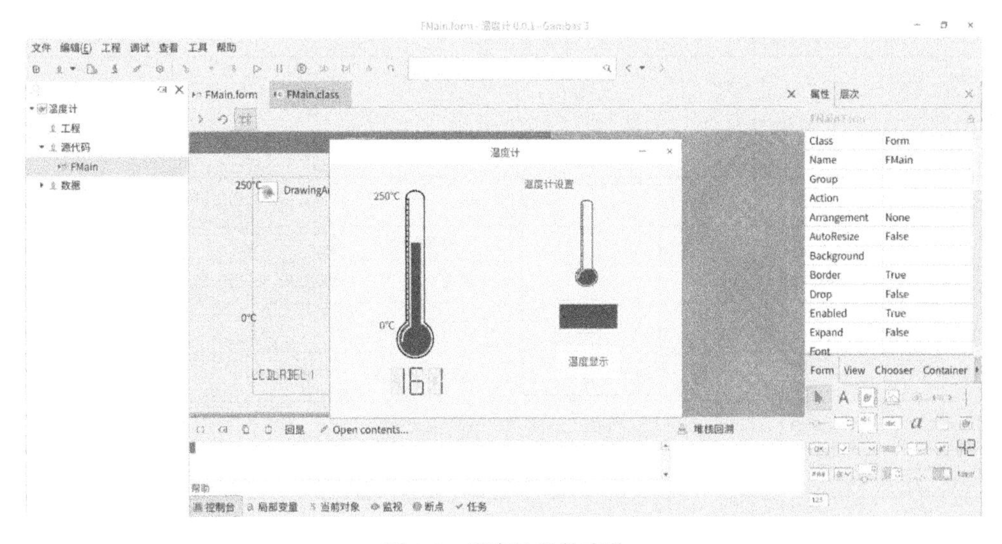

图 6-3　温度计元件窗体

（2）实例步骤

① 启动 Gambas 集成开发环境，可以在菜单栏选择“文件”→“新建工程...”，或在启动窗体中直接选择“新建工程...”项。

② 在“新建工程”对话框中选择“1.工程类型”中的“Database application”项，点击“下一个(N)”按钮。

③ 在“新建工程”对话框中选择“2.Parent directory”中要新建工程的目录，点击“下一个(N)”按钮。

④ 在“新建工程”对话框的“3.Project details”中输入工程名和工程标题，工程名为存储目录的名称，工程标题为应用程序的实际名称，在这里设置相同的工程名和工程标题。完成之后，点击“确定”按钮。

⑤ 系统默认生成的启动窗体名称（Name）为 FMain。在 FMain 窗体中添加 1 个 DrawingArea 控件、1 个 LCDLabel 控件、2 个 Label 控件、1 个 Frame 控件、1 个 PictureBox 控件、1 个 ColorButton 控件、1 个 Button 控件，如图 6-4 所示，并设置相关属性，如表 6-1

所示。

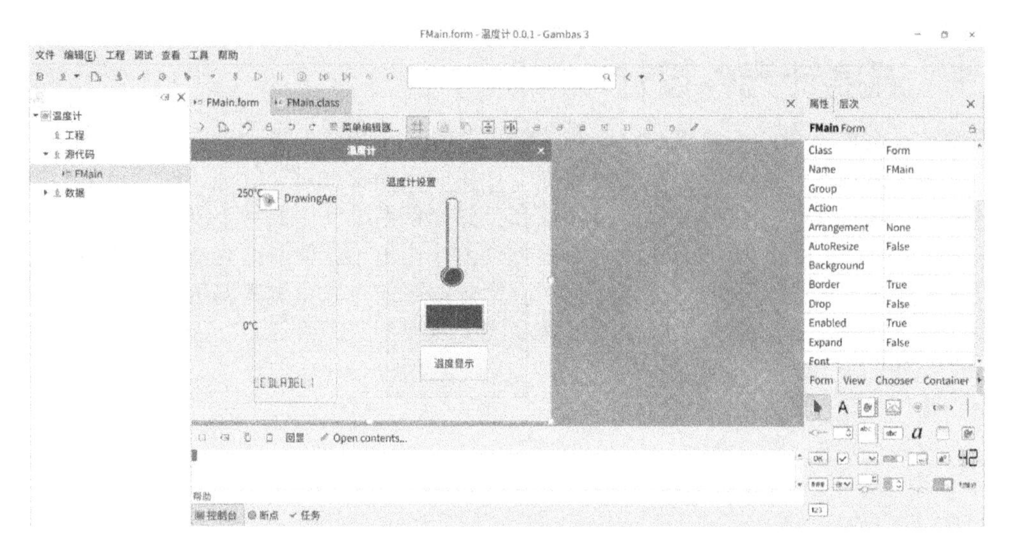

图 6-4　窗体设计

表 6-1　窗体和控件属性设置

名称	属性	说明
FMain	Text：温度计 Resizable：False	标题栏显示的名称 固定窗体大小，取消最大化按钮
DrawingArea1		绘制温度计
LCDLabel1		显示温度值
Label1	Text：0℃	温度最小值
Label2	Text：250℃	温度最大值
Frame1	Text：温度计设置	框架
PictureBox1	Picture：thermred.png Stretch：True	缩略图 图片适应控件大小
ColorButton1	Value：Red	设置温度计颜色
Button1	Text：温度显示	命令按钮，响应相关点击事件

⑥ 设置 Tab 键响应顺序。在 FMain 窗体的“属性”窗口点击“层次”，出现控件切换排序，即按下键盘上的 Tab 键时，控件获得焦点的顺序。

⑦ 在 FMain 窗体中添加代码。

```
' Gambas class file

  Public t As Integer

Public Sub DrawingArea1_Draw()
  '开始绘图
```

```
    Draw.Begin(DrawingArea1)
    '绘制温度计
    Draw.Picture(PictureBox1.Picture, 0, 0)
    '设置绘制前景颜色
    Draw.Foreground = ColorButton1.Color
    '绘制线粗
    Draw.LineWidth = 20
    '绘制粗直线，代表温度值
    Draw.Line(52, 270, 52, 270 - t)
    '绘制结束
    Draw.End
End

Public Sub ColorButton1_Change()

    Dim img As Image

    '装载图片
    img = Picture.Load("thermred.png").Image
    '设置控件颜色
    PictureBox1.Picture = img.Replace(&HFF0000, ColorButton1.Color).Picture
     '刷新
    DrawingArea1.Refresh
End

Public Sub Button1_Click()

    Randomize

    '随机产生温度值，范围在 0~250 之间
    t = Rand(0, 250)
    '显示温度值
    LCDLabel1.Text = t
    '刷新
    DrawingArea1.Refresh
End
```

程序中，Public Sub DrawingArea1_Draw 过程在温度计图片框架基础上绘制指定颜色的液柱，是温度计元件的主体绘制模块；并且可以通过 Public Sub ColorButton1_Change 过程指定替代颜色；Public Sub Button1_Click 过程中的 t = Rand(0, 250)语句相当于数据采集结果，对于实际测量工程，只要将该句代码替换为从数据采集卡获得的实际数据采集结果即可。

6.3.2 压力计元件设计

压力计用来测量压力或压强，通常是将被测压力与参考压力进行比较，而得出相对压力或压力差。压力传感器将压力转变为电信号，包括：应变式、压电式等。压力传感器较传统机械式压力计能够实现小型化、精确化，实现快速测量，适合于压力动态变化、多点测试、巡检、实时处理等场合，得到了广泛应用。下面通过一个实例来学习压力计元件的设计方法，如图 6-5 所示。

（1）实例效果预览

实例效果预览如图 6-5 所示。

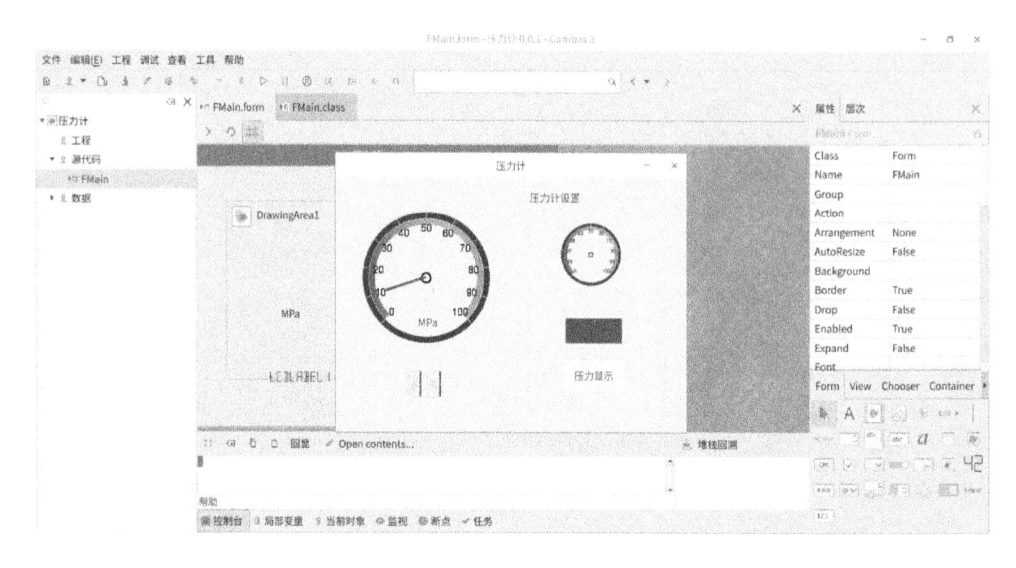

图 6-5 压力计元件窗体

（2）实例步骤

① 启动 Gambas 集成开发环境，可以在菜单栏选择“文件”→“新建工程...”，或在启动窗体中直接选择“新建工程...”项。

② 在“新建工程”对话框中选择“1.工程类型”中的“Graphical application”项，点击“下一个(N)”按钮。

③ 在“新建工程”对话框中选择“2.Parent directory”中要新建工程的目录，点击“下一个(N)”按钮。

④ 在“新建工程”对话框的“3.Project details”中输入工程名和工程标题，工程名为存储目录的名称，工程标题为应用程序的实际名称，在这里设置相同的工程名和工程标题。完成之后，点击“确定”按钮。

⑤ 系统默认生成的启动窗体名称（Name）为 FMain。在 FMain 窗体中添加 1 个 DrawingArea 控件、1 个 LCDLabel 控件、1 个 Label 控件、1 个 Frame 控件、1 个 PictureBox 控件、1 个 ColorButton 控件、1 个 Button 控件，如图 6-6 所示，并设置相关属性，如表 6-2 所示。

⑥ 设置 Tab 键响应顺序。在 FMain 窗体的“属性”窗口点击“层次”，出现控件切换排序，即按下键盘上的 Tab 键时，控件获得焦点的顺序。

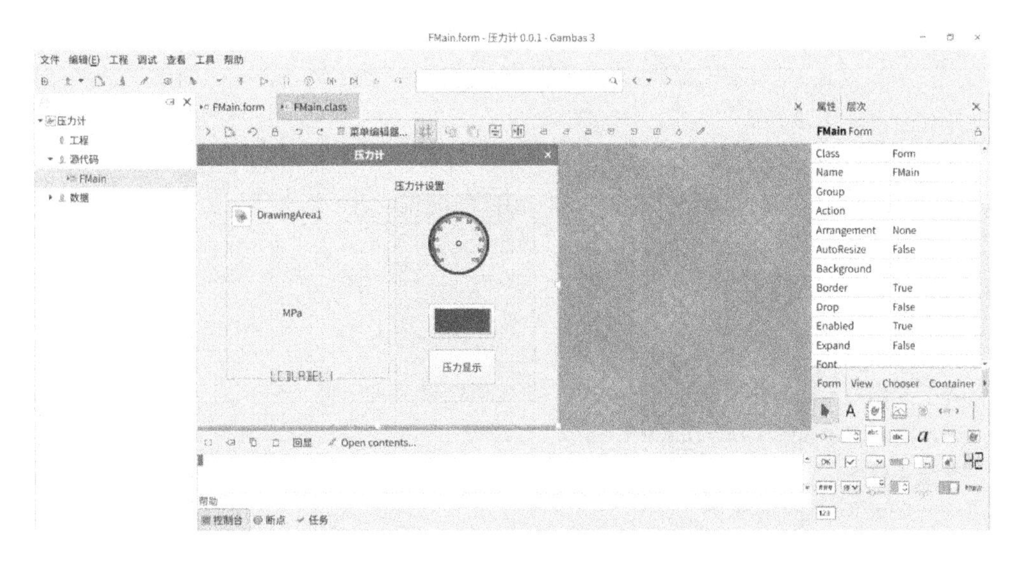

图 6-6　窗体设计

表 6-2　窗体和控件属性设置

名称	属性	说明
FMain	Text：压力计 Resizable：False	标题栏显示的名称 固定窗体大小，取消最大化按钮
DrawingArea1		绘制压力计
LCDLabel1		显示压力值
Label1	Text：MPa	压力单位
Frame1	Text：压力计设置	框架
PictureBox1	Picture：press.png Stretch：True	缩略图 图片适应控件大小
ColorButton1	Value：Red	设置压力计指针颜色
Button1	Text：压力显示	命令按钮，响应相关点击事件

⑦ 在 FMain 窗体中添加代码。

```
' Gambas class file

  Public p As Integer

Public Sub DrawingArea1_Draw()

  Dim img As New Image
  Dim x1 As Integer
  Dim y1 As Integer
```

```
    '装载图片
    img = PictureBox1.Picture.Image
    '计算指针终点坐标
    x1 = img.Width / 3 * Cos(Pi / 180 * (130 + p))
    y1 = img.Width / 3 * Sin(Pi / 180 * (130 + p))
    '开始绘图
    draw.Begin(DrawingArea1)
    '绘制压力计
    Draw.Image(img, 0, 0)
    '设置绘制前景颜色
    Draw.Foreground = ColorButton1.Color
    '绘制线粗
    Draw.LineWidth = 5
    '绘制粗直线，代表压力值
    Draw.Line(img.Width / 2, img.Height / 2, x1 + img.Width / 2, y1 + img.Height / 2)
    '绘制结束
    Draw.End
End

Public Sub ColorButton1_Change()

    Dim img As Image

    '装载图片
    img = Picture.Load("press.png").Image
    '设置控件颜色
    PictureBox1.Picture = img.Replace(&HFF0000, ColorButton1.Color).Picture
    '刷新
    DrawingArca1.Rcfrcsh
End

Public Sub Button1_Click()

    Randomize
    '随机产生压力值
    p = Rand(0, 280)
    '显示压力值
    LCDLabel1.text = Int(p / 280 * 100)
    '刷新
    DrawingArea1.Refresh
End
```

程序中，Public Sub DrawingArea1_Draw 过程在压力计图片框架基础上绘制指定颜色的指针，是压力计元件的主体绘制模块，并且可以通过 Public Sub ColorButton1_Change 过程指定替代颜色；Public Sub Button1_Click 过程中的 p = Rand(0, 280)语句相当于数据采集结果，对于实际测量工程，只要将该句代码替换为从数据采集卡获得的实际数据采集结果即可。

6.3.3 LED 元件设计

发光二极管简称 LED，由镓、砷、磷、氮等化合物制成，当电子与空穴复合时能辐射出可见光。砷化镓二极管发红光，磷化镓二极管发绿光，碳化硅二极管发黄光，氮化镓二极管发蓝光。LED 在虚拟仪器中可作为指示灯，并可组成阵列显示字符。下面通过一个实例来学习 LED 元件的设计方法，如图 6-7 所示。

（1）实例效果预览

实例效果预览如图 6-7 所示。

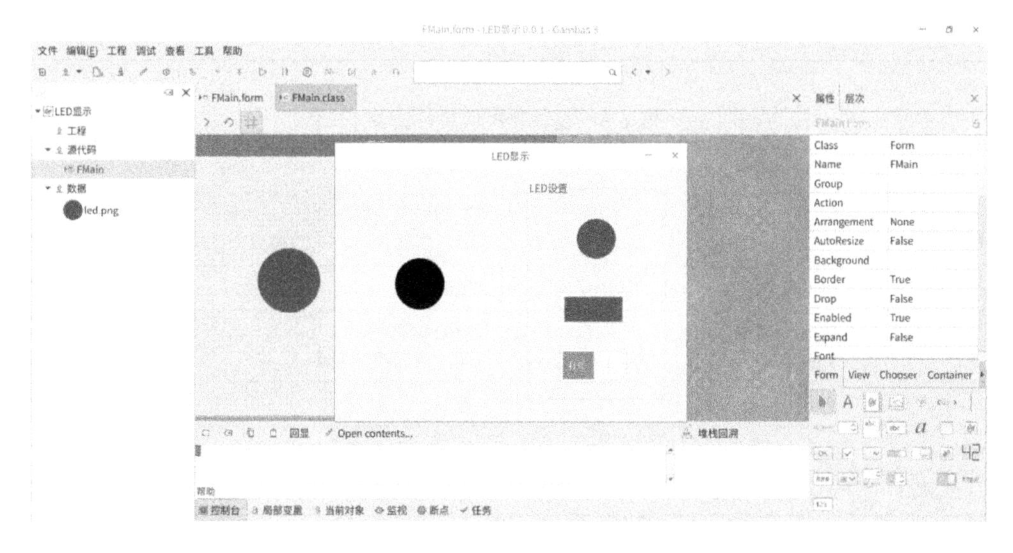

图 6-7　LED 元件窗体

（2）实例步骤

① 启动 Gambas 集成开发环境，可以在菜单栏选择“文件”→“新建工程...”，或在启动窗体中直接选择“新建工程...”项。

② 在“新建工程”对话框中选择“1.工程类型”中的“Graphical application”项，点击“下一个(N)”按钮。

③ 在“新建工程”对话框中选择“2.Parent directory”中要新建工程的目录，点击“下一个(N)”按钮。

④ 在“新建工程”对话框的“3.Project details”中输入工程名和工程标题，工程名为存储目录的名称，工程标题为应用程序的实际名称，在这里设置相同的工程名和工程标题。完成之后，点击“确定”按钮。

⑤ 系统默认生成的启动窗体名称(Name)为 FMain。在 FMain 窗体中添加 2 个 PictureBox 控件、1 个 Frame 控件、1 个 ColorButton 控件、1 个 SwitchButton 控件，如图 6-8 所示，并设置相关属性，如表 6-3 所示。

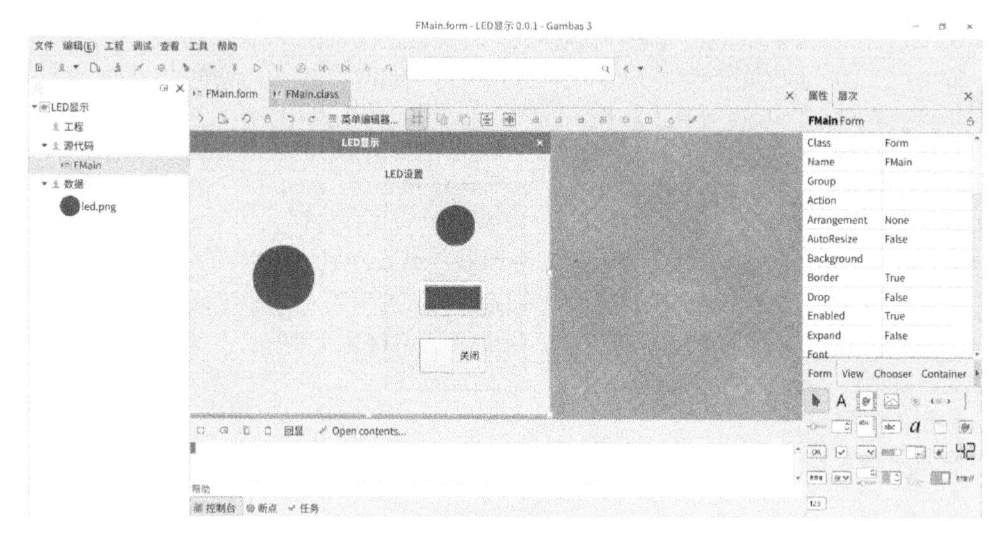

图 6-8 窗体设计

表 6-3 窗体和控件属性设置

名称	属性	说明
FMain	Text：LED 显示 Resizable：False	标题栏显示的名称 固定窗体大小，取消最大化按钮
PictureBox1	Picture：led.png	LED
PictureBox2	Picture：led.png Stretch：True	LED 缩略图 图片适应控件大小
Frame1	Text：LED 设置	框架
ColorButton1	Value：Red	设置 LED 颜色
SwitchButton1	Animate：True	显示动画效果

⑥ 设置 Tab 键响应顺序。在 FMain 窗体的“属性”窗口点击“层次”，出现控件切换排序，即按下键盘上的 Tab 键时，控件获得焦点的顺序。

⑦ 在 FMain 窗体中添加代码。

```
' Gambas class file

Public Sub OnOff(Ison As Boolean)

  Dim img As Image

  img = PictureBox1.Picture.Image
  '设置亮暗颜色，亮色为 1，暗色为 0
  If Ison Then
    PictureBox1.Picture = img.Replace(0, ColorButton1.Color).Picture
  Else
    PictureBox1.Picture = img.Colorize(Color.RGB(0, 0, 0)).Picture
```

```
    Endif
End

Public Sub SwitchButton1_Click()
    '开关切换
    If SwitchButton1.Value Then
        OnOff(False)
    Else
        OnOff(True)
    Endif
End

Public Sub ColorButton1_Change()

    Dim img As Image

    '装载图片
    img = Picture.Load("led.png").Image
    '设置控件颜色
    PictureBox1.Picture = img.Replace(&HFF0000, ColorButton1.Color).Picture
    PictureBox2.Picture = img.Replace(&HFF0000, ColorButton1.Color).Picture
End
```

程序中，Public Sub OnOff(Ison As Boolean)过程在 LED 图片框架基础上填充指定颜色，是 LED 元件的主体绘制模块；并且可以通过 Public Sub ColorButton1_Change 过程指定替代颜色；在 Public Sub SwitchButton1_Click 过程中调用 OnOff 相当于打开或关闭 LED。

6.3.4 万用表元件设计

万用表又称为多用表、三用表，一般以测量电压、电流和电阻为主，也可以用来测量二极管、三极管、电容等电子元器件端口特性。万用表按显示方式分为指针式万用表和数字式万用表。此外，一些功率输出设备也使用万用表设定阈值，如可调电源的电压或电流输出。下面通过一个实例来学习万用表元件的设计方法，如图 6-9 所示。

（1）实例效果预览

实例效果预览如图 6-9 所示。

（2）实例步骤

① 启动 Gambas 集成开发环境，可以在菜单栏选择“文件”→“新建工程...”，或在启动窗体中直接选择“新建工程...”项。

② 在“新建工程”对话框中选择“1.工程类型”中的“Graphical application”项，点击“下一个(N)”按钮。

③ 在“新建工程”对话框中选择“2.Parent directory”中要新建工程的目录，点击“下一个(N)”按钮。

④ 在“新建工程”对话框的“3.Project details”中输入工程名和工程标题，工程名为存

储目录的名称，工程标题为应用程序的实际名称，在这里设置相同的工程名和工程标题。完成之后，点击“确定”按钮。

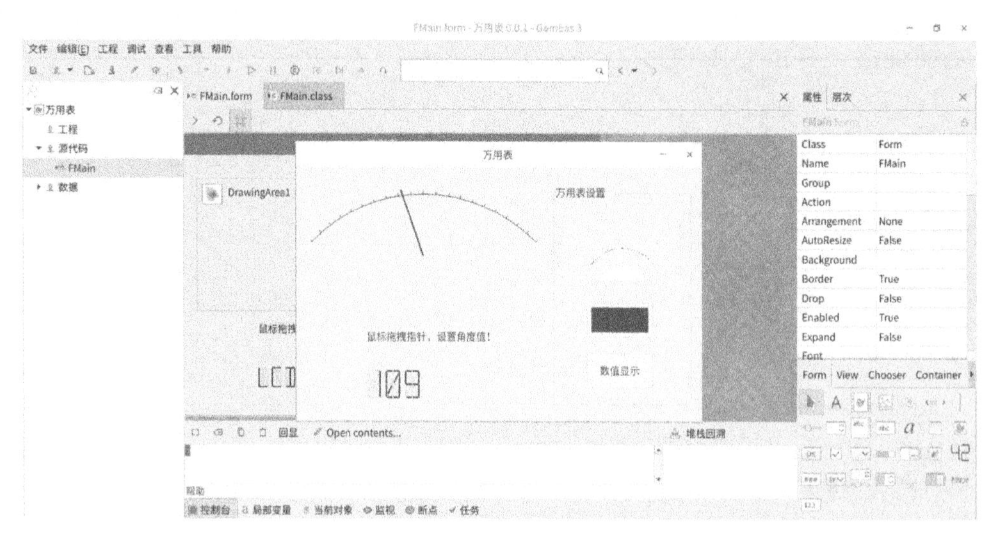

图 6-9 万用表元件窗体

⑤ 系统默认生成的启动窗体名称（Name）为 FMain。在 FMain 窗体中添加 1 个 DrawingArea 控件、1 个 Label 控件、1 个 LCDLabel 控件、1 个 Frame 控件、1 个 PictureBox 控件、1 个 ColorButton 控件、1 个 Button 控件，如图 6-10 所示，并设置相关属性，如表 6-4 所示。

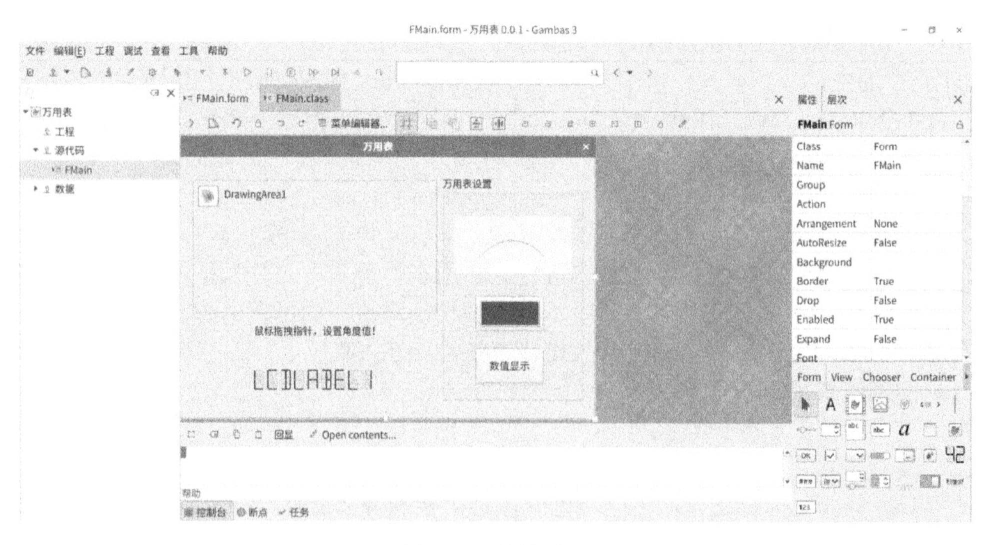

图 6-10 窗体设计

表 6-4 窗体和控件属性设置

名称	属性	说明
FMain	Text：万用表 Resizable：False	标题栏显示的名称 固定窗体大小，取消最大化按钮

续表

名称	属性	说明
DrawingArea1		绘制压力计
Label1	Text：鼠标拖拽指针，设置角度值！	标签，显示提示信息
LCDLabel1		显示数值
Frame1	Text：万用表设置	框架
PictureBox1	Picture：meter.png Stretch：True	缩略图 图片适应控件大小
ColorButton1	Value：Red	设置控件颜色
Button1	Text：数值显示	命令按钮，响应相关点击事件

⑥ 设置 Tab 键响应顺序。在 FMain 窗体的“属性”窗口点击“层次”，出现控件切换排序，即按下键盘上的 Tab 键时，控件获得焦点的顺序。

⑦ 在 FMain 窗体中添加代码。

```
' Gambas class file

  Public p As Float
  Public flag As Integer

Public Sub DrawingArea1_Draw()

  Dim img As Image
  Dim x1 As Integer
  Dim y1 As Integer

  '装载图片
  img = PictureBox1.Picture.Image
  '删除无关颜色
  img = img.Erase(&HF4F8FB)
  img = img.Erase(&HFFFFFF)
  '开始绘图
  Draw.Begin(DrawingArea1)
  '绘制万用表盘
  Draw.Image(img, 0, 0, 470, 130, 180, 130, 470, 130)
  '计算指针位置
  x1 = 470 / 2 * Cos(p * Pi / 180)
  y1 = 470 / 2 * Sin(p * Pi / 180)
  '设置绘制前景颜色
  Draw.Foreground = ColorButton1.Color
  '线粗
```

```
    Draw.LineWidth = 3
    '绘制指针
    Draw.Line(470 / 2, 130, 470 / 2 + x1, 130 - y1)
    Draw.End
End

Public Sub ColorButton1_Change()

    Dim img As Image

    '装载图片
    img = PictureBox1.Picture.Image
    '设置控件颜色
    If flag = 0 Then
      ColorButton1.Tag = &H000000
      flag = 1
    Endif
    PictureBox1.Picture = img.Replace(ColorButton1.Tag, ColorButton1.Color).Picture
    ColorButton1.Tag = ColorButton1.Color
    '刷新
    DrawingArea1.Refresh
End

Public Sub Button1_Click()

    Randomize
    '随机产数值
    p = Rand(5, 175)
    '显示数值
    LCDLabel1.Text = p
    '刷新
    DrawingArea1.Refresh
End

Public Sub DrawingArea1_MouseMove()

    Dim x1 As Integer
    Dim y1 As Integer

    '按下鼠标左键拖拽指针
    If Mouse.Left Then
      x1 = (Mouse.X - 470 / 2)
```

```
        y1 = Abs(Mouse.Y - 130)
        '计算鼠标当前角度
        Try p = ATan(y1 / x1) * 180 / Pi
        '归一化到 0~180 之间
        If p < 0 Then
          p = 180 + p
        Endif
        '显示数值
        LCDLabel1.Text = p
        '刷新
        DrawingArea1.Refresh
    Endif
End
```

程序中，Public Sub DrawingArea1_Draw 过程在万用表图片框架基础上绘制指定颜色的表盘和指针，是万用表元件的主体绘制模块；并且可以通过 Public Sub ColorButton1_Change 过程指定替代颜色；Public Sub Button1_Click 过程中的 p = Rand(5, 175)语句相当于数据采集结果，对于实际测量工程，只要将该句代码替换为从数据采集卡获得的实际数据采集结果即可；Public Sub DrawingArea1_MouseMove 语句可以在鼠标左键按下后拖拽指针到指定位置，即可以设置万用表阈值。

6.3.5　旋钮元件设计

旋钮（Knob）一般用于设定阈值，如设定电压输入值，设定电流超限报警，设定额定功率等。通过按下鼠标左键来旋转控件，可以进行 360° 无死角转动，以获得设定值。下面通过一个实例来学习旋钮元件的设计方法，如图 6-11 所示。

（1）实例效果预览

实例效果预览如图 6-11 所示。

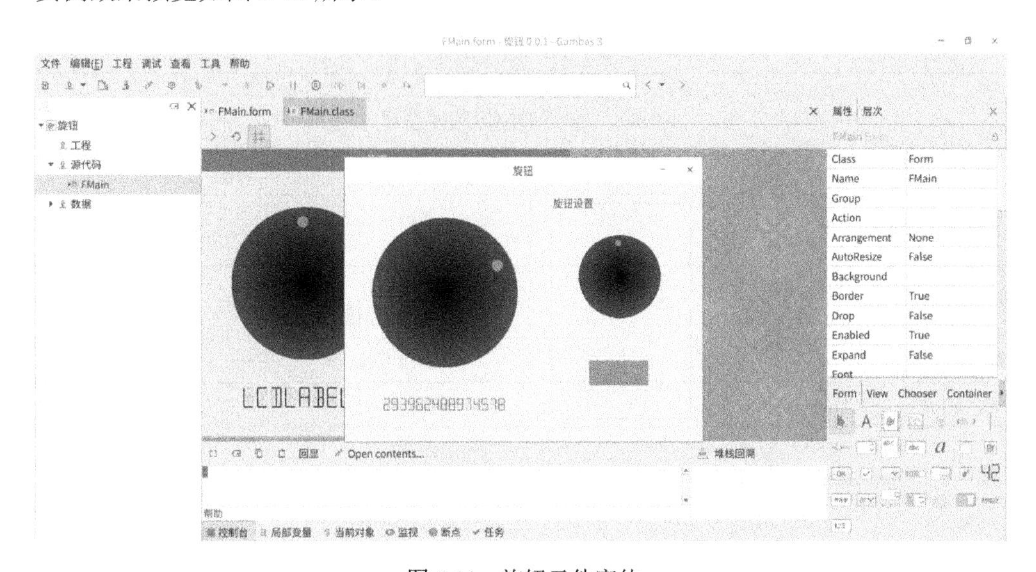

图 6-11　旋钮元件窗体

（2）实例步骤

① 启动 Gambas 集成开发环境，可以在菜单栏选择“文件”→“新建工程...”，或在启动窗体中直接选择“新建工程...”项。

② 在“新建工程”对话框中选择“1.工程类型”中的“Graphical application”项，点击“下一个(N)”按钮。

③ 在“新建工程”对话框中选择“2.Parent directory”中要新建工程的目录，点击“下一个(N)”按钮。

④ 在“新建工程”对话框的“3.Project details”中输入工程名和工程标题，工程名为存储目录的名称，工程标题为应用程序的实际名称，在这里设置相同的工程名和工程标题。完成之后，点击“确定”按钮。

⑤ 系统默认生成的启动窗体名称(Name)为 FMain。在 FMain 窗体中添加 2 个 PictureBox 控件、1 个 LCDLabel 控件、1 个 Frame 控件、1 个 ColorButton 控件，如图 6-12 所示，并设置相关属性，如表 6-5 所示。

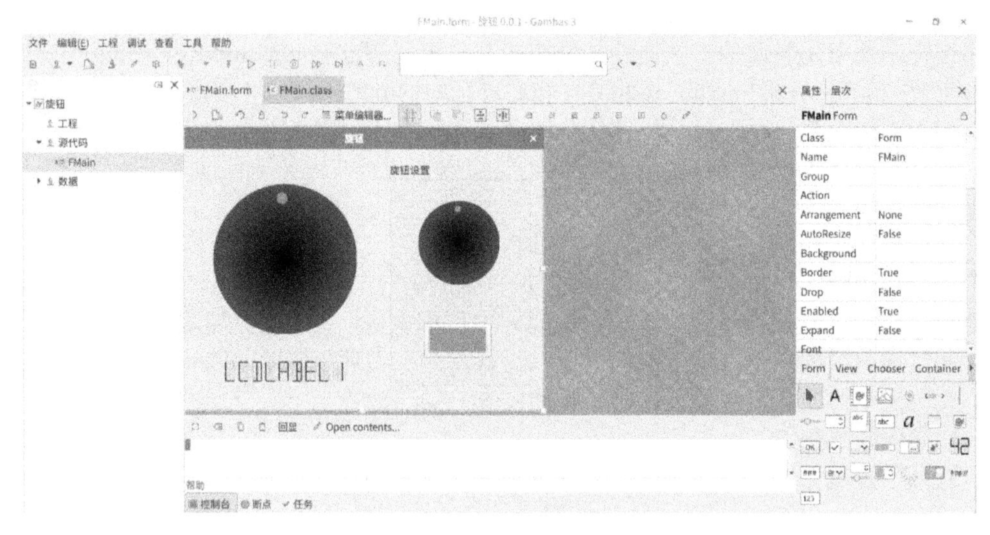

图 6-12 窗体设计

表 6-5 窗体和控件属性设置

名称	属性	说明
FMain	Text：旋钮 Resizable：False	标题栏显示的名称 固定窗体大小，取消最大化按钮
PictureBox1	Picture：knob.png Stretch：True	绘制旋钮 图片适应控件大小
LCDLabel1		显示角度值
Frame1	Text：旋钮设置	框架
PictureBox2	Picture：knob.png Stretch：True	缩略图 图片适应控件大小
ColorButton1	Value：Green	设置控件颜色

⑥ 设置 Tab 键响应顺序。在 FMain 窗体的“属性”窗口点击“层次”，出现控件切换排

序，即按下键盘上的 Tab 键时，控件获得焦点的顺序。

⑦ 在 FMain 窗体中添加代码。

```
' Gambas class file

  Public flag As Integer

Public Sub PictureBox1_MouseMove()

  Dim p As Float
  Dim x1 As Integer
  Dim y1 As Integer
  Dim x0 As Integer
  Dim y0 As Integer
  Dim img As Image
  Dim img2 As Image

  '鼠标当前位置
  x1 = Mouse.X
  y1 = Mouse.Y
  '原点位置
  x0 = PictureBox1.Width / 2
  y0 = PictureBox1.Height / 2
  '按下鼠标左键拖拽
  If Mouse.Left Then
    '计算鼠标当前角度
    p = ATan((y1 - y0) / (x1 - x0)) * 180 / Pi
    If (x1 < x0) And (y1 < y0) Then p = 90 - p
    If (x1 <= x0) And (y1 >= y0) Then p = 90 - p
    If (x1 > x0) And (y1 > y0) Then p = 270 - p
    If (x1 >= x0) And (y1 <= y0) Then p = 270 - p
    '装载图片
    img = PictureBox1.Picture.Load("knob.png").Image
    '设置颜色
    img = img.Replace(&H00FF00, ColorButton1.Color)
    '图像旋转
    img2 = img.Rotate(p / 180 * Pi)
    '显示旋转后图像
    img.PaintImage(img2, img.Width / 2 - img2.Width / 2, img.Height / 2 - img2.Height / 2)
    PictureBox1.Picture = img.Picture
    '显示当前角度
    LCDLabel1.Text = p
  Endif
```

```
    '错误处理
    Catch
      Return
End

Public Sub ColorButton1_Change()

    Dim img As Image

    '装载图片
    img = PictureBox1.Picture.Image
    '是否已经更改过颜色
    If flag = 0 Then
      ColorButton1.Tag = &H00FF00
      flag = 1
    Endif
    '设置颜色
    img = img.Replace(ColorButton1.Tag, ColorButton1.Color)
    '保存颜色
    ColorButton1.Tag = ColorButton1.Color
    '显示图片
    PictureBox1.Picture = img.Picture
    PictureBox2.Picture = img.Picture
End
```

程序中，Public Sub PictureBox1_MouseMove 过程在鼠标左键按下后实现在第一、第二、第三、第四象限范围内旋转旋钮，并且可以通过 Public Sub ColorButton1_Change 过程指定旋钮上指示点的替代颜色，旋钮的旋转角度可作为工程控制中的设定值或输出值。

6.3.6 水箱元件设计

在工业生产过程中，经常需要用到供水系统，水箱作为储水设备，要保证过程中液位在一个给定值上下，或在某一小范围内波动，保证不会缺水，也不能溢出，需要进行实时监控。此外，也可以作为滑动块使用。下面通过一个实例来学习水箱元件的设计方法，如图 6-13 所示。

（1）实例效果预览

实例效果预览如图 6-13 所示。

（2）实例步骤

① 启动 Gambas 集成开发环境，可以在菜单栏选择“文件”→“新建工程...”，或在启动窗体中直接选择“新建工程...”项。

② 在“新建工程”对话框中选择“1.工程类型”中的“Graphical application”项，点击“下一个(N)”按钮。

③ 在“新建工程”对话框中选择“2.Parent directory”中要新建工程的目录，点击“下一个(N)”按钮。

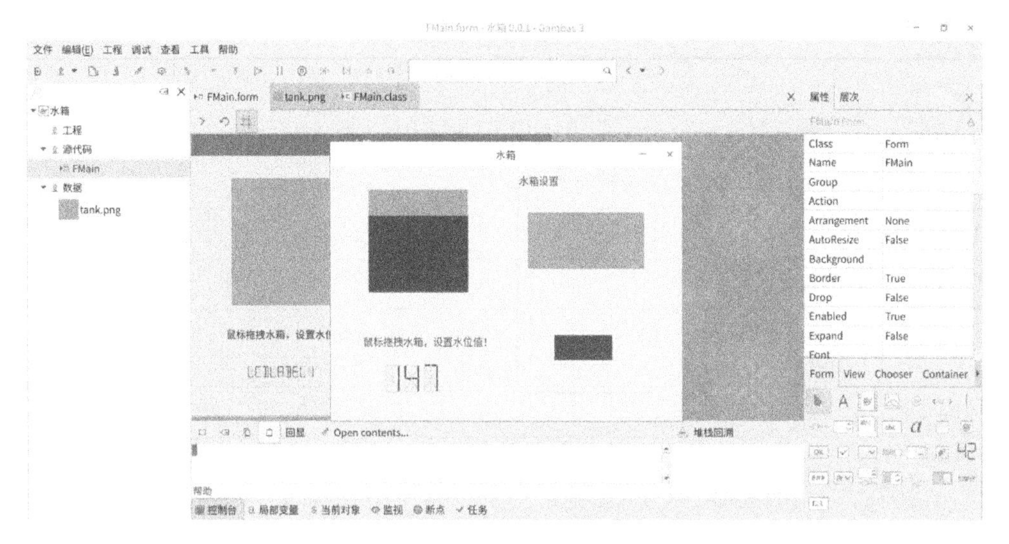

图 6-13　水箱元件窗体

④ 在“新建工程”对话框的“3.Project details”中输入工程名和工程标题，工程名为存储目录的名称，工程标题为应用程序的实际名称，在这里设置相同的工程名和工程标题。完成之后，点击“确定”按钮。

⑤ 系统默认生成的启动窗体名称(Name)为 FMain。在 FMain 窗体中添加 2 个 PictureBox 控件、1 个 Label 控件、1 个 LCDLabel 控件、1 个 Frame 控件、1 个 ColorButton 控件，如图 6-14 所示，并设置相关属性，如表 6-6 所示。

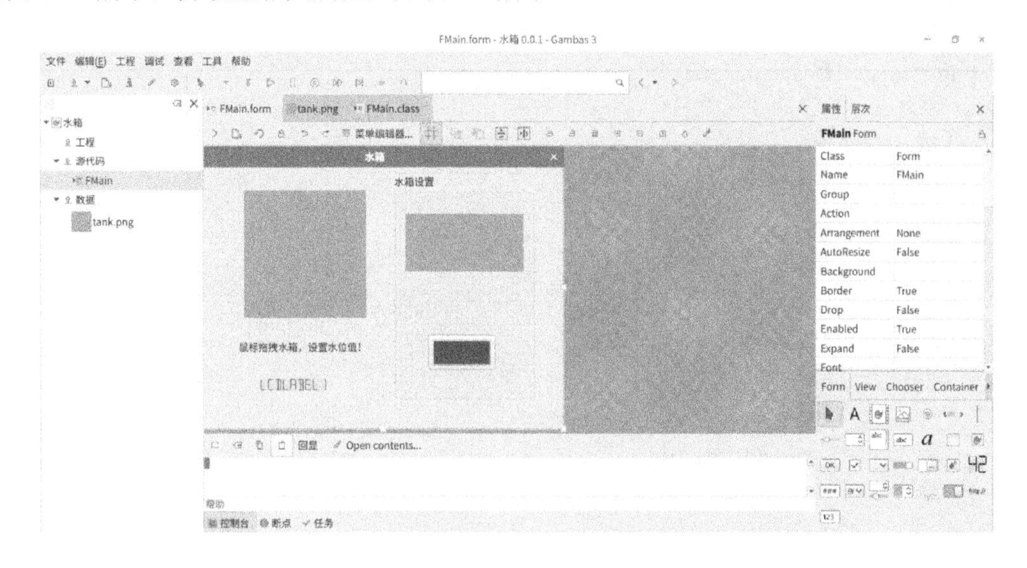

图 6-14　窗体设计

表 6-6　窗体和控件属性设置

名称	属性	说明
FMain	Text：水箱 Resizable：False	标题栏显示的名称 固定窗体大小，取消最大化按钮

续表

名称	属性	说明
PictureBox1	Picture：tank.png	绘制水箱
Label1	Text：鼠标拖拽水箱，设置水位值！	显示提示信息
LCDLabel1		显示数值
Frame1	Text：水箱设置	框架
PictureBox2	Picture：tank.png Stretch：True	缩略图 图片适应控件大小
ColorButton1	Value：Red	设置控件颜色

⑥ 设置 Tab 键响应顺序。在 FMain 窗体的“属性”窗口点击“层次”，出现控件切换排序，即按下键盘上的 Tab 键时，控件获得焦点的顺序。

⑦ 在 FMain 窗体中添加代码。

```
' Gambas class file

Public Sub PictureBox1_MouseMove()

  Dim img As Image

  '装载图片
  img = Picture.Load("tank.png").Image
  '按下鼠标左键拖拽
  If Mouse.Left Then
    '设置鼠标形状
    PictureBox1.Mouse = Mouse.SplitV
    '设置水箱水位
    img = img.FillRect(0, Mouse.Y, PictureBox1.w, PictureBox1.H - Mouse.Y, ColorButton1.Color)
    '显示图片
    PictureBox1.Picture = img.Picture
    '显示当前水位
    LCDLabel1.Text = PictureBox1.H - Mouse.Y - PictureBox1.Y
  Endif
End

Public Sub PictureBox1_MouseUp()
  '设置鼠标默认形状
  PictureBox1.Mouse = Mouse.Default
End
```

程序中，Public Sub PictureBox1_MouseMove 过程在鼠标左键按下后实现拖拽水箱水位操作，水位的高度数值可作为工程控制中的设定值或输出值。

6.3.7 示波器元件设计

在一般工业控制系统中，都会有波形显示控件，可以用来显示数据波形曲线、信号变换曲线，如正弦曲线、抽样曲线、FFT 变换、DWT 变换等。从刷新方式来看，有整屏刷新方式、逐点刷新方式、滚屏方式等；从信号类型来看，有数字信号、模拟信号；从操作方式来看，有静态显示型、人机交换型。下面通过一个实例来学习示波器元件的设计方法，如图 6-15 所示。

（1）实例效果预览

实例效果预览如图 6-15 所示。

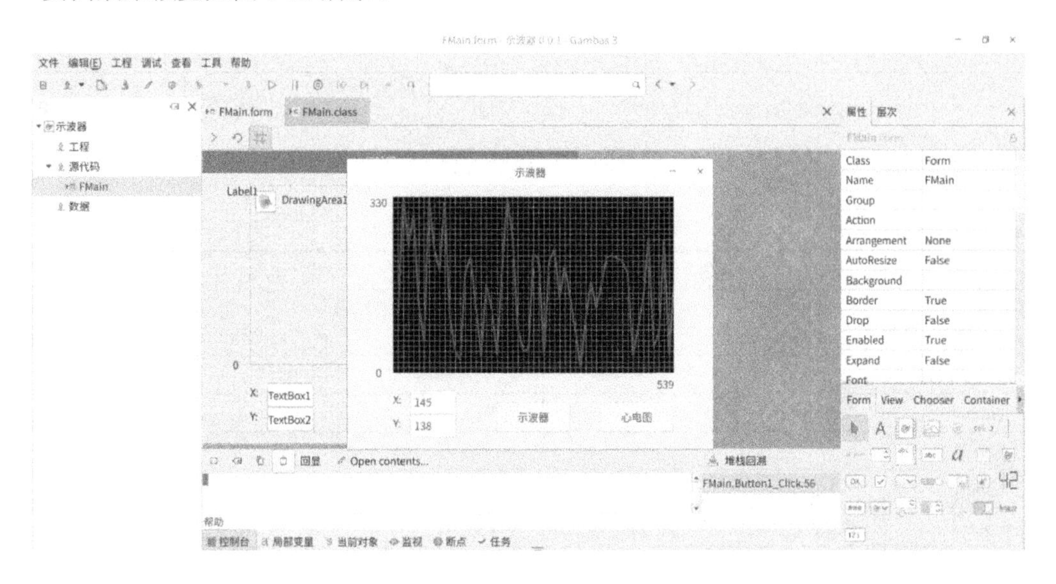

图 6-15　示波器元件窗体

（2）实例步骤

① 启动 Gambas 集成开发环境，可以在菜单栏选择“文件”→“新建工程...”，或在启动窗体中直接选择“新建工程...”项。

② 在“新建工程”对话框中选择“1.工程类型”中的“Graphical application”项，点击“下一个(N)”按钮。

③ 在“新建工程”对话框中选择“2.Parent directory”中要新建工程的目录，点击“下一个(N)”按钮。

④ 在“新建工程”对话框的“3.Project details”中输入工程名和工程标题，工程名为存储目录的名称，工程标题为应用程序的实际名称，在这里设置相同的工程名和工程标题。完成之后，点击“确定”按钮。

⑤ 系统默认生成的启动窗体名称（Name）为 FMain。在 FMain 窗体中添加 1 个 DrawingArea 控件、1 个 Timer 控件、5 个 Label 控件、2 个 TextBox 控件、2 个 Button 控件，如图 6-16 所示，并设置相关属性，如表 6-7 所示。

⑥ 设置 Tab 键响应顺序。在 FMain 窗体的“属性”窗口点击“层次”，出现控件切换排序，即按下键盘上的 Tab 键时，控件获得焦点的顺序。

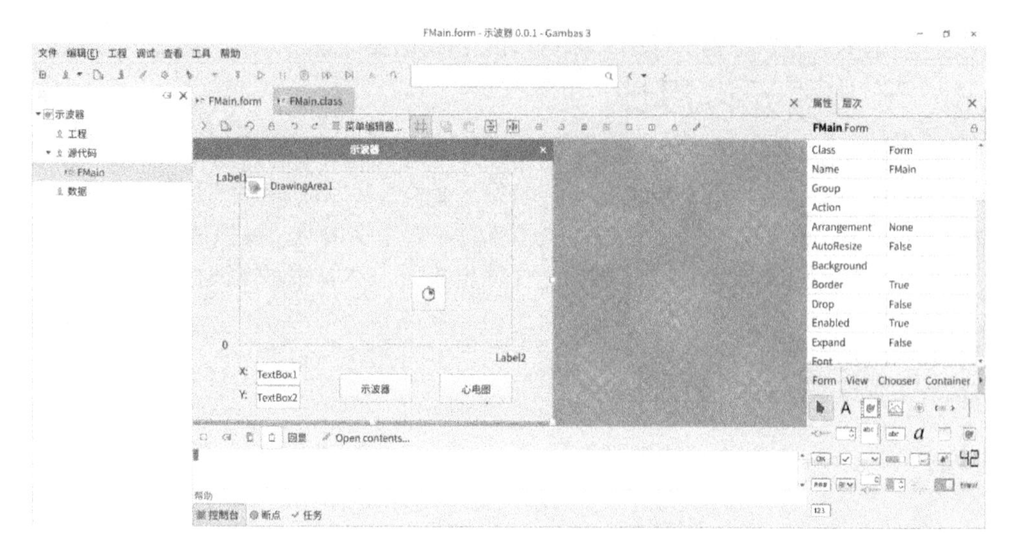

图 6-16　窗体设计

表 6-7　窗体和控件属性设置

名称	属性	说明
FMain	Text：水箱 Resizable：False	标题栏显示的名称 固定窗体大小，取消最大化按钮
DrawingArea1		绘制示波器
Timer1	Delay：200	延时 200ms
Label1		纵坐标最大值
Label2		横坐标最大值
Label3	Text：0	坐标原点
Label4	Text：X	横坐标
Label5	Text：Y	纵坐标
TextBox1		显示横坐标
TextBox2		显示纵坐标
Button1	Text：示波器	命令按钮，响应相关点击事件
Button2	Text：心电图	命令按钮，响应相关点击事件

⑦ 在 FMain 窗体中添加代码。

```
' Gambas class file

  Public s As New Integer[]
  Public flag As Boolean
  Public idx As Integer

Public Sub DrawingArea1_Draw()

  Dim i As Integer

  '开始绘图
```

```
    Draw.Begin(DrawingArea1)
    '窗格线粗
    Draw.LineWidth = 1
    '设置窗格前景和背景颜色
    Draw.Foreground = Color.Green
    DrawingArea1.Background = Color.Black
    '
    For i = 0 To DrawingArea1.ClientHeight Step 10
      Draw.Line(0, i, DrawingArea1.ClientWidth, i)
    Next
    For i = 0 To DrawingArea1.ClientWidth Step 10
      Draw.Line(i, 0, i, DrawingArea1.ClientHeight)
    Next
    '设置折线颜色
    Draw.Foreground = Color.Red
    '线粗
    Draw.LineWidth = 4
    '绘制折线
    Draw.PolyLine(s)
    '绘制结束
    Draw.End
End

Public Sub Timer1_Timer()
    '切换类型
    If flag = False Then
      Button1_Click
    Else
      Button2_Click
    Endif
End

Public Sub Button1_Click()

    Dim i As Integer

    '示波器
    Randomize
    flag = False
    '定时器开始工作
    Timer1.Enabled = True
    '重新分配内存空间
```

```
    s.Resize(DrawingArea1.ClientWidth / 10 * 2 + 1)
    '随机生成数据
    For i = 1 To s.Count / 2
      s[i * 2 - 2] = i * 10
      s[i * 2 - 1] = Rand(0, DrawingArea1.ClientHeight - 10)
    Next
    '显示纵坐标和横坐标
    Label1.Text = DrawingArea1.ClientHeight
    Label2.Text = DrawingArea1.Width
End

Public Sub Button2_Click()

    Dim i As Integer

    '心电图
    Randomize
    flag = True
    Timer1.Enabled = True
    '重新分配内存空间
    s.Resize(DrawingArea1.ClientWidth / 10 * 2 + 1)
    '索引自增
    Inc idx
    For i = 1 To s.Count / 2
      s[i * 2 - 2] = i * 10
    Next
    '随机生成数据
    s[idx * 2 - 1] = Rand(0, DrawingArea1.ClientHeight - 10)
    If idx >= s.Count / 2 Then idx = 0
     '显示纵坐标和横坐标
    Label1.Text = DrawingArea1.ClientHeight
    Label2.Text = DrawingArea1.Width
End

Public Sub DrawingArea1_MouseDown()
    '点击窗口显示坐标
    TextBox1.SetFocus
    TextBox1.Text = Mouse.X
    TextBox2.SetFocus
    TextBox2.Text = DrawingArea1.ClientHeight - Mouse.Y
    DrawingArea1.SetFocus
End
```

程序中，Public Sub DrawingArea1_Draw 过程绘制示波器窗格；Public Sub Button1_Click 过程中的 s[i * 2 - 1] = Rand(0, DrawingArea1.ClientHeight - 10)语句相当于数据采集结果，对于实际测量工程，只要将该句代码替换为从数据采集卡获得的实际数据采集结果即可；Public Sub Button2_Click 过程中的 s[idx * 2 - 1] = Rand(0, DrawingArea1.ClientHeight - 10)语句与 Button1 事件相同；Public Sub DrawingArea1_MouseDown 过程中，当鼠标在示波器区域按下后，会将该点的坐标显示到 TextBox 控件中。

6.4 虚拟仪器用户界面设计方法

大多数虚拟仪器用户界面设计的方法与基础艺术课中所讲授的基础设计的原则相同，包括构图、颜色等基本的设计原则。虽然，Gambas 通用设计工具与 LabVIEW、LabWindows/CVI、HP VEE、WinCC 等专业设计工具都能通过简单地将控件拖动并放置到窗体上而使得用户界面的创建非常容易，但是，在精致的界面设计中其能极大提高人机界面交互的效率。

6.4.1 设计原则

在业务逻辑明确之后，界面逻辑就成为虚拟仪器设计的重要内容。好的界面设计能提高程序的易用性和用户的体验。为做好界面设计，最好先在纸上画出界面以及功能布局，决定需要哪些控件、不同元件的摆放位置以及控件之间的关系等。

（1）构图

应用程序的观感与界面的布局构图不仅影响美感，而且也极大地影响应用程序的可用性。构图包括诸如控件的位置、元素的一致性、动感设计、空白空间的使用以及设计的简洁性等因素。控件的形状、位置等要素在大多数界面设计中并不完全一致，与业务流程紧密结合的设计是很有必要的，以确保越是重要的要素越要最快地呈现给用户。重要或频繁访问的要素应当放在显著的位置上，而不太重要的要素应当降级到不太显著的位置上。

在大多情况下中，人们习惯于在从左到右、自上到下地阅读，对于计算机屏幕也是如此，大多数用户的眼睛会首先注视屏幕的左上部位，因此，重要的业务应当从屏幕的左上角开始排列。如果界面上的信息与服务对象紧密相关，则该信息应当显示在最先被看到的位置。而按钮，如“确定”或“取消”，应当放置在右下部，用户在未完成对界面的操作之前，通常不会点击这些按钮。把控件按功能或关系进行逻辑划分，由于功能彼此相关，查找数据、数据分析等的按钮应当被分为一组，而不是分散在界面的四处。在多数情况下，可以使用 Frame 控件来加强功能之间的内聚性。

（2）界面元素的一致性

在用户界面设计中，要保持整体的一致性。一致的外观与体验可以在应用程序中创造一种和谐，如果缺乏一致性，则很可能引起混淆，并使应用程序看起来混乱、没有条理，甚至可能引起对应用程序可靠性的怀疑。为了保持视觉上的一致性，在开始开发应用程序之前应先创建设计策略和类型约定，诸如控件的类型、控件的尺寸、分组的标准以及字体的选取等设计元素，也可以创建设计样板来辅助进行设计。

在 Gambas 中有大量的内建控件和自定义控件（元件）可供使用，应该选取其中能够很好适合特定应用程序的控件子集。如 ListBox、ListView、TreeView 等控件都可用来显示信息列表，应尽可能选择其中一种类型使用。此外，应尽量恰当地使用控件，虽然 TextArea 控件可以设置成只读并用来显示文本，但 TextLabel 控件通常更适用于该场合。在为控件设置属性时应保持一致性，如果在一个地方为可编辑的文本使用白色背景，不要在别的地方改用其他颜色。在应用程序中不同的窗体之间保持一致性对其可用性非常重要，如果在一个窗体中使用了灰色背景以及三维效果，而在另一个窗体中使用了白色背景，则这两个窗体会显得不协调，应该选定一种风格并在整个应用程序中保持一致。

（3）动感设计

动感是对象功能的可见线索。动感实例随处可见，如按下按钮、旋转旋钮和点亮LED等动作都能通过动感表示，一眼就可以看出它们的用法。如命令按钮上的三维立体效果使得其看上去像是被按下，而使用平面边框的命令按钮就会失去这种动感效果，可能不能清楚地传递给用户它是一个命令按钮。在一些情况下，平面的按钮也是可以使用的，如游戏或多媒体应用程序，只要在整个应用程序中保持一致就好。文本框也提供了一种动感效果，如设置边框和白色背景，文本框内包含可编辑的文本，而使用不带边框的文本框看起来像一个标签，并且不能明显地提示用户它是可被编辑的。

（4）空白空间的使用

在用户界面中使用空白空间有助于突出元素和改善可用性。空白空间不必一定是白色的，它是窗体和控件之间以及控件四周的空白区域。一个窗体上有太多的控件会导致界面杂乱无章，使得寻找一个字段或控件非常困难。在设计中需要插入空白空间来突出设计元素。各控件之间一致的间隔以及垂直与水平方向元素的对齐也可以使设计更可用，整齐的界面排布也会提升用户体验。Gambas提供了相关工具，使得控件的间距、排列和尺寸的调整非常容易。

（5）保持界面的简洁

界面设计最重要的原则就是简洁。对于应用程序而言，如果界面看上去很冗余晦涩，会大大降低用户的接受度。从计算机美学的角度来讲，整洁、简单、明了的主题更适合于界面外观设计，如可以使用带有预装载数据的列表框，以减少输入工作量；可以提取常用的数学函数并把它们移到相关的窗体中，用来简化用户操作；可以提供默认设置来提高程序执行效率，如大多数用户选取加粗的文本，则可以把文本粗体设为默认值，而不要让用户每次都重新设置一次。此外，使用向导设计方案也有助于简化复杂的或不常用的任务。

（6）颜色搭配

在界面上使用颜色可以增加视觉上的感染力，但是滥用现象也时有发生。每个人对颜色的喜爱有很大的不同，颜色能够引发强烈的情感，如果正在设计针对全球性用户的程序，那么某些颜色可能具有文化上的重大意义。一般说来，最好保守传统，采用一些柔和的、中性化的颜色。当然，潜在的用户以及试图传达的意境也会影响对颜色的选取。少量明亮色彩可以有效地突出或吸引人们对重要区域的注意，应当尽量限制应用程序所用颜色的种类，而且色调也应该保持一致。使用颜色时另一个需要考虑的问题就是色盲，有一些人不能分辨不同的基色（如红色与绿色）组合之间的差别，对于这种情况，绿色背景上的红色文本就会看不清。

（7）图像与图标

图像与图标的使用可以增加应用程序视觉上的亲和力。在不使用文本的情况下，图像同样可以形象地传达信息，但不同的人对图像的理解也可能出现偏差。带有表示各种功能的图标的工具栏是一种实用的界面设计方案，在设计工具栏图标时，应遵循通用工具栏图标的表示方案，如“新建”“打开”“保存”等图标，应与日常使用的图标类似或接近。

（8）选取字体

字体是用户界面的重要组成部分。需要选取在不同的分辨率和不同类型的显示器上都能容易阅读的字体，通常手写字体或其他装饰性字体的打印效果比屏幕上的效果更好。除非计划让用户来配置字体，否则应当坚持使用标准字体，如宋体、New Times Roman等。如果用户系统没有包含指定的字体，系统会使用替代的字体，其结果可能与原始设计完全不一样。如果正在为国际用户设计，需要调查操作系统字库里的可用字体。此外，在为其他语言设计时，需要考虑文本的扩展和字符编码格式。大多数情况下，不要在应用程序中使用两种以上的字体。

6.4.2 可用性设计

应用程序的可用性基本上是由用户决定的。界面设计需要多次反复调整，第一步就设计出完美界面的情况非常少见，而用户参与设计过程越早，花费的精力也越少，创建的界面越好、越可用。在进行用户界面设计时，最好是先参考业内流行或相关的应用程序，对于一些常规的通用要素，如工具栏、状态栏、工具提示、菜单以及对话框等，要保证使所有的功能都能被鼠标和键盘所访问，也要把自己的意见与用户的意见统一起来。此外，大多数成功的应用程序都会提供各种选择来适应不同用户的偏好，这会扩大应用程序的影响力。

（1）Linux 界面设计标准

Linux 操作系统的主要特点就是为所有的应用程序提供了公用的界面。知道如何使用基于Linux应用程序的用户，很容易学会使用其他应用程序，而与已有的界面准则相差太大的应用程序不容易上手使用，降低用户体验。如菜单的设计，大多数基于Linux的应用程序都遵循相同的标准：文件菜单在最左边，然后是编辑、工具等可选的菜单，最右边是帮助菜单。如果将帮助菜单放在最前，会引起用户的混淆，降低应用程序的可用性；子菜单的位置也很重要，用户本期望在编辑菜单下找到复制、剪切、粘贴等子菜单，若将它们移到文件菜单下则会引起混乱。

（2）可用性测试

测试界面可用性的最好方法是在整个设计过程中请用户参与。不论是大型应用程序，还是小型的有限使用的应用程序，界面设计应从构图开始，并创建一个或多个原型，在Gambas中设计窗体，编写代码来启动原型，如显示窗体、用示例数据填充控件等。接下来是准备可用性测试，可以与用户一起审查设计，也可以在已创建的可用性规则中进行测试，并且要从用户角度了解程序设计的优劣，让用户充分体验应用程序，然后征求使用意见。一旦用户对应用程序可用性满意，就正式开始编码，在开发的过程中也需要通过不断地测试来确保设计的正确性和可用性。

（3）功能的可发现性

可用性测试的关键是可发现性。如果用户不能发现如何使用某个功能，或者根本不知道该功能存在，并且界面中没有任何地方可提供线索来帮助用户发现这一功能，则该功能的设计是失败的。为了测试功能的可发现性，不解释如何做就要求用户完成某一任务，如果他们不能完成这个任务，或者尝试了很多次，则该功能的可发现性还需要改进。

（4）当用户或系统出错时与用户交互

在理想状态下，软件与硬件都会无故障地一直工作下去，用户也从不会出错，而现实中错误总是难免的。当程序出现错误时，应用程序会如何响应是用户界面设计的一个重要部分。常用的响应方式是弹出一个对话框，要求用户输入或选择应用程序处理方法，但更好的响应是简单地解决问题而不打扰用户，因为用户关心的是完成任务，而不是技术细节。在设计用户界面时，考虑可能出现的错误，并判断哪一个需要用户交互，哪一个可以按事先约定的方案解决。

（5）不使用对话框的错误处理

当用户出现错误时不一定要打断用户，可采取不通知用户而用代码来处理错误的方法，或以不停止用户工作流程的方法来提醒用户，如WPS中的“自动更正”功能。这里给出几点建议：在编辑菜单中添加撤销功能，对于误删除的情况，与其用对话框来打断用户，还不如提供撤销功能以备后用；如果错误不影响用户当前的任务，不要停止应用程序，可以使用状态栏或亮色警告图标来提示用户；当用户试图存文件时磁盘已满，则在其他驱动器中检查可用空间，如果空间可用，则保存该文件，并在状态栏中显示一条消息提示用户；有些错误可能当时没有注意到，可以把这些记录到文件中，当用户退出应用程序时或方便的时候再把它们显示给用户。

第7章 信号处理技术

信号处理技术采用Octave信号处理工具构建数字信号分析与处理模型，可以利用Gambas与Octave脚本进行数字信号处理平台和系统的开发，服务于信号分析、信号处理、工业控制等领域。由于采用了标准化设计方法，相关设计代码兼容Qt4、Qt5、GTK+2、GTK+3，可方便地发布和移植到各种Linux操作系统中。

本章介绍了基于Gambas的信号处理工程实现方案，包括数据表示、矩阵操作、字符串操作、元胞数组操作、信号分析、绘图操作、脚本文件、函数文件、接口方法、gnuplot使用等内容，并给出了FFT变换程序设计示例，能够使读者快速掌握数字信号处理程序的设计思路与设计方法。

7.1 Octave信号处理工具

Octave是一种主要用于数值计算的高级语言，采用类似Gambas的语法结构，能够对数据进行理论计算、统计分析等，最初作为威斯康星大学麦迪逊分校的James B. Rawlings和得克萨斯大学的John G. Ekerdt编写的本科化学反应器设计教材的配套软件。当前版本的Octave使用图形用户界面GUI，包括代码编辑器、调试器、文件浏览器和解释器，也提供命令行界面。Octave是免费的可再发行软件，可根据自由软件基金会发布的GNU通用公共许可协议重新发布或修改。

7.1.1 Octave简介

Octave是一款用于数值计算和绘图的开源编程语言，旨在解决线性和非线性的数值计算问题。Octave最初设计用于本科生化学课辅助程序，以Octave Levenspiel教授之名命名，早期版本为命令行交互方式，从4.0.0版本开始，发布基于Qt组件的GUI人机交互界面，后期由John W. Eaton博士领导并遵循GNU General Public Licence，可以自由复制、流通与使用。

Octave语法规则类似于Matlab，在不调用Matlab工具包的情况下，基本可以将Matlab程序移植到Octave。此外，Octave与C、C++、Qt等接口比Matlab更加方便。在许多工程实际问题中，数据都可以用矩阵或向量形式表示，转化为类矩阵的求解问题，而Octave能够提供完整的矩阵解决方案，包括求解联立方程组、计算矩阵特征值和特征向量等，并能通过多种形式实现数据可视化。

Octave语言是直译式、结构化的编程语言，类似于Gambas语言，其核心由一组内置的矩阵运算语言和可加载函数组成，其他功能以脚本形式存在。Octave解释器会自动处理各种不同类型的调用。Octave 支持数据结构、面向对象编程。Octave 可以在大部分的类 Unix 操作系统中运行，以及在 Microsoft Windows 中运行。

7.1.2 Octave 安装

打开 Deepin 操作系统（Deepin V15.11 桌面版）的“应用商店”，搜索“Octave”，即可找到 GNU Octave，也可在左侧分类列表中打开“其他应用”查找 GNU Octave。在“GNU Octave”页面中点击“安装”按钮，即可完成安装。安装完成后按钮变为“打开”，点击后即可打开，也可从启动器中点击“所有分类”→“其他应用”→“GNU Octave”打开该应用程序，该版本为 4.0.3，于 2016 年发布，如图 7-1 所示。

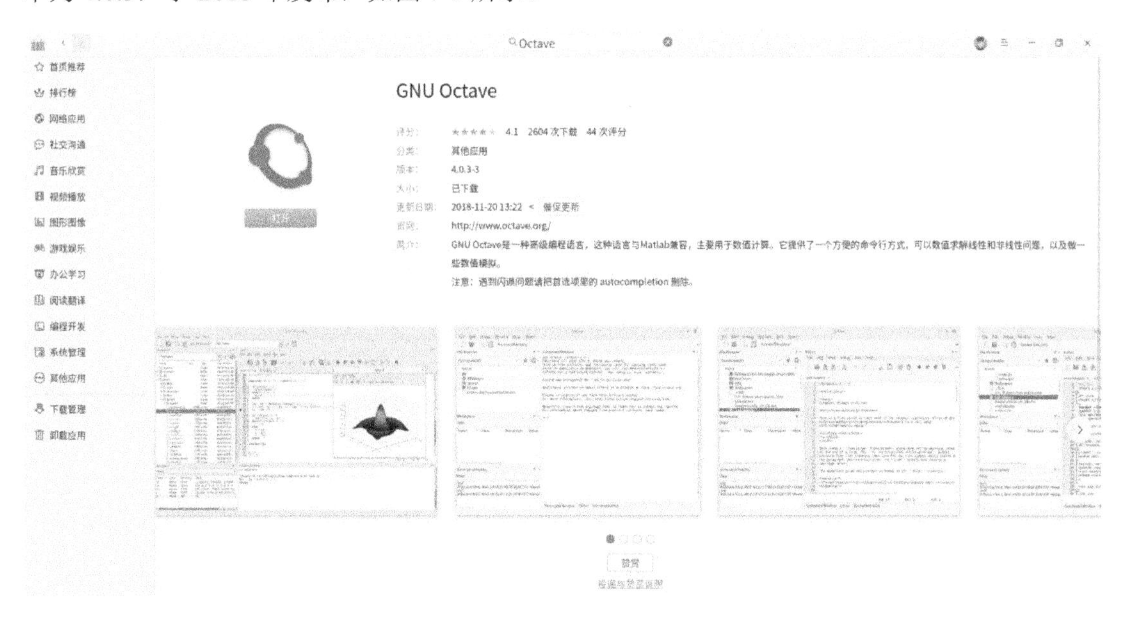

图 7-1 安装 GNU Octave

7.1.3 Octave 开发环境设置

Octave 的操作界面简洁美观，功能模块集成度高，包含了多个人机交互工作窗口，主要包括菜单栏、工具栏、文件浏览器、命令窗口、Editor 窗口、文档窗口、工作区和命令历史等，如图 7-2 所示。

（1）菜单栏

Octave 开发工具菜单栏包括“文件”“编辑”“除错”“窗口”“帮助”和“新闻”菜单。

①“文件”菜单　“文件”菜单对文件进行操作，主要包括：新建、打开、最近编辑器文件、载入工作空间、工作空间另存为和退出。其中，“新建”菜单包括：“New Scrip”新建脚本文件，可以对其进行打开、编辑和运行、调试操作；“New Function...”新建 M 函数文件，可以对其进行打开、编辑和运行、调试操作；“New Figure”新建图形文件，可以运行并打开图形窗口，如图 7-3 所示。

②“编辑”菜单　“编辑”菜单对程序文本进行操作，主要包括：撤销、复制、粘贴、全选、清空剪贴板、清空命令窗口、清空命令历史、清空工作空间以及首选项。其中，“首选项”菜单包含对开发环境的设置，一般情况，采用默认值即可，如图 7-4 和图 7-5 所示。

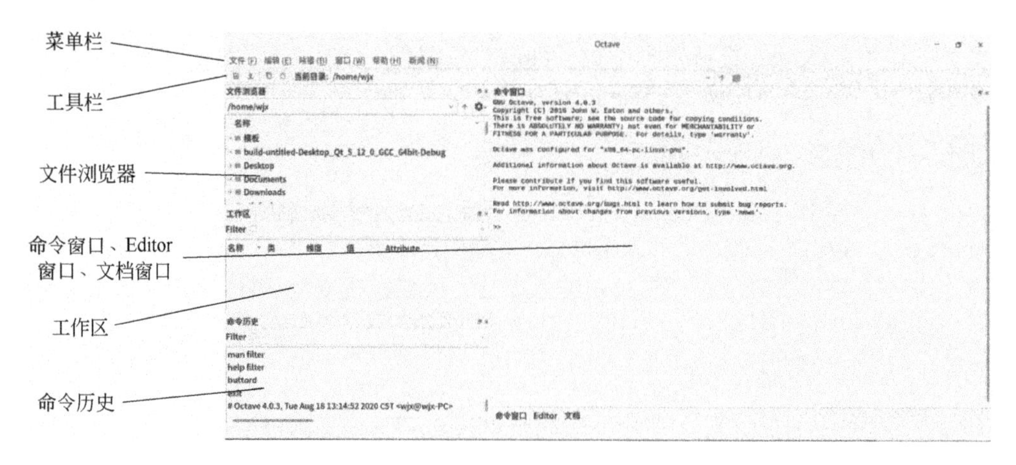

图 7-2 Octave 开发环境

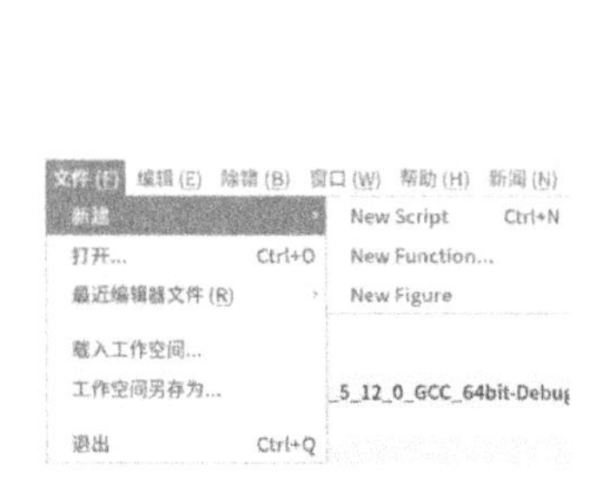

图 7-3 “文件”菜单

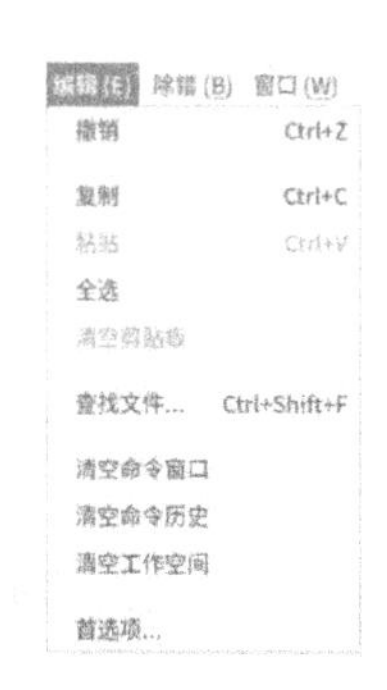

图 7-4 “编辑”菜单

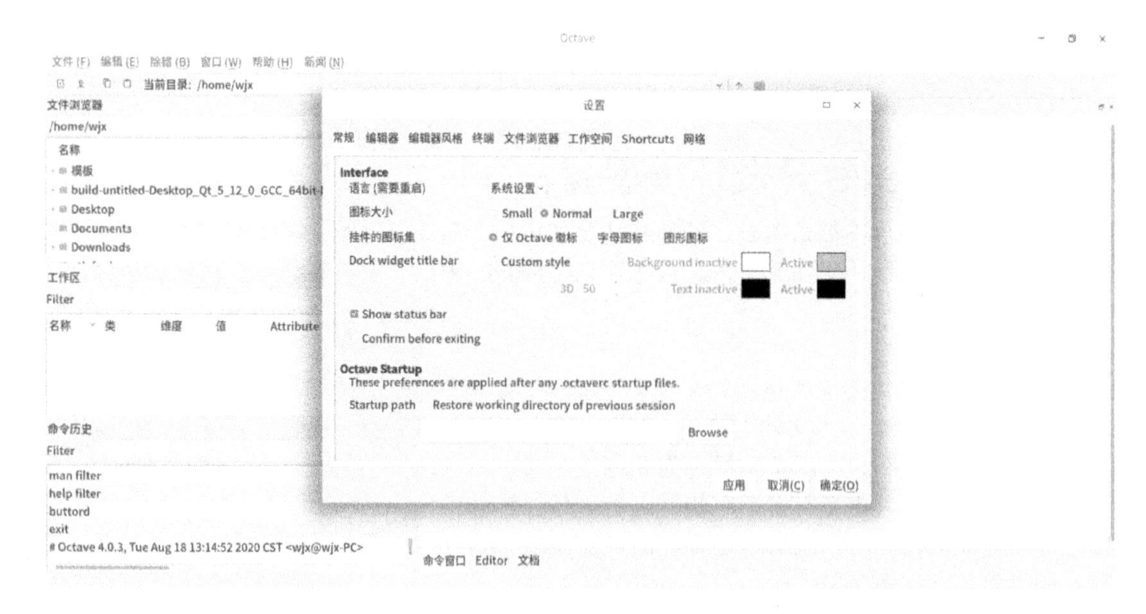

图 7-5 “设置”对话框

③ “除错”菜单　“除错”菜单对程序进行调试，主要包括步骤、步进、步出、继续和 Quit Debug Mode，即单步运行、单步运行进入子函数、单步运行跳出子函数、运行到下一个

断点和退出调试模式，如图 7-6 所示。

图 7-6 “除错”菜单

④“窗口”菜单　“窗口”菜单对开发工具显示的窗口进行设置，主要包括显示命令窗口、显示命令历史、显示文件浏览器、显示工作空间、显示编辑器、显示文档，可以重新增加或删减相关的窗口，以适应程序开发需要。此外，还包括命令窗口、命令历史、文件浏览器、工作空间、编辑器和文档等菜单，可以通过点击进行切换，如图 7-7 所示。

图 7-7 “窗口”菜单

⑤“帮助”菜单　“帮助”菜单提供对 Octave 开发工具的使用帮助，主要包括文档、报告问题、Octave 软件包、共享代码、贡献 Octave、Octave 开发者资源和关于 Octave，

如图 7-8 所示。

图 7-8 “帮助”菜单

⑥“新闻”菜单 “新闻”菜单给出了关于 Octave 开发工具的最新消息，主要包括发行注记、社区新闻，如图 7-9 所示。

图 7-9 “新闻”菜单

（2）工具栏

工具栏在开发环境下提供对常用命令的快速访问。主要包括：新建脚本、打开已存在的文件、复制、粘贴、当前目录以及目录浏览。

（3）文件浏览器

文件浏览器用来显示当前目录和文件，可随时显示当前目录下的各类文件以及对文件进行操作。可以使用 Linux 下的文件操作命令，如 cd、ls、dir 等在命令窗口进行操作。

（4）命令窗口

Octave 开发工具的左侧为各种工具窗口，右侧为命令窗口。在命令窗口中可以输入各类命令、函数和表达式，并直接显示除图形以外的计算结果，如图 7-10 所示。

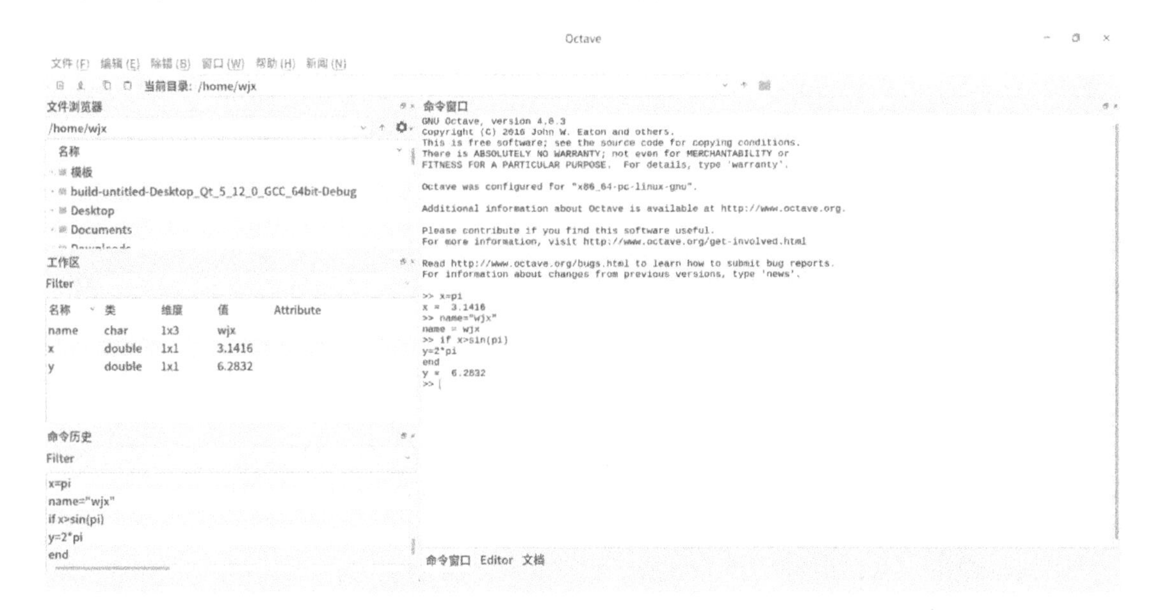

图 7-10　命令窗口

可以在命令窗口输入不同的数值、语句和函数，在工作区和命令历史窗口查看变量和函数显示、存储方式。

① clc 命令　clc 命令清空命令窗口中的显示内容。

② 按键操作　Octave 命令窗口可以通过按键形式对已输入的命令进行回调和再次运行，如表 7-1 所示。

表 7-1　按键说明

键名	说明
↑	向前回调已输入的命令行
↓	向后回调已输入的命令行

③ 符号操作　在 Octave 中，标点符号采用英文字体，并且具有一定的意义，如表 7-2 所示。

表 7-2　符号说明

名称	符号	说明
空格		输入变量之间的分隔，数组行元素之间的分隔
逗号	,	命令之间的分隔，输入变量之间的分隔，数组行元素之间的分隔
点	.	小数点
分号	;	命令行结尾不显示计算结果，数组元素行之间的分隔

续表

名称	符号	说明
冒号	:	生成一维数值数组，一维数组的全部元素或多维数组的某一维的全部元素
百分号	%	注释
井号	#	注释
单引号	'	引用字符串
双引号	""	引用字符串
括号	()	引用数组元素，函数输入变量列表，算术运算次序
中括号	[]	构成向量和矩阵，函数输出列表
大括号	{}	构成元胞数组
下划线	_	变量、函数前缀
省略号	...	连接字符串

（5）工作区

工作区用于显示 Octave 工作空间中的变量名称、类型、维度、值和属性。在该窗口中可以对变量进行观察、重命名、复制、绘制图形等操作。可以通过命令来管理变量，在命令窗口进行操作，主要包括：

① save 命令　save 命令把工作区保存为数据文件，语法格式为：

```
save FileName 变量 1 变量 2 ...参数
```

FileName 为文件名。

变量 1、变量 2 为变量名，如果不输入则保存工作区中所有变量。

参数为保存方式，-append，将变量添加到末尾。

② load 命令　load 命令从数据文件中读取变量到工作区，语法格式为：

```
load FileName 变量 1 变量 2 ...
```

FileName 为文件名。

变量 1、变量 2 为变量名，如果不输入则装载所有变量。

③ who 命令　who 命令遍历内存变量。

④ whos 命令　whos 命令遍历内存变量属性、名称、维度、字节数和类。

⑤ clear 命令　clear 命令清除工作区中的变量，语法格式为：

```
clear 变量 1 变量 2 ...
```

变量 1、变量 2 为变量名，如果不输入则清除工作区中的所有变量。

⑥ exist 命令　exist 命令查询工作区中是否存在指定变量，语法格式为：

```
C = exist (NAME)
```

NAME 为变量或文件名。

C 为 0 表示不存在该变量或文件；1 表示存在该变量；2 表示存在该文件。

⑦ help 命令　help 命令查找指定函数的帮助文本，语法格式为：

```
help command
```

⑧ 取消命令　如果程序执行时间过长或进入死循环，则应该终止该程序。在键盘上按下组合键 Ctrl+C，程序将终止并返回到命令窗口。

⑨ 用分号隐藏执行结果　当输入一个命令并且不以分号结尾时，会将语句执行的结果随即显示出来，可能会占满屏幕，此时，可在语句的末尾添上分号，系统将屏蔽结果不显示。

（6）命令历史

命令历史用来记录并显示已经运行过的命令函数和表达式，可以进行复制、评估和创建脚本操作。双击其中的命令行，可以在命令窗口执行。

7.2　数值计算

Octave 提供了强大的数值计算能力，能够解决几乎所有的线性代数和多项式计算问题，主要包括：数据表示、矩阵操作、字符串操作、元胞数组操作、信号分析、绘图操作、控制语句等内容，此外还包含了脚本文件和函数文件的编写等内容。

7.2.1　数据表示

（1）数据类型

Octave 提供了浮点型、字符型、逻辑型等数据类型。其中，字符型数据要使用单引号或双引号括起来，以 ASCII 码形式存储；逻辑型使用 logical 函数将数值转换为逻辑型，非 0 值转换为 1，0 转换为 0。Octave 默认数值为双精度浮点型，占 8 个字节，字符型占 1 个字节。数据除了可用正常表达形式以外，也可以使用科学计数法表示，如 3.14e-5、4e6 等。

（2）变量

在 Octave 中，变量使用之前不用声明，一般使用变量类型为浮点型或字符型。变量的命名规则为：

① 变量名区分字母大小写，变量 y 和变量 Y 是不同的变量。

② 变量名以字母或下划线开头，变量名中包含字母、数字、下划线，不能含空格和标点符号。

③ 关键字不能作为变量名。

④ 内置变量，在系统启动时驻留在内存，如表 7-3 所示。

表 7-3　内置变量

变量名	说明
pi	圆周率 π
eps	计算机最小数
inf	无穷大
NaN 或 nan	非数
i 或 j	i=j= $\sqrt{-1}$
nargin	函数输入变量数目
nargout	函数输出变量数目
realmin	最小可用正实数
realmax	最大可用正实数
ans	计算结果的默认变量名，answer 的缩写

如果需要查看某个变量的数值，输入其变量名并回车即可。

由于可以对内置变量重新定义，成为用户变量，如定义 pi=3 是合法的，但会使对程序的理解产生歧义，因此，不建议采用该方式。

数值计算完成后，Octave 会把结果以一定的精度显示出来，而存储变量的精度要高于显示精度，因此，应该使用变量名而不是使用每次显示的结果进行计算，以避免产生截断误差。

（3）矩阵

在 Octave 的运算中，经常会用到元素、标量、向量、矩阵、数组，其定义为：

元素为组成数据的最小单位。

标量为 1×1 的矩阵，即只有一个元素的矩阵。

向量为 $1\times n$ 或 $n\times 1$ 的矩阵，即只有一行或者一列的矩阵。

矩阵为矩形排列的数组，即二维数组，包括向量、标量和空矩阵。

数组为 n 维数组，是矩阵的延伸，其中元素、标量、向量、矩阵都是数组的特例。

（4）复数

复数由实部和虚部组成，用 i 或 j 表示虚数单位。复数可以表示为：

z=a+b*i

z=a+b*j

z=a+bi

z=a+bj

z=r*exp(i*θ)

复数的实部、虚部、幅值和相角计算公式为：

a=real(z)

b=imag(z)

r=abs(z)

θ=angle(z)

举例说明：

在命令窗口输入以下命令行：

```
>> x=cos(pi/4)+sin(pi/4)*j
x =   0.70711 + 0.70711i
>> angle(x)*180/pi
ans =   45
>> real(x)
ans =   0.70711
>> imag(x)
ans =   0.70711
>> abs(x)
ans =   1
```

7.2.2 矩阵操作

Octave 以矩阵形式输入数据并进行计算，包括实数矩阵和复数矩阵。矩阵格式为：矩阵元素放在[]内，行元素间用逗号或空格分隔，行与行间用分号或回车分隔，元素可以是数值或表达式。

（1）矩阵输入

矩阵输入类似于 Gambas 中对变量进行赋值操作，语法格式为：

```
x=[变量1 变量2; 变量3, 变量4];
```

x 为矩阵变量名。

等号表示变量右侧为赋值语句。

中括号表示矩阵内元素。

变量 1、变量 2、变量 3、变量 4 为输入元素或表达式。

变量 1 和变量 2 以空格分隔，表明处于矩阵的相同行。

变量 2 和变量 3 以分号分隔，表明处于矩阵的不同行，即从变量 3 开始另起一行，通常也可以用回车来代替。

变量 3 和变量 4 以逗号分隔，表明处于矩阵的相同行。

语句最后的分号为显示开关，即不显示计算结果。如果需要显示计算结果，可以去掉分号。

（2）语句生成

① from 语句　from 语句与 Gambas 的 for 循环条件语句有些类似，语法格式为：

```
from:step:to
```

from 为初始值。

step 为步长，当省略时，默认 step 为 1。

to 为终止值。

② linspace 函数　linspace 函数按线性方式生成矩阵，语法格式为：

```
x=linspace(a,b,n);
```

x 为矩阵变量名。

a 为始值。

b 为终止值。

n 为元素个数。当省略时，默认为 100。

分号为显示开关。

③ logspace 函数　logspace 函数按对数方式生成矩阵，语法格式为：

```
x=logspace(a,b,n);
```

x 为矩阵变量名。

a 为始值。

b 为终止值。

n 为元素个数。当省略时，默认为 50。

分号为显示开关。

举例说明：为显示方便，首先，点击命令窗口右上角关闭按钮之前的独立显示窗口按钮，使其成为一个独立的窗口；其次，使用 clc 命令清屏，去除多余的显示信息；最后，验证矩阵的各种输入和生成方式，如图 7-11 所示。

④ zeros 函数　zeros 函数按 m×n 的方式生成全 0 矩阵，语法格式为：

```
x=zeros(m,n);
```

x 为矩阵变量名。

m 为行数。

n 为列数。

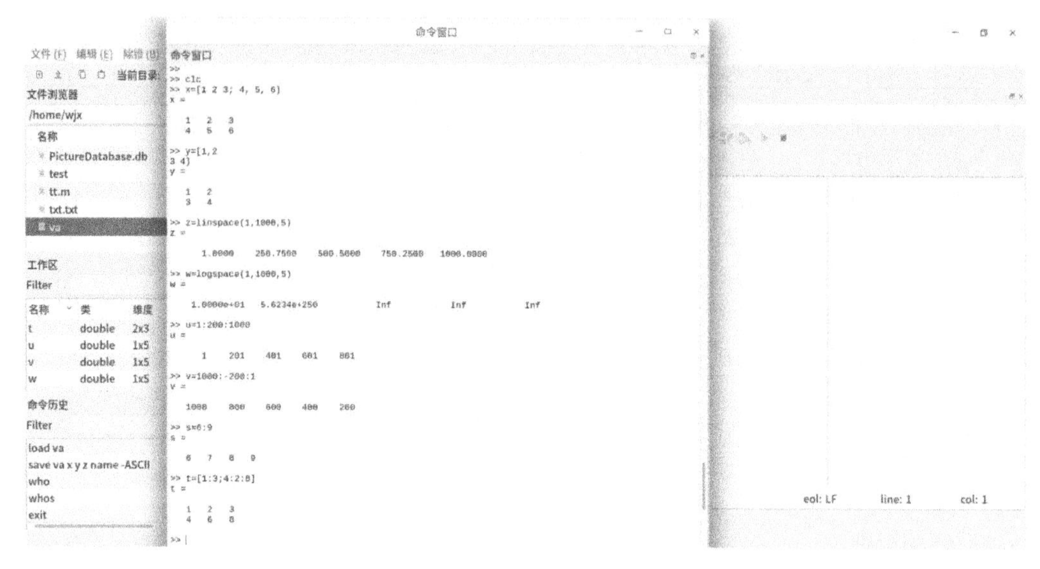

图 7-11 矩阵的输入和生成

⑤ ones 函数 ones 函数按 m×n 的方式生成全 1 矩阵，语法格式为：

```
x=ones(m,n);
```

x 为矩阵变量名。

m 为行数。

n 为列数。

⑥ rand 函数 rand 函数按 m×n 的方式生成均匀分布的随机矩阵，元素取值范围为 0.0～1.0，语法格式为：

```
x=rand(m,n);
```

x 为矩阵变量名。

m 为行数。

n 为列数。

⑦ randn 函数 randn 函数按 m×n 的方式生成正态分布的随机矩阵，语法格式为：

```
x=randn(m,n);
```

x 为矩阵变量名。

m 为行数。

n 为列数。

⑧ magic 函数 magic 函数按 n×n 的方式生成魔方矩阵，矩阵的行、列和对角线上元素的和相等，语法格式为：

```
x=magic(n);
```

x 为矩阵变量名。

n 为行列数。

⑨ eye 函数 eye 函数按 m×n 的方式生成单位矩阵，语法格式为：

```
x=eye(m,n);
```

x 为矩阵变量名。

m 为行数。

n 为列数。

⑩ true 函数　true 函数按 m×n 的方式生成逻辑全 1 矩阵，语法格式为：

```
x=true(m,n);
```

x 为矩阵变量名。

m 为行数。

n 为列数。

⑪ false 函数　false 函数按 m×n 的方式生成逻辑全 0 矩阵，语法格式为：

```
x=false(m,n);
```

x 为矩阵变量名。

m 为行数。

n 为列数。

举例说明：各类矩阵的生成如图 7-12 和图 7-13 所示。

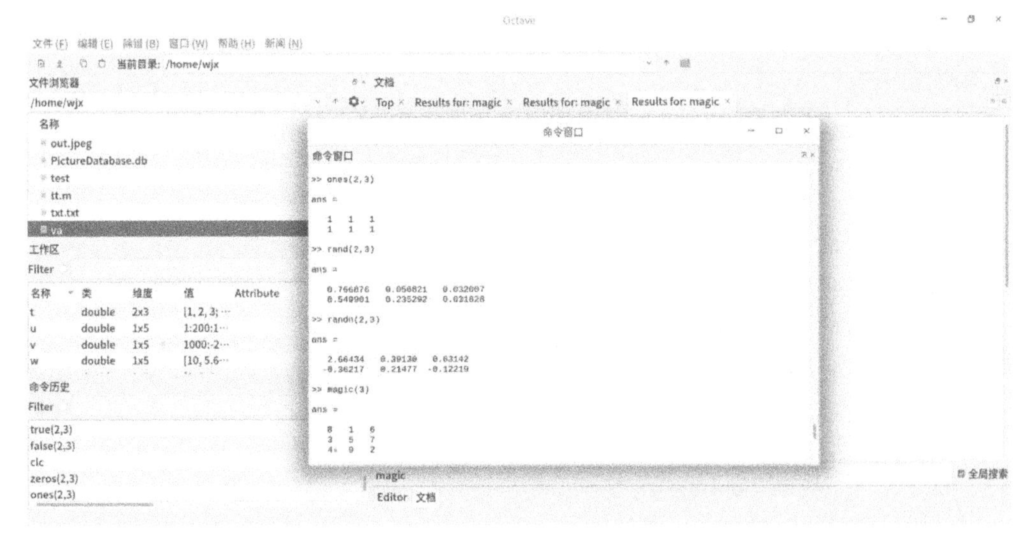

图 7-12　矩阵生成（1）

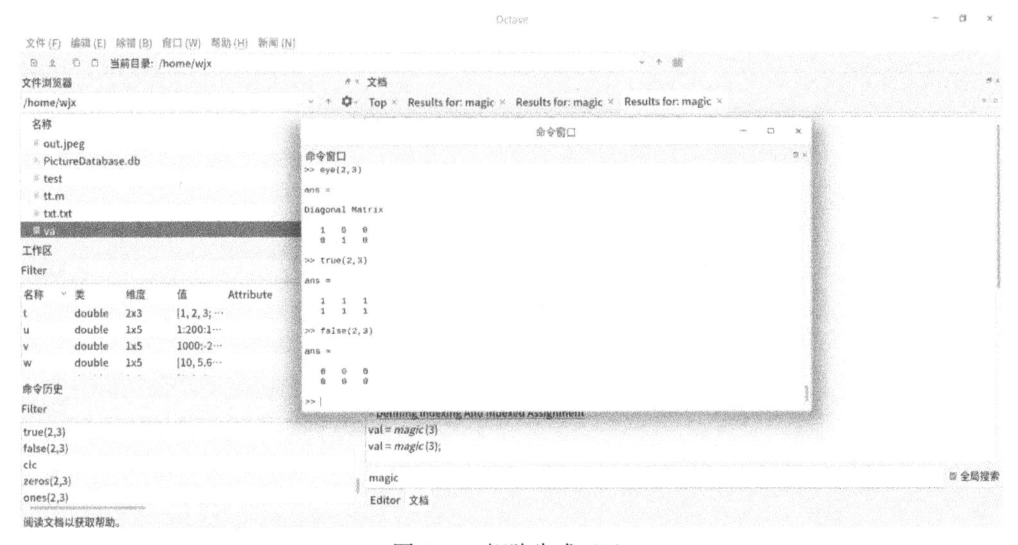

图 7-13　矩阵生成（2）

（3）矩阵元素操作

与 Gambas 类似，矩阵元素通过下标来引用。矩阵 x 的第 i 行第 j 列的元素表示为 x(i,j)；也可以用一维数组形式表示，即按列从左到右的形式对矩阵的内存地址进行引用，依次编号，矩阵 x[m,n]的第 i 行第 j 列的元素表示为 x((j-1)×m+i)。

元素赋值操作语法格式为：

```
x(i,j)=m;
```

x 为矩阵变量名。

i 为行数。

j 为列数。

m 为值。

给矩阵元素赋值时，如果行或列超出矩阵的大小，系统会自动扩充矩阵，扩充部分以 0 填充。

（4）子矩阵操作

子矩阵是从对应矩阵中取出一部分元素构成的矩阵。

子矩阵取值操作语法格式为：

```
① y=x([i j],[m n]);
```

y 为输出矩阵变量名。

x 为矩阵变量名。

i、j 为行数，即第 i 行和第 j 行。

m、n 为列数，即第 m 列和第 n 列。

取行数为 i、j、列数为 m、n 的元素构成子矩阵。

```
② y=x(i:j,m:n);
```

y 为输出矩阵变量名。

x 为矩阵变量名。

i、j 为行数，即从 i 行到 j 行。

m、n 为列数，即从 m 列到 n 列。

取行数为 i-j、列数为 m-n 的元素构成子矩阵。

```
③ y=x(:,m);
```

y 为输出矩阵变量名。

x 为矩阵变量名。

:为行数，即取所有行数。

m 为列数，即第 m 列。

取所有行、列数为 m 的元素构成子矩阵。

```
④ y=x(m,:);
```

y 为输出矩阵变量名。

x 为矩阵变量名。

m 为行数，即第 m 行。

:为列数，即取所有列数。

取第 m 行、所有列数的元素构成子矩阵。

```
⑤ y=x(:,end);
```

y 为输出矩阵变量名。

x 为矩阵变量名。
:为行数，即取所有行数。
end 为列数，即最后一列。
取所有行、列数为最后一列的元素构成子矩阵。

⑥ y=x(end,:);

y 为输出矩阵变量名。
x 为矩阵变量名。
end 为行数，即最后一行。
:为列数，即取所有列数。
取最后一行、所有列数的元素构成子矩阵。

⑦ y=x(i j;m n);

y 为输出矩阵变量名。
x 为矩阵变量名。
i、j 为新矩阵的行，即取矩阵 x 的第 i 个和第 j 个元素。
m、n 为新矩阵的列，即取矩阵 x 的第 m 个和第 n 个元素。
采用一维数组形式，取第 i、j 个元素构成行、取第 m、n 个元素构成列的子矩阵。
举例说明：各类子矩阵的生成如图 7-14 所示。

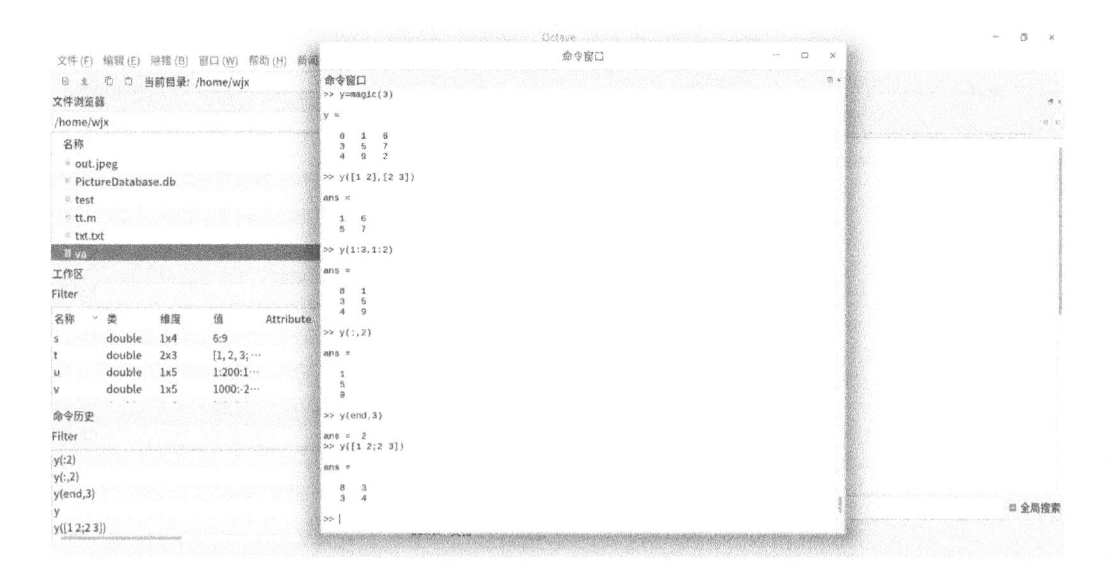

图 7-14　子矩阵生成

子矩阵赋值操作语法格式为：

x(i,j)=m;

x 为矩阵变量名。
i、j 为行列数。
m 为矩阵，如果删除矩阵，则可赋[]值。
举例说明：子矩阵赋值操作如图 7-15 所示。
清空矩阵以及合并矩阵如图 7-16 所示。

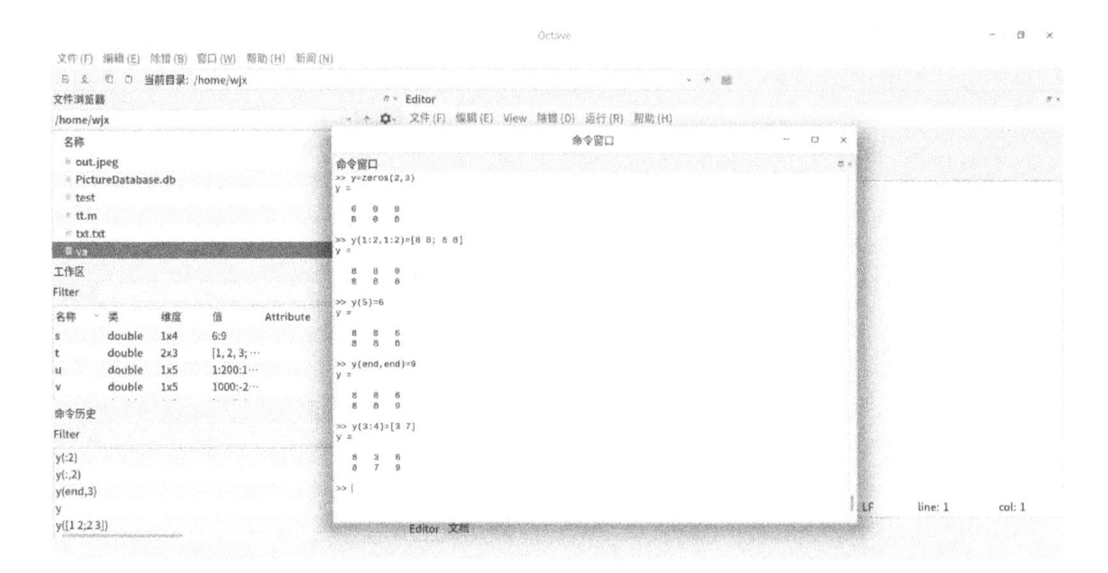

图 7-15　子矩阵赋值

图 7-16　清空矩阵及合并矩阵

（5）矩阵运算

矩阵运算按照线性代数法则进行计算。设存在矩阵 A、B，矩阵可以进行加减乘除四则运算。

① 加减运算　矩阵 A、B 维度相同时，可进行加减运算。如果 B 为标量，则与矩阵 A 中每个元素进行加减运算。语法格式为：

```
A-B
A+B
```

② 乘法运算　矩阵 A 的列数等于矩阵 B 的行数，可进行乘法运算。如果 B 为标量，则与矩阵 A 中每个元素进行乘法运算。语法格式为：

```
A*B
```

矩阵 A、B 维度相同时，可进行点乘“.*”运算，即矩阵 A 和 B 中的对应的元素相乘。语法格式为：

```
A.*B
```

③ 除法运算　矩阵除法运算包含“\”“/”和“.\”“./”，即左除、右除和点左除、点右除。语法格式为：

```
A\B
A/B
A.\B
A./B
```

④ 转置运算　矩阵的转置运算包含“A'”和“A.'”两种形式。语法格式为：

```
A'
A.'
```

分别为矩阵的转置运算和数组的转置运算。

如果矩阵 A 为复数矩阵，“A'”为共轭转置，“A.'”为非共轭转置。

⑤ 常用矩阵运算函数　常用矩阵运算函数如表 7-4 所示。

表 7-4　矩阵运算函数

函数名	说明	函数名	说明
det	行列式的值	cosh	双曲余弦
rank	矩阵的秩	tanh	双曲正切
inv	逆矩阵	rat	有理数近似
diag	对角阵	mod	求余
abs	绝对值或者复数模	round	四舍五入到整数
sqrt	平方根	fix	向最接近 0 取整
real	实部	floor	向最接近-∞取整
imag	虚部	ceil	向最接近+∞取整
conj	复数共轭	sign	符号函数
sin	正弦	rem	余数留数
cos	余弦	exp	自然指数
tan	正切	log	自然对数
asin	反正弦	log10	以 10 为底的对数
acos	反余弦	pow2	2 的幂
atan	反正切	bessel	贝赛尔函数
atan2	第四象限反正切	gamma	伽马函数
sinh	双曲正弦		

举例说明：矩阵运算如图 7-17 所示。

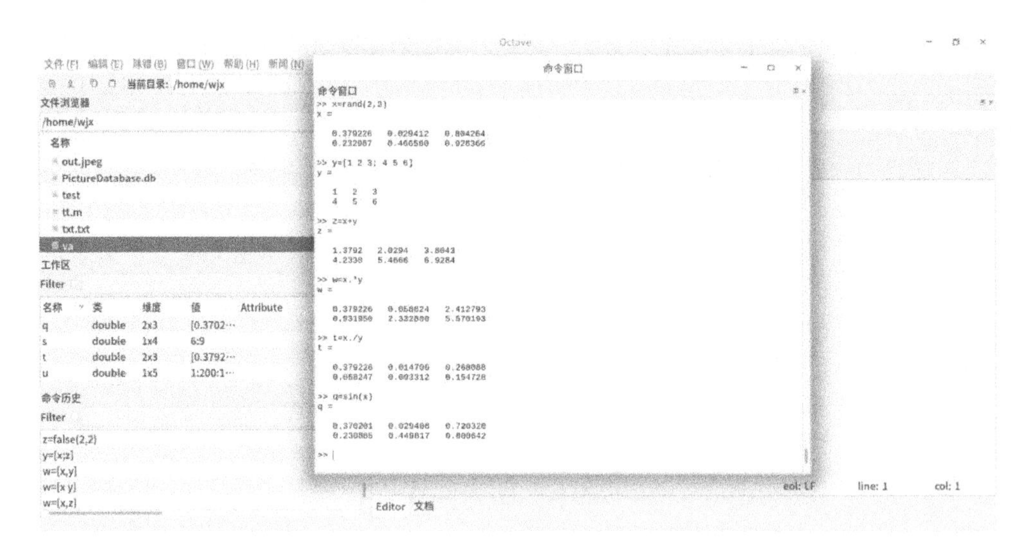

图 7-17　矩阵运算

7.2.3　字符串操作

Octave 中的字符串处理与 Gambas 类似，由双引号或单引号引入，一个字符串中包含多个字符，按行向量以 ASCII 码形式存储。常用字符串操作函数如表 7-5 所示。

表 7-5　字符串操作函数

函数名	说明
length	计算字符串长度
double	显示 ASCII 码值
char	将 ASCII 码转换成字符串
char(x,y,...)	合并成多行字符串
strcat	合并成一行字符串
class	数据类型
ischar	返回 1 为字符串，0 为非字符串
strcmp(x,y)	比较字符串 x 和 y 是否相同，1 为相同，0 为不同
findstr(x,y)	返回字符串 y 在 x 中的起始位置
deblank	删除字符串尾部空格
str2double	字符串转换为数值
str2num	字符串转换为数值
eval	计算字符串的数值
disp	显示字符串

举例说明：字符串函数使用如图 7-18 所示。

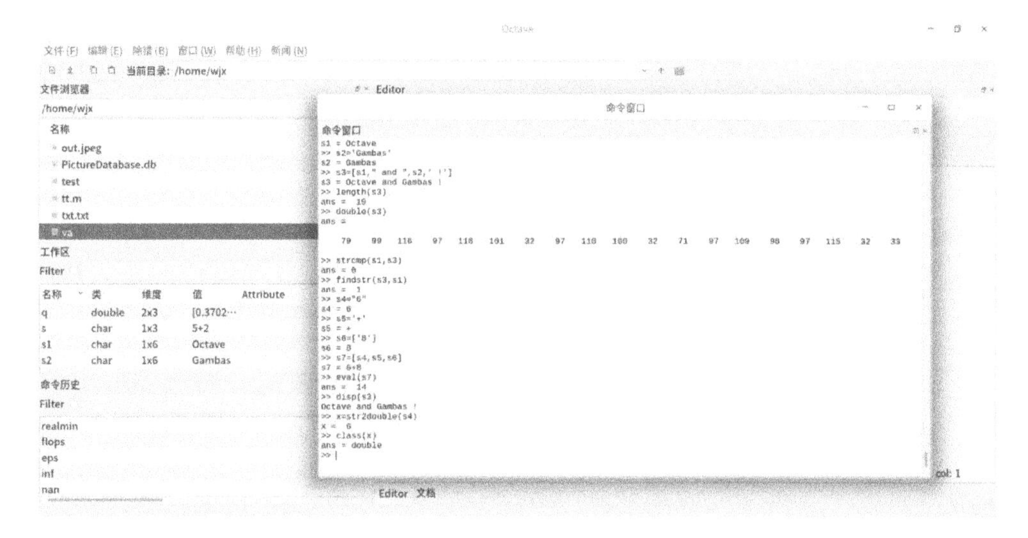

图 7-18 字符串函数使用

7.2.4 元胞数组操作

元胞是元胞数组中的基本单元，用来存放各种不同类型的数据，如字符串、矩阵等。

① 元胞数组创建　元胞数组创建格式为：

```
x={A,B,...}
```

x 为元胞数组。

A、B 为元胞。

② 元胞数组显示　显示格式为：

```
A
```

直接输入元胞数组名称即可显示元胞数组。

```
celldisp(A)
```

A 为元胞数组名称。

③ 元胞数组引用　元胞数组引用格式为：

```
A{i,j}{m,n}
```

i、j 为元胞数组的行数、列数。

m、n 为元胞的行数、列数。

举例说明：创建元胞数组，如图 7-19 所示。

修改元胞数组值、celldisp 显示元胞数组、引用元胞数组，如图 7-20 所示。

7.2.5 信号分析

（1）卷积与解卷积

① 计算矩阵卷积，语法格式为：

```
z=conv(x,y)
```

z 为输出矩阵。x 为输入信号。y 为脉冲函数。

② 计算矩阵解卷积，语法格式为：

```
[q,r]=deconv(x,y)
```

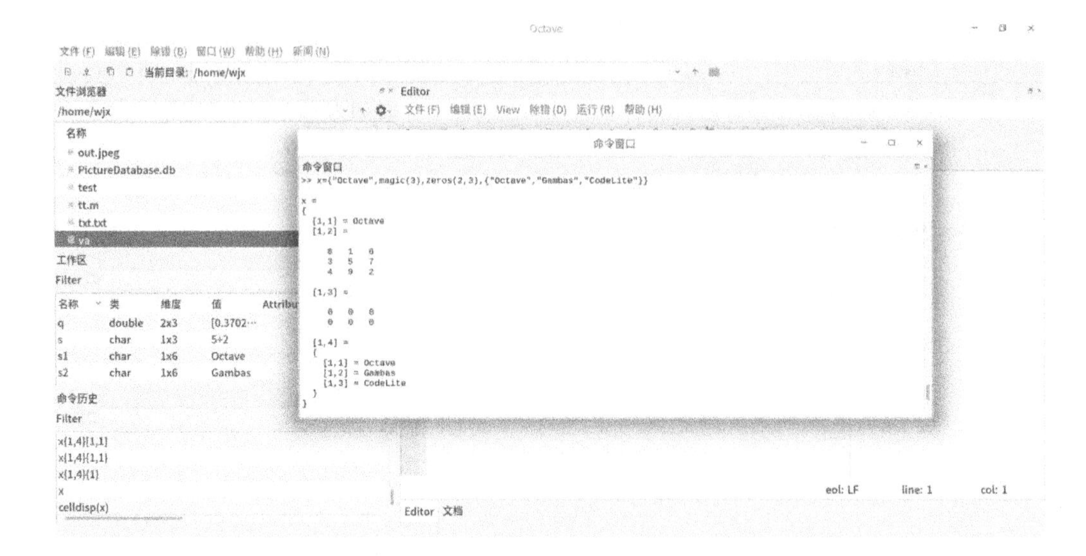

图 7-19　元胞数组

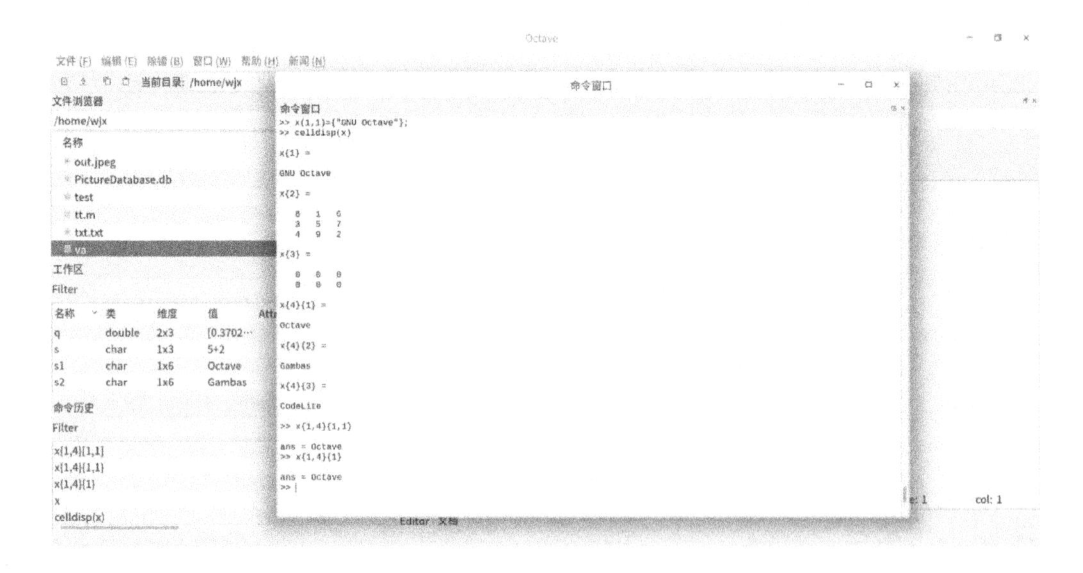

图 7-20　元胞数组操作

③ 卷积和解卷积的关系为：

```
x=conv(y,q)+r
```

（2）快速傅里叶变换与反变换

① 计算矩阵快速傅里叶变换，语法格式为：

```
y=fft(x,N)
```

y 为输出矩阵。x 为输入矩阵。N 为 x 长度，通常为 2 的整数幂。

② 计算矩阵快速傅里叶反变换，语法格式为：

```
x=ifft(y,N)
```

y 输入矩阵。x 为输出矩阵。N 为 y 长度，通常为 2 的整数幂。

7.2.6 绘图操作

Octave 绘图功能源于 gnuplot，能够绘制二维和三维图形，实现计算结果的可视化。

① 绘制曲线图形　语法格式为：

```
plot(y)
plot(x,y)
plot(x,y,x1,y1,...)
```

x、x1 为横坐标。y、y1 为纵坐标。

绘制单条曲线采用前两个命令，第三个命令绘制多条曲线。

② 绘制子图　在同一窗口绘制多个子图，语法格式为：

```
subplot(m,n,k)
```

m、n 为将窗口划分为 m×n 幅子图，从左向右、从上向下排列。

k 为当前子图。

举例说明：计算正弦函数的 fft，并绘制图形，如图 7-21 所示。

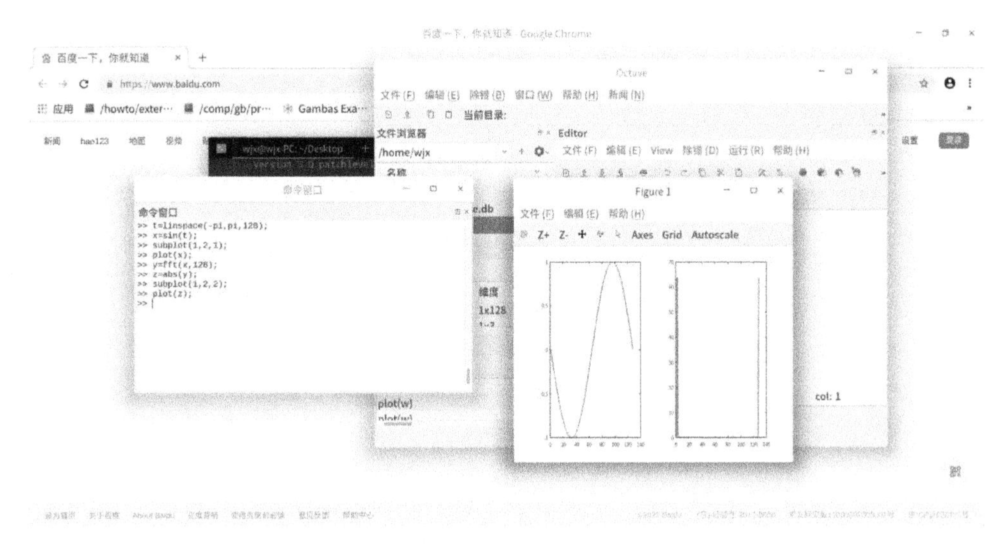

图 7-21　正弦函数的 fft

7.2.7 控制语句

（1）for 语句

for 语句格式为：

```
for variable=vector
  statements
end
```

循环体 statements 循环执行，执行的次数由 vector 控制。表达式可以是向量也可以是矩阵。

（2）while 语句

while 语句格式为：

```
while expression
   statements
end
```

当表达式 expression 为真时，循环体执行，直到表达式为假结束循环。表达式可以是向量也可以是矩阵。

（3）if 语句

if 语句格式为：

```
if expression1
   statements1
   elseif expression2
      statements2
else
   statements3
end
```

当存在多个条件时，条件 expression1 为假时判断 elseif 的条件 expression2，如果所有的条件都不满足，则执行 else 语句，否则，执行相应的语句。elseif 可根据实际情况增减，也可以不使用 elseif 和 else。

（4）switch 语句

switch 语句格式为：

```
switch expression
   case expression1
      statements1
   case expression2
      statements2
   otherwise
      statements3
end
```

将表达式 expression 依次与 case 后面的表达式 expression1、expression2 等依次进行比较，找到满足条件的表达式则执行相关语句，否则执行 otherwise 后的语句。expression 为标量或字符串。case 后的表达式可以是标量、字符串、元胞数组。

（5）break 命令

break 命令强制终止 for 或 while 循环，跳出该结构，一般与 if 结构结合使用。

（6）continue 命令

continue 命令结束本次 for 或 while 循环，继续进行下一次循环。

举例说明：求 n!，如图 7-22 所示。

7.2.8 path 路径变量

Octave 中的 path 路径变量存储了函数所在目录的列表。当一个函数被调用时，系统会从 path 路径变量的列表中搜索相关函数。默认的 path 路径变量包含一系列的系统目录，Deepin 下一般为/usr/share/octave 和当前工作目录。可以添加自定义目录，并在该目录中存放自定义的函数和脚本。查看 path 路径变量命令为：

```
path
```

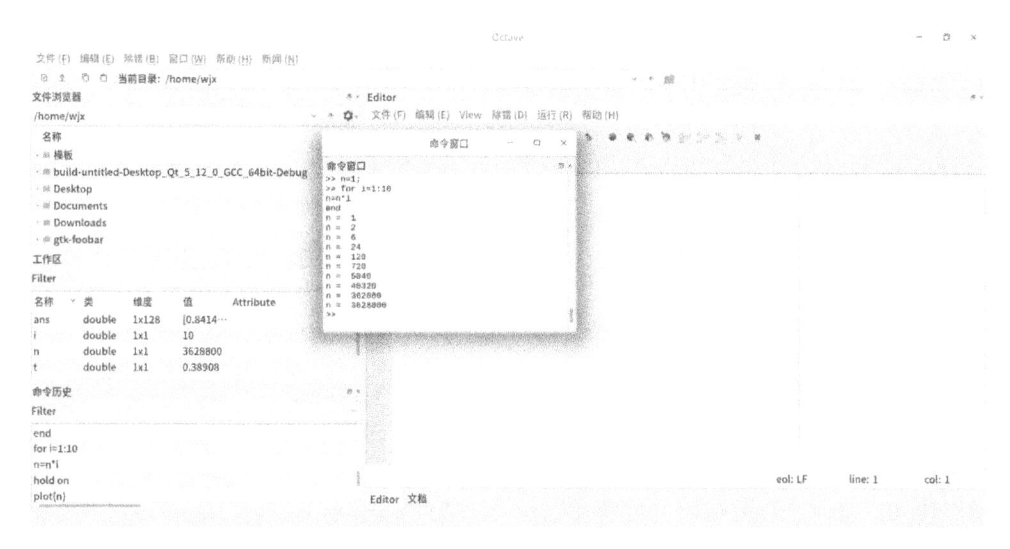

图 7-22　循环格式

举例说明：查看 path 路径变量如图 7-23 所示。

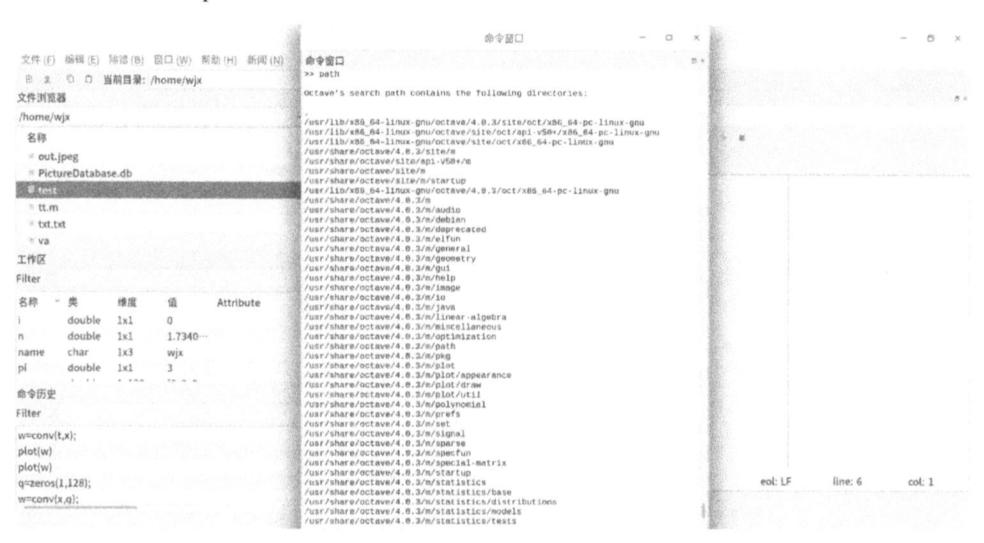

图 7-23　查看 path 路径变量

如果要添加某个目录到 path 路径变量中，可以使用 addpath 命令：

```
addpath('path');
```

path 为路径。

savepath 命令保存对 path 路径变量的修改：

```
savepath;
```

7.2.9　脚本文件

Octave 创建的脚本文件与函数文件与 Matlab 兼容，通常以“.m”为后缀，也可以不写扩展名。脚本文件的编写格式与在命令窗口中的输入格式没有区别，脚本文件在执行过程中，逐条读取命令行后解释执行，脚本文件运行时生成的变量驻留内存并在工作区显示。

脚本文件创建方法为：

① 在命令窗口输入 edit 命令，直接创建脚本文件。

② 选择菜单“文件(F)”→“新建”→“New Script”，创建脚本文件。

③ 命令窗口底部有一个标签页“Editor”，直接点击即可创建脚本文件。

④ 编写代码。

⑤ 保存脚本文件，并指定文件名，如指定文件名为“signal.m”（可不加后缀）。

脚本文件调用方法为：

① 在命令窗口中直接输入文件名，执行脚本，如输入文件名“signal”并回车。系统将自动运行脚本中的命令并返回运算结果。

② 在“Editor”窗口选择菜单“运行(R)”→“保存文件并运行”。

③ 在“除错”菜单中，可以设置断点，执行步骤（单步执行）、步进、步出、继续等操作，监控程序执行状态。

举例说明：将一个正弦信号与噪声信号进行叠加，编写相关代码，如图 7-24 所示，并显示波形图，如图 7-25 所示。

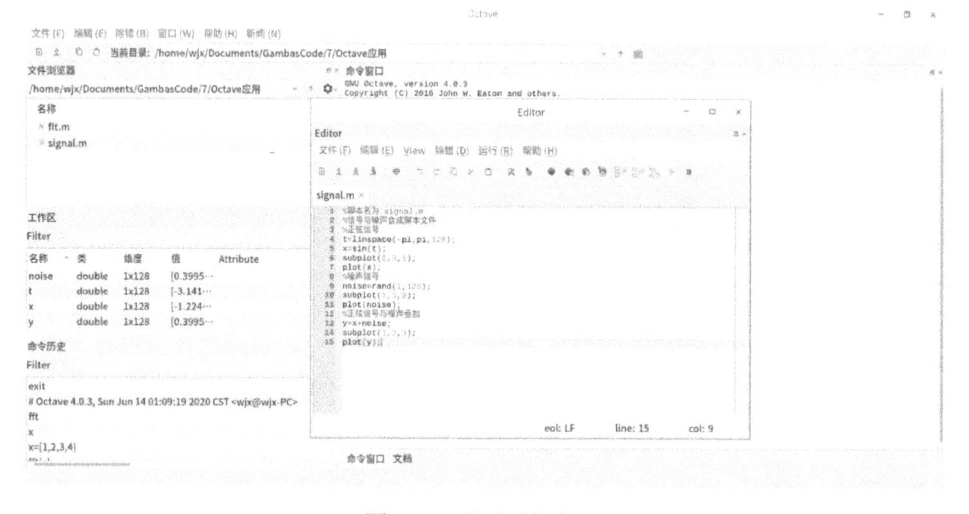

图 7-24　信号叠加代码

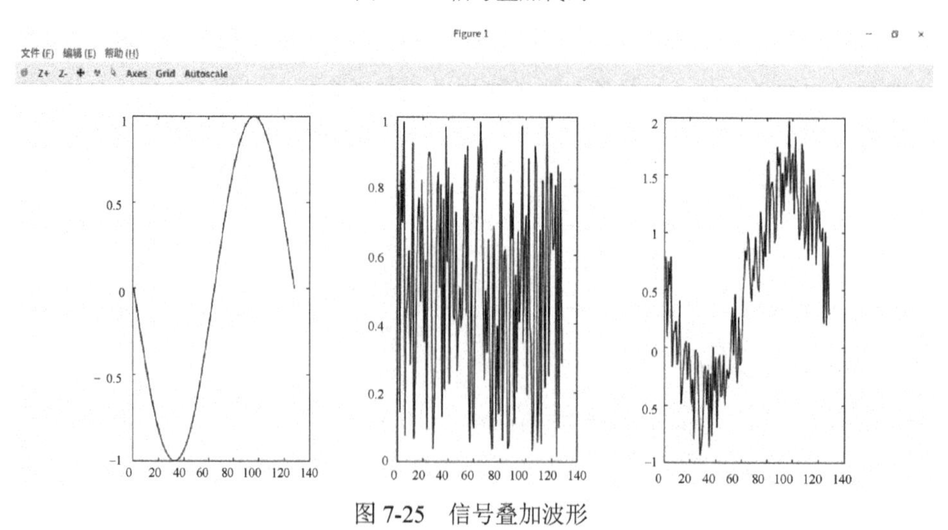

图 7-25　信号叠加波形

7.2.10 函数文件

Octave 中的脚本能实现一些简单的程序，但是比脚本更加强大的是用户自定义函数。自定义函数能够在命令行、其他函数中和脚本中调用。函数中的参数是通过值传递的而不是通过地址传递的，并且能返回多个值。如果需要重复性执行一些操作时，可将这些操作封装成一个函数。函数文件格式为：

```
function [output1,output2,...]=name(input1,input2,...)
%...
...
endfunction
```

函数的非注释行中，第一行以 function 作为函数声明行，name 为函数名，output1、output2 等为函数返回值，input1、input2 为函数输入参数。一般情况下，函数名 name 与该文件名应相同。

第二行为注释行，可输入代码说明。

第三行为函数体，为函数逻辑代码。

第四行为结束函数，一般情况下，当执行到 endfunction 后或遇到 return 命令时，函数执行结束。

函数文件创建方法为：

① 选择菜单“文件(F)”→“新建”→“New Function...”，创建函数文件。

② 命令窗口底部有一个标签页“Editor”，点击打开后，在“Editor”窗口选择菜单“文件(F)”→“New Function...”，创建函数文件。

③ 编写代码。

④ 保存函数文件，并指定文件名，如指定文件名为“flt.m”（可不加后缀）。

函数文件调用方法为：

① 在命令窗口中输入函数（与文件同名）及相关参数，执行函数，如输入函数“flt(8,1);”并回车。系统将自动执行函数并返回运算结果。

② 在“除错”菜单中，可以设置断点，执行步骤（单步执行）、步进、步出、继续等操作，监控程序执行状态。

举例说明：编写滑动滤波函数。

将一个正弦信号与噪声信号进行叠加，编写滑动滤波相关代码，如图 7-26 所示。

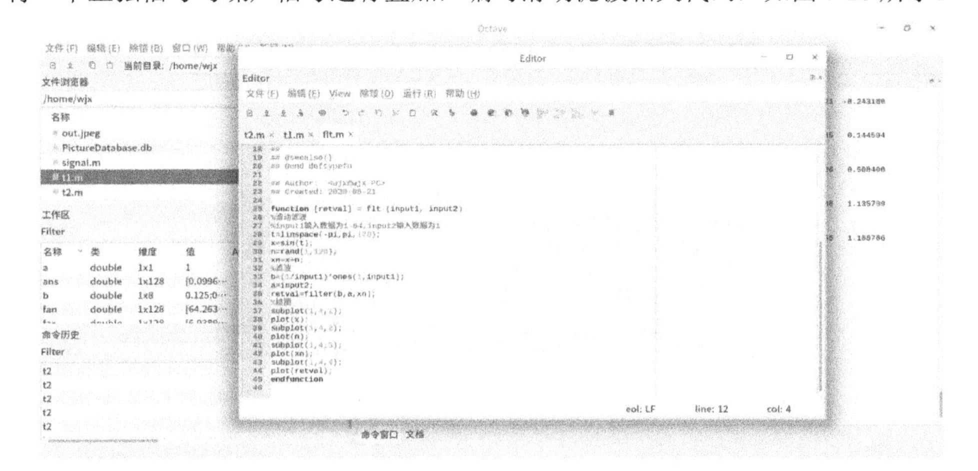

图 7-26 滑动滤波代码

在命令窗口输入命令“flt(8,1);”并回车，显示滤波结果，如图 7-27 所示。

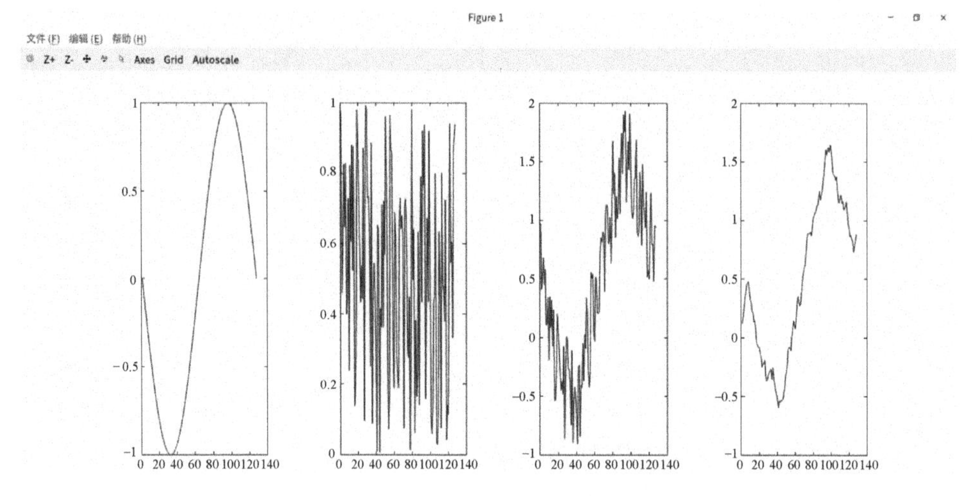

图 7-27　滑动滤波波形

7.3　Octave 与 Gambas 接口方法

在 Deepin 操作系统中，可以使用类 Unix 系统中的脚本机制，创建 Octave 脚本程序，可以提供给 Gambas 等其他外部应用程序调用。

举例说明：创建一个文件名为 oct 的脚本。

```
#! /usr/bin/octave -qf
# 创建 Octave 可执行程序
printf ("Octave, Welcome!\n");
```

① 脚本的第一行必须以“#!”开头，其后可增加一个空格。

② “/usr/bin/octave”是 Octave 在 Deepin 操作系统中存储的绝对路径，用于解释文件中函数语句的解释器的绝对路径和名称。

③ “-qf”是 Octave 解释器运行时的参数选项，可省略，“-q”选项屏蔽程序在执行时输出的介绍性信息，“f”选项忽略某些无关设置。

④ 第二行为注释，提供代码说明。

⑤ 第三行为脚本程序代码，运行时会输出“Octave, Welcome!”。

⑥ 为 oct 脚本添加可执行权限，当前目录下打开终端，在终端输入“chmod u+x oct”并回车。

⑦ 执行该脚本，在终端输入“./oct”并回车，如图 7-28 所示。

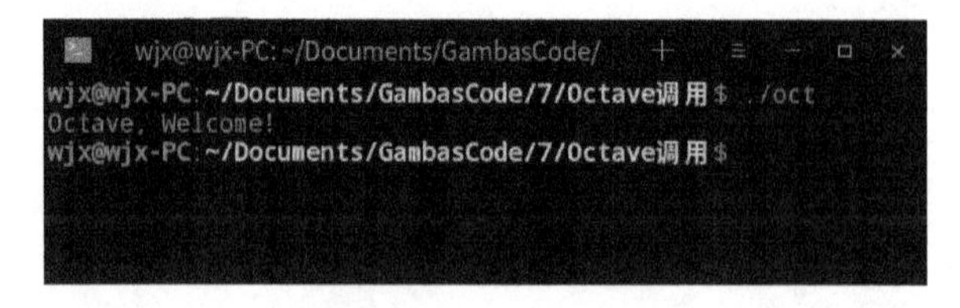

图 7-28　执行脚本

Octave 脚本在系统终端执行时，可以为其添加一些参数，这些参数通过 Octave 的内部变量 argv 存储，与 Gambas 脚本的 ARGS 参数类似。

举例说明：

```
#! /usr/bin/octave -qf
printf ("%s\n", program_name ());
arg_list = argv ();
for i = 1:nargin
printf (" %s\n", arg_list{i});
endfor
printf ("\n");
```

新建一个文件名为 para 的脚本，输入指定参数后输出显示。

① 第一行指定脚本的相关参数。

② 第二行打印脚本文件名，program_name ()函数返回脚本文件名。

③ 第三行为获得输入参数列表，argv ()函数返回输入参数列表。

④ 第四行为 for 循环，获得输入参数个数，nargin 存储输入参数个数。

⑤ 第五行打印元胞数组，arg_list{i}为元胞数组中的一个数据。

⑥ 第六行结束 for 循环。

⑦ 第七行打印换行符。

⑧ 为 para 脚本添加可执行权限，在终端输入“chmod u+x para”并回车。

⑨ 执行该脚本，在终端输入“./para Welcome Octave”并回车，如图 7-29 所示。

图 7-29 执行脚本

可将 para 脚本文件加入系统 PATH 变量所在的目录，如/usr/bin，则可像调用 ls、cd 等命令一样调用 para。

7.4 gnuplot

gnuplot 由 Colin Kelley 和 Thomas Williams 于 1986 年开发，2004 年 4 月发布 4.0 版。gnuplot 是一个自由分发的绘图工具，已经被移植到几乎所有的操作系统上。它有两种工作模式：交互模式和批处理模式。

7.4.1 gnuplot 基本使用方法

gnuplot 终端命令格式为：

```
gnuplot
```

在终端输入 gnuplot 回车后打开 gnuplot，如图 7-30 所示。

如果需要获取命令使用帮助信息，可以输入 help command 获得相关帮助。

```
wjx@wjx-PC:~/Desktop$ gnuplot

        G N U P L O T
        Version 5.0 patchlevel 5    last modified 2016-10-02

        Copyright (C) 1986-1993, 1998, 2004, 2007-2016
        Thomas Williams, Colin Kelley and many others

        gnuplot home:     http://www.gnuplot.info
        faq, bugs, etc:   type "help FAQ"
        immediate help:   type "help"  (plot window: hit 'h')

Terminal type set to 'wxt'
gnuplot> plot sin(x)
gnuplot>
```

图 7-30　gnuplot 界面

绘制二维和三维图形分别使用命令 plot 和 splot。例如，在终端输入 plot sin(x)时，会在弹出窗口中绘制二维正弦曲线，如图 7-31 所示。

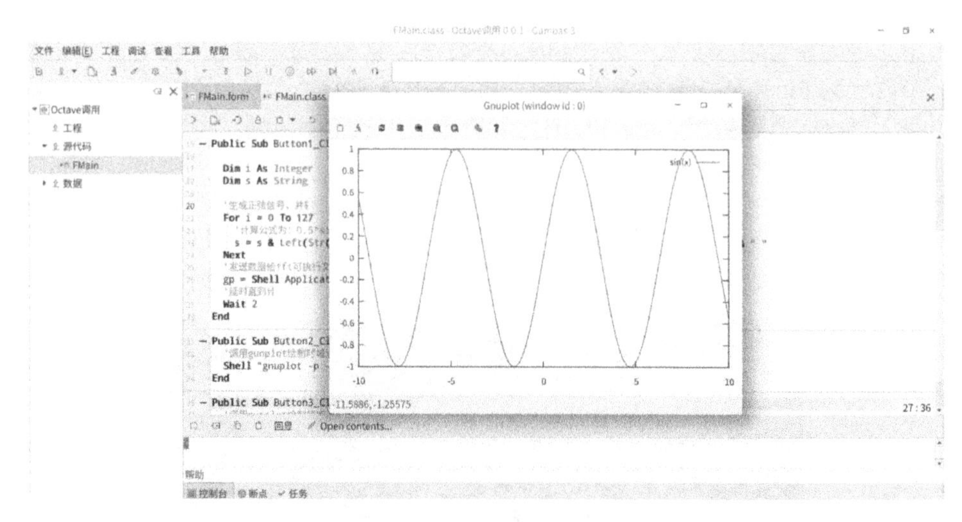

图 7-31　绘制二维正弦曲线

在终端输入 splot sin(x)时，会在弹出窗口中绘制三维正弦曲线，如图 7-32 所示。

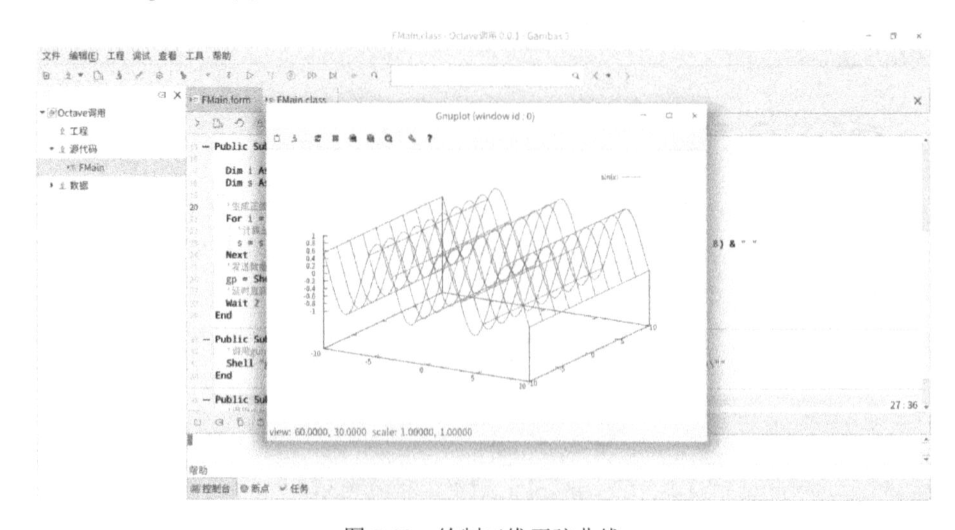

图 7-32　绘制三维正弦曲线

如果只显示正弦曲线的一个周期，可以通过限制横坐标 xrange 的取值范围来完成，使用[min:max]指定范围。如果指定最小值使用[min:]，指定最大值使用[:max]。

举例说明：在上例基础上，显示从-pi 到+pi 的 sin(x)曲线。

```
set xrange [-pi:pi]
replot
reset
```

当绘制的图形需要不断修改时，使用 replot 命令将执行以前的 plot 命令。此外，replot 可以添加更多的图形，如输入 replot cos(x)，等同于 plot sin(x), cos(x)。

reset 命令移除以前所有 set 命令并恢复默认值。

对图形标题和坐标轴进行设置，如图形标题命名为“Sin Wave”，x 轴命名为“deg”，y 轴命名为“amp”，代码为：

```
set title "Sin Wave"
set xlabel "deg"
set ylabel "amp"
plot sin(x)
```

代码中的双引号也可用单引号替代。

设置 x 轴标记为角度，通过调整 x 轴上的 tic 标记，使指定的（主）标记以 90° 增加和辅标记以 45° 增加。主 tics 的“级别”为 0，辅 tics 的级别为 1。每个点由一个三元组指定，"label"、<point-at-which-tic-is-made>和<optional-level>，代码为：

```
set xrange [-pi:pi]
set xtics ("0" 0, \
        "90" pi/2, "-90" -pi/2, \
        "" pi/4 1, "" -pi/4 1,   \
        "" 3*pi/4 1, "" -3*pi/4 1)
set grid
set xlabel "deg"
set ylabel "amp"
plot sin(x)
```

程序对+45° 和-45° 辅 tics 使用了空标签“""”，且 tics 顺序不受限制。可以使用反斜杠将 xtics 命令扩展成多个输入行，起到连接符作用，使较长或较复杂的命令更易读懂。使用 set grid 设置网格。gnuplot 有一个撤销设置的命令 unset，如果需要取消网格，使用 unset grid。

7.4.2 gnuplot 基本命令

（1）绘图风格

```
gnuplot> plot sin(x) with line linetype 3 linewidth 2
```

或

```
gnuplot> plot sin(x) w l lt 3 lw 2 %用线绘制 sin(x)图，线的类型（包括颜色与虚线的类型）是3，线的宽度是 2
gnuplot> plot sin(x) with point pointtype 3 pointsize 2
```

或

```
gnuplot> plot sin(x) w p pt 3 ps 2 %用点绘制图形，点的类型（包括颜色与点的类型）是 3，点
```

```
的大小是2
    gnuplot> plot sin(x) title 'f(x)' w lp lt 3 lw 2 pt 3 ps 2 %同时用点和线绘图，这里 title 'f(x)'表示图例上标'f(x)'，如果不用则用默认选项
    gnuplot> plot sin(x) %所有选项均用默认值
    gnuplot> plot 'a.dat' u 2:3 w l lt 3 lw 2 %利用数据文件 a.dat 中的第二和第三列作图
```

值得注意的是，如最前面的两个例子，某两个词按字母先后顺序，前面某几个字母相同，后面的不同，那么只要写到第一个不同的字母就可以了。如 with，由于没有其他以 w 开头的词，可以用 w 代替，line 也可以用 l 代替。

（2）绘制多条曲线

```
    gnuplot> plot sin(x) title 'sin(x)' w l lt 1 lw 2, cos(x) title 'cos(x)' w l lt 2 lw 2  %两条曲线用逗号隔开，绘制多条曲线时，各曲线间均用逗号隔开；如果对数据文件作图，将函数名称换为数据文件名即可，但要用单引号括起来
```

（3）图例

图例默认位置在右上方。

```
    gnuplot> set key left %放在左边，有 left 和 right 两个选项
    gnuplot> set key bottom %放在下边，默认在上边
    gnuplot> set key outside %放在外边，但只能在右面的外边
```

以上三个选项可以进行组合，如：

```
    gnuplot> set key left bottom %放在左下边
```

可以坐标精确表示图例的位置，如：

```
    gnuplot> set key 0.5,0.6 %将图例放在坐标(0.5,0.6)位置处
```

（4）坐标轴

```
    gnuplot> set xlabel 'x' %x 轴标为 x
    gnuplot> set ylabel 'y' %y 轴标为 y
    gnuplot> set ylabel 'DOS' tc lt 3 %tc lt 3 表示 DOS 颜色使用第 3 种
    gnuplot> set xtics 1.0 %x 轴的主刻度的宽度为 1.0，同样可以为 y 轴定义 ytics
    gnuplot> set mxtics 3 %x 轴上每个主刻度中绘制 3 个分刻度，同样可以为 y 轴定义 mytics
    gnuplot> set border 3 lt 3 lw 2 %设为第 3 种边界，颜色类型为 3，线宽为 2
```

同样可以对上边的 x 轴（x2）和右边的 y 轴（y2）进行设置，即 x2tics、mx2tics、y2tics、my2tics。

```
    gnuplot> set xtics nomirror
    gnuplot> unset x2tics %以上两条命令去掉上边 x2 轴的刻度
    gnuplot> set ytics nomirror
    gnuplot> unset y2tics %以上两条命令去掉右边 y 轴的刻度
```

（5）插入文字

```
    gnuplot> set label 'sin(x)' at 0.5,0.5 %在坐标(0.5,0.5)处加入字符串 sin(x)
```

在输出为.ps 或.eps 文件时，如果在 set term 的语句中加入了 enhanced 选项，则可以插入上下标、希腊字母和特殊符号。

（6）插入直线和箭头

```
    gnuplot> set arrow from 0.0,0.0 to 0.6,0.8 %从(0.0,0.0)到(0.6,0.8)画一个箭头
```

```
gnuplot> set arrow from 0.0,0.0 to 0.6,0.8 lt 3 lw 2 %箭头颜色类型为3，线宽类型为2
gnuplot> set arrow from 0.0,0.0 to 0.6,0.8 nohead lt 3 lw 2 %利用 nohead 去掉箭头的头部，即添加直线
```

注意，在 gnuplot 中，对于插入多个的 label 和 arrow，系统会默认按先后顺序对各个 label 和 arrow 进行编号，从 1 开始。如果要去掉某个 label 或 arrow，用 unset 命令将相应的去掉即可，如：

```
gnuplot> unset arrow 2 %去掉第 2 个箭头
```

（7）图的大小和位置

```
gnuplot>set size 0.5,0.5 %长宽均为默认宽度的一半，建议用该取值，尤其在绘制 ps 或 eps 图形时
gnuplot>set origin 0.0,0.5 %设定图形的左下角的在面板中的位置，该图将出现在左上角
```

（8）三维图

```
gnuplot>splot '文件名' u 2:4:5 %以第 2 和第 4 列作为 x 和 y 坐标，第 5 列为 z 坐标
```

7.4.3 gnuplot 高级命令

（1）绘制多个图形

```
gnuplot>set multiplot %设置为多图模式
gnuplot>set origin 0.0,0.0 %设置第 1 个图的原点位置
gnuplot>set size 0.5,0.5 %设置第 1 个图的大小
gnuplot>plot "a1.dat"
gnuplot>set origin 0.0,0.5 %设置第 2 个图的原点位置
gnuplot>set size 0.5,0.5 %设置第 2 个图的大小
gnuplot>plot "a2.dat"
gnuplot>set origin 0.0,0.0 %设置第 3 个图的原点位置
gnuplot>set size 0.5,0.5 %设置第 3 个图的大小
gnuplot>plot "a3.dat"
gnuplot>set origin 0.0,0.0 %设置第 4 个图的原点位置
gnuplot>set size 0.5,0.5 %设置第 4 个图的大小
gnuplot>plot "a4.dat"
```

如果后一个图中某个量的设置和前一个相同，那么后图该量的设置可以省略，如上面对第 2、第 3 和第 4 个图的大小的设置。前一个图中对某个量的设置也会在后图中生效，如果要取消在后面图中的作用，必须用 unset 命令，如取消 label 命令为：

```
gnuplot>unset label
```

（2）坐标轴等长

```
gnuplot> set size square %设置图形为矩形
gnuplot> set size 0.5,0.5 %设置图形的大小
gnuplot> set xrange[-a:a]
gnuplot> set yrange[-a:a] %两坐标轴刻度范围一样
gnuplot> plot 'a.dat'
```

（3）利用左右 y 轴分别画图

```
gnuplot> set xtics nomirror %去掉上面坐标轴 x2 的刻度
gnuplot> set ytics nomirror %去掉右边坐标轴 y2 的刻度
```

```
gnuplot> set x2tics %使上面坐标轴 x2 的刻度自动产生
gnuplot> set y2tics %使右边坐标轴 y2 的刻度自动产生
gnuplot> plot sin(x),cos(x) axes x1y2 %cos(x)用 x1y2 坐标，axes x1y2 表示用 x1y2 坐标轴
gnuplot> plot sin(x),cos(x) axes x2y2 %cos(x)用 x2y2 坐标，axes x2y2 表示用 x2y2 坐标轴
gnuplot> set x2range[-20:20] %设定 x2 坐标的范围
gnuplot> replot
gnuplot> set xrange[-5:5] %设定 x 坐标的范围
gnuplot> replot
gnuplot> set xlabel 'x'
gnuplot> set x2label 't'
gnuplot> set ylabel 'y'
gnuplot> set y2label 's'
gnuplot> replot
gnuplot> set title 'The figure'
gnuplot> replot
gnuplot> set x2label 't' textcolor lt 3 %textcolor lt 3 或 tc lt 3 设置坐标轴名称的颜色
```

（4）插入希腊字母和特殊符号

一般只能在 ps 和 eps 图中插入希腊字母和特殊符号，且必须指定 enhanced 选项。在 X11 终端中无法显示。

```
gnuplot> set terminal postscript enhanced
```

希腊字母就可以通过{/Symbol a}输入，例如：

```
gnuplot> set label '{/Symbol a}'
```

（5）插入埃 Angstrom（Å）

在插入前先加入 gnuplot>set encoding iso_8859_1 这个命令，然后通过“{\305}”加入，如：

```
gnuplot>set xlabel 'k(1/{\305})'
```

如果是 multiplot 模式，则这个命令必须放在 gnuplot>set multiplot 的前面。

如果后面还要插入别的转义字符，那么还要在插入字符后加入如下命令：

```
set encoding default
```

（6）等高线图

```
gnuplot>splot '文件名.dat' u 1:2:3 w l %做三维图
gnuplot>set dgrid3d 100,100 %设置三维图表面的网格的数目
gnuplot>replot
gnuplot>set contour %设置等高线
gnuplot>set cntrparam levels incremental -0.2,0.01,0.2 %设置等高线的疏密和范围，从-0.2 到 0.2 每隔 0.01 画一条线
```

gnuplot>unset surface %去掉上面的三维图形，最后用鼠标拽动图形，选择合理的角度即可，或者直接设置(0,0)的视角也可以：

```
gnuplot>set view 0,0
gnuplot>replot
```

值得注意的是，绘制三维图形的数据文件必须是分块的，也就是 x 每变换一个值，y 在其变化范围内变化一周，这样作为一个数据块，然后再取一个 x 值，y 再变化一周，作为下

一个数据块，块与块之间用空行格开。

（7）输出 ps 或 eps 图

```
gnuplot>set term postscript eps enh solid color
```

其中，eps 选项表示输出为 eps 格式，去掉则表示用默认的 ps 格式；enh 选项表示图中可以插入上下标、希腊字母及其他特殊符号，如果去掉则不能插入；solid 选项表示图中所有的曲线都用实线，去掉则用不同的虚线；color 选项表示在图中全部曲线用彩色，去掉则用黑白。

（8）绘制 pm3d 图

```
gnuplot> set pm3d %设置 pm3d 模式
gnuplot> set isosamples 50,50 %设置网格点
gnuplot> splot x**2+y**2  %绘制三维图
gnuplot> splot x**2+y**2 w pm3d  %绘制 pm3d 模式
gnuplot> set view 0,0  %设置视角(0,0)，投影到底面
gnuplot> splot x**2+y**2 w pm3d  %重画
gnuplot> unset ztics %去掉 z 轴数字
gnuplot> set isosamples 200,200  %使网格变细
gnuplot> replot  %重画
```

（9）避免重复输入

对某个数据文件做好图后，可能还要利用这个数据文件作图，可以把作图命令写到一个文件里，如 a.plt，代码为：

```
set pm3d
set view 0,0
unset ztics
set isosamples 200,200
splot x**2+y**2 w pm3d
set term post color
set output ‘a.ps’
replot
```

启动 gnuplot 后，运行如下命令：

```
gnuplot>load 'a.plt'
```

如果需要.ps 或.eps 图，可以在 linux 命令提示符下运行如下命令：

```
gnuplot a.plt
```

（10）在 gnuplot 模式下运行 linux 命令

在 gnuplot 提示符下也可以运行 linux 命令，但必须在相应的命令前面加上“!”。如对数据文件 a.dat 进行修改，则可以用如下方式：

```
gnuplot>!vi a.dat
```

通过这种方式，所有的 linux 命令都可以在 gnuplot 环境里运行。

此外，也可以在 gnuplot 的提示符后输入 shell，暂时性退出 gnuplot，进入 linux 环境，之后运行 exit 命令，又可以回到 gnuplot 环境下。

```
gnuplot>shell
...
```

```
exit
gnuplot>plot 'a.dat' w l
```

7.5 FFT 变换程序设计

FFT（Fast Fourier Transform）是一种 DFT 的高效算法，称为快速傅里叶变换。傅里叶变换是时频域分析中最基本的方法。下面通过一个实例来学习 FFT 变换程序的设计方法。设计一个应用程序，以 0.5*sin(2*pi*20*t)+2*sin(2*pi*40*t)为信号源，点击“计算”按钮，调用当前工程目录下的 Octave 脚本程序文件“fft”，计算 FFT 并保存到当前工程所在的目录下，命名为“dat”，在 dat 文件中，每行存储 1 个数据，共存储 128 行；点击“时域波形”按钮，使用 gnuplot 绘制二维曲线；点击“频域波形”按钮，读取 dat 文件，并使用 gnuplot 绘制二维曲线，如图 7-33～图 7-35 所示。

（1）实例效果预览

实例效果预览如图 7-33～图 7-35 所示。

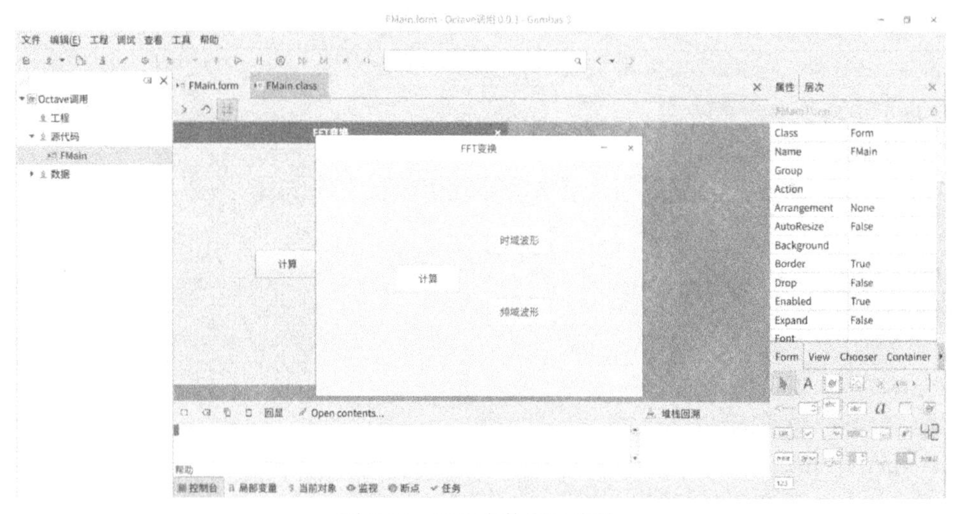

图 7-33　FFT 变换程序窗体

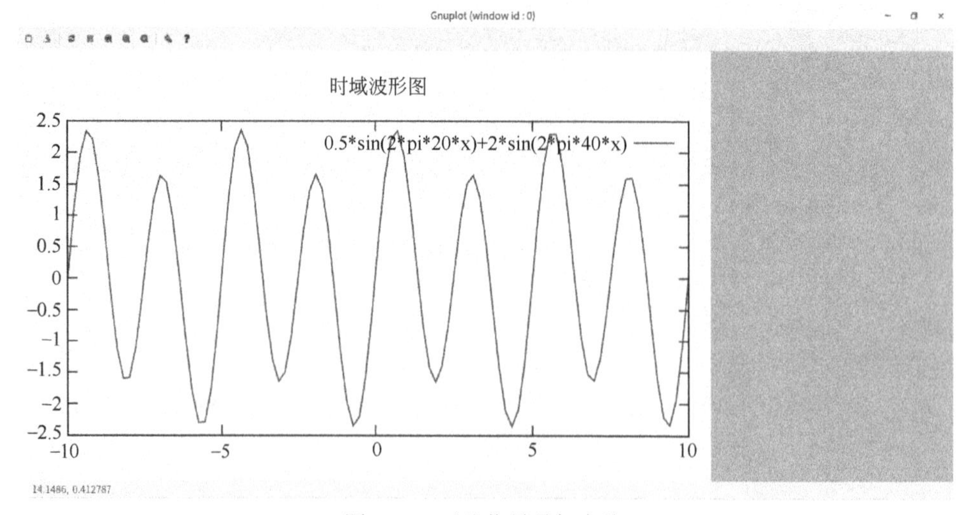

图 7-34　正弦信号叠加窗体

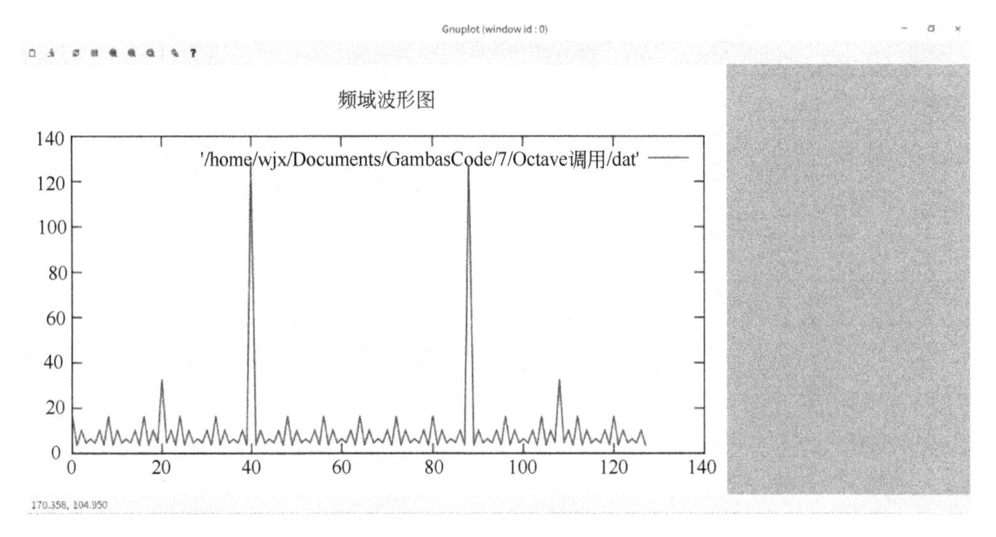

图 7-35　FFT 窗体

（2）实例步骤

① 启动 Gambas 集成开发环境，可以在菜单栏选择“文件”→“新建工程...”，或在启动窗体中直接选择“新建工程...”项。

② 在“新建工程”对话框中选择“1.工程类型”中的“Graphical application”项，点击“下一个(N)”按钮。

③ 在“新建工程”对话框中选择“2.Parent directory”中要新建工程的目录，点击“下一个(N)”按钮。

④ 在“新建工程”对话框的“3.Project details”中输入工程名和工程标题，工程名为存储目录的名称，工程标题为应用程序的实际名称，在这里设置相同的工程名和工程标题。完成之后，点击“确定”按钮。

⑤ 系统默认生成的启动窗体名称（Name）为 FMain。在 FMain 窗体中添加 3 个 Button 控件，如图 7-36 所示，并设置相关属性，如表 7-6 所示。

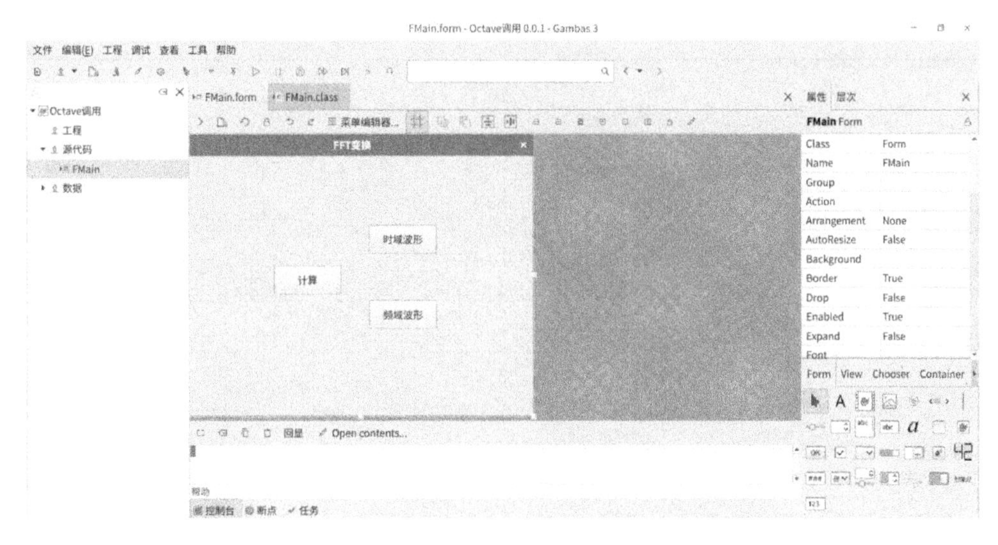

图 7-36　窗体设计

表 7-6 窗体和控件属性设置

名称	属性	说明
FMain	Text：FFT 变换 Resizable：False	标题栏显示的名称 固定窗体大小，取消最大化按钮
Button1	Text：计算	命令按钮，响应相关点击事件
Button2	Text：时域波形	命令按钮，响应相关点击事件
Button3	Text：频域波形	命令按钮，响应相关点击事件

⑥ 设置 Tab 键响应顺序。在 FMain 窗体的“属性”窗口点击“层次”，出现控件切换排序，即按下键盘上的 Tab 键时，控件获得焦点的顺序。

⑦ 在 FMain 窗体中添加代码。

```
' Gambas class file

  Public gp As Process

Public Sub Process_Read()

  Dim s As String

 '读取 fft 计算结果
  Read #Last, s, Lof(gp)
  '保存为文本文件，每个数据存储为 1 行
  File.Save(Application.Path &/ "dat", s)
End

Public Sub Button1_Click()

  Dim i As Integer
  Dim s As String

  '生成正弦信号，并转换为字符串
  For i = 0 To 127
    '计算公式为：0.5*sin(2*pi*20*t)+2*sin(2*pi*40*t)
    s = s & Left(Str(0.5 * Sin(2 * Pi * 20 / 128 * i) + 2 * Sin(2 * Pi * 40 / 128 * i)), 8) & " "
  Next
  '发送数据给 fft 脚本文件，fft 用 Octave 编写
  gp = Shell Application.Path &/ "fft " & s For Read As "Process"
  '延时直到计算完成
  Wait 2
End
```

```
Public Sub Button2_Click()
  '调用 gnuplot 绘制时域波形图
  Shell "gnuplot -p -e \"set title \'时域波形图\';plot 0.5*sin(2*pi*20*x)+2*sin(2*pi*40*x)\""
End

Public Sub Button3_Click()
  '调用 gnuplot 绘制频域波形图
  Shell "gnuplot -p -e \"set title \'频域波形图\';plot '" & Application.Path &/ "dat" & "' w l \""
End
```

⑧ 在 fft 脚本中添加代码并保存，在终端输入命令 chmod u+x fft，生成可执行文件，其Octave 代码为：

```
#! /usr/bin/octave
m=str2double(argv());
x=fft(m);
y=abs(x);
fprintf("%f\n",y)
```

程序中，首先将两个不同频率的正弦信号 0.5*sin(2*pi*20*t)+2*sin(2*pi*40*t)合成为一个信号，产生 128 个点数据，将数据转换为字符串并用空格分隔，使用 Shell 调用 fft 脚本文件，把参数传递给 Octave，Octave 计算完成后将结果输出到终端，由 Process_Read 接收并按列保存。时域信号波形由 gnuplot 实时计算并显示，频域信号曲线由 gnuplot 读取已经保存的数据并显示。

Shell "gnuplot -p -e \"set title \'时域波形图\';plot 0.5*sin(2*pi*20*x)+2*sin(2*pi*40*x)\""语句相当于在终端输入：

```
gnuplot -p -e "set title '时域波形图';plot 0.5*sin(2*pi*20*x)+2*sin(2*pi*40*x)"
```

gnuplot 为命令。

-p 为允许绘图窗口在主 gnuplot 程序退出后继续存在。

-e 为使用 gnuplot 的 call 机制加载脚本，并将命令行的其余部分作为参数传递。

set title '时域波形图'为显示标题为“时域波形图”。

;用于分隔两段不同命令。

\"和\'为转义字符，即表示“"”和“'”。

Shell "gnuplot -p -e \"set title \'频域波形图\';plot '" & Application.Path &/ "dat" & "' w l \""语句相当于在终端输入：

```
gnuplot -p -e "set title '频域波形图';plot '.../dat' w l"
```

.../dat 为数据文件，“...”表示数据文件存储的绝对路径，由用户按实际存储路径替换，数据存储于计算机硬盘。

w l 为 with line，即绘制曲线。

gp = Shell Application.Path &/ "fft " & s For Read As "Process"语句相当于在终端输入：

```
./fft 参数 1 参数 2...参数 n
```

利用将参数传递给 fft 脚本文件的方法，fft 脚本接收相关参数，利用 m=str2double(argv())语句将元胞数组转换为一维矩阵，利用 x=fft(m)语句进行快速傅里叶变换，利用 y=abs(x)语句获得实部（模），利用 fprintf("%f\n",y)语句将数据发送到终端按列输出，最后由 Gambas 程序中的 Process_Read 函数以字符串形式接收并保存。

第 8 章 数据采集技术

数据采集技术采用 Arduino 开发板和 JoyStick 搭建了数据采集软硬件平台，利用 Gambas 与外围设备进行系统集成开发，用于信号采集、系统仿真等工业控制等领域。由于采用了标准化设计方法，相关设计代码兼容 Qt4、Qt5、GTK+2、GTK+3，可方便地发布和移植到各种 Linux 操作系统中。

本章介绍了基于 Gambas 的数据采集工程实现方案，包括 Arduino 开发板与集成开发环境的使用，DIO、AIO、串口、EEPROM 以及 Joystick 操作等，并给出了数据采集、数据掩码、Joystick 测试等示例，能够使读者快速掌握数据采集程序的设计思路与设计方法。

8.1 Arduino

Arduino 是一款开源电子平台，包含 Arduino 硬件开发板和软件 Arduino IDE 集成开发环境。Arduino 采用 Creative Commons（CC）授权方式，公司只保留有 Arduino 这个名字，使用前需要官方授权。其主流开发板为 Arduino Uno，支持 Windows、Linux 操作系统开发。

8.1.1 Arduino 简介

Arduino 是一款便捷灵活、方便上手的开源电子原型平台，包含 Arduino 开发板硬件和 Arduino IDE 集成开发环境软件。Arduino 团队采用 Creative Commons（CC）的授权方式公开了硬件设计图，任何人都可以生产电路板的复制品，以及重新设计和销售原设计的复制品，不需要支付任何费用，不需要取得 Arduino 团队的许可。如果重新发布了引用设计，则必须声明原始 Arduino 团队的贡献；如果修改了电路板，则最新设计必须使用相同或类似的 Creative Commons 的授权方式，以保证新版本的 Arduino 电路板也是自由和开放的；团队唯一保留的只有 Arduino 这个名字，它被注册成了商标，在没有官方授权的情况下不能使用它。Arduino 发展至今，已经推出了众多种型号以及衍生控制器。其中，使用最广泛的是 Arduino Uno 的 R3 版本，Uno 在意大利语中表示“1”，Arduino Uno 是第一块 Arduino 开发板的意思。

Arduino 开发板的主要型号有：Arduino Uno、Arduino Nano、Arduino LilyPad、Arduino Mega 2560、Arduino Ethernet、Arduino Due、Arduino Leonardo、ArduinoYún 等；Arduino 扩展板的主要型号有：Arduino GSM Shield、Arduino GSM Shield Front、Arduino Ethernet Shield、Arduino WiFi Shield、Arduino Wireless SD Shield、Arduino USB Host Shield、Arduino Motor Shield、Arduino Wireless Proto Shield、Arduino Proto Shield 等。

Arduino IDE 来源于 simple I/O，使用类似 Java、C 语言的 Processing/Wiring 开发环境和

GCC 编译器，可以在 Windows、Mac OS X、Linux 等主流操作系统上运行。Arduino IDE 对 AVR-Libc 库进行二次封装，不需要太多的单片机和编程基础，对于初学者来说，容易掌握，同时有着足够的灵活性，可以进行快速开发。

8.1.2 Arduino Uno 开发板

（1）电源

Arduino UNO 开发板如图 8-1 所示，其供电方式有多种，可根据需求选择。

① USB 接口供电，电压为 5V。

② DC 电源接口供电，电压为 7～12V。

③ 电源插口供电，5V 插口供电为 5V，Vin 插口供电为 7～12V。

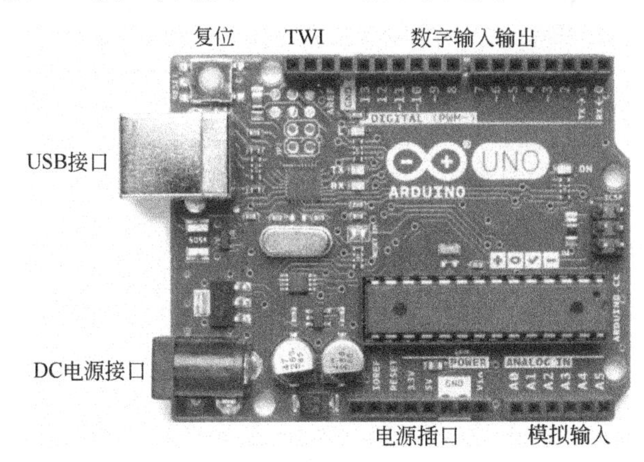

图 8-1　Arduino UNO 开发板

（2）复位

按下复位按键可以使 Arduino 重新启动，即重新运行程序。

（3）存储空间

① Flash 为 32KB，0.5KB 为 BOOT 引导程序，其余为用户存储空间，断电后数据不会丢失。

② SRAM 为 2KB，用于存储临时数据，断电后数据会丢失。

③ EEPROM 容量为 1KB，断电后数据不会丢失。

（4）数字输入输出和模拟输入

Arduino UNO 包含 14 个数字输入输出端口和 6 个模拟输入端口。

① UART 端口，0 为 RX，1 为 TX，用于串口通信。

② 外部中断，2 和 3 端口可用于外部中断。

③ PWM 输出，3、5、6、9、10、11 端口可用于 PWM 输出。

④ SPI 通信，10 为 SS，11 为 MOSI，12 为 MISO，13 为 SCK，可用于 SPI 通信。

⑤ TWI 通信，A4 为 SDA，A5 为 SCL 以及 TWI 插口，可用于 TWI 通信和 IIC 通信。

⑥ AREF 为模拟参考电压输入端口。

8.1.3 Arduino 安装

打开 Deepin 操作系统（Deepin V15.11 桌面版）的“应用商店”，搜索“Arduino”，即可找到 Arduino，也可在左侧分类列表中打开“编程开发”查找 Arduino，如图 8-2 所示。

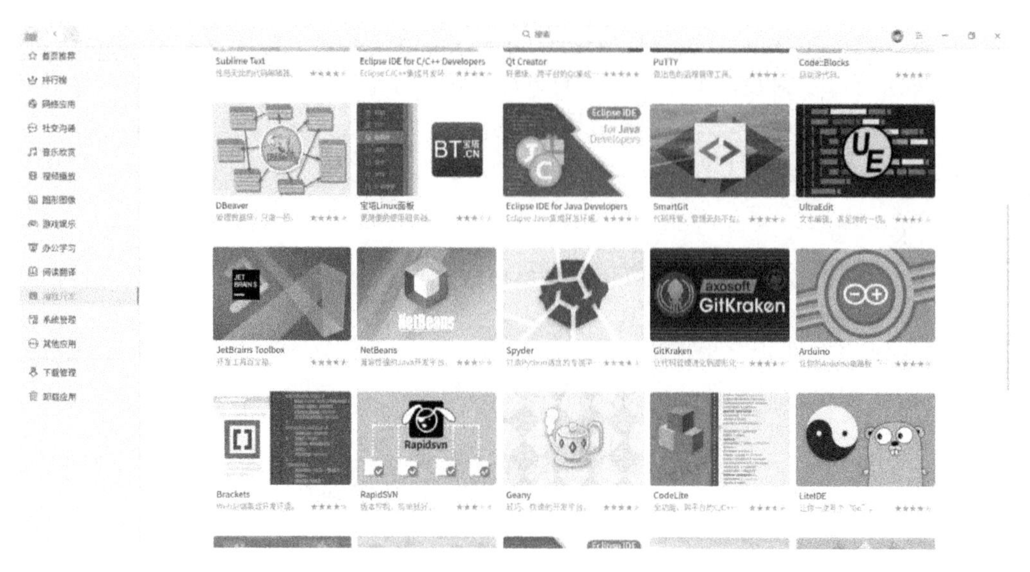

图 8-2　从 Deepin 应用商店查找 Arduino

在 Arduino 页面中点击“安装”按钮，即可完成安装。安装完成后按钮变为“打开”，点击后即可打开，也可从启动器中点击“所有分类”→“编程开发”→“Arduino IDE”打开该应用程序。该版本为 2:1.0.5+dfsg2-4.1，如图 8-3 所示。

图 8-3　安装 Arduino

8.1.4　Arduino IDE 集成开发环境

Arduino IDE 集成开发环境的操作界面简洁美观，功能模块集成度高，包含了多个人机交互工作窗口，主要包括菜单栏、工具栏、代码编辑区、调试信息区以及行号、开发板型号、串口号信息区，如图 8-4 所示。

（1）菜单栏

Arduino IDE 集成开发环境菜单栏提供了“文件”“编辑”“程序”“工具”和“帮助”等

下拉菜单。

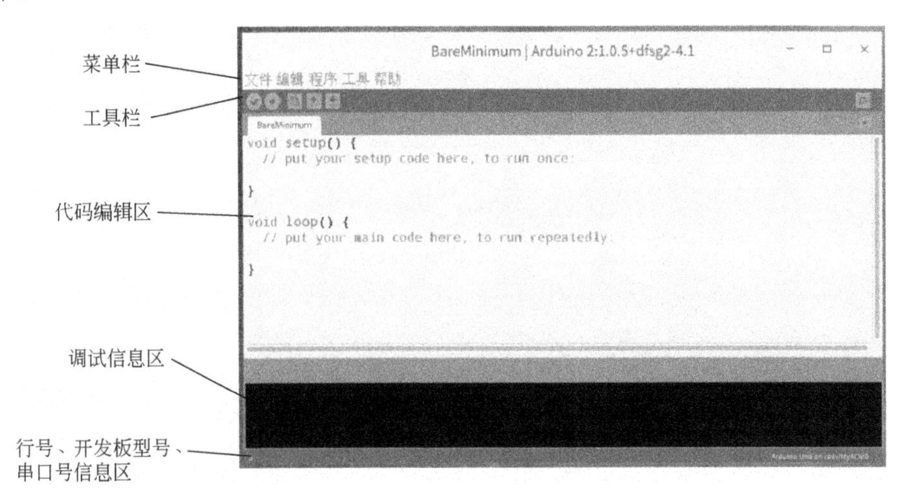

图 8-4 Arduino IDE 集成开发环境

① “文件”菜单 “文件”菜单主要对文件进行操作，主要包括新建、打开、程序库、示例、关闭、保存、另存为、下载、使用编程器下载、页面设置、打印、参数设置和退出，如图 8-5 所示。

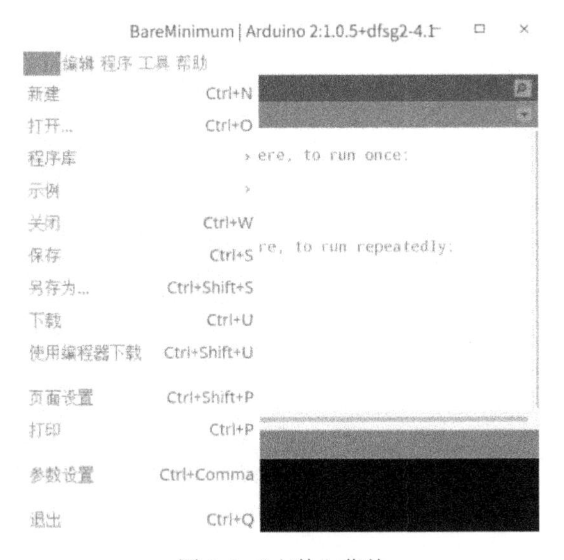

图 8-5 “文件”菜单

其中，“示例”菜单中包含了 Arduino 使用的大部分场景示例，可进行系统学习与关键代码参考。由于初始状态下，Arduino IDE 界面默认语言为英语，可在“参数设置”对话框中进行语言设置，将“Editor language”修改为“简体中文（Chinese Simplified）”，关闭后再重新打开，语言即转换为简体中文，如图 8-6 所示。

② “编辑”菜单 “编辑”菜单对程序文本进行操作，主要包括恢复、重做、剪切、复制、复制到论坛、复制为 HTML、粘贴、全选、注释/取消注释、增加缩进、减小缩进、查找、查找下一个、查找上一个、查找选择内容等，如图 8-7 所示。

③ “程序”菜单 “程序”菜单对程序进行编译操作，主要包括：校验/编译、显示程序

文件夹、加入文件、导入库。其中，“校验/编译”菜单可以对编写的代码进行语法检查和编译，结果显示在调试信息区；“导入库...”菜单可以添加要包含进来的头文件，如图 8-8 所示。

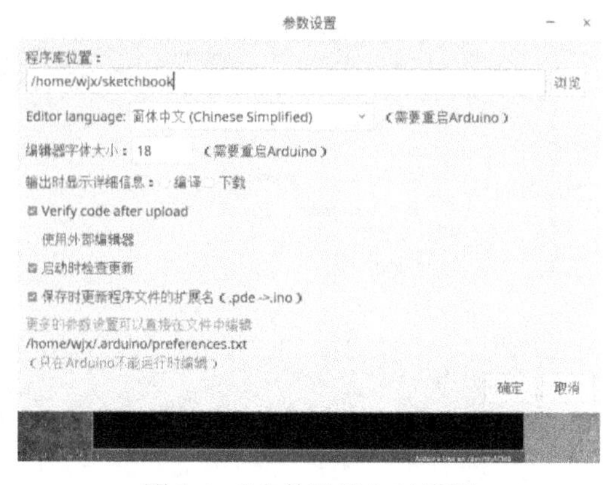

图 8-6 “参数设置”对话框

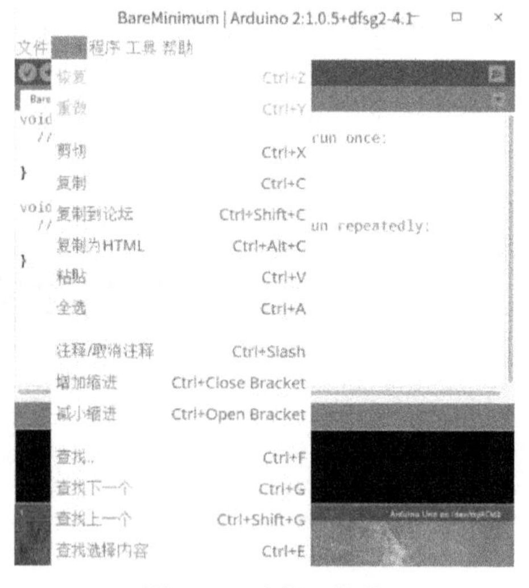

图 8-7 “编辑”菜单

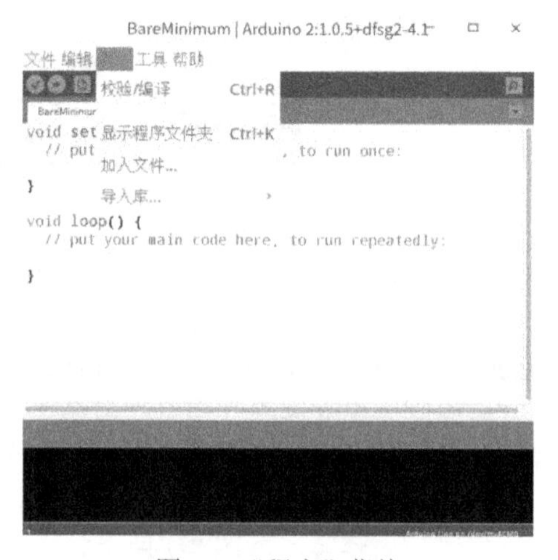

图 8-8 “程序”菜单

④“工具”菜单 “工具”菜单对硬件进行操作，主要包括：自动格式化、打包程序、修复编码并重载、串口监视器、板卡、串口、编程器、烧写 Bootloader。其中，“串口监视器”为打开集成开发环境自带的串口助手；“板卡”列出所有支持的板卡和当前使用的板卡；“串口”列出系统所有串口和当前使用的串口；“编程器”列出所有支持的编程器和当前使用的编程器，如图 8-9 所示。

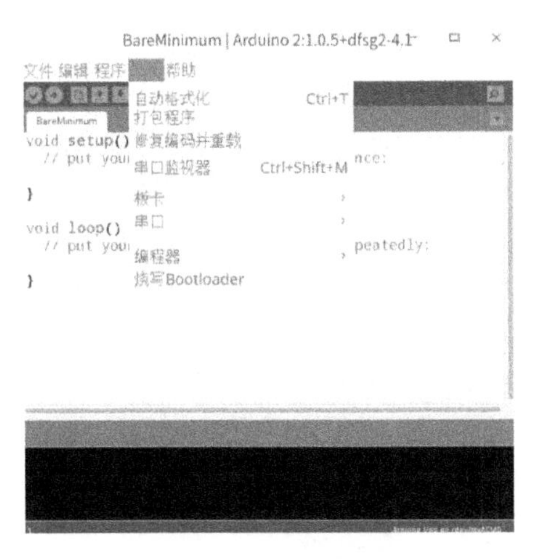

图 8-9 “工具”菜单

⑤“帮助”菜单 “帮助”菜单提供 Arduino 使用帮助，主要包括快速入门、环境、问题排除、参考手册、在手册中查找、常见问题、访问 Arduino.cc、关于 Arduino，点击打开后，会以网页的形式呈现相关帮助文档，如图 8-10 所示。

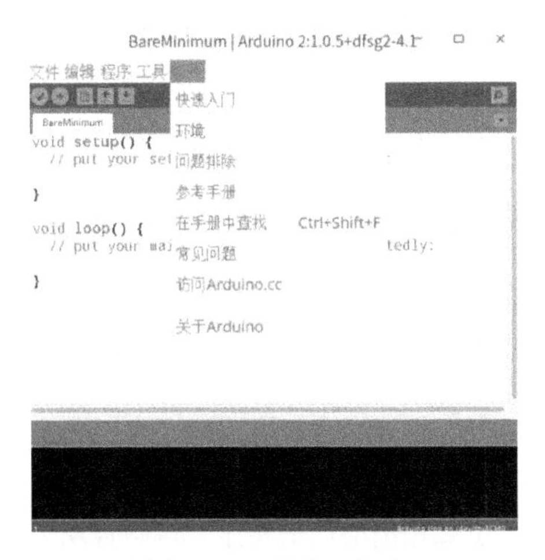

图 8-10 “帮助”菜单

（2）工具栏

工具栏提供对常用命令的快速访问，主要包括：校验、下载、新建、打开、保存。其中，“校验”按钮用于对程序进行语法检查，若没有错误则编译该项目；“下载”下载程序到 Arduino 控制器上。

（3）代码编辑区

代码编辑区为程序代码编写区域。选择“文件”→“示例”→“01.Basics”→“BareMinimum”

菜单，可以生成代码框架：

```
void setup() {
  // put your setup code here, to run once:

}

void loop() {
  // put your main code here, to run repeatedly:

}
```

Arduino IDE 采用 C++编译器，支持 C/C++语言，并且隐藏了 main 主函数，用户通常在 setup 函数中设置初始化代码，如配置 I/O 端口或初始化串口等，Arduino 开发板上电或复位后即开始执行该函数，但只能运行一次；setup 函数执行完毕后，Arduino 控制器进入 loop 函数，循环执行代码，如驱动各种模块或进行数据采集等，如果某些端口需要反复更改设置，则需要在 loop 中进行设置。

（4）行号、开发板型号、串口号信息区

在行号、开发板型号、串口号信息区的左侧显示当前光标所在的行号，右侧显示开发板型号和串口号。

8.2 端口操作

端口操作主要包括 DIO 操作、AIO 操作、串口操作等内容，以及 EEPROM 和时间函数操作等，能够实现下位机的实时数据采集、信号输出、数据存储等操作。

8.2.1 DIO 操作

DIO 即数字输入输出，用 0、1 来表示低电平、高电平。Arduino 开发板的每个带数字编号的引脚都可以用于 DIO 操作。

（1）pinMode 函数

pinMode 函数用于设置引脚的模式，即输入输出模式。函数声明为：

```
pinMode(pin, mode);
```

pin 为端口号。

mode 为 INPUT 输入、OUTPUT 输出、INPUT_PULLUP 输入上拉。

（2）digitalWrite 函数

digitalWrite 函数用于设置引脚输出的高低电平。函数声明为：

```
digitalWrite(pin, value);
```

pin 为端口号，一般为 2～13。

value 为 HIGH 或 LOW。Arduino 开发板的数字端口输入输出电压设置 HIGH（逻辑 1）为 5V，LOW（逻辑 0）为 0V。

举例说明：

```
int ledPin = 13;                    // LED 连接 DIO 的引脚 13
void setup()
```

```
{
  pinMode(ledPin, OUTPUT);          // 设置引脚为输出模式
}

void loop()
{
  digitalWrite(ledPin, HIGH);       // 打开 LED
  delay(1000);                      // 延时 1000ms
  digitalWrite(ledPin, LOW);        // 关闭 LED
  delay(1000);                      // 延时 1000ms
}
```

（3）digitalRead 函数

digitalRead 函数用于读取外部输入的数字信号。函数声明为：

```
digitalRead(pin);
```

pin 为端口号，一般为 2～13。

返回值为 HIGH 或 LOW。Arduino 控件板的数字端口输入输出电压设置一般 HIGH（逻辑 1）为 5V，LOW（逻辑 0）为 0V。

当 Arduino 开发板采用 5V 供电时，-0.5～1.5V 设定为 0 或低电平，3～5.5V 设定为高电平。电压高于 5V 后，有可能会损坏 Arduino 控制器。

举例说明：

```
int ledPin = 13;                    // LED 连接引脚 13
int inPin = 7;                      // 按键引脚 7
int val = 0;                        // 存储状态值
void setup()
{
  pinMode(ledPin, OUTPUT);          // 设置引脚 13 为输出模式
  pinMode(inPin, INPUT);            // 设置引脚 7 为输入模式
}

void loop()
{
  val = digitalRead(inPin);         // 读取按键输入值并存储
  digitalWrite(ledPin, val);        // 根据输入状态设置 LED 打开或关闭
}
```

8.2.2 AIO 操作

AIO 即模拟输入输出。一般情况下，外界物理信号都是以模拟信号的形式存在的，如温度、湿度、光照强度等。通常用 0～5V 电压来表示模拟信号。在 Arduino 开发板上，A0～A5 为模拟信号输入引脚，可以通过这些引脚读取模拟信号的电压值，利用 ADC 转换为数字信号。Arduino 控制器使用 AVR 单片机作为主控器，其 ADC 的精度为 10 位，即可以将 0～5V 电压转换为 0～1023 的整数形式。

（1）analogRead 函数

analogRead 函数用于读取模拟输入信号的值。函数声明为：

```
analogRead(pin);
```

pin 为端口号，一般为 0～5。

返回值为 0～1023。

举例说明：

```
int analogPin = 3;                     // 模拟信号输入连接引脚 A3
int val = 0;                           // 存储电压转换值

void setup()
{
  Serial.begin(9600);                  // 设置串口波特率
}

void loop()
{
  val = analogRead(analogPin);         // 读取输入引脚 ADC 转换值
  Serial.println(val);                 // 将数据发送至串口，用于调试
}
```

（2）analogWrite 函数

analogWrite 函数用于模拟输出。该函数并不是输出真正意义上的模拟值，而是以 PWM 脉宽调制的方式来达到输出模拟值的效果，如果要输出真正的模拟量，需要添加外围滤波电路。函数声明为：

```
analogWrite(pin, value);
```

pin 为端口号，一般为 3、5、6、9、10、11 端口。

value 为将占空比转换为电压有效值，一般为 0～255。

举例说明：

```
int ledPin = 9;                        // LED 连接引脚 9
int analogPin = 3;                     // 模拟信号输入连接引脚 A3
int val = 0;                           // 存储电压转换值
void setup()
{
  pinMode(ledPin, OUTPUT);             // 设置引脚为输出模式
}

void loop()
{
  val = analogRead(analogPin);         // 读取输入引脚 ADC 转换值
  analogWrite(ledPin, val / 4);        // 将读取结果 0~1023 转换到 0~255 并输出
}
```

8.2.3 串口操作

Arduino 开发板与计算机的通信方式为串口通信，串口位于 DIO 的 0 和 1 引脚，通过 USB 转换芯片 ATmega16u2 与这两个引脚相连。ATmega16u2 通过 USB 接口在计算机上虚拟出一个用于与 Arduino 开发板通信的串口。

（1）Serial.begin 函数

Serial.begin 函数用于初始化串口通信。函数声明为：

```
Serial.begin(speed);
```

speed 为波特率。串口通信双方必须使用相同的波特率才能正常通信。要与计算机通信，可使用以下波特率（单位为 bps）：300、1200、2400、4800、9600、14400、19200、28800、38400、57600、115200。

（2）Serial.print 函数

Serial.print 函数用于将数据以 ASCII 码形式发送到串口。函数声明为：

```
Serial.print(val, format);
```

val 为要发送的数据。

format 为可选参数，表示发送格式。

返回值为实际发送的字节数。

数字使用每个数字的 ASCII 形式发送；浮点数以每个数字的 ASCII 形式发送，默认只保留为两位小数；字符和字符串按字节原样发送，如：

```
Serial.print(78);                //发送字符“78”
Serial.print(1.23456);           //发送字符“1.23”
Serial.print('N');               //发送字符“N”
Serial.print("Hello world.");    //发送字符串“Hello world.”
```

第二个参数指定要使用的数据格式，主要包括：BIN（二进制或以 2 为底）、OCT（八进制或以 8 为底）、DEC（十进制或以 10 为底）、HEX（十六进制或以 16 为底）等形式。对于浮点数，该参数指定要使用的小数位数，如：

```
Serial.print(78, BIN);
Serial.print(78, OCT);
Serial.print(78, DEC);
Serial.print(78, HEX);
```

（3）Serial.println 函数

Serial.println 函数用于将数据以 ASCII 码形式发送到串口，并紧跟回车符（ASCII 码 13 或“\r”）和换行符（ASCII 码 10 或“\n”）。函数声明为：

```
Serial.println(val, format)
```

val 为要发送的数据。

format 为可选参数，表示发送格式。

返回值为实际发送的字节数。

举例说明：

```
int analogValue = 0;                  // 存储模拟输入值
void setup() {
```

```
  Serial.begin(9600);                 // 打开并设置串口波特率为 9600bps
}

void loop() {
  analogValue = analogRead(0);        // 读取引脚 A0 数据
  Serial.println(analogValue);        // 发送十进制 ASCII 数据
  Serial.println(analogValue, DEC);   // 发送十进制 ASCII 数据
  Serial.println(analogValue, HEX);   // 发送十六进制 ASCII 数据
  Serial.println(analogValue, OCT);   // 发送八进制 ASCII 数据
  Serial.println(analogValue, BIN);   // 发送二进制 ASCII 数据
  delay(10);                          // 延时 10ms
}
```

（4）Serial.read 函数

Serial.read 函数用于接收串口数据。函数声明为：

```
Serial.read();
```

返回值为接收的数据，为一个字节，如果没有接收到数据，返回-1。

（5）Serial.available 函数

Serial.available 函数用于获取可从串口读取的字节数。函数声明为：

```
Serial.available()
```

返回值为可读取的字节数。

举例说明：

```
int incomingByte = 0;                 // 存储接收数据
void setup() {
  Serial.begin(9600);                 // 打开并设置串口波特率为 9600bps
}

void loop() {
  if (Serial.available() > 0) {       // 检查是否接收到数据
    incomingByte = Serial.read();     // 接收数据
    Serial.print("I received: ");     // 发送数据
    Serial.println(incomingByte, DEC);
  }
}
```

8.2.4 时间函数

（1）millis 函数

millis 函数用于返回自 Arduino 控制器开始运行以来的毫秒数。大约 50 天后，该数字将溢出归零。函数声明为：

```
millis();
```

返回值为自 Arduino 控制器开始运行以来的毫秒数。

举例说明：

```
void setup(){
  Serial.begin(9600);
}
void loop(){
  Serial.print("Time: ");
  time = millis();
  Serial.println(time);           // 发送自系统启动后的毫秒数到串口
  delay(1000);                    // 延时 1000ms，等待数据发送完成
}
```

（2）micros 函数

micros 函数用于返回自 Arduino 控制器开始运行以来的微秒数，1ms 为 1000μs。大约 70min 后，该数字将溢出归零。函数声明为：

```
micros();
```

返回值为自 Arduino 控制器开始运行以来的微秒数。

举例说明：

```
void setup(){
  Serial.begin(9600);
}
void loop(){
  Serial.print("Time: ");
  time = micros();
  Serial.println(time);           // 发送自系统启动后的微秒数到串口
  delay(1000);                    // 延时 1000ms，等待数据发送完成
}
```

（3）delay 函数

delay 函数用于暂停程序一段指定的时间，以毫秒计。函数声明为：

```
delay(ms);
```

ms 为毫秒数。

在延时期间，Arduino 控制器无法进行 IO 端口数据读写，如果延时超过 10ms，不建议使用该函数。此外，delay 函数不会禁用中断，中断服务程序会照常执行，不受该函数影响。

（4）delayMicroseconds 函数

delayMicroseconds 函数用于暂停程序一段指定的时间，最大值是 16383，以微秒计。函数声明为：

```
delayMicroseconds(us);
```

us 为微秒数。

8.2.5 EEPROM 函数

EEPROM（Electrically Erasable Programmable Read-Only Memory），即电可擦可编程只读存储器，是用户可更改的只读存储器。EEPROM 是一种特殊形式的 ROM，断电后数据不会丢失，常用来记录设备参数。Arduino UNO 有 1KB 的 EEPROM 存储空间，地址设定为从 0

开始至 1023 结束，需要逐字节读写。在使用 EEPROM 类库时，需要使用“#include <EEPROM.h>”包含头文件，可以直接输入，或打开菜单“程序”→“导入库...”→“EEPROM”导入。

（1）write 函数

write 函数用于将数据写入指定地址。函数声明为：

```
EEPROM.write(address, value);
```

address 为 EEPROM 起始地址，从 0 开始。

value 为写入的数据。

值得注意的是，EEPROM 的擦写寿命为 10 万次左右，一次擦写约占用 3ms 时间，在使用时应尽量不要反复擦写同一地址，且写入大数据时，一定注意时间消耗。

举例说明：

```
#include <EEPROM.h>
// 数据写入地址
int addr = 0;
void setup()
{
}

void loop()
{
  // 读取输入引脚 ADC 转换值
  int val = analogRead(0) / 4;
  // 将数据写入 EEPROM
  EEPROM.write(addr, val);
  // 写满 512 个字节
  addr = addr + 1;
  if (addr == 512)
    addr = 0;
  delay(100);
}
```

（2）read 函数

read 函数用于从指定地址读出数据。函数声明为：

```
EEPROM.read(address);
```

address 为 EEPROM 地址。

返回值为读出的数据。

举例说明：

```
#include <EEPROM.h>
// 数据读出地址
int address = 0;
byte value;
```

```
void setup()
{
  // 打开并设置串口波特率为 9600bps
  Serial.begin(9600);
}

void loop()
{
  // 读出指定地址数据
  value = EEPROM.read(address);
  Serial.print(address);
  Serial.print("\t");
  Serial.print(value, DEC);
  Serial.println();
  // 指向下一个地址
  address = address + 1;
  // 读满 512 个字节
  if (address == 512)
    address = 0;
  delay(500);
}
```

8.3 数据采集技术

数据采集是指对被测的模拟或数字信号，自动采集并送到上位机进行分析、处理。数据采集卡，即实现数据采集功能的计算机扩展卡，可以通过 USB、PXI、PCI、PCI Express、火线（1394）、PCMCIA、ISA、Compact Flash、485、232、以太网、无线网络等总线方式接入计算机。

8.3.1 数据采集卡设计

传统的数据采集和显示，需要借助示波器、信号发生器等仪器设备观察和校准信号以及专业的数据采集卡，实时性和精确性高，但也存在易用性、通用性、智能性不足，成本高，学习难度大等问题。因此，对于以直流或低频信号采集、测量、处理为主的系统，并不是最佳选择。Arduino 作为简单易用的通用控制器，具有功能丰富、扩展方便等特点，成为国外中低端数据采集卡的理想替代品。

数据采集卡主要包含 AI、AO、DI、DO、Res 五个部分，命令格式如表 8-1 所示。

① AI 部分，即模拟输入通道，发送命令后紧跟接收数据 Res，取值范围为：0～1023。

② AO 部分，即模拟输出通道，发送命令后紧跟发送数据 Res，取值范围为：0～255。

③ DI 部分，即数字输入通道，发送命令后紧跟接收数据 Res，取值范围为：0、1。

④ DO 部分，即数字输出通道，发送命令后紧跟发送数据 Res，取值范围为：0、1。

⑤ Res 部分，即接收和发送的数据，数据类型根据接收和发送的格式确定。

表 8-1　数据采集卡命令格式

数据包	命令模式				端口号				备注
	位 7	位 6	位 5	位 4	位 3	位 2	位 1	位 0	命令字节
AI	1	0	0	0	—	—	—	—	端口号为 0～5
AO	0	1	0	0	—	—	—	—	端口号为 3、5、6、9、10、11
DI	0	0	1	0	—	—	—	—	端口号为 2～13
DO	0	0	0	1	—	—	—	—	端口号为 2～13

Arduino 控制器数据采集程序为：

```
void setup()
{
  Serial.begin(115200);
}

void loop()
{
  unsigned char res;
  unsigned char ch;
  static unsigned char flag = 0;

  if (Serial.available() <= 0) return;
  res = Serial.read();
  //接收数据
  switch (flag&0xF0)
  {
    case 0x40:  //模拟输出
      analogWrite((flag&0x0F),res);
      flag = 0;  //清除标志
      break;
    case 0x10:  //数字输出
      if (res == 0)
      {
        digitalWrite((flag&0xF), LOW);
        flag = 0;
      }
      if (res == 1)
      {
        digitalWrite((flag&0xF), HIGH);
        flag = 0;
      }
      break;
```

```
    }

    //命令格式为：命令由一个字节组成，高 4 位为命令模式，低 4 位为端口号
    ch = res & 0xF0;
    switch (ch)
    {
      case 0x80:  //0x80 为 AI 模拟输入，对应端口为 A0~A5 或 0~5
        Serial.println(analogRead(res&0x0F));
        break;
      case 0x40:  //0x40 为 AO 模拟输出，对应端口为 3、5、6、9、10、11
        pinMode((res&0x0F), OUTPUT);
        flag = res;
        break;
      case 0x20:  //0x20 为 DI 数字输入，对应端口为 2~13，0 和 1 通常用于串口通信
        pinMode((res&0x0F),INPUT);
        Serial.println(digitalRead(res&0x0F));
        flag = 0;
        break;
      case 0x10:  //0x10 为 DI 数字输出，对应端口为 2~13，0 和 1 通常用于串口通信
        pinMode((res&0x0F),OUTPUT);
        flag = res;
        break;
    }

  }
```

8.3.2 上位机程序设计

下面通过一个实例来学习数据采集上位机程序的设计方法。设计一个上位机应用程序，能够实现与下位机 Arduino 开发板（数据采集卡）的连接，当点击“打开”按钮时，打开上位机指定的串口，通常第一个串口号为“/dev/ttyACM0”，可完成端口的模拟输入、模拟输出、数字输入、数字输出功能。当在“模拟输入”处选择端口号，则可读取相关端口的电压值，转换为 0～1023，并显示；当在“模拟输出”处选择端口号，在微调按钮处选择输出数值，范围为 0～255，则可设置该端口的输出电压；当在“数字输入”处选择端口号，则可读取相关端口的逻辑值，范围为 0、1，并显示；当在“数字输出”处选择端口号，在微调按钮处选择输出数值，范围为 0、1，则可设置该端口的输出值，如图 8-11 所示。

（1）实例效果预览

实例效果预览如图 8-11 所示。

（2）实例步骤

① 启动 Gambas 集成开发环境，可以在菜单栏选择“文件”→“新建工程...”，或在启动窗体中直接选择“新建工程...”项。

② 在“新建工程”对话框中选择“1.工程类型”中的“Graphical application”项，点击

“下一个(N)”按钮。

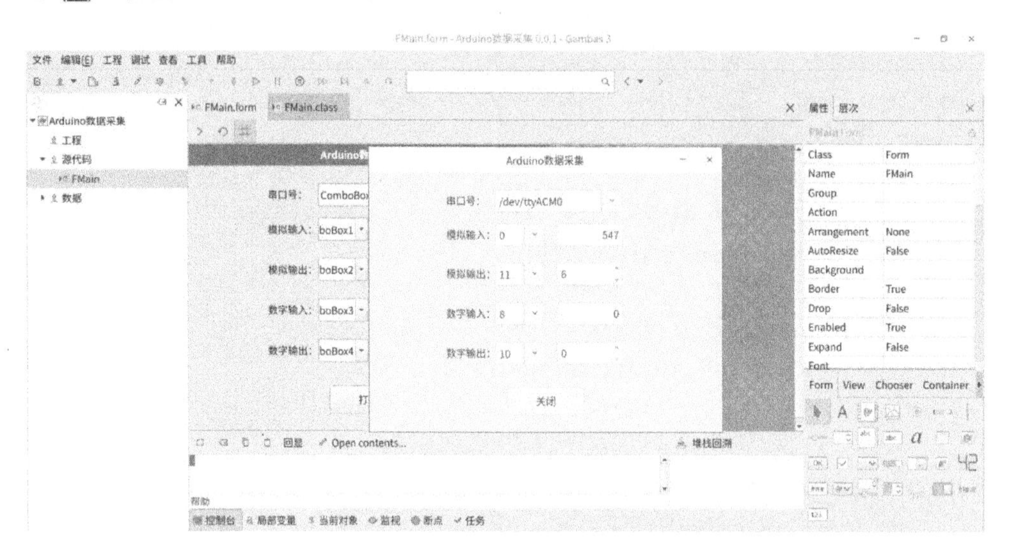

图 8-11 Arduino 数据采集窗体

③ 在“新建工程”对话框中选择“2.Parent directory”中要新建工程的目录，点击“下一个(N)”按钮。

④ 在“新建工程”对话框的“3.Project details”中输入工程名和工程标题，工程名为存储目录的名称，工程标题为应用程序的实际名称，在这里设置相同的工程名和工程标题。完成之后，点击“确定”按钮。

⑤ 在菜单中选择“工程”→“属性...”项，在弹出的“工程属性”对话框中，勾选“gb.net”项。

⑥ 系统默认生成的启动窗体名称（Name）为FMain。在FMain窗体中添加1个Button控件、1个SerialPort控件、5个ComboBox控件、5个Label控件、2个ValueBox控件、2个SpinBox控件，如图8-12所示，并设置相关属性，如表8-2所示。

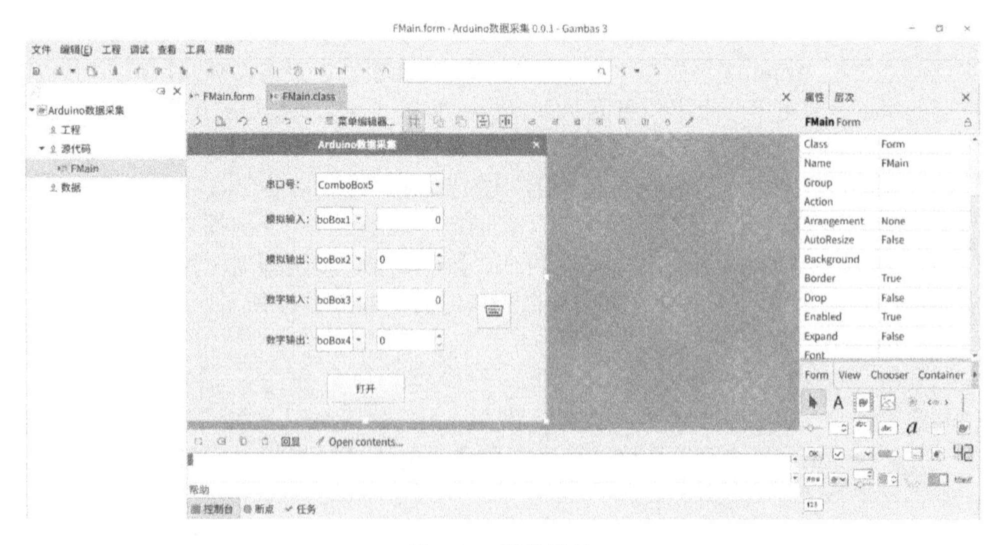

图 8-12 窗体设计

表 8-2　窗体和控件属性设置

名称	属性	说明
FMain	Text：Arduino 数据采集卡 Resizable：False	标题栏显示的名称 固定窗体大小，取消最大化按钮
Button1	Text：打开	命令按钮，响应相关点击事件
SerialPort1	FlowControl：None Speed：115200	设置流控制 设置波特率
ComboBox1	List：0、1、2、3、4、5	模拟输入端口
ComboBox2	List：3、5、6、9、10、11	模拟输出端口
ComboBox3	List：2、3、4、5、6、7、8、9、10、11、12、13	数字输入端口
ComboBox4	List：2、3、4、5、6、7、8、9、10、11、12、13	数字输出端口
ComboBox5	List：/dev/ttyACM0、/dev/ttyACM1、/dev/ttyACM2、/dev/ttyACM3、/dev/ttyS0、/dev/ttyS1、/dev/ttyS2、/dev/ttyS3	串口号
Label1	Text：模拟输入：	标签
Label2	Text：模拟输出：	标签
Label3	Text：数字输入：	标签
Label4	Text：数字输出：	标签
Label5	Text：串口号：	标签
ValueBox1		显示模拟输入值
ValueBox2		显示数字输入值
SpinBox1	MaxValue：255	设置最大值
SpinBox2	MaxValue：1	设置最大值

⑦ 设置 Tab 键响应顺序。在 FMain 窗体的“属性”窗口点击“层次”，出现控件切换排序，即按下键盘上的 Tab 键时，控件获得焦点的顺序。

⑧ 在 FMain 窗体中添加代码。

```
' Gambas class file

  Public flag As Integer

Public Sub Form_Open()
  '设置控件默认显示的串口号
  ComboBox5.Index = 0
End

Public Sub Button1_Click()
  '设置串口号，波特率、校验位、数据位、停止位、流控制在 SerialPort1 的属性窗口设置
  SerialPort1.Close
  SerialPort1.PortName = ComboBox5.Text
  '切换打开和关闭按钮状态
```

```
    If Button1.Tag Then
      SerialPort1.Close
      Button1.Text = "打开"
      Button1.Tag = False
    Else
      SerialPort1.Open
      Button1.Text = "关闭"
      Button1.Tag = True
    Endif
  End

  Public Sub SerialPort1_Read()

    Dim s As String

    '接收串口数据
    Read #SerialPort1, s, Lof(SerialPort1)
    Select Case flag
      Case &H80    '模拟输入
        ValueBox1.text = s
      Case &H20    '数字输入
        ValueBox2.Text = s
    End Select
  End

  Public Sub ComboBox1_Click()
    '发送模拟输入命令，命令格式为：高4位为命令，低4位为端口号，&H80~&H85对应端口为A0~A5或0~5
    Write #SerialPort1, Chr(&H80 + ComboBox1.Index)
    '模拟输入标志
    flag = &H80
  End

  Public Sub ComboBox2_Click()
    '发送模拟输出命令，命令格式为：高4位为命令，低4位为端口号，以&H40开头，对应端口为3、5、6、9、10、11
    Write #SerialPort1, Chr(&H40 + Val(ComboBox2.Text))
    '发送数据，取值范围为：0~255
    Write #SerialPort1, Chr(SpinBox1.Value)
  End

  Public Sub SpinBox1_Change()
```

```
    '调用 ComboBox2_Click
    ComboBox2_Click
End

Public Sub ComboBox3_Click()
    '发送数字输入命令，命令格式为：高 4 位为命令，低 4 位为端口号，&H22~&H2D 对应端
口为 2~13
    Write #SerialPort1, Chr(&H20 + Val(ComboBox3.Text))
    '数字输入标志
    flag = &H20
End

Public Sub ComboBox4_Click()
    '发送数字输出命令，命令格式为：高 4 位为命令，低 4 位为端口号，&H12~&H1D 对应端
口为 2~13
    Write #SerialPort1, Chr(&H10 + Val(ComboBox4.Text))
    '发送数据，取值范围为：0~1
    Write #SerialPort1, Chr(SpinBox2.Value)
End

Public Sub SpinBox2_Change()
    '调用 ComboBox4_Click
    ComboBox4_Click
End

Public Sub Form_Close()
    '关闭串口
    SerialPort1.Close
    FMain.Close
End
```

8.4 数据掩码技术

数据掩码能够有效防止把敏感数据暴露给未经授权的用户，类似于市面上常见的软件加密狗和数据加密器。由于 Arduino 开发板资源有限，并且大部分应用场景针对工控系统，因此，这里使用了异或操作对数据进行简单掩码。如果对系统的安全性要求高，可以考虑采用 SM4 等加密算法替代，或使用公钥算法，数据应以密态存储和传输。

8.4.1 数据掩码卡设计

对于测控系统、智能传感器网络等控制网络，在既不影响系统实时性又能降低下位机成本的情况下，数据掩码在控制网络中的应用方案要比信息网络中的加密方案精简便捷，甚至

在内网使用情况下没有安全防护措施。数据掩码卡能起到一定的安全防护作用。

数据掩码卡主要包含密钥写入、密钥读出、数据掩码三个部分，命令格式如表 8-3 所示。

① 密钥写入，发送命令后紧跟发送数据。

② 密钥读出，发送命令后紧跟接收数据。

③ 数据掩码，即明文与密钥进行加密运算，发送命令后紧跟接收数据。

表 8-3 数据掩码卡命令格式

数据包	命令格式				备注
	字节 1	字节 2	字节 3	数据	命令数据包格式
密钥写入	55	AA	长度	数据	写入 EEPROM
密钥读出	AA	55	长度	数据	从 EEPROM 读出
数据掩码	5A	5A	长度	数据	异或运算

Arduino 控制器数据掩码程序为：

```
#include <EEPROM.h>
unsigned char str[50];
int flag = 0;
int count = 0;
int i = 0;

void setup()
{
  Serial.begin(115200);
}

void loop()
{
  unsigned char res;
  //无可用密钥时返回
  if (Serial.available() <= 0) return;
  res = Serial.read();
  switch (flag)
  {
    case 0:
      //写入密钥到 EEPROM
      if (res == 0x55)
      {
        flag = 1;
      }
      //从 EEPROM 读出密钥
      if (res == 0xAA)
      {
```

```
        flag = 5;
    }
    //数据掩码
    if (res == 0x5A)
    {
        flag = 8;
    }
    break;
case 1:        //写入数据到 EEPROM 格式为：55 AA 长度 数据
    if (res == 0xAA)
    {
        flag = 2;
    }
    break;
case 2:        //长度
    if (res > 0)
    {
        count = res;
        flag = 3;
    }
    else
    {
        flag = 0;
    }
    break;
case 3:        //写入数据
    *(str+i) = res;
    i++;
    if (i >= count)
    {
        for (i = 0; i < count; i++)
        {
            EEPROM.write(i,str[i]);
        }
        str[0] = '\0';
        flag = 0;
        count = 0;
        i = 0;
    }
    break;

//从 EEPROM 读出密钥
```

```
case 5:     //从 EEPROM 读出数据格式为：AA 55 长度 数据
  if (res == 0x55)
  {
    flag = 6;
  }
  break;
case 6:     //读出数据
  if (res > 0)
  {
    count = res;
    for (i = 0; i < count; i++)
    {
      str[0] = EEPROM.read(i);
      Serial.println(str[0]);
    }
  }
  str[0] = '\0';
  flag = 0;
  count = 0;
  i = 0;
  break;

//数据掩码
case 8:     //数据掩码格式为：5A 5A 长度 数据
  if (res == 0x5A)
  {
    flag = 9;
  }
  break;
case 9:     //长度
  if (res > 0)
  {
    count = res;
    flag = 10;
  }
  else
  {
    flag = 0;
  }
  i = 0;
  str[0] = '\0';
  break;
```

```
        case 10:      //数据掩码
          str[i] = res ^ EEPROM.read(i);
          i++;
          if (i >= count)
          {
            for (i = 0; i < count; i++)
            {
              Serial.println(str[i]);
            }
            flag = 0;
            i = 0;
            count = 0;
            str[0] = '\0';
          }
          break;
    }
  }
```

8.4.2 上位机程序设计

下面通过一个实例来学习数据掩码上位机程序的设计方法。设计一个上位机应用程序，能够实现与下位机 Arduino 开发板（数据掩码卡）的连接，当点击“打开”按钮时，打开上位机指定的串口，通常第一个串口号为“/dev/ttyACM0”，可完成将密钥写入 EEPROM、读出 EEPROM 密钥、掩码明文等操作。当点击“写入”按钮时，输入的密钥被写入 EEPROM；当点击“读出”按钮时，从 EEPROM 读出密钥；在输入明文后，点击“掩码”按钮，密钥与明文进行异或操作，并将结果显示在密文区，如图 8-13 所示。

（1）实例效果预览

实例效果预览如图 8-13 所示。

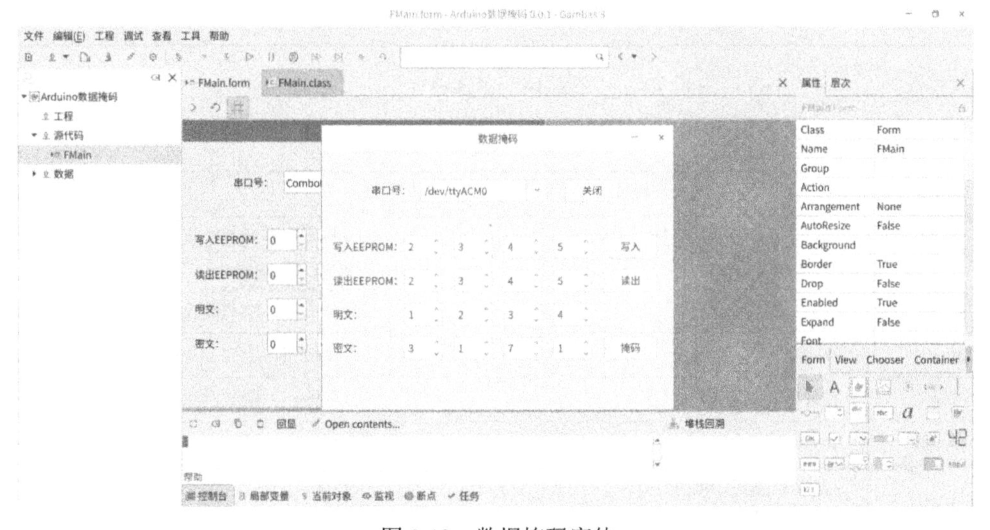

图 8-13　数据掩码窗体

（2）实例步骤

① 启动 Gambas 集成开发环境，可以在菜单栏选择“文件”→“新建工程...”，或在启动窗体中直接选择“新建工程...”项。

② 在“新建工程”对话框中选择“1.工程类型”中的“Graphical application”项，点击“下一个(N)”按钮。

③ 在“新建工程”对话框中选择“2.Parent directory”中要新建工程的目录，点击“下一个(N)”按钮。

④ 在“新建工程”对话框的“3.Project details”中输入工程名和工程标题，工程名为存储目录的名称，工程标题为应用程序的实际名称，在这里设置相同的工程名和工程标题。完成之后，点击“确定”按钮。

⑤ 在菜单中选择“工程”→“属性...”项，在弹出的“工程属性”对话框中，勾选“gb.net”项。

⑥ 系统默认生成的启动窗体名称（Name）为 FMain。在 FMain 窗体中添加 4 个 Button 控件、1 个 SerialPort 控件、16 个 SpinBox 控件、5 个 Label 控件、1 个 ComboBox 控件，如图 8-14 所示，并设置相关属性，如表 8-4 所示。

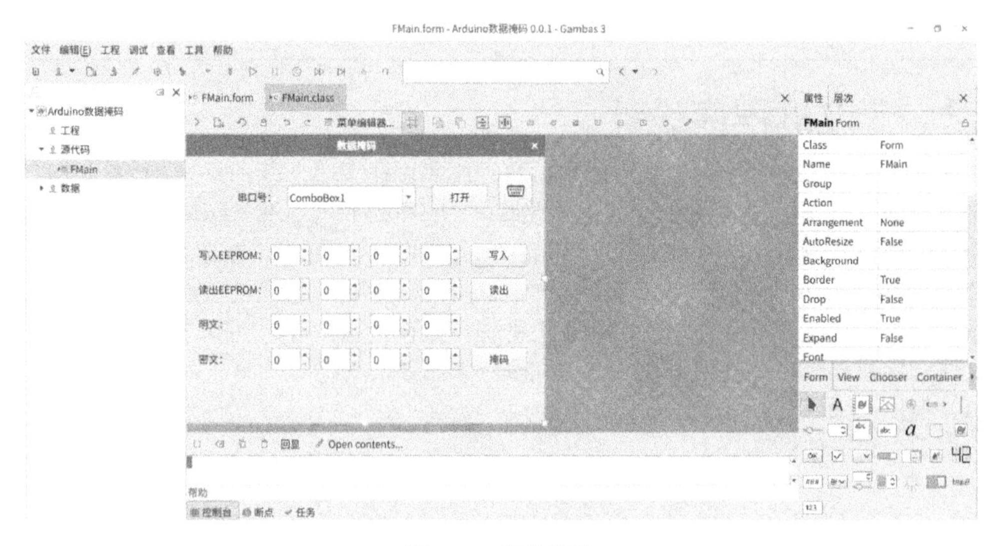

图 8-14　窗体设计

表 8-4　窗体和控件属性设置

名称	属性	说明
FMain	Text：数据掩码 Resizable：False	标题栏显示的名称 固定窗体大小，取消最大化按钮
Button1	Text：打开	命令按钮，响应相关点击事件
Button2	Text：写入	命令按钮，响应相关点击事件
Button3	Text：读出	命令按钮，响应相关点击事件
Button4	Text：掩码	命令按钮，响应相关点击事件
SerialPort1	FlowControl：None Speed：115200	设置流控制 设置波特率

续表

名称	属性	说明
SpinBox1	MaxValue：255	写入 EEPROM 密钥
SpinBox2	MaxValue：255	写入 EEPROM 密钥
SpinBox3	MaxValue：255	写入 EEPROM 密钥
SpinBox4	MaxValue：255	写入 EEPROM 密钥
SpinBox5	MaxValue：255	读出 EEPROM 密钥
SpinBox6	MaxValue：255	读出 EEPROM 密钥
SpinBox7	MaxValue：255	读出 EEPROM 密钥
SpinBox8	MaxValue：255	读出 EEPROM 密钥
SpinBox9	MaxValue：255	明文数据
SpinBox10	MaxValue：255	明文数据
SpinBox11	MaxValue：255	明文数据
SpinBox12	MaxValue：255	明文数据
SpinBox13	MaxValue：255	密文数据
SpinBox14	MaxValue：255	密文数据
SpinBox15	MaxValue：255	密文数据
SpinBox16	MaxValue：255	密文数据
Label1	Text：写入 EEPROM：	标签
Label2	Text：读出 EEPROM：	标签
Label3	Text：明文：	标签
Label4	Text：密文：	标签
Label5	Text：串口号：	标签
ComboBox1	List：/dev/ttyACM0、/dev/ttyACM1、/dev/ttyACM2、/dev/ttyACM3、/dev/ttyS0、/dev/ttyS1、/dev/ttyS2、/dev/ttyS3	串口号

⑦ 设置 Tab 键响应顺序。在 FMain 窗体的“属性”窗口点击“层次”，出现控件切换排序，即按下键盘上的 Tab 键时，控件获得焦点的顺序。

⑧ 在 FMain 窗体中添加代码。

```
' Gambas class file

  Public flag As Integer = 0

Public Sub Form_Open()
  '设置控件默认显示的串口号
  ComboBox1.Index = 0
End

Public Sub SerialPort1_Read()
```

```
    Dim s As String
    Dim sp As String[]

    '延时 1s
    Wait 1
    '接收串口数据
    Read #SerialPort1, s, Lof(SerialPort1)
    Select Case flag
      Case 1     '读出密钥
        sp = Split(s, "\n")
        SpinBox5.Value = Val(sp[0])
        SpinBox6.Value = Val(sp[1])
        SpinBox7.Value = Val(sp[2])
        SpinBox8.Value = Val(sp[3])
      Case 2     '数据掩码
        sp = Split(s, "\n")
        SpinBox13.Value = Val(sp[0])
        SpinBox14.Value = Val(sp[1])
        SpinBox15.Value = Val(sp[2])
        SpinBox16.Value = Val(sp[3])
    End Select
  End

  Public Sub Button1_Click()

    '设置串口号，波特率、校验位、数据位、停止位、流控制在 SerialPort1 的属性窗口设置
    SerialPort1.Close
    SerialPort1.PortName = ComboBox1.Text
    '切换打开和关闭按钮状态
    If Button1.Tag Then
      SerialPort1.Close
      Button1.Text = "打开"
      Button1.Tag = False
    Else
      SerialPort1.Open
      Button1.Text = "关闭"
      Button1.Tag = True
    Endif
  End

  Public Sub Button2_Click()
    '写入密钥到 EEPROM 格式为：55 AA 长度 数据
```

```
    Write #SerialPort1, Chr(&H55)
    Write #SerialPort1, Chr(&HAA)
    Write #SerialPort1, Chr(&H4)
    Write #SerialPort1, Chr(SpinBox1.Value)
    Write #SerialPort1, Chr(SpinBox2.Value)
    Write #SerialPort1, Chr(SpinBox3.Value)
    Write #SerialPort1, Chr(SpinBox4.Value)
End

Public Sub Button3_Click()
    '从 EEPROM 读出密钥格式为：AA 55 长度 数据
    Write #SerialPort1, Chr(&HAA)
    Write #SerialPort1, Chr(&H55)
    Write #SerialPort1, Chr(&H4)
    flag = 1
End

Public Sub Button4_Click()
    '数据掩码格式为：5A 5A 长度 数据
    Write #SerialPort1, Chr(&H5A)
    Write #SerialPort1, Chr(&H5A)
    Write #SerialPort1, Chr(&H4)
    Write #SerialPort1, Chr(SpinBox9.Value)
    Write #SerialPort1, Chr(SpinBox10.Value)
    Write #SerialPort1, Chr(SpinBox11.Value)
    Write #SerialPort1, Chr(SpinBox12.Value)
    flag = 2
End

Public Sub Form_Close()
    '关闭串口
    SerialPort1.Close
    FMain.Close
End
```

8.5 SM4 数据加密技术

为配合我国 WAPI 无线局域网标准的推广应用，SM4 分组密码算法（原名 SMS4）于 2006 年公开发布，并于 2012 年 3 月成为国家密码行业标准，标准号为 GM/T 0002—2012，于 2016 年 8 月发布成为国家标准，标准号为 GB/T 32907—2016。2016 年 10 月，ISO/IEC SC27 会议专家组一致同意将 SM4 算法纳入 ISO 标准学习期，我国 SM4 分组密码算法正式进入 ISO 标准化历程。

8.5.1 SM4 数据加密卡设计

SM4 分组密码算法是一个迭代分组密码算法，由加解密算法和密钥扩展算法组成。SM4 分组密码算法采用非平衡 Feistel 结构，分组长度为 128 位，密钥长度为 128 位。加密算法与密钥扩展算法均采用 32 轮非线性迭代结构。加密运算和解密运算的算法结构相同，解密运算的轮密钥的使用顺序与加密运算相反。SM4 算法已被广泛应用于各种数据加密场所，具有较高的全防护作用。

数据掩加密卡主要包含密钥写入、加密明文、解密密文三个部分，命令格式如表 8-5 所示。

① 密钥写入，发送密钥到数据加密卡，包含 2 字节包头、16 字节数据和 2 字节包尾。

② 加密明文，发送明文到数据加密卡，包含 2 字节包头、16 字节数据和 2 字节包尾。

③ 解密密文，发送密文到数据加密卡，包含 2 字节包头、16 字节数据和 2 字节包尾。

表 8-5　数据加密卡命令格式

数据包	命令格式					备注
	包头		数据	包尾		包组成
	字节 1	字节 2	字节 3～17	字节 1	字节 2	包格式
密钥写入	55	AA	长度	55	AA	写入密钥
加密明文	5A	A5	长度	5A	A5	写入明文
解密密文	A5	5A	长度	A5	5A	写入密文

SM4 算法采用 C 语言实现，包含 sm4.h 和 sm4.c 两个文件。在 Arduino IDE 中，由于使用 C++编译器，需要对代码和文件名进行修改，以类库的形式加入进来。

① 打开 Arduino IDE，选择菜单“文件”→“新建”，新建一个源文件。

② 编写代码框架函数 setup 和 loop，完成后，点击窗体右上角的小箭头图标，在弹出的菜单中选择“新建标签”项，如图 8-15 所示。

图 8-15　“新建标签”菜单

③ 在窗体右下角的文本框中输入文件名，完成后点击“确定”按钮。在这里依次新建两个标签，分别为 sm4.h 和 sm4.cpp，如图 8-16 和图 8-17 所示。一般情况下，建议将以.c 为后缀的源文件修改为.cpp，便于 Arduino IDE 后续处理。

图 8-16 新建 sm4.h 文件

图 8-17 新建 sm4.cpp 文件

④ 编写 sm4 程序实现代码并调试，如图 8-18 所示。如果需要修改相关文件名，可点击窗体右上角的小箭头图标，在弹出的菜单中选择“重命名”项，修改相关文件名。

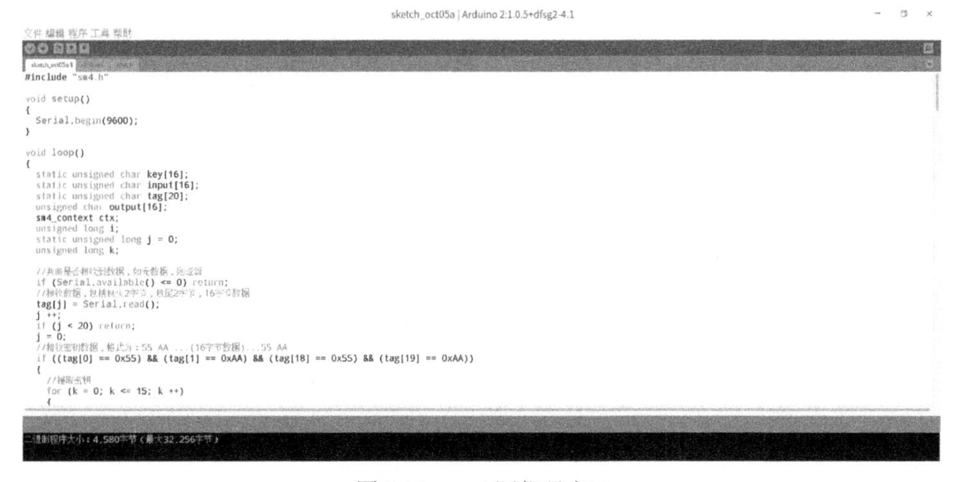

图 8-18 sm4 源代码窗口

⑤ Arduino 控制器数据加密主程序中，需要包含头文件 sm4.h，源代码为：

```
#include "sm4.h"

void setup()
{
  Serial.begin(9600);
}

void loop()
{
  static unsigned char key[16];
  static unsigned char input[16];
  static unsigned char tag[20];
  unsigned char output[16];
  sm4_context ctx;
  unsigned long i;
  static unsigned long j = 0;
  unsigned long k;

  //判断是否接收到数据，如无数据，则返回
  if (Serial.available() <= 0) return;
  //接收数据，包括包头 2 字节，包尾 2 字节，16 字节数据
  tag[j] = Serial.read();
  j ++;
  if (j < 20) return;
  j = 0;
  //接收密钥数据，格式为：55 AA ...(16 字节数据)...55 AA
  if ((tag[0] == 0x55) && (tag[1] == 0xAA) && (tag[18] == 0x55) && (tag[19] == 0xAA))
  {
    //提取密钥
    for (k = 0; k <= 15; k ++)
    {
      key[k] = tag[k+2];
    }
    //输入完密钥后返回，等待输入加解密数据
    return;
  }
  //接收明文数据，进行加密，格式为：5A A5 ...(16 字节数据)...5A A5
  if ((tag[0] == 0x5A) && (tag[1] == 0xA5) && (tag[18] == 0x5A) && (tag[19] == 0xA5))
  {
    //提取明文
    for (k = 0; k <= 15; k ++)
```

```
        {
            input[k] = tag[k+2];
        }
        //加密密钥
        sm4_setkey_enc(&ctx,key);
        //加密
        sm4_crypt_ecb(&ctx,1,16,input,output);
        //发送加密数据
        for(i=0;i<16;i++)
        {
            Serial.println(output[i],HEX);
        }
    }

    //接收密文数据，进行解密，格式为：A5 5A ...(16 字节数据)...A5 5A
    if ((tag[0] == 0xA5) && (tag[1] == 0x5A) && (tag[18] == 0xA5) && (tag[19] == 0x5A))
    {
        //提取密文
        for (k = 0; k <= 15; k ++)
        {
            input[k] = tag[k+2];
        }
        //解密密钥
        sm4_setkey_dec(&ctx,key);
        //解密
        sm4_crypt_ecb(&ctx,0,16,input,output);
        //发送解密数据
        for(i=0;i<16;i++)
        {
            Serial.println(output[i],HEX);
        }
    }
}
```

⑥ Arduino 控制器数据加密 sm4.h 文件中，需要包含 Arduino.h，源代码为：

```
#include "Arduino.h"

/**
 * \file sm4.h
 */
#ifndef XYSSL_SM4_H
#define XYSSL_SM4_H
```

```
#define SM4_ENCRYPT        1
#define SM4_DECRYPT        0

/**
 * \brief           SM4 context structure
 */
typedef struct
{
    int mode;                       /*!<  encrypt/decrypt    */
    unsigned long sk[32];           /*!<  SM4 subkeys        */
}
sm4_context;

#ifdef __cplusplus
extern "C" {
#endif

/**
 * \brief           SM4 key schedule (128-bit, encryption)
 *
 * \param ctx       SM4 context to be initialized
 * \param key       16-byte secret key
 */
void sm4_setkey_enc( sm4_context *ctx, unsigned char key[16] );

/**
 * \brief           SM4 key schedule (128-bit, decryption)
 *
 * \param ctx       SM4 context to be initialized
 * \param key       16-byte secret key
 */
void sm4_setkey_dec( sm4_context *ctx, unsigned char key[16] );

/**
 * \brief           SM4-ECB block encryption/decryption
 * \param ctx       SM4 context
 * \param mode      SM4_ENCRYPT or SM4_DECRYPT
 * \param length    length of the input data
 * \param input     input block
 * \param output    output block
 */
```

```
void sm4_crypt_ecb( sm4_context *ctx,
                    int mode,
                    int length,
                    unsigned char *input,
                    unsigned char *output);

/**
 * \brief          SM4-CBC buffer encryption/decryption
 * \param ctx      SM4 context
 * \param mode     SM4_ENCRYPT or SM4_DECRYPT
 * \param length   length of the input data
 * \param iv       initialization vector (updated after use)
 * \param input    buffer holding the input data
 * \param output   buffer holding the output data
 */
void sm4_crypt_cbc( sm4_context *ctx,
                    int mode,
                    int length,
                    unsigned char iv[16],
                    unsigned char *input,
                    unsigned char *output );

#ifdef __cplusplus
}
#endif

#endif /* sm4.h */
```

⑦ Arduino 控制器数据加密 sm4.cpp 文件中，需要包含 sm4.h、Arduino.h，源代码为：

```
#include "sm4.h"
#include "Arduino.h"
#include <string.h>
#include <stdio.h>

/*
 * 32-bit integer manipulation macros (big endian)
 */
#ifndef GET_ULONG_BE
#define GET_ULONG_BE(n,b,i)                             \
{                                                       \
    (n) = ( (unsigned long) (b)[(i)    ] << 24 )        \
        | ( (unsigned long) (b)[(i) + 1] << 16 )        \
```

```
            | ( (unsigned long) (b)[(i) + 2] << 8 )        \
            | ( (unsigned long) (b)[(i) + 3]       );      \
}
#endif

#ifndef PUT_ULONG_BE
#define PUT_ULONG_BE(n,b,i)                                \
{                                                          \
    (b)[(i)    ] = (unsigned char) ( (n) >> 24 );          \
    (b)[(i) + 1] = (unsigned char) ( (n) >> 16 );          \
    (b)[(i) + 2] = (unsigned char) ( (n) >>  8 );          \
    (b)[(i) + 3] = (unsigned char) ( (n)       );          \
}
#endif

/*
 *rotate shift left marco definition
 */
#define  SHL(x,n) (((x) & 0xFFFFFFFF) << n)
#define ROTL(x,n) (SHL((x),n) | ((x) >> (32 - n)))
#define SWAP(a,b) { unsigned long t = a; a = b; b = t; t = 0; }

/*
 * Expanded SM4 S-boxes
 /* Sbox table: 8bits input convert to 8 bits output*/
static const unsigned char SboxTable[16][16] =
{
{0xd6,0x90,0xe9,0xfe,0xcc,0xe1,0x3d,0xb7,0x16,0xb6,0x14,0xc2,0x28,0xfb,0x2c,0x05},
{0x2b,0x67,0x9a,0x76,0x2a,0xbe,0x04,0xc3,0xaa,0x44,0x13,0x26,0x49,0x86,0x06,0x99},
{0x9c,0x42,0x50,0xf4,0x91,0xef,0x98,0x7a,0x33,0x54,0x0b,0x43,0xed,0xcf,0xac,0x62},
{0xe4,0xb3,0x1c,0xa9,0xc9,0x08,0xe8,0x95,0x80,0xdf,0x94,0xfa,0x75,0x8f,0x3f,0xa6},
{0x47,0x07,0xa7,0xfc,0xf3,0x73,0x17,0xba,0x83,0x59,0x3c,0x19,0xe6,0x85,0x4f,0xa8},
{0x68,0x6b,0x81,0xb2,0x71,0x64,0xda,0x8b,0xf8,0xeb,0x0f,0x4b,0x70,0x56,0x9d,0x35},
{0x1e,0x24,0x0e,0x5e,0x63,0x58,0xd1,0xa2,0x25,0x22,0x7c,0x3b,0x01,0x21,0x78,0x87},
{0xd4,0x00,0x46,0x57,0x9f,0xd3,0x27,0x52,0x4c,0x36,0x02,0xe7,0xa0,0xc4,0xc8,0x9e},
{0xea,0xbf,0x8a,0xd2,0x40,0xc7,0x38,0xb5,0xa3,0xf7,0xf2,0xce,0xf9,0x61,0x15,0xa1},
{0xe0,0xae,0x5d,0xa4,0x9b,0x34,0x1a,0x55,0xad,0x93,0x32,0x30,0xf5,0x8c,0xb1,0xe3},
{0x1d,0xf6,0xe2,0x2e,0x82,0x66,0xca,0x60,0xc0,0x29,0x23,0xab,0x0d,0x53,0x4e,0x6f},
{0xd5,0xdb,0x37,0x45,0xde,0xfd,0x8e,0x2f,0x03,0xff,0x6a,0x72,0x6d,0x6c,0x5b,0x51},
{0x8d,0x1b,0xaf,0x92,0xbb,0xdd,0xbc,0x7f,0x11,0xd9,0x5c,0x41,0x1f,0x10,0x5a,0xd8},
{0x0a,0xc1,0x31,0x88,0xa5,0xcd,0x7b,0xbd,0x2d,0x74,0xd0,0x12,0xb8,0xe5,0xb4,0xb0},
{0x89,0x69,0x97,0x4a,0x0c,0x96,0x77,0x7e,0x65,0xb9,0xf1,0x09,0xc5,0x6e,0xc6,0x84},
```

```
{0x18,0xf0,0x7d,0xec,0x3a,0xdc,0x4d,0x20,0x79,0xee,0x5f,0x3e,0xd7,0xcb,0x39,0x48}
};

/* System parameter */
static const unsigned long FK[4] = {0xa3b1bac6,0x56aa3350,0x677d9197,0xb27022dc};

/* fixed parameter */
static const unsigned long CK[32] =
{
0x00070e15,0x1c232a31,0x383f464d,0x545b6269,
0x70777e85,0x8c939aa1,0xa8afb6bd,0xc4cbd2d9,
0xe0e7eef5,0xfc030a11,0x181f262d,0x343b4249,
0x50575e65,0x6c737a81,0x888f969d,0xa4abb2b9,
0xc0c7ced5,0xdce3eaf1,0xf8ff060d,0x141b2229,
0x30373e45,0x4c535a61,0x686f767d,0x848b9299,
0xa0a7aeb5,0xbcc3cad1,0xd8dfe6ed,0xf4fb0209,
0x10171e25,0x2c333a41,0x484f565d,0x646b7279
};

/*
 * private function:
 * look up in SboxTable and get the related value.
 * args:    [in] inch: 0x00 ~ 0xFF (8 bits unsigned value).
 */
static unsigned char sm4Sbox(unsigned char inch)
{
    unsigned char *pTable = (unsigned char *)SboxTable;
    unsigned char retVal = (unsigned char)(pTable[inch]);
    return retVal;
}

/*
 * private F(Lt) function:
 * "T algorithm" == "L algorithm" + "t algorithm".
 * args:    [in] a: a is a 32 bits unsigned value;
 * return: c: c is calculated with line algorithm "L" and nonline algorithm "t"
 */
static unsigned long sm4Lt(unsigned long ka)
{
    unsigned long bb = 0;
    unsigned long c = 0;
    unsigned char a[4];
```

```
        unsigned char b[4];
        PUT_ULONG_BE(ka,a,0)
        b[0] = sm4Sbox(a[0]);
        b[1] = sm4Sbox(a[1]);
        b[2] = sm4Sbox(a[2]);
        b[3] = sm4Sbox(a[3]);
        GET_ULONG_BE(bb,b,0)
        c =bb^(ROTL(bb, 2))^(ROTL(bb, 10))^(ROTL(bb, 18))^(ROTL(bb, 24));
        return c;
    }

    /*
     * private F function:
     * Calculating and getting encryption/decryption contents.
     * args:    [in] x0: original contents;
     * args:    [in] x1: original contents;
     * args:    [in] x2: original contents;
     * args:    [in] x3: original contents;
     * args:    [in] rk: encryption/decryption key;
     * return the contents of encryption/decryption contents.
     */
    static unsigned long sm4F(unsigned long x0, unsigned long x1, unsigned long x2, unsigned long x3,
unsigned long rk)
    {
        return (x0^sm4Lt(x1^x2^x3^rk));
    }

    /* private function:
     * Calculating round encryption key.
     * args:    [in] a: a is a 32 bits unsigned value;
     * return: sk[i]: i{0,1,2,3,...31}.
     */
    static unsigned long sm4CalciRK(unsigned long ka)
    {
        unsigned long bb = 0;
        unsigned long rk = 0;
        unsigned char a[4];
        unsigned char b[4];
        PUT_ULONG_BE(ka,a,0)
        b[0] = sm4Sbox(a[0]);
        b[1] = sm4Sbox(a[1]);
        b[2] = sm4Sbox(a[2]);
```

```
    b[3] = sm4Sbox(a[3]);
    GET_ULONG_BE(bb,b,0)
    rk = bb^(ROTL(bb, 13))^(ROTL(bb, 23));
    return rk;
}

static void sm4_setkey( unsigned long SK[32], unsigned char key[16] )
{
    unsigned long MK[4];
    unsigned long k[36];
    unsigned long i = 0;

    GET_ULONG_BE( MK[0], key, 0 );
    GET_ULONG_BE( MK[1], key, 4 );
    GET_ULONG_BE( MK[2], key, 8 );
    GET_ULONG_BE( MK[3], key, 12 );
    k[0] = MK[0]^FK[0];
    k[1] = MK[1]^FK[1];
    k[2] = MK[2]^FK[2];
    k[3] = MK[3]^FK[3];
    for(; i<32; i++)
    {
        k[i+4] = k[i] ^ (sm4CalciRK(k[i+1]^k[i+2]^k[i+3]^CK[i]));
        SK[i] = k[i+4];
    }
}

/*
 * SM4 standard one round processing
 *
 */
static void sm4_one_round( unsigned long sk[32],
                           unsigned char input[16],
                           unsigned char output[16] )
{
    unsigned long i = 0;
    unsigned long ulbuf[36];

    memset(ulbuf, 0, sizeof(ulbuf));
    GET_ULONG_BE( ulbuf[0], input, 0 )
    GET_ULONG_BE( ulbuf[1], input, 4 )
    GET_ULONG_BE( ulbuf[2], input, 8 )
```

```
        GET_ULONG_BE( ulbuf[3], input, 12 )
        while(i<32)
        {
            ulbuf[i+4] = sm4F(ulbuf[i], ulbuf[i+1], ulbuf[i+2], ulbuf[i+3], sk[i]);
// #ifdef _DEBUG
//              printf("rk(%02d) = 0x%08x,    X(%02d) = 0x%08x \n",i,sk[i], i, ulbuf[i+4] );
// #endif
             i++;
        }
        PUT_ULONG_BE(ulbuf[35],output,0);
        PUT_ULONG_BE(ulbuf[34],output,4);
        PUT_ULONG_BE(ulbuf[33],output,8);
        PUT_ULONG_BE(ulbuf[32],output,12);
}

/*
 * SM4 key schedule (128-bit, encryption)
 */
void sm4_setkey_enc( sm4_context *ctx, unsigned char key[16] )
{
        ctx->mode = SM4_ENCRYPT;
        sm4_setkey( ctx->sk, key );
}

/*
 * SM4 key schedule (128-bit, decryption)
 */
void sm4_setkey_dec( sm4_context *ctx, unsigned char key[16] )
{
        int i;
        ctx->mode = SM4_ENCRYPT;
        sm4_setkey( ctx->sk, key );
        for( i = 0; i < 16; i ++ )
        {
            SWAP( ctx->sk[ i ], ctx->sk[ 31-i] );
        }
}

/*
 * SM4-ECB block encryption/decryption
 */
void sm4_crypt_ecb( sm4_context *ctx,
```

```
                    int mode,
                    int length,
                    unsigned char *input,
                    unsigned char *output)
{
    while( length > 0 )
    {
        sm4_one_round( ctx->sk, input, output );
        input  += 16;
        output += 16;
        length -= 16;
    }
}

/*
 * SM4-CBC buffer encryption/decryption
 */
void sm4_crypt_cbc( sm4_context *ctx,
                    int mode,
                    int length,
                    unsigned char iv[16],
                    unsigned char *input,
                    unsigned char *output )
{
    int i;
    unsigned char temp[16];

    if( mode == SM4_ENCRYPT )
    {
        while( length > 0 )
        {
            for( i = 0; i < 16; i++ )
                output[i] = (unsigned char)( input[i] ^ iv[i] );

            sm4_one_round( ctx->sk, output, output );
            memcpy( iv, output, 16 );

            input  += 16;
            output += 16;
            length -= 16;
        }
    }
```

```
        else /* SM4_DECRYPT */
        {
            while( length > 0 )
            {
                memcpy( temp, input, 16 );
                sm4_one_round( ctx->sk, input, output );
                for( i = 0; i < 16; i++ )
                    output[i] = (unsigned char)( output[i] ^ iv[i] );
                memcpy( iv, temp, 16 );
                input   += 16;
                output += 16;
                length -= 16;
            }
        }
}
```

8.5.2 上位机程序设计

下面通过一个实例来学习SM4数据加密上位机程序的设计方法。设计一个上位机应用程序，能够实现与下位机Arduino开发板（数据加密卡）的连接，可完成密钥写入、加密明文、解密密文等操作。当点击“打开”按钮时，打开上位机指定的串口，与下位机连接，通常第一个串口号为“/dev/ttyACM0”；当点击“密钥”按钮时，输入的密钥被发送到Arduino控制器；当点击“加密明文”按钮时，输入的明文被发送到Arduino控制器，并将加密结果返回并显示；点击“解密密文”按钮，密文被发送到Arduino控制器，并将解密结果返回并显示，如图8-19所示。

（1）实例效果预览

实例效果预览如图8-19所示。

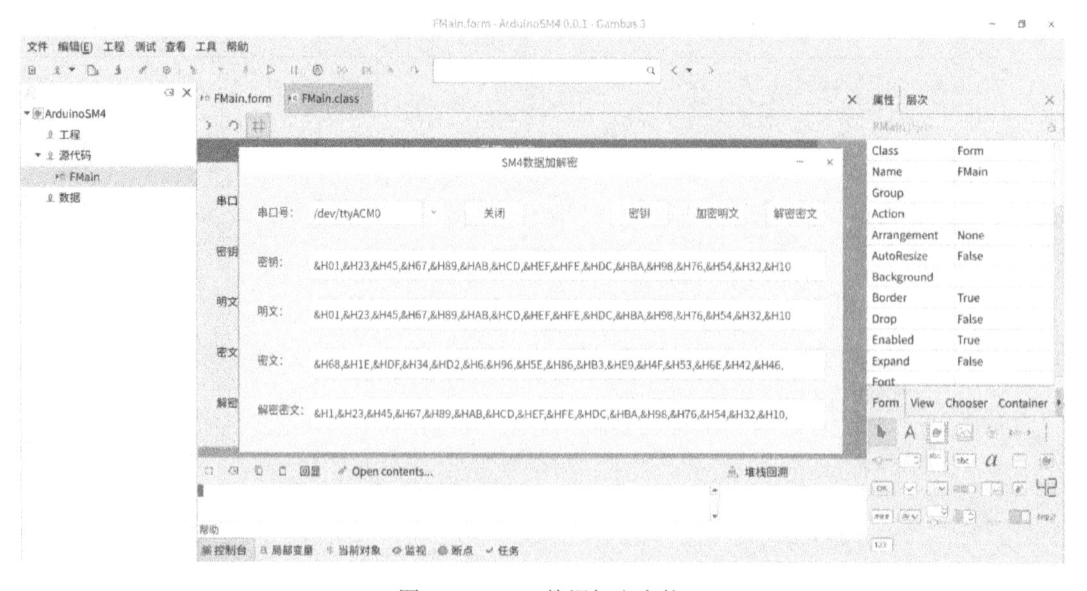

图8-19 SM4数据加密窗体

（2）实例步骤

① 启动 Gambas 集成开发环境，可以在菜单栏选择“文件”→“新建工程...”，或在启动窗体中直接选择“新建工程...”项。

② 在“新建工程”对话框中选择“1.工程类型”中的“Graphical application”项，点击“下一个(N)”按钮。

③ 在“新建工程”对话框中选择“2.Parent directory”中要新建工程的目录，点击“下一个(N)”按钮。

④ 在“新建工程”对话框的“3.Project details”中输入工程名和工程标题，工程名为存储目录的名称，工程标题为应用程序的实际名称，在这里设置相同的工程名和工程标题。完成之后，点击“确定”按钮。

⑤ 在菜单中选择“工程”→“属性...”项，在弹出的“工程属性”对话框中，勾选“gb.net”项。

⑥ 系统默认生成的启动窗体名称（Name）为 FMain。在 FMain 窗体中添加 4 个 Button 控件、1 个 SerialPort 控件、4 个 TextBox 控件、5 个 Label 控件、1 个 ComboBox 控件，如图 8-20 所示，并设置相关属性，如表 8-6 所示。

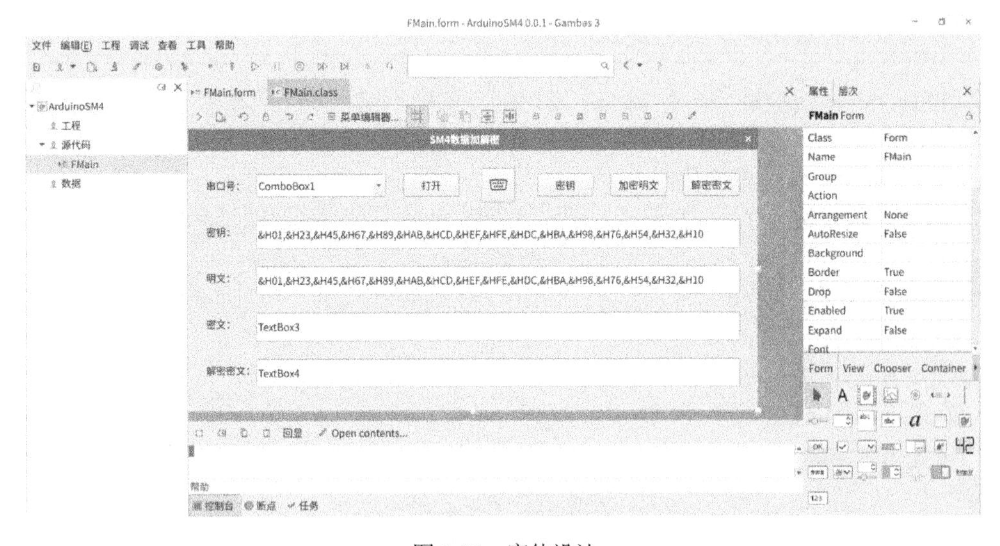

图 8-20　窗体设计

表 8-6　窗体和控件属性设置

名称	属性	说明
FMain	Text：SM4 数据加解密 Resizable：False	标题栏显示的名称 固定窗体大小，取消最大化按钮
Button1	Text：打开	命令按钮，响应相关点击事件
Button2	Text：密钥	命令按钮，响应相关点击事件
Button3	Text：加密明文	命令按钮，响应相关点击事件
Button4	Text：解密密文	命令按钮，响应相关点击事件
SerialPort1	FlowControl：None Speed：9600	设置流控制 设置波特率

续表

名称	属性	说明
TextBox1	Text：&H01,&H23,&H45,&H67,&H89,&HAB,&HCD,&HEF,&HFE,&HDC,&HBA,&H98,&H76,&H54,&H32,&H10	显示密钥
TextBox2	Text：&H01,&H23,&H45,&H67,&H89,&HAB,&HCD,&HEF,&HFE,&HDC,&HBA,&H98,&H76,&H54,&H32,&H10	显示明文
TextBox3		显示密文
TextBox4		显示解密密文
Label1	Text：密钥：	标签
Label2	Text：明文：	标签
Label3	Text：密文：	标签
Label4	Text：解密密文：	标签
Label5	Text：串口号：	标签
ComboBox1	List：/dev/ttyACM0、/dev/ttyACM1、/dev/ttyACM2、/dev/ttyACM3、/dev/ttyS0、/dev/ttyS1、/dev/ttyS2、/dev/ttyS3	串口号

⑦ 设置Tab键响应顺序。在FMain窗体的“属性”窗口点击“层次”，出现控件切换排序，即按下键盘上的Tab键时，控件获得焦点的顺序。

⑧ 在FMain窗体中添加代码。

```
' Gambas class file

Public flag As Integer = 0

Public Sub Form_Open()
  '设置控件默认显示的串口号
  ComboBox1.Index = 0
End

Public Sub SerialPort1_Read()

  Dim i As Integer
  Dim s As String
  Dim sp As String[]

  '延时1s
  Wait 1
  '接收串口数据
  Read #SerialPort1, s, Lof(SerialPort1)
  '分离数据
  sp = Split(s, "\r\n ")
```

```
    If flag = 0 Then
      '加密
      TextBox3.Text = ""
      For i = 0 To sp.Count - 1
        If sp[i] <> "" Then TextBox3.Text = TextBox3.Text & "&H" & sp[i] & ","
      Next
    Else
      '解密
      TextBox4.Text = ""
      For i = 0 To sp.Count - 1
        If sp[i] <> "" Then TextBox4.Text = TextBox4.Text & "&H" & sp[i] & ","
      Next
    Endif
End

Public Sub Button1_Click()

    '设置串口号，波特率、校验位、数据位、停止位、流控制在SerialPort1的属性窗口设置
    SerialPort1.Close
    SerialPort1.PortName = ComboBox1.Text
    '切换打开和关闭按钮状态
    If Button1.Tag Then
      SerialPort1.Close
      Button1.Text = "打开"
      Button1.Tag = False
    Else
      SerialPort1.Open
      Button1.Text = "关闭"
      Button1.Tag = True
    Endif
End

Public Sub Button2_Click()

    Dim i As Integer
    Dim sp As String[]

    '分离密钥
    sp = Split(TextBox1.Text, " ,")
    '密钥数据格式: 55 AA ...(16字节数据)...55 AA
    Write #SerialPort1, Chr(&H55)
```

```
    Write #SerialPort1, Chr(&HAA)
    '数据
    For i = 0 To 15
      Write #SerialPort1, Chr(Val(sp[i]))
    Next
    Write #SerialPort1, Chr(&H55)
    Write #SerialPort1, Chr(&HAA)
End

Public Sub Button3_Click()

    Dim i As Integer
    Dim sp As String[]

    '分离明文
    sp = Split(TextBox2.Text, " ,")
    '加密数据格式: 5A A5 ...(16 字节数据)...5A A5
    Write #SerialPort1, Chr(&H5A)
    Write #SerialPort1, Chr(&HA5)
    '数据
    For i = 0 To 15
      Write #SerialPort1, Chr(Val(sp[i]))
    Next
    Write #SerialPort1, Chr(&H5A)
    Write #SerialPort1, Chr(&HA5)
    '加密
    flag = 0
End

Public Sub Button4_Click()

    Dim i As Integer
    Dim sp As String[]

    '分离密文
    sp = Split(TextBox3.Text, " ,")
    '解密数据格式: A5 5A ...(16 字节数据)...A5 5A
    Write #SerialPort1, Chr(&HA5)
    Write #SerialPort1, Chr(&H5A)
    '数据
    For i = 0 To 15
      Write #SerialPort1, Chr(Val(sp[i]))
```

```
    Next
    Write #SerialPort1, Chr(&HA5)
    Write #SerialPort1, Chr(&H5A)
    '解密
    flag = 1
End

Public Sub Form_Close()
    '关闭串口
    SerialPort1.Close
    FMain.Close
End
```

程序中，Write #SerialPort1, Chr(Val(sp[i]))语句将每个 sp[i]字符串转换为数值，在文本框输入数据时添加“&H”，如字符串“&H23”，使用 Val(&H23)函数可将其转换为十六进制数据&H23 或十进制数据 35，再通过 Chr(Val(&H23))函数将其转换为字符，最后通过 Write 语句发送至串口。

8.6 Joystick 测试

Joystick 不仅可以用来游戏和娱乐，也可用于设备操控以及半实物仿真环境，如机车驾驶、飞行模拟、角度速度调节等应用场景。使用 Joystick 能够简化硬件设计、接口驱动编写，便于快速构建控制系统。

8.6.1 Joystick 简介

Joystick 即游戏手柄，是一种电子游戏机的输入设备，通过操纵按钮、摇杆，可以实现对计算机上模拟角色等的控制。当前，大部分 Joystick 设备采用 USB 接口，因其安装简单，占用系统资源低，功能定义丰富，兼容性强，成为系统控制操作的常用外设，如图 8-21 所示。

图 8-21　Joystick

在 Deepin 下，插入 USB 接口的 Joystick 后，可以通过 ls 命令检查系统是否检测到该设备。

在终端输入命令：

```
ls /dev/input
```

当出现 js0 设备时，则表明设备能正常使用，如图 8-22 所示。

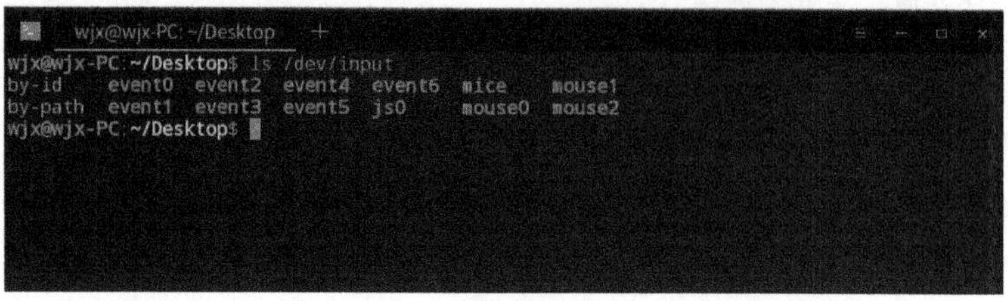

图 8-22　显示 Joystick 设备

如果没有出现 js0 设备，则需要驱动程序，在终端输入命令：

```
sudo modprobe joydev
```

可以使用 Joystick 工具软件来进行测试，在终端输入命令：

```
sudo apt-get install joystick
```

安装完后，启动 jstest 进行测试，在终端输入命令：

```
jstest /dev/input/js0
```

当在 Joystick 上按键时，屏幕会显示相关按键信息，如图 8-23 所示。

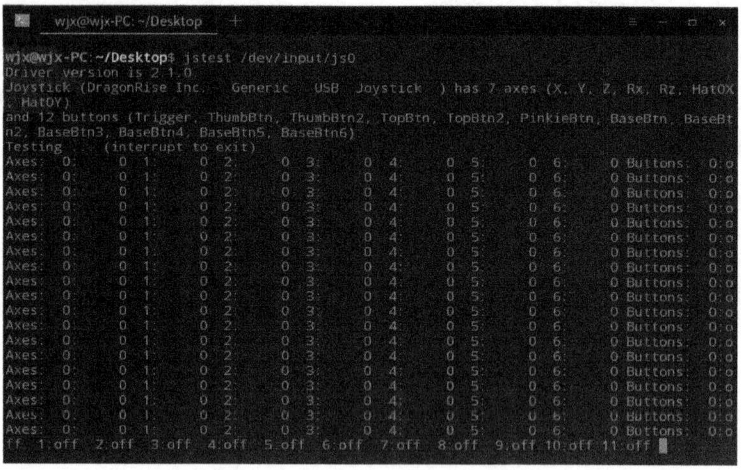

图 8-23　按键信息

8.6.2　Joystick 测试程序设计

下面通过一个实例来学习 Joystick 测试程序的设计方法。设计一个 Joystick 测试程序，实现与 USB 接口 Joystick 的连接，当点击“测试”按钮时，启动 jstest 测试工具，当按下相关按钮后，在屏幕上显示该按钮的相关信息，如图 8-24 所示。

（1）实例效果预览

实例效果预览如图 8-24 所示。

（2）实例步骤

① 启动 Gambas 集成开发环境，可以在菜单栏选择“文件”→“新建工程...”，或在启

动窗体中直接选择“新建工程...”项。

② 在“新建工程”对话框中选择“1.工程类型”中的“Graphical application”项，点击“下一个(N)”按钮。

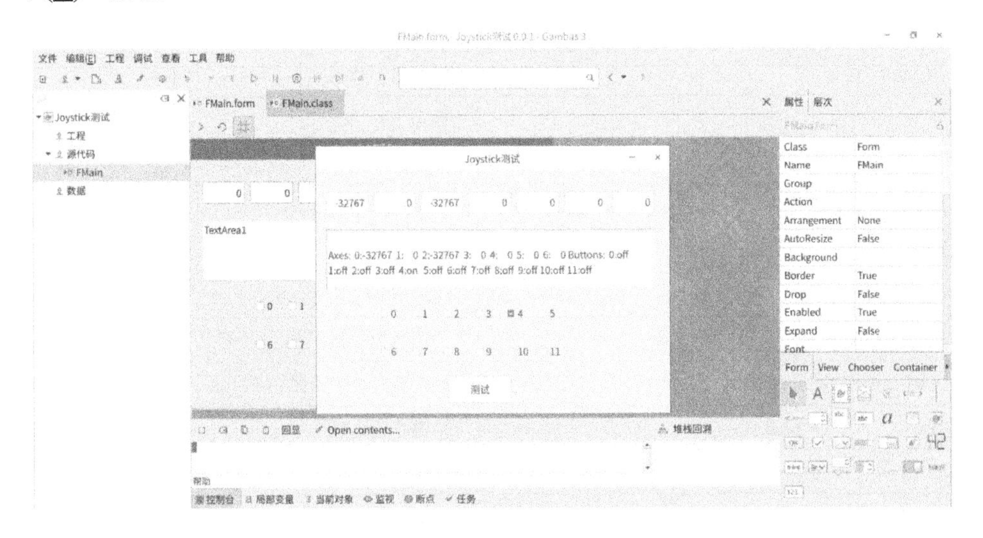

图 8-24 Joystick 测试窗体

③ 在“新建工程”对话框中选择“2.Parent directory”中要新建工程的目录，点击“下一个(N)”按钮。

④ 在“新建工程”对话框的“3.Project details”中输入工程名和工程标题，工程名为存储目录的名称，工程标题为应用程序的实际名称，在这里设置相同的工程名和工程标题。完成之后，点击“确定”按钮。

⑤ 系统默认生成的启动窗体名称(Name)为FMain。在FMain窗体中添加7个ValueBox控件、1个TextArea控件、12个CheckBox控件、1个Button控件，如图8-25所示，并设置相关属性，如表8-7所示。

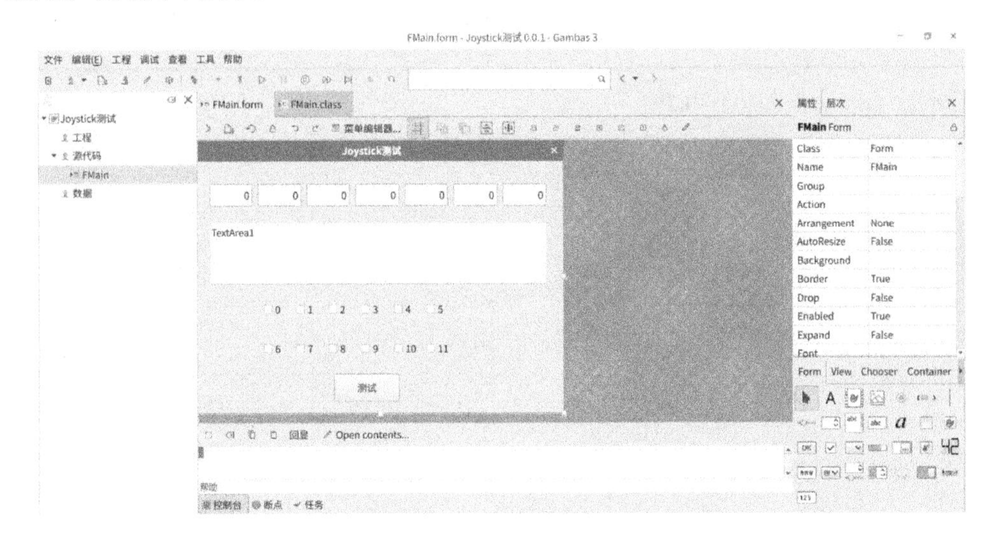

图 8-25 窗体设计

表 8-7　窗体和控件属性设置

名称	属性	说明
FMain	Text：Joystick 测试 Resizable：False	标题栏显示的名称 固定窗体大小，取消最大化按钮
ValueBox1		显示坐标数据
ValueBox2		显示坐标数据
ValueBox3		显示坐标数据
ValueBox4		显示坐标数据
ValueBox5		显示坐标数据
ValueBox6		显示坐标数据
ValueBox7		显示坐标数据
TextArea1	Wrap：True	显示所有按键信息
CheckBox0	Text：0	按键 0
CheckBox1	Text：1	按键 1
CheckBox2	Text：2	按键 2
CheckBox3	Text：3	按键 3
CheckBox4	Text：4	按键 4
CheckBox5	Text：5	按键 5
CheckBox6	Text：6	按键 6
CheckBox7	Text：7	按键 7
CheckBox8	Text：8	按键 8
CheckBox9	Text：9	按键 9
CheckBox10	Text：10	按键 10
CheckBox11	Text：11	按键 11
Button1	Text：测试	命令按钮，响应相关点击事件

⑥ 在 FMain 窗体中添加代码。

```
' Gambas class file

  Public pjs As Process

Public Sub Process_Read()

  Dim s As String
  Dim sr As String[]
  Dim sc As String[]
  Dim i As Integer
  Dim j As Integer
  Dim r As Object
```

```
Dim tmp As String

'读取 Joystick 按键返回值
Read #pjs, s, Lof(pjs)
'拆分字符串
sr = Split(s, " \n,")
'舍弃测试字符串
If sr[0] = "Driver" Then Return
'显示按键字符串
TextArea1.Text = s
'检测前导字符串为数字和冒号
tmp = Str(j) & ":"
'显示摇杆数据
For i = 0 To sr.Count - 1
  If sr[i] Begins tmp Then
    If Len(sr[i]) > 2 Then
      sc = Split(sr[i], ":")
      For Each r In FMain.Children
        If (r.Name Begins "ValueBox") And (Right(r.Name, 1) = Str(j + 1)) Then
          r.Value = Val(sc[1])
        Endif
      Next
      Inc j
      tmp = Str(j) & ":"
    Else
      For Each r In FMain.Children
        If (r.Name Begins "ValueBox") And (Right(r.Name, 1) = Str(j + 1)) Then
          r.Value = Val(sr[i + 1])
        Endif
      Next
      Inc j
      tmp = Str(j) & ":"
    Endif
    If j >= 7 Then Break
  Endif
Next
'显示按键是否被按下
For Each r In FMain.Children
  If r.Name Begins "CheckBox" Then
    r.Value = 0
  Endif
Next
```

```
    For i = 0 To sr.Count - 1
      If sr[i] Ends "on" Then
        sc = Split(sr[i], ":")
        For Each r In FMain.Children
          If (r.Name Begins "CheckBox") And (r.Text = sc[0]) Then
            r.Value = 1
          Endif
        Next
      Endif
    Next
End

Public Sub Button1_Click()
    '启动 jstest 测试工具
    pjs = Shell "jstest /dev/input/js0" For Read As "Process"
End

Public Sub Form_Close()
    Quit
End
```

程序中，通过 pjs = Shell "jstest /dev/input/js0" For Read As "Process"语句启动 jstest 测试工具并获得流 Process 句柄，利用 Public Sub Process_Read 过程处理按键反馈，利用 Read #pjs, s, Lof(pjs)语句读取流文本并提取相关数据后显示到屏幕上。

第9章 软件无线电技术

随着通信系统由模拟制式向数字制式的逐渐转变，传统硬件无线电设备开始出现系统兼容性差、成本高、互操作程度低等问题。在这种情况下，软件无线电技术应运而生。软件无线电全称为软件定义无线电（Software Defined Radio，SDR），是一种无线电广播通信技术，基于软件定义的无线通信协议而非通过硬连线实现，其频带、接口协议和功能可通过软件定义实现。

本章介绍了在Deepin系统下基于RTL-SDR、HackRF One和GNU Radio的软件无线电实现方案，并与Gambas接口，包括开发环境配置、GNU Radio的使用以及相关实验案例，能够使读者快速掌握软件无线电的设计思路与设计方法。

9.1 软件无线电

软件无线电技术是指以计算机技术为依托的无线通信系统硬件平台，通过软件的方式实现通信系统中调制解调、编码解码、加密解密、通信协议等多种功能的无线电技术，改变传统的硬件电路通信技术模式。

软件无线电的主要构成单元由多频段天线、射频前端、模数与数模转换、数字信号处理、系统总线和接口等组成。对于接收信道，信号耦合至天线并被接收，经过前端的低噪声放大器放大，然后通过高频滤波器滤波，由射频前端的混频器混频，下变频至低中频信号；低中频信号通过中频滤波器滤波，进行再次变频，然后送入通用硬件信号处理平台；在通用硬件信号处理平台中，信号将进行模数转换和数字下变频，将信号转换为基带IQ信号；基带IQ信号进入计算机的信号处理系统中进行如解调、解码、滤波放大等处理。

9.2 软件无线电外部设备

软件无线电需要相关外置硬件作为其配套设备，以此完成信号的收发、放大、变频等工作。常用的硬件有RTL-SDR、HackRF One、USRP等。

9.2.1 RTL-SDR简介

RTL-SDR是一种低成本的数字电视信号接收器，使用Realtek的RTL2832U芯片，包含一个SMA射频天线输入接口和一个USB输出接口，不具备发射功能。RTL2832U作为一款便携式无线电接收设备，具有较低的成本和较高的稳定性，并且功能强大，频率接收范围为

25～1760MHz。RTL2832U 芯片与开源软件无线电平台 GNU Radio 能够配套使用，构成基于这两者的无线电系统，如民用对讲机、调频调幅广播接收、移动通信信号、民用飞行器主动应答机信号、卫星信号等，如图 9-1 所示。

图 9-1　RTL-SDR 设备

9.2.2　RTL-SDR 环境配置

RTL-SDR 可以在多种操作系统中运行，本节以 Deepin 国产操作系统为例进行环境搭建，方法如下。

在系统中打开终端，依次输入命令：

```
sudo add-apt-repository ppa:dobey/osmosdr-dailies
sudo apt-get update
sudo apt-get install rtl-sdr
sudo apt-get install gr-osmosdr
```

第一行命令为添加软件源，第二行命令为更新源，第三行和第四行命令为下载安装 RTL-SDR 组件及扩展。

测试方法如下。

将 RTL-SDR 与计算机通过 USB 线连接，并安装好天线。

打开命令终端，输入 rtl_eeprom 并回车。

当显示如下信息时，则说明 RTL-SDR 可正常使用：

```
Found 1 device(s):
  0:   Generic RTL2832U OEM

Using device 0: Generic RTL2832U OEM
Detached kernel driver
Found Rafael Micro R820T tuner
Current configuration:
__________________________________________
Vendor ID:          0x0bda
Product ID:         0x2838
Manufacturer:       Realtek
Product:        RTL2838UHIDIR
Serial number:      00000001
```

```
Serial number enabled:      yes
IR endpoint enabled:yes
Remote wakeup enabled:  no
________________________________________
Reattached kernel driver
```

9.2.3 HackRF One 简介

HackRF One 是一种完全开源的软件无线电硬件，最大的优势是可以进行无线电发射。其频率覆盖范围为 10MHz～6GHz，采样带宽达 20MHz，8 比特采样，采样率 20Msps，USB 2.0 通信接口，半双工方式。HackRF One 功能强大，市场价格相对较高，如图 9-2 所示。

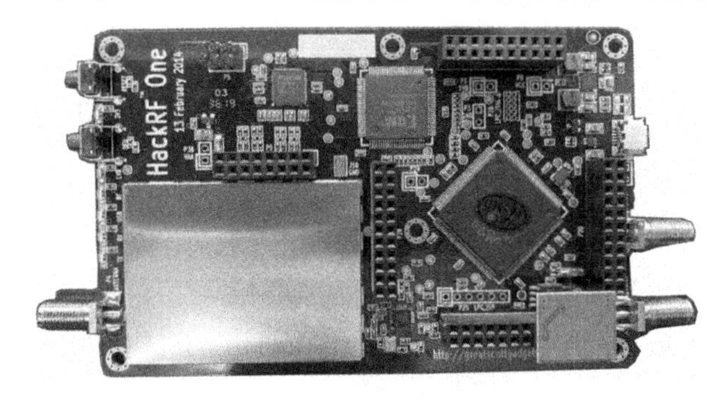

图 9-2　HackRF One 设备

HackRF One 硬件组成包括：

RFFC5072：混频器，提供 80～4200MHz 的本振。

MAX2837：2.3～2.7GHz 无线宽带射频收发器。

MAX5864：ADC/DAC，8 位，22MHz 采样率。

LPC4320/4330：ARM Cortex M4 处理器，主频 204MHz。

Si5351B：I^2C 可编程任意 CMOS 时钟生成器，由 800MHz 分频提供 40MHz、50MHz 及采样时钟。

MGA-81563：0.1～6GHz，3V，14 dBm 放大器。

SKY13317：20MHz～6.0GHz 射频单刀三掷（SP3T）开关。

SKY13350：0.01～6.0GHz 射频单刀双掷（SPDT）开关。

9.2.4 HackRF One 环境配置

在系统中打开终端，依次输入命令：

```
sudo apt-get install hackrf
sudo apt-get install libhackrf-dev
sudo apt-get install gr-osmosdr
```

第一行命令为下载安装 HackRF One 组件，第二行和第三行命令为下载安装相关组件及扩展。

将 HackRF One 与计算机通过 USB 线连接，并安装好 HackRF One 天线。上电后，HackRF One 的 USB 识别指示灯亮起即为 USB 驱动正常。

打开命令终端，输入 hackrf_info 并回车。

当显示如下信息时，说明 HackRF 可正常使用：

```
Found HackRF board 0:
USB descriptor string: 0000000000000000866863dc298421cf
Board ID Number: 2 (HackRF One)
Firmware Version: 2015.07.2
Part ID Number: 0xa000cb3c 0x00674744
Serial Number: 0x00000000 0x00000000 0xxxxxxxxxx 0xxxxxxxxxx
```

9.3 GNU Radio

GNU Radio 项目由无线电工程师埃里克（Eric）发起，是一个开源软件无线电平台。得益于其开放源代码和配套硬件外设价格低廉的特点，GNU Radio 在无线电开发社区和教育机构得到了广泛应用。

9.3.1 GNU Radio 简介

GNU Radio 中的信号处理模块使用 C++编写，而各模块之间的连接则通过 Python 语言来完成。GNU Radio 中的代码和资源均对用户、设计者公开，旨在鼓励全球技术人员在这一领域协作与创新。开发者可以在其官方网站下载源代码，参与、维护源代码以及升级相关功能。GNU Radio 能够与现今主流的硬件平台相匹配，如 RTL-SDR、HackRF、USRP 等，并通过软件编程来设计无线电的发射与接收系统。GNU Radio 已经在世界范围内被广泛应用于无线电领域，可以用软件构建包括音频处理、移动通信、卫星跟踪、雷达系统、GSM 网络、数字信号广播等多个领域的无线电系统。

9.3.2 GNU Radio 环境配置

在 Deepin 系统中打开终端，依次输入命令：

```
sudo apt-get update
sudo apt install gnuradio
```

第一行命令为更新源，第二行命令为下载安装 GNU Radio 以及图形化界面 GNU Radio Companion。

9.3.3 GNU Radio Companion

GNU Radio Companion（GRC）是一个用来产生信号流图及流图源代码的图形化工具，是基于模块的仿真实验工具。GRC 提供信号运行和处理模块，可以在低成本的射频硬件和通用微处理器上实现软件定义无线电，广泛用于无线电业余爱好者、学术机构和商业机构研究与构建无线通信系统。GRC 同 GNU Radio 源代码捆绑在一起，如果所有的依赖关系得以满足，GRC 便会在 GNU Radio 安装的同时被安装。

打开终端后输入 gnuradio-companion 命令并回车即可启动该程序，也可以选择“启动器”→“编程开发”→“GRC”打开，如图 9-3 所示。

GNU Radio Companion 的开发界面较为简洁，主要包括：菜单栏、工具栏、流图编辑窗口、模块库、变量窗口和控制台窗口。

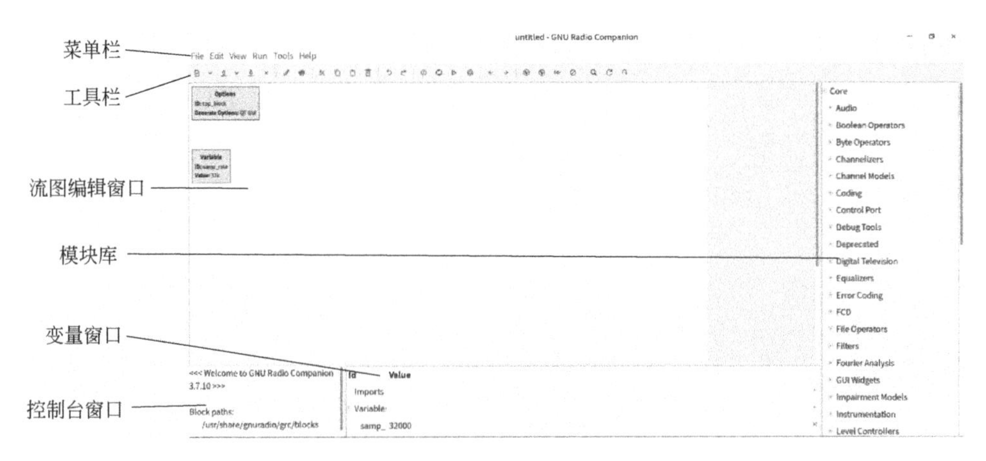

图 9-3 GNU Radio Companion 界面

（1）菜单栏

GNU Radio Companion 开发界面的菜单栏提供了 File、Edit、View、Run、Tools 和 Help 菜单。

① File 菜单 File 菜单提供了文件操作命令，主要包括新建（New）、打开（Open）、最近编辑器文件（Open Recent）、保存（Save）、另存为（Save As）、截屏（Screen Capture）、关闭（Close）和退出（Quit），如图 9-4 所示。

图 9-4 File 菜单

② Edit 菜单 Edit 菜单对流图编辑窗口中的模块进行操作，主要包括撤销（Undo）、恢复（Redo）、剪切（Cut）、复制（Copy）、粘贴（Paste）、删除（Delete）、全选（Select All）、逆时针旋转（Rotate Counterclockwise）、顺时针旋转（Rotate Clockwise）、排列（Align）、使能（Enable）、失效（Disable）、短路（Bypass）以及属性（Properties），如图 9-5 所示。

③ View 菜单 View 菜单主要用于显示、隐藏相关窗口，便于开发人员规划操作界面，获得最佳显示效果，如图 9-6 所示。

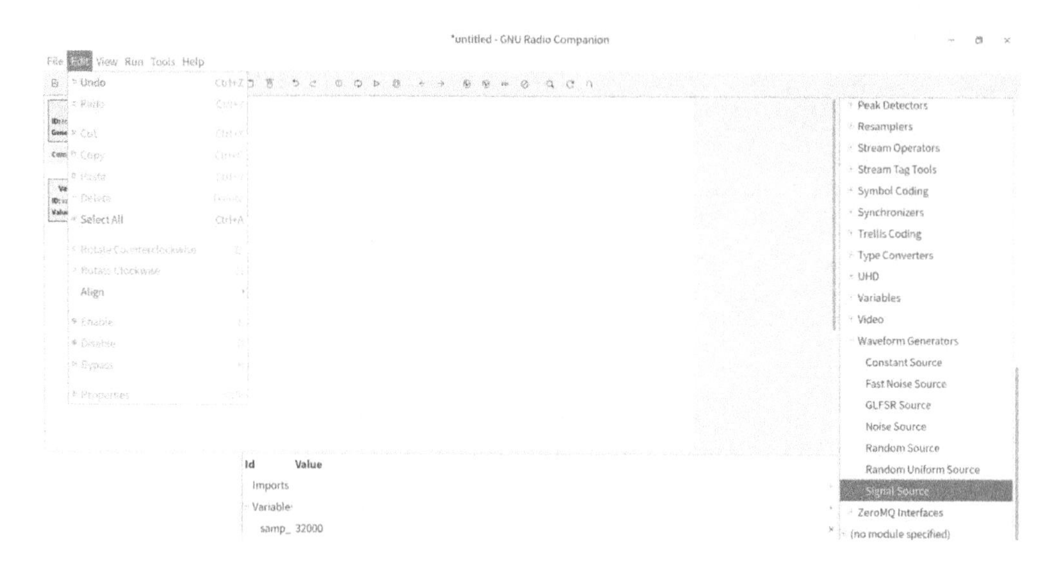

图 9-5　Edit 菜单

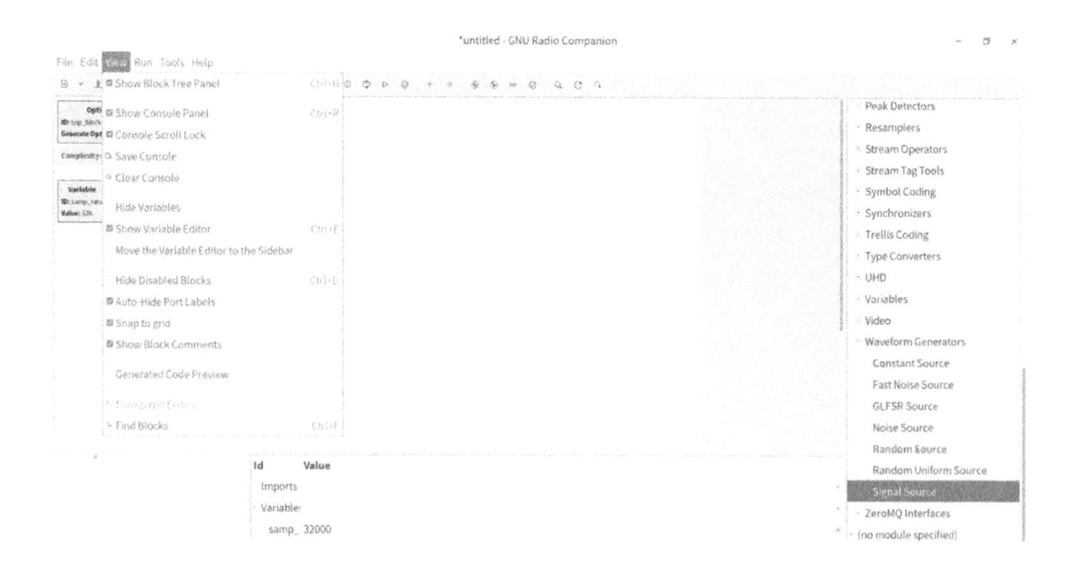

图 9-6　View 菜单

④ Run 菜单　Run 菜单用于产生流图代码、执行代码以及停止运行，如图 9-7 所示。

⑤ Tools 菜单　Tools 菜单包含滤波器设计工具（Filter Design Tool）、设计 QT GUI 主题（Set Default QT GUI Theme）、显示流图复杂度（Show Flowgraph Complexity）等，如图 9-8 所示。

⑥ Help 菜单　Help 菜单包含帮助（Help）、数据类型（Types）、语法错误（Parser Errors）和关于（About）等，如图 9-9 所示。

此外，GNU Radio Companion 信号流图采用颜色来定义数据类型，不同颜色的输入输出模块表示不同的数据类型，如图 9-10 所示。

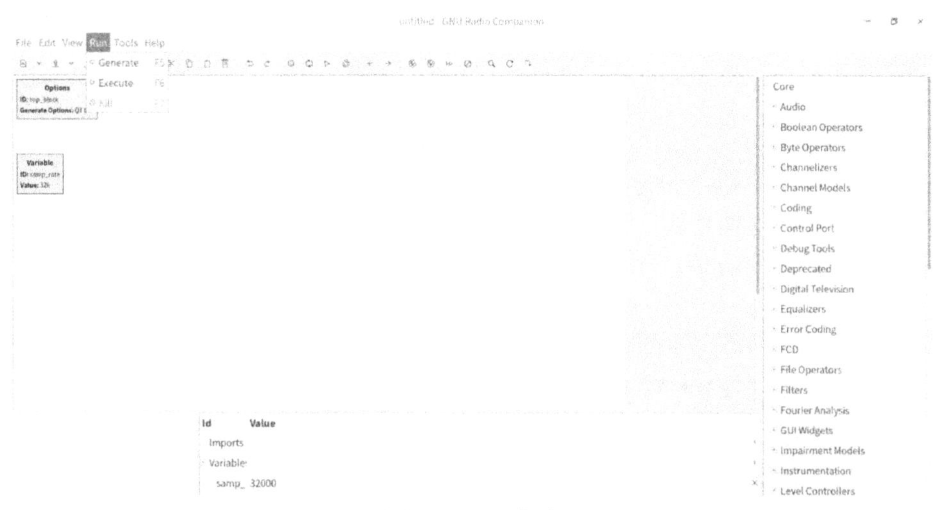

图 9-7　Run 菜单

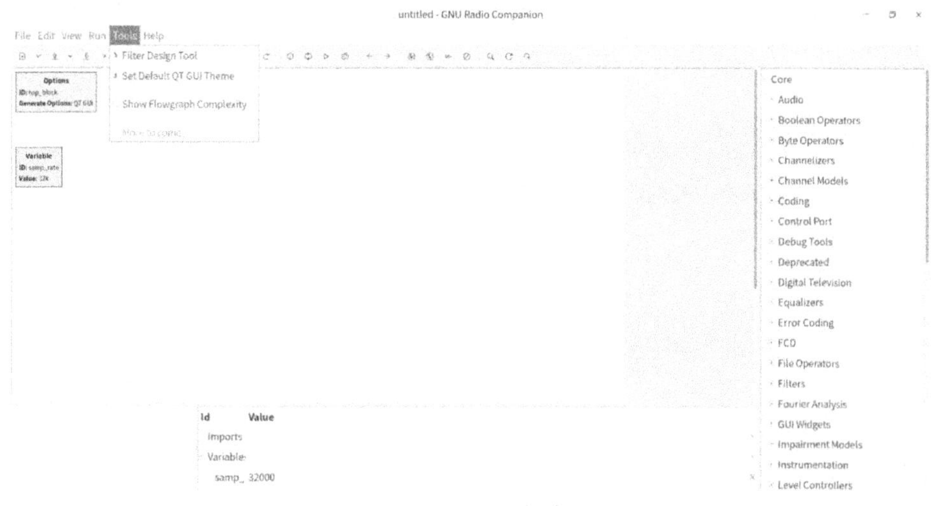

图 9-8　Tools 菜单

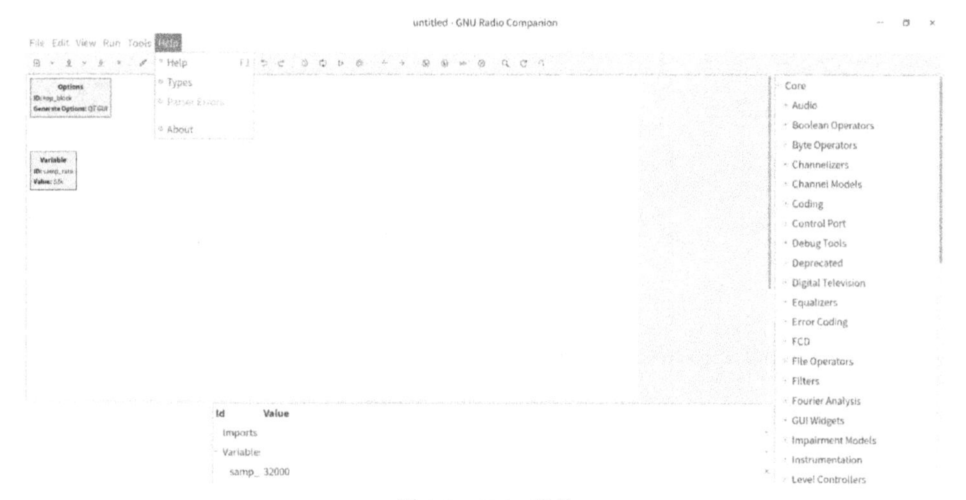

图 9-9　Help 菜单

（2）工具栏

工具栏提供对常用命令的快速访问，主要包括：新建流图、打开流图、保存流图、关闭流图、显示变量窗口、截屏、剪切等。

（3）流图编辑窗口

流图编辑窗口是 GNU Radio Companion 的代码编写（流图设计）工作区，通过从模块库中拖拽模块、在模块之间连线、调节模块参数等操作进行流图的设计。按住鼠标左键，将指定模块拖入工作区，如图 9-11 所示。

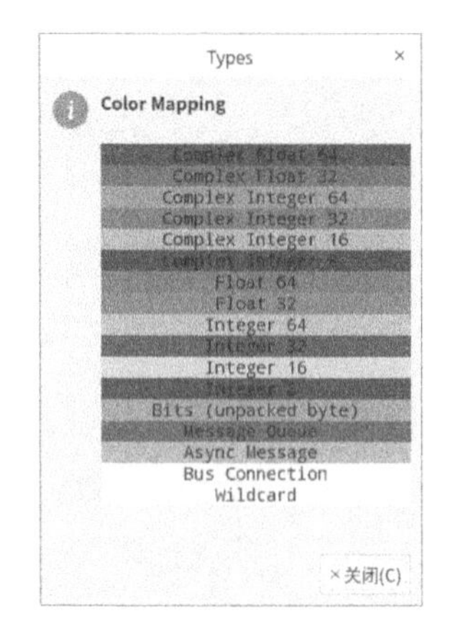

图 9-10　数据类型颜色定义

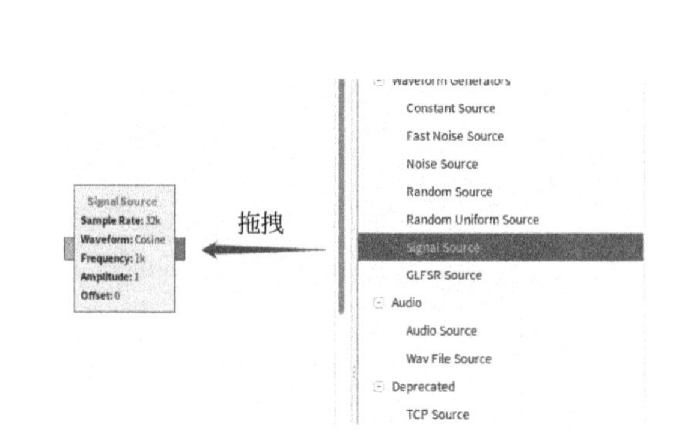

图 9-11　拖拽模块

双击该模块，可打开属性窗口设置相关属性，如图 9-12 所示。

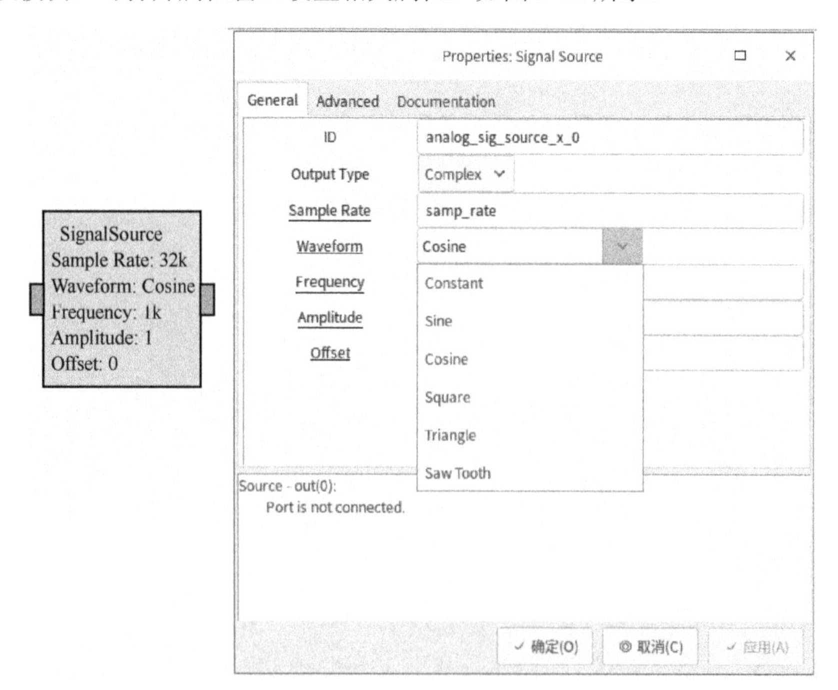

图 9-12　模块属性窗口

在编辑窗口中按顺序点击模块输出、输入端口，完成连线，形成信号流图，如图 9-13 所示。

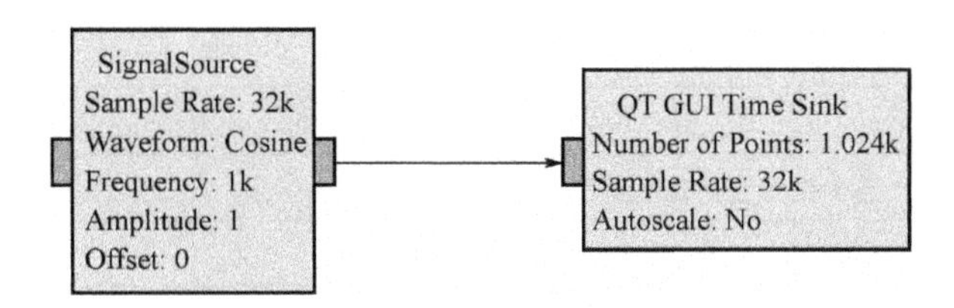

图 9-13　模块连线

（4）模块库

信息传播过程可简单地描述为：信源→信道→信宿。其中，信源是信息的发布者，即上载者；信宿是信息的接收者，即最终用户。在传统的信息传播过程中，对信源发布者的资格有严格限制，通常是广播电台、电视台等机构，采用的是有中心的结构；而在计算机网络中，对信源发布者的资格并无特殊限制，任何一个上网者都可以成为信源。

流图中所用的模块均需从模块库中提取，使用组合键 Ctrl+F，在搜索栏中输入模块名称，即可快速找到相关模块，主要包括信源模块和信宿模块。

① 信源模块　信源是产生各类信息的实体，GNU Radio Companion 中的信源模块如表 9-1 所示。

表 9-1　信源模块

模块名称	功能
Constant Source	常量源，提供幅度恒定的阶跃信号
Signal Source	信号源，提供恒定波形（阶跃信号）、正弦信号、余弦信号、方波信号、三角波信号、锯齿波信号
Noise Source	噪声源，提供高斯噪声（Gaussian）、拉普拉斯噪声（Laplacian）、脉冲噪声（Impulse）、均匀分布噪声（Uniform）
Vector Source	矢量源，从一个向量中获取数据
Random Source	随机源，提供随机信号
Null Source	空信源，提供一个输出为零的信源
File Source	文件源，将文件作为信源，读入一个文件并以不同数据格式输出
Audio Source	音频源，读入音频设备产生的信号作为输出
WAV File Source	WAV 文件源，以 WAV 波形文件作为信源
Virtual Source	虚拟源，设置数据流 ID，提供一个虚拟信源

② 信宿模块　信宿是信号的接收者，GNU Radio Companion 中的信宿模块如表 9-2 所示。

表 9-2　信宿模块

模块名称	功能
Variable Sink	变量信宿，输入数据流采样
Null Sink	空信宿，位地址，用于接收数据及丢弃不需要的数据
File Sink	文件信宿，将接收到的数据流写入文件中
Audio Sink	音频信宿，将音频数据输入音频硬件设备中
WAV File Sink	WAV 文件信宿，从一个 WAV 文件中读入数据流，输出浮点型数据，取值范围为(−1.0, 1.0)
Scope Sink	示波器信宿，显示信号的时域波形

续表

模块名称	功能
Constellation Sink	星座图信宿，显示信号的星座图
FFT Sink	快速傅里叶变换信宿，显示信号的频谱
Number Sink	数值信宿，显示信号的数值
Waterfall Sink	瀑布图信宿，显示信号的瀑布图

（5）变量窗口

变量窗口可以显示变量相关信息，包括添加变量、导入变量、修改变量值、使能变量、失效变量以及编辑相关属性等。

（6）控制台窗口

控制台窗口显示程序编译、运行时的各种信息。

9.3.4 设计一个简易示波器

下面通过一个实例来学习简易示波器的设计方法。设计一个示波器应用程序，能够显示余弦信号的波形，横坐标为时间，纵坐标为幅值。所需模块包括 Signal Source（信号源），Throttle（节流阀）和 QT GUI Time Sink（示波器），其中 Throttle 模块的作用是防止 CPU 被 100%消耗导致无响应，Options 模块和 Variable 模块使用默认值，如图 9-14 所示。

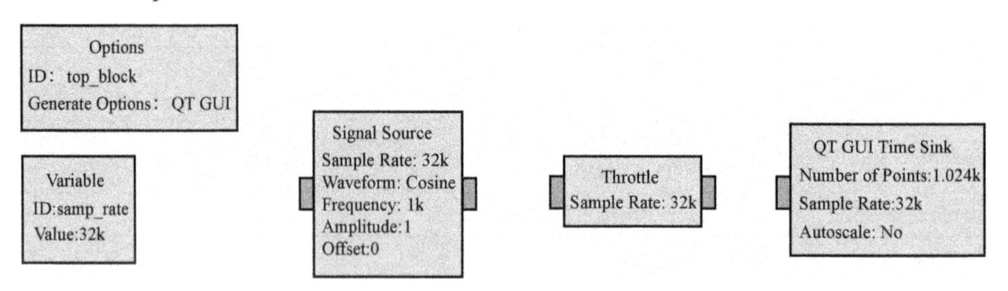

图 9-14　示波器模块

双击 Signal Source 模块打开属性对话框，分为“General”“Advanced”“Documentation”三个标签页，即通用属性设置、高级属性设置和帮助文档，“General”标签页各项属性依次为：ID、Output Type（输出值类型）、Sample Rate（采样率）、Waveform（波形）、Frequency（频率）、Amplitude（幅值）和 Offset（偏移量）。实验中，设置 Output Type 为 Float（浮点型），Waveform 为 Cosine（余弦），其余使用默认值，如图 9-15 所示。

图 9-15　属性对话框

在 Throttle（节流阀）和 QT GUI Time Sink（示波器）模块中，Output Type（输出值类型）均改为 Float，其余保持默认值。依次连接三模块端口，即可完成程序设计，得到的流图如图 9-16 所示。

在完成流图绘制后，选择菜单“Run”→“Generate”或按下 F5 键可以生成相应的 Python 源代码文件。该 Python 文件作用与流图等价，其中包括了各模块的参数以及模块间的连线，其中部分 Python 代码如图 9-17 所示。

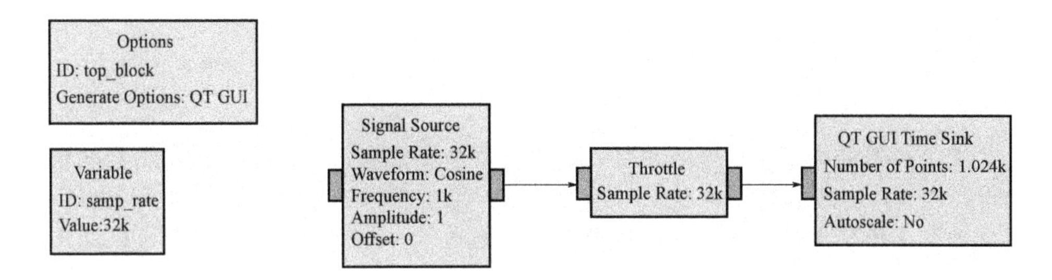

图 9-16　示波器流图

```
# GNU Radio Python Flow Graph
# Title: Top Block
# Generated: Mon Sep 28 10:10:32 2020
##################################################

if __name__ == '__main__':
    import ctypes
    import sys
    if sys.platform.startswith('linux'):
        try:
            x11 = ctypes.cdll.LoadLibrary('libX11.so')
            x11.XInitThreads()
        except:
            print "Warning: failed to XInitThreads()"

from PyQt4 import Qt
from gnuradio import analog
from gnuradio import blocks
from gnuradio import eng_notation
from gnuradio import gr
from gnuradio import qtgui
from gnuradio.eng_option import eng_option
from gnuradio.filter import firdes
from optparse import OptionParser
import sip
import sys


class top_block(gr.top_block, Qt.QWidget):

    def __init__(self):
        gr.top_block.__init__(self, "Top Block")
        Qt.QWidget.__init__(self)
        self.setWindowTitle("Top Block")
```

图 9-17　流图对应的 Python 源代码

在运行程序时，选择菜单“Run”→“Execute”或按下 F6 键可以执行该程序流图，实际上是执行 Python 源代码，程序运行时可显示示波器波形，如图 9-18 所示。

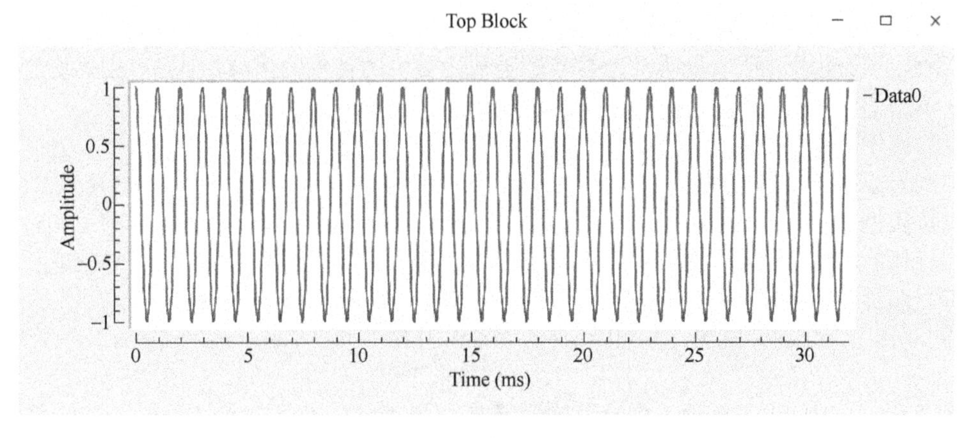

图 9-18　示波器波形窗体

9.4 软件无线电应用

由于软件无线电具有能够快速开发、迭代更新速度快的特点，特别适合于一些定制化的应用。研究人员可以用来研究无线信号处理算法、通信协议，产品设计开发人员可以用来进行早期原型设备开发验证，高校可以用来进行实验教学，业余无线电爱好者可以用来搭建私人电台。

9.4.1 RTL-SDR 调频广播接收机

RTL-SDR 是一款基于 RTL2832U 的电视棒，原本用来接收 DVB-T 电视信号，后来被用作软件无线电设备。

调频 FM 是一种模拟调制方式，FM 信号调制公式为：

$$S_{\mathrm{FM}}(t) = A\cos\left[\omega_{\mathrm{c}}t + K_{\mathrm{f}}\int m(\tau)\mathrm{d}\tau\right]$$

式中，$m(\tau)$为调制信号，FM 载波相位偏移随调制信号的积分呈线性变化。当上式信号的最大瞬时相位偏移不是远小于 $\pi/6$ 时称为宽带调频 WBFM，即 FM 广播使用的方式。FM 信号的解调方式包括相干解调和非相干解调两种，WBFM 只能使用非相干解调。WBFM 解调时产生一个与输入调频信号的频率呈线性关系的信号，称为鉴频器。对调频信号的相位进行微分，即可获得调制信号。为了提高频谱利用率，现在多使用正交调制和解调的方法，即将信号分为同向信号 I 和正交信号 Q，分别调制后再叠加，然后同时发送出去，接收时将 I/Q 信号分离再进行解调处理，如图 9-19 所示。

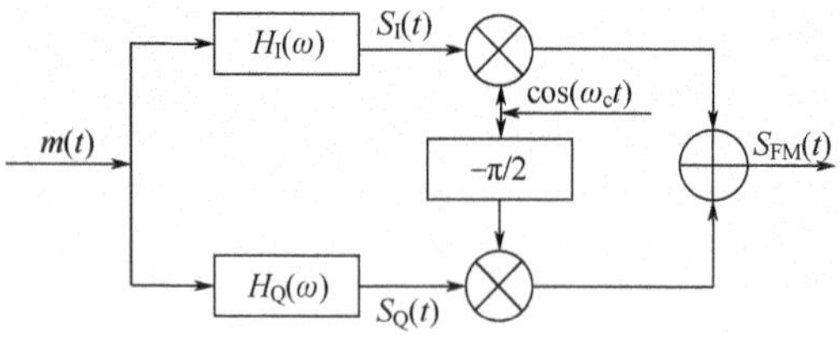

图 9-19　FM 调制

RTL-SDR 得到的基带信号是 I/Q 信号交错排列的形式，计算机对基带信号进行分离，得到两路 I/Q 信号进行解调。

RTL-SDR 信源可由 osmocom Source 或 RTL-SDR Source 模块提供，输出为复数形式。设置好信源的中心频率、采样率和截止频率，对来自信源的信号通过抽取进行降采样，再经过低通滤波，只保留所要解调信号的频率范围（即调频信号的带宽）；滤波后的信号送入 WBFM 解调模块进行解调，输出即为音频信号；对音频信号进行重采样等一系列处理后送入 Audio Sink，系统会自动通过音频驱动将音频信号送到计算机的音频输出端口，扬声器就会播放 FM 广播；使用 GUI FFT Sink 显示广播信号的频谱，如图 9-20 所示。

（1）实例效果预览

实例效果预览如图 9-20 所示。

（2）实例步骤

① 启动 GRC 集成开发环境，可以选择“启动器”→“编程开发”→“GRC”，或在桌面右击，选择“在终端中打开”菜单，在终端中输入“gnuradio-companion”。

② 双击“Options”模块，将“ID”更改为“WBFM”，将“Generate Options”更改为“WX GUI”。

③ 双击“Variable”模块，保持“ID”不变，将“Value”更改为“2e6”，即将采样率调整为 2MHz。

④ 使用组合键 Ctrl+F 调出查找框，在查找框中依次搜索以下模块，将其拖拽到流图编

辑窗口：RTL-SDR Source、Rational Resampler（拖拽两次）、Low Pass Filter、WBFM Receive、Multiply Const、Audio Sink、WX GUI FFT Sink，并按图 9-21 所示方式进行连接。

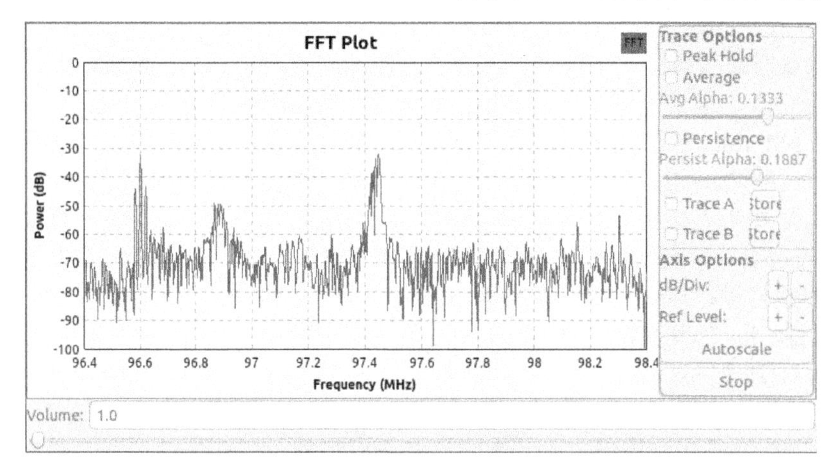

图 9-20　RTL-SDR 调频广播接收机窗体

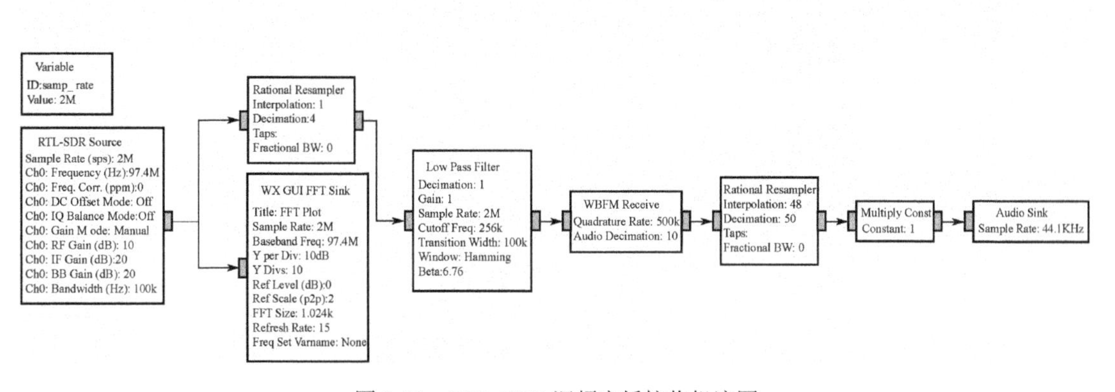

图 9-21　RTL-SDR 调频广播接收机流图

⑤ 依次双击各模块，参照信号流图调整参数，图中未出现的参数使用默认值。

⑥ 调整各模块输入输出端口数据类型，使前一输出端口的数据类型与后一输入端口的数据类型保持一致，即相关端口的颜色保持一致。

⑦ 保存流图，选择菜单“Run”→“Generate”或按下 F5 键生成相应的 Python 文件。

⑧ 将 RTL-SDR 硬件与计算机连接，选择菜单“Run”→“Execute”或按下 F6 键即可开始收听广播。

（3）模块功能说明

①“RTL-SDR Source”为硬件接口模块，实时接收广播信号并传输给系统。该模块输出的数据为复数基带 I/Q 信号。在本例中，“Ch0：Frequency(Hz)”设置为 97.4MHz，一般根据当地情况确定相关广播频率，其他参数如增益等使用默认值。

②“Rational Resampler”为内插和抽取相结合的重采样模块，用于将一个数据流的速率转换为另一个速率。调整信号的采样率，也就是调整采样数量，以匹配声卡处理数据的速度。“Decimation”项是将信号进行抽取采样的抽取值，“Interpolation”项为信号内插值。输出

信号的采样率是“Interpolation”与输入信号的采样率的乘积，然后除以“Decimation”所得的值。

③ “Low Pass Filter”为低通滤波器模块。“Gain”项为信号的增益，一般设置为1。“Sample Rate”项为滤波器的采样率。“Cutoff Freq”项为滤波器的截止频率。“Transition Width”项为滤波器的信号带宽，理论上应小于信号采样率的一半，本例中设置为100kHz。

④ “WBFM Receive”为调频广播信号解调的核心模块。经过低通滤波器模块后，信号被抽取，因此，进入WBFM模块的信号速率应设置为滤波器模块抽取之后的速率。由于实信号经过采样后变为正交I/Q信号，所以称进入WBFM的信号的速率为“Quadrate Rate”。“Audio Decimation”项同样是抽取参数。FM信号处理后，声卡所能接收的数据量有限，因此，要继续对数据进行抽取以降低数据量。

⑤ “Audio Sink”和“WX GUI FFT Sink”为信宿模块，分别输出音频及显示频域波形图。

（4）说明

① 若使用虚拟机环境进行实验，则输出音频有可能出现断续情况，其原因为虚拟机传输速率限制，导致无法快速地将数据传输至声卡，建议使用原生操作系统。

② 在程序运行时，控制台窗口中可能会出现“u”“a”“O”“U”等字符或组合，其中，“u”为USRP，“a”为audio（声卡），“O”为overrun（无法同步接收来自USRP或声卡的数据），“U”为underrun（无法快速提供数据），如图9-22所示。

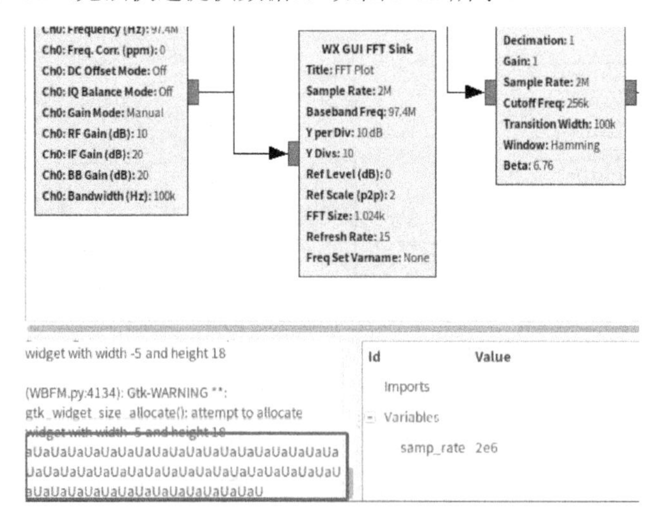

图9-22　控制台窗口输出

9.4.2 HackRF One蓝牙信号检测

采用HackRF One硬件进行空间蓝牙信号检测，可以将检测结果以数据或图形的方式显示出来，具有检测速度快、便携易用、操作简单等优点。

① 在Deepin系统中打开终端，输入命令：

```
sudo apt-get install gqrx-sdr
```

下载并安装Gqrx。

② 打开终端后输入gqrx命令并回车即可启动该程序，也可以选择“启动器”→“网络应用”→“Gqrx”打开，在工具栏中选择“Configure I/O devices”按钮，在弹出的对话框中

“Device”选取“HackRF”，其标题栏会自动匹配相关硬件，如图 9-23 所示。

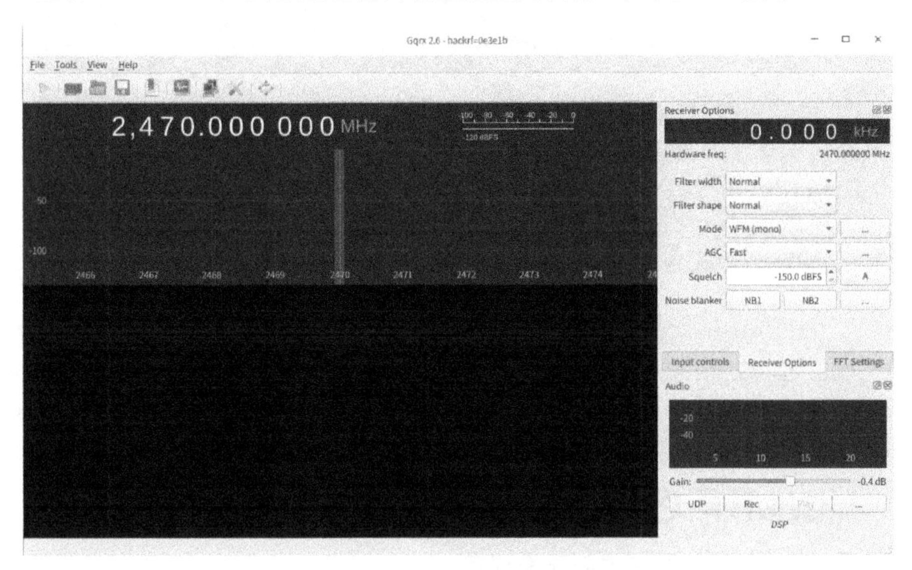

图 9-23　Gqrx 软件界面

③ 将频率设置为 2470MHz，蓝牙频段为 2400～2483.5MHz，可根据实时情况进行调整。

④ 点击工具栏“Start DSP”按钮，执行程序，若此时没有蓝牙信号，会显示噪声频谱，如图 9-24 所示。

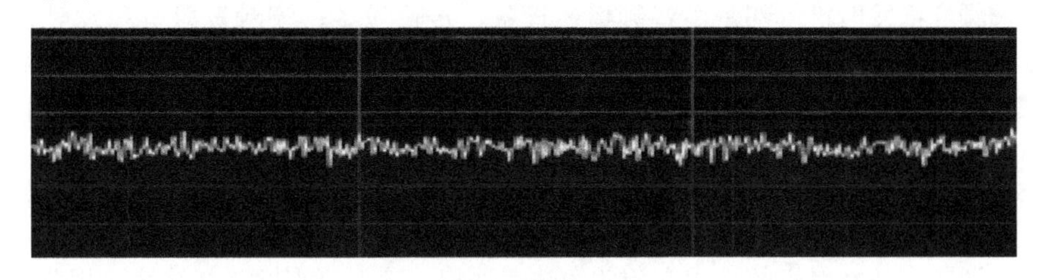

图 9-24　噪声频谱

⑤ 启动蓝牙通信，如使用两部手机进行蓝牙传输，对频率进行微调，可观察到带宽为 1MHz 左右的跳动信号，如图 9-25 和图 9-26 所示。

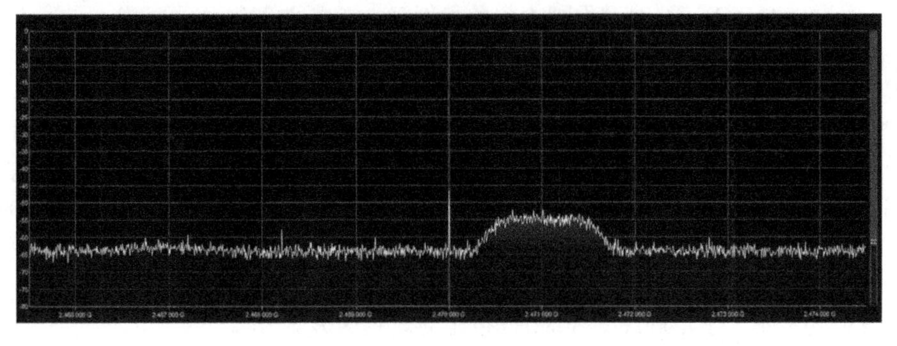

图 9-25　蓝牙信号（1）

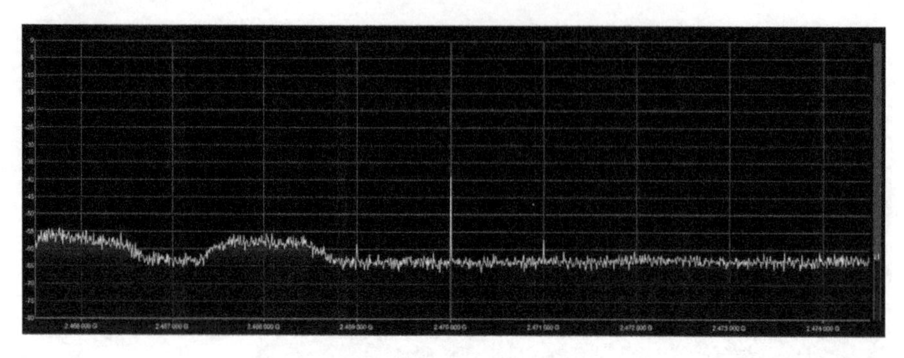

图 9-26　蓝牙信号（2）

⑥ 在 2400～2483.5MHz 的蓝牙频段内，使用跳频技术，将数据分割成若干数据包，通过 79 个指定的蓝牙频道分别传输数据包，每个频道的频宽为 1MHz。第一个频道始于 2402MHz，每 1MHz 一个频道，至 2480MHz，通常每秒跳 1600 次。

9.4.3　HackRF One 调频广播发射机

（1）调频广播发射机使用频率与功率规定

调频广播发射机主要用于将调频广播电台的语音和音乐节目以无线方式发射出去。调频发射机先将音频信号和高频载波调制为调频波，使高频载波的频率随音频信号发生变化，再对所产生的高频信号进行放大、激励、功放和阻抗匹配，使信号输出到天线并发送。我国的商业调频广播的频率范围为 88～108MHz，校园为 76～87MHz，西方国家为 70～90MHz。

一个调频广播发射机，都是由音频播控设备、传输设备、调频发射机和发射天线组成的。覆盖范围大的电台，使用发射功率大的调频发射机、高增益的发射天线并架设在离地面高的地方；而覆盖范围小的电台，则需要发射功率小的调频发射机、增益合适的天线并架设在合适的高度上。通常，调频发射机的功率等级有 1W、5W、10W、30W、50W、100W、300W、500W、1000W、3kW、5kW、10kW，也可根据实际需要，定制特殊功率调频发射机。

国家对调频广播发射机的使用有相关的法律法规，读者可查阅，在法律法规范围内合理使用。

（2）业余无线电台操作证和执照

对于个人业余无线电台需要报考“中国无线电协会业余电台操作证书”。业余无线电台操作证书分为 A、B、C 三类，对于刚入门的爱好者，首先要获得 A 类操作证书，取得 A 类业余无线电台操作证书六个月后，可以申请参加 B 类考试；取得 B 类业余无线电台操作证书并且设置 B 类业余无线电台两年后，可以申请参加 C 类考试。

A 类业余无线电台操作证书是初级操作证书，业余无线电台可以在 30～3000MHz 范围内的各业余业务和卫星业余业务频段内发射，最大发射功率不大于 25W；B 类业余无线电台操作证书可以在各业余业务和卫星业余业务频段内发射，30MHz 以下频段最大发射功率不大于 100W，30MHz 以上频段最大发射功率不大于 25W；C 类业余无线电台操作证书是最高级别的操作证书，业余无线电台可以在各业余业务和卫星业余业务频段内发射，30MHz 以下频段最大发射功率不大于 1000W，30MHz 以上频段最大发射功率不大于 25W。

取得业余无线电台操作证书后，可持设备到设台地所在的市、州无线电管理机构经过技术检验后，核发办理相应类别的《中华人民共和国无线电台执照》。

（3）HackRF One 调频广播发射机

下面通过一个实例来学习调频广播发射机使用方法，在一台计算机上通过 HackRF One 调频广播发射机发射 MP3 音频文件，在另一台计算机上安装 SDRSharp 软件（Windows 操作系统），并连接 HackRF One、RTL-SDR 等软件无线硬件设备（也可以使用收音机或带有调频 FM 接收功能的手机），接收调频广播。

注意：请在当地法律法规及无线电管理条例许可范围内进行实验，注意发射功率，请勿影响公共频率。

① 选择一段准备发射的音频，采用 WAV 格式。若为其他格式如 MP3 格式，则需要转换为 WAV 格式，可打开终端输入命令：

```
ffmpeg -i <文件名>.mp3 <文件名>.wav
```

将输入的 MP3 音频数据转换为 WAV 格式输出，音频采样频率为 44.1kHz，转换结果如图 9-27 所示。

```
 Duration: 00:00:54.91, start: 0.025056, bitrate: 324 kb/s
   Stream #0:0: Audio: mp3, 44100 Hz, stereo, s16p, 320 kb/s
   Metadata:
     encoder         : Lavc57.89
   Stream #0:1: Video: png, rgba(pc), 640x640 [SAR 3780:3780 DAR 1:1], 90k tbr, 90k tbn, 90k tbc
   Metadata:
     comment         : Cover (front)
File 'news.wav' already exists. Overwrite ? [y/N] y
Output #0, wav, to 'news.wav':
 Metadata:
   IPRT            : 4
   IPRD            : Magical 8 Bit
   IART            : LINDY
   INAM            : 新闻联播 (8-bit version)
   ICMT            : 163 key(Don't modify):L64FU3W4YxX3ZFTmbZ+8/UIsuYuwo1Q5xm6pf2LzUtM908x8BzV86whp
3GwROyFHxZp3FIbyNtf6znNOb2JKmeD9w4ogHQgD+QnfpI1X3qiZpSjAiBOc11FE2Piz+hrxCu1Kkh8BOHg8FUEOIxRA9I+MLqtv
zg4F88eHiTzkn+ZA5swGiGLk6cA65PYKW3ZWGDXfqzTXhqBotv1ogvP+jqbXYLdt1iCaq+Yj+Y+Ef
   ISFT            : Lavf57.56.101
   Stream #0:0: Audio: pcm_s16le ([1][0][0][0] / 0x0001), 44100 Hz, stereo, s16, 1411 kb/s
   Metadata:
     encoder         : Lavc57.64.101 pcm_s16le
Stream mapping:
 Stream #0:0 -> #0:0 (mp3 (native) -> pcm_s16le (native))
Press [q] to stop, [?] for help
size=    9451kB time=00:00:54.86 bitrate=1411.3kbits/s speed= 569x
video:0kB audio:9451kB subtitle:0kB other streams:0kB global headers:0kB muxing overhead: 0.007295%
```

图 9-27　音频格式转换

② 启动 GRC 集成开发环境，可以选择“启动器”→“编程开发”→“GRC”，或在桌面右击，选择“在终端中打开”菜单，在终端中输入“gnuradio-companion”。

③ 双击“Options”模块，将“ID”更改为“wbfm_tx_hackrf”，将“Generate Options”更改为“WX GUI”。

④ 双击“Variable”模块，保持“ID”不变，将“Value”更改为“211.6e3”，即将采样率调整为 211.6kHz。

⑤ 使用组合键 Ctrl+F 调出查找框，在查找框中依次搜索相关模块，将其拖拽到流图编辑窗口，并按图 9-28 所示方式进行连接。

⑥ 调整各模块输入输出端口数据类型，使前一输出端口的数据类型与后一输入端口的数据类型保持一致，即相关端口的颜色保持一致。

⑦ 保存流图，选择菜单“Run”→“Generate”或按下 F5 键生成相应 Python 文件。

⑧ 将 HackRF One 硬件与计算机连接，选择菜单“Run”→“Execute”或按下 F6 键即可开始发射广播。

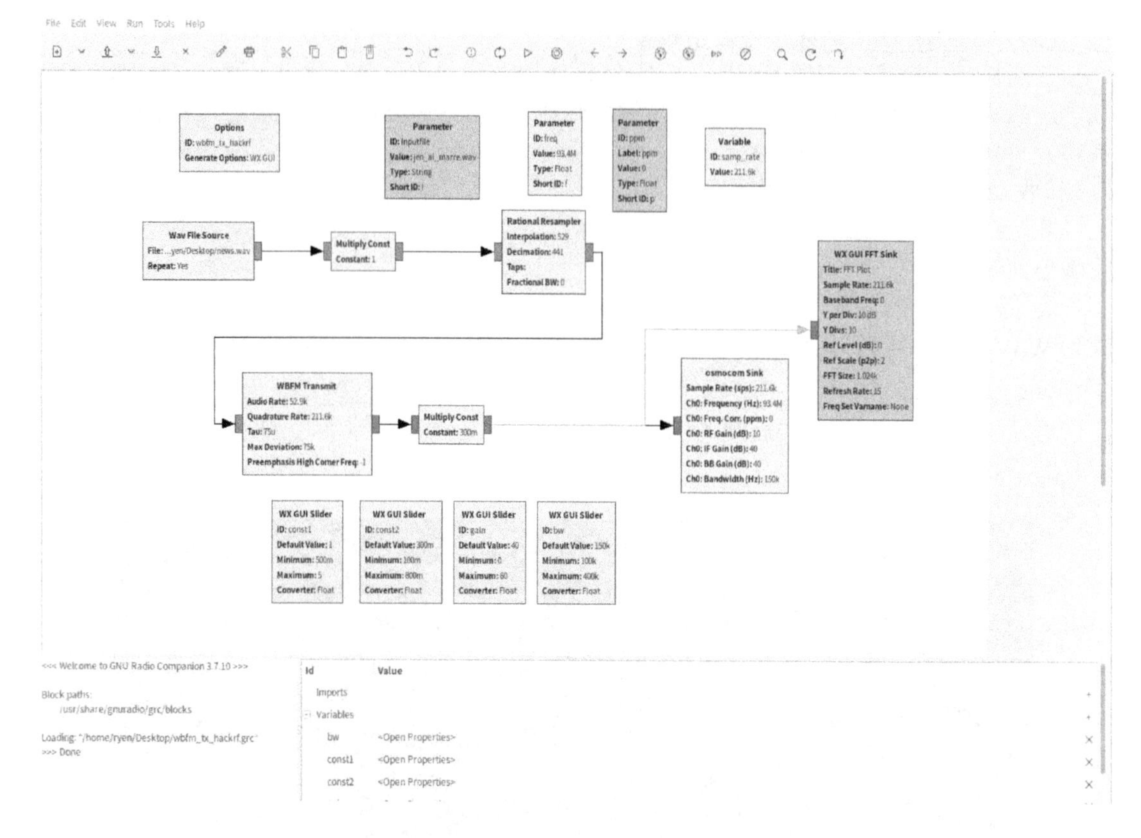

图 9-28 HackRF One 调频广播发射机流图

（4）模块功能说明

① Wav File Source 为标准数字音频文件信源模块，用于将计算机中的音频文件导入为流图中的信源。在属性中点击“...”选择要发射的音频文件路径即可。

② Multiply Const 为增益（与常量相乘）模块，用于实时调整音量大小。

③ Rational Resampler 为重采样模块，用于对音频文件进行抽取和内插。本例中所使用的音频采样率为 44.1kHz，内插值为 529，抽取值为 441。

④ WBFM Transmit 为宽带调频广播发射模块，用于对基带信号进行正交调制。“Audio Rate”=（音频文件采样率 ÷ 抽取值）×内插值，即 52.9kHz，“Quadrature Rate”项为正交频率，设置为前者的 4 倍，即 211.6kHz。

⑤ osmocom Sink 为信宿模块，用于将调制好的信号通过 HackRF One 发射出去。“Sample Rate（sps）”项为采样率，应与正交频率相同，即 211.6kHz。“Ch0：Frequency（Hz）”项为载波频率，即调频广播的中心频率。调频广播频率范围一般为 88～108MHz，实验时应挑选未被占用的、不会影响正常无线电通信的频率。“Ch0:RF Gain（dB）”项为射频增益，此处设置为 10dB。“Ch0:IF Gain（dB）”项为中频增益，此处设置为 40dB。“Ch0:BB Gain（dB）”项为基带增益，此处设置为 40dB。“Ch0:Bandwidth（Hz）”项为带宽，此处设置为 150kHz。

⑥ 在 Windows 操作系统计算机上使用相应硬件设备接收调频广播，未进行调频广播发射时频谱如图 9-29 所示，进行调频广播发射时频谱如图 9-30 所示。

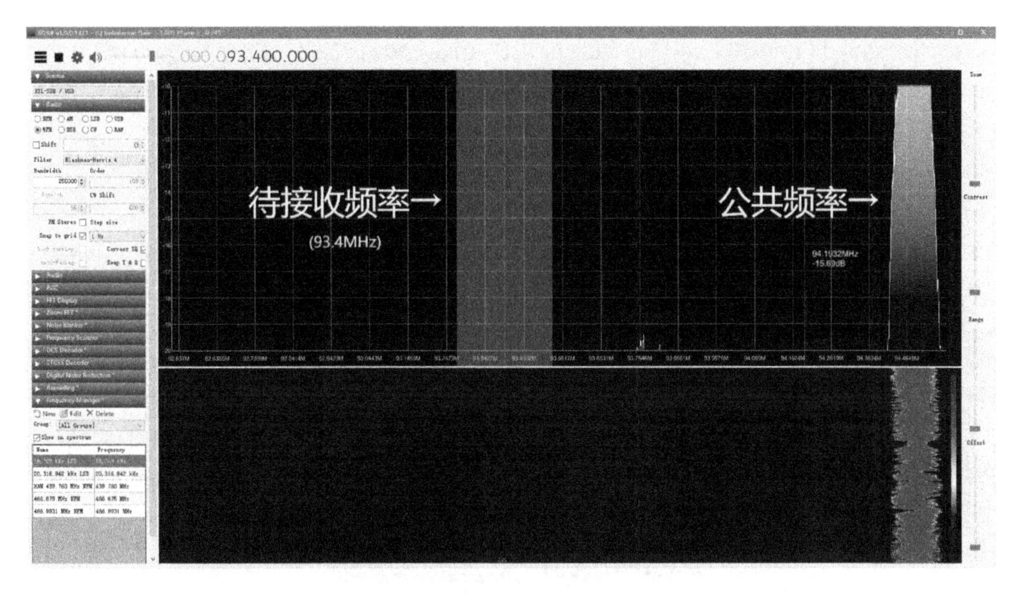

图 9-29　未发射调频广播的频谱图

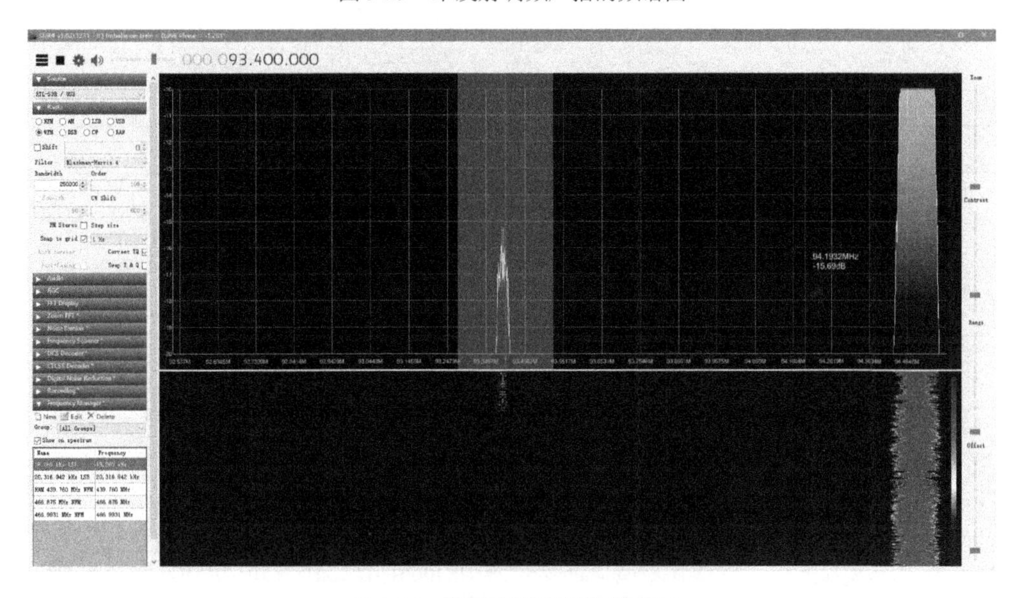

图 9-30　发射调频广播的频谱图

9.4.4　HackRF One 无线信号录制

采用 HackRF One 硬件可实现无线信号的录制，用于后期进行信号分析，如对信号进行时域和频域分析、回放和修改等操作。

① 打开终端后输入 hackrf_transfer Usage 命令并回车，系统将显示相关内容。

```
Usage:
-r <filename> # Receive data into file.
-t <filename> # Transmit data from file.
[-f freq_hz] # Frequency in Hz [0MHz to 7250MHz].
[-i if_freq_hz] # Intermediate Frequency (IF) in Hz [2150MHz to 2750MHz].
```

```
[-o lo_freq_hz] # Front-end Local Oscillator (LO) frequency in Hz [84MHz to 5400MHz].
[-m image_reject] # Image rejection filter selection, 0=bypass, 1=low pass, 2=high pass.
[-a amp_enable] # RX/TX RF amplifier 1=Enable, 0=Disable.
[-p antenna_enable] # Antenna port power, 1=Enable, 0=Disable.
[-l gain_db] # RX LNA (IF) gain, 0-40dB, 8dB steps
[-g gain_db] # RX VGA (baseband) gain, 0-62dB, 2dB steps
[-x gain_db] # TX VGA (IF) gain, 0-47dB, 1dB steps
[-s sample_rate_hz] # Sample rate in Hz (8/10/12.5/16/20MHz, default 10MHz).
[-n num_samples] # Number of samples to transfer (default is unlimited).
[-c amplitude] # CW signal source mode, amplitude 0-127 (DC value to DAC).
[-b baseband_filter_bw_hz] # Set baseband filter bandwidth in MHz.
Possible values: 1.75/2.5/3.5/5/5.5/6/7/8/9/10/12/14/15/20/24/28MHz, default < sample_rate_hz.
```

其命令及对应功能如表 9-3 所示。

表 9-3 HackRF One 终端命令及功能

命令	功能
-r <filename>	把接收到的信号以数据形式录制到文件中，尖括号内为文件名
-t <filename>	把录制好的文件以信号形式发射，尖括号内为文件名
[-f freq_hz]	设置要接收或发射的频率，Hz
[-i if_freq_hz]	设置中频频率，Hz
[-o lo_freq_hz]	设置本振频率，Hz
[-m image_reject]	设置滤波器，0 为带通，1 为低通，2 为高通
[-a amp_enable]	设置射频放大器，1 为开启，0 为关闭
[-p antenna_enable]	设置天线端口功率，1 为开启，0 为关闭
[-l gain_db]	设置接收中频增益，范围为 0～40dB，8dB 步进
[-g gain_db]	设置接收基带增益，范围为 0～62dB，2dB 步进
[-x gain_db]	设置发射中频增益，范围为 0～47dB，1dB 步进
[-s sample_rate_hz]	设置采样率，可选择：8MHz/10MHz/12.5MHz/16MHz/20MHz。默认为 10MHz
[-n num_samples]	设置传输采样率，默认为无限制
[-c amplitude]	设置脉冲信源模式，幅值为 0～127
[-b baseband_filter_bw_hz]	设置基带带宽，Hz，默认同采样率

例如，可通过 HackRF One 录制一段频率位于 315MHz 的遥控信号，采样率 8MHz，带宽 4MHz，基带增益 16dB，中频增益 32dB，其余参数使用默认值，并将录制的数据存放在名为<test>的文件中，则在终端输入命令：

```
hackrf_transfer -r test.raw -f 315000000 -a 1 -g 16 -l 32 -s 8000000 -b4000000
```

② 输入命令后回车，则系统开始采集数据，终端将显示实时参数，接收完成后按下组合键 Ctrl+C 终止采集。

③ 用相应软件打开录制好的原始数据文件，可进行分析处理。

9.4.5 HackRF One 重放攻击

重放攻击又称重播攻击、回放攻击，在计算机网络中指攻击者发送一个目的主机已接收过的包，来达到欺骗系统的目的，主要用于身份认证过程，破坏认证的正确性。在无线电通信中，可以将发射的无线信号录制下来，随后原封不动地重新发给接收者。如果掌握了这些无线信号的功能，就可以在无须解码的情况下通过再次发送这些信号达到欺骗接收者的目的。

在本例中，通过 HackRF One 录制玩具小车遥控器的发射信号，随后进行重放，以此达到使用软件无线电控制玩具小车的目的。实验材料包括 HackRF One、一套已知无线频率的遥控玩具小车，如图 9-31 所示。

图 9-31 重放攻击实验材料

① 进行重放攻击，需要了解遥控器信号发射频率。可以在 Deepin 下使用 Gqrx 软件或在 Windows 下使用 SDRSharp 软件查找遥控信号的精确频率（由于元器件制造偏差、电路工艺等因素，实际信号频率与标称频率会有频偏）。如该小车遥控器标称频率为 49MHz，但在 49MHz 附近推动遥控杆，无法从屏幕中观察到该频率，如图 9-32 所示。

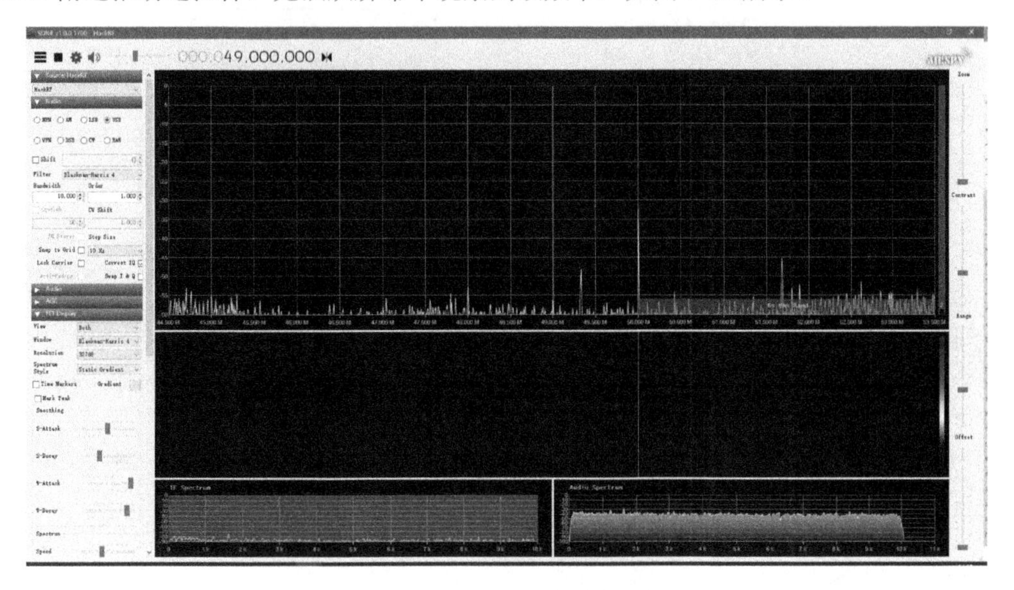

图 9-32 49MHz 附近频谱图

② 此时，持续发射信号，在标称频率周围寻找具有明显峰值的频段，最终在 54.3MHz 处找到明显尖峰，如图 9-33 所示。

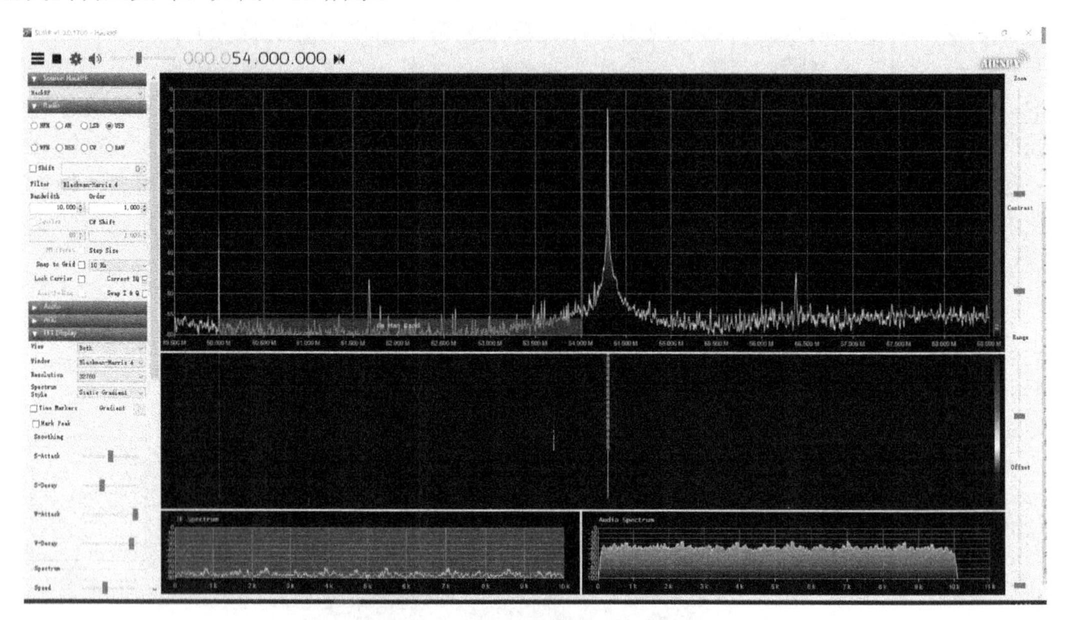

图 9-33　54.3MHz 附近频谱图

③ 启动 GRC 集成开发环境，编辑流图，对信号进行录制，如图 9-34 所示。

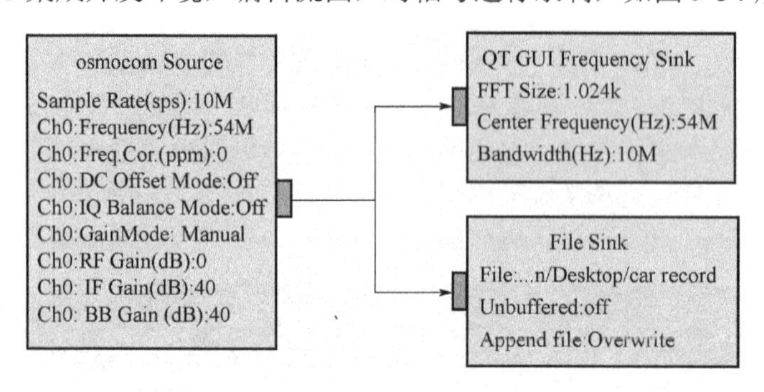

图 9-34　录制信号流图

a．osmocom Source 为 HackRF One 信源模块，即从 HackRF One 中接收信号。采样率“Sample Rate（sps）”项为 10MHz，中心频率“Ch0：Frequency（Hz）”项为 54MHz（由于存在直流误差，不建议将中心频率设置得与接收频率相同）。

b．QT GUI Frequency Sink 为频谱仪模块，用于显示信号频谱。带宽“Bandwidth（Hz）”项与采样率一致。

c．File Sink 为文件信宿模块。接收到的信号将以原始数据的形式保存到对应路径的文件中。

④ 运行流图，不操作遥控器时，频谱如图 9-35 所示。其中，中心频率处为直流误差，左侧尖峰为环境噪声。

操作遥控器，中心频率右侧的 54.3MHz 处出现有规律的尖峰，如图 9-36 所示，表明已捕获到所需信号。此时，原始数据文件已经开始录制，直到关闭流图为止。

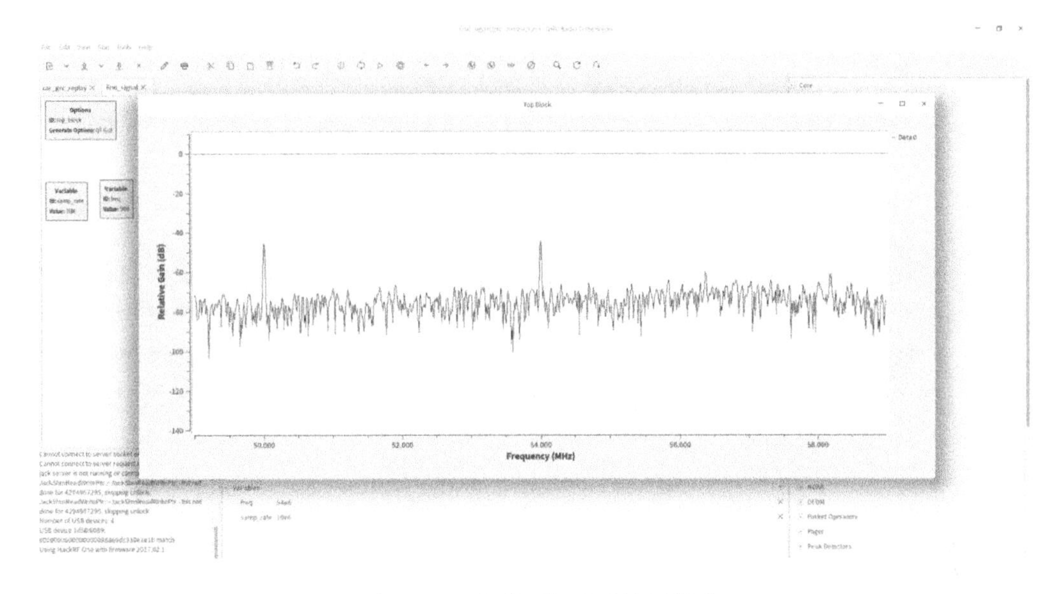

图 9-35　不操作遥控器时的频谱图

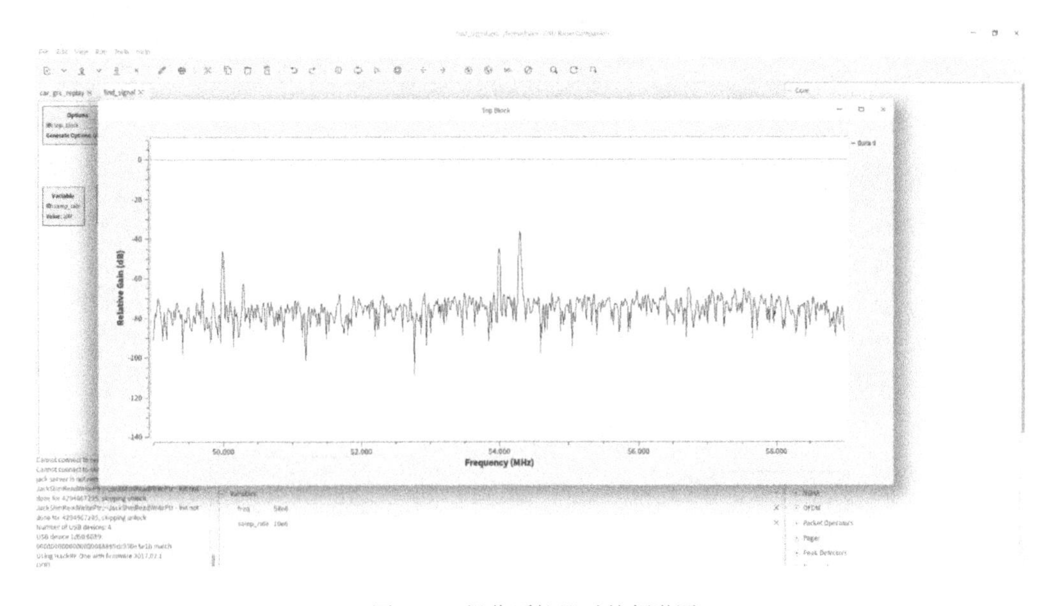

图 9-36　操作遥控器时的频谱图

⑤ 关闭流图，使用 Audacity 软件导入该原始数据文件（Deepin 下可直接在“应用商店”中搜索“Audacity”下载），波形如图 9-37 所示。其中，前半部分为持续推前进杆所得信号，后半部分为持续推后退杆所得信号。

⑥ 选择工具栏中的放大镜按钮放大信号，可以看到明显的 ASK（幅移键控）信号波形，即“1110111011101110101010101010…”，如图 9-38 所示。

⑦ 再次启动 GRC 集成开发环境，编写重放攻击流图，图 9-39 所示。

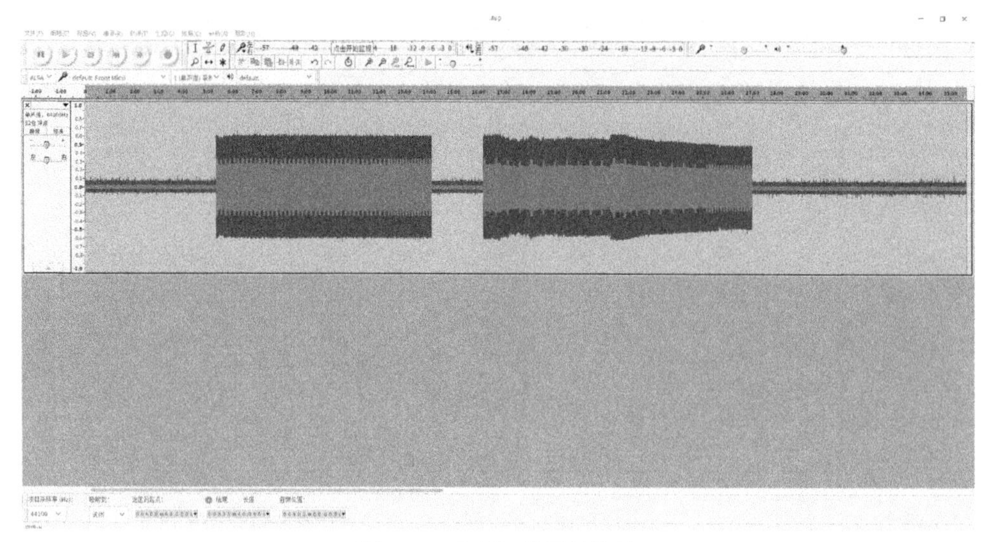

图 9-37 录制好的原始信号

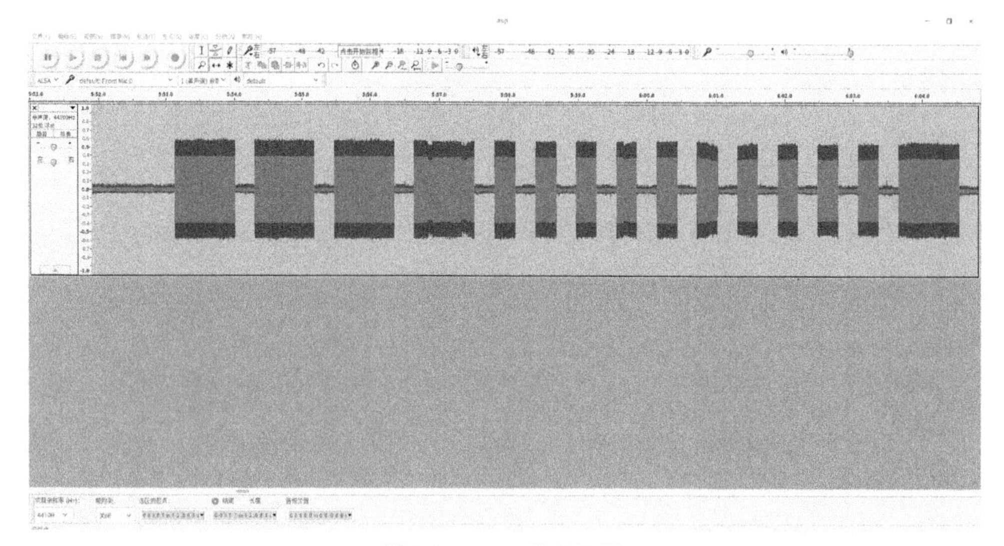

图 9-38 ASK 信号波形

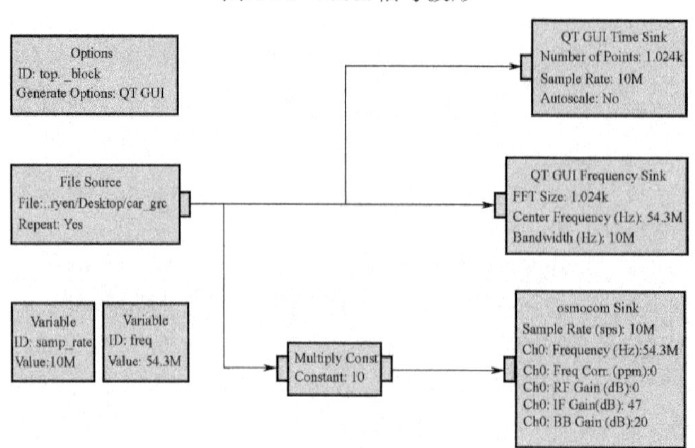

图 9-39 重放攻击流图

a．File Source 为文件信源模块，将路径设置为之前保存的文件，重复播放“Repeat”项选择“Yes”。

b．QT GUI Time Sink 与 QT GUI Frequency Sink 为示波器和频谱仪模块，用于显示信号的波形图与频谱图。

c．Multiply Const 为增益模块，便于调整信号动态范围，使有用信号功率远大于噪声功率。

d．osmocom Sink 为通过 HackRF One 发射模块，“Ch0：IF Gain（dB）”项为 47dB，“Ch0：BB Gain（dB）”项为 20dB。

⑧ 运行流图，波形图与频谱图如图 9-40 所示。此时，将小车靠近发射天线，小车会按之前录制的操作运动。

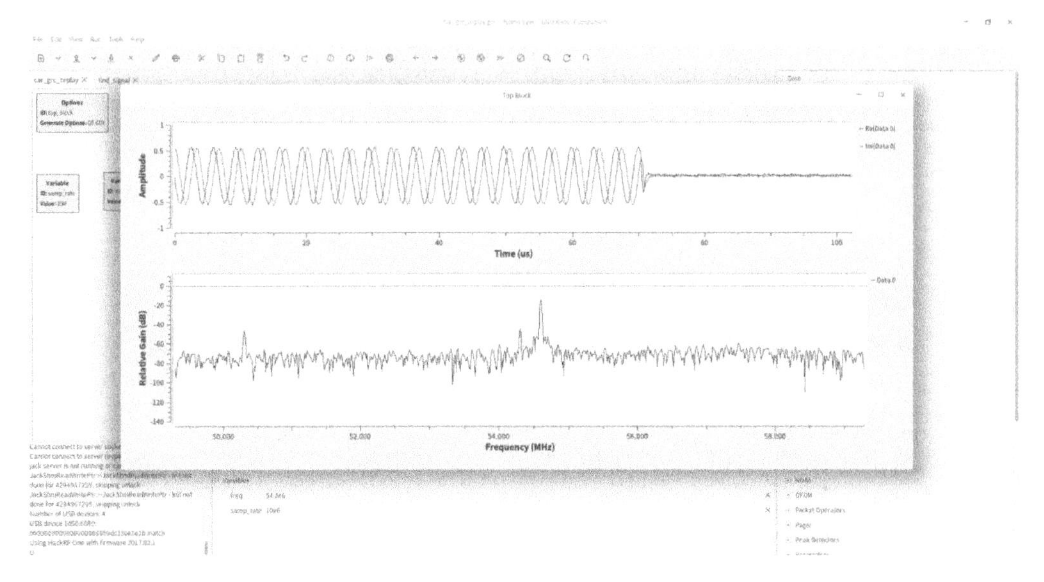

图 9-40　重放信号波形图与频谱图

9.5　GNU Radio 与 Gambas 接口方法

下面通过一个实例来学习 GNU Radio 与 Gambas 接口方法。利用在“9.4.1 RTL-SDR 调频广播接收机”一节中设计的基于 Python 的调频广播接收机，在 Gambas 集成开发环境中添加“Start”按钮，点击该按钮时，启动调频广播接收机，并将频谱显示到当前窗体的指定窗口中，如图 9-41 所示。

（1）实例效果预览

实例效果预览如图 9-41 所示。

（2）实例步骤

① 启动 Gambas 集成开发环境，可以在菜单栏选择“文件”→“新建工程...”，或在启动窗体中直接选择“新建工程...”项。

② 在“新建工程”对话框中选择“1.工程类型”中的“Graphical application”项，点击“下一个(N)”按钮。

③ 在“新建工程”对话框中选择“2.Parent directory”中要新建工程的目录，点击“下

一个(N)”按钮。

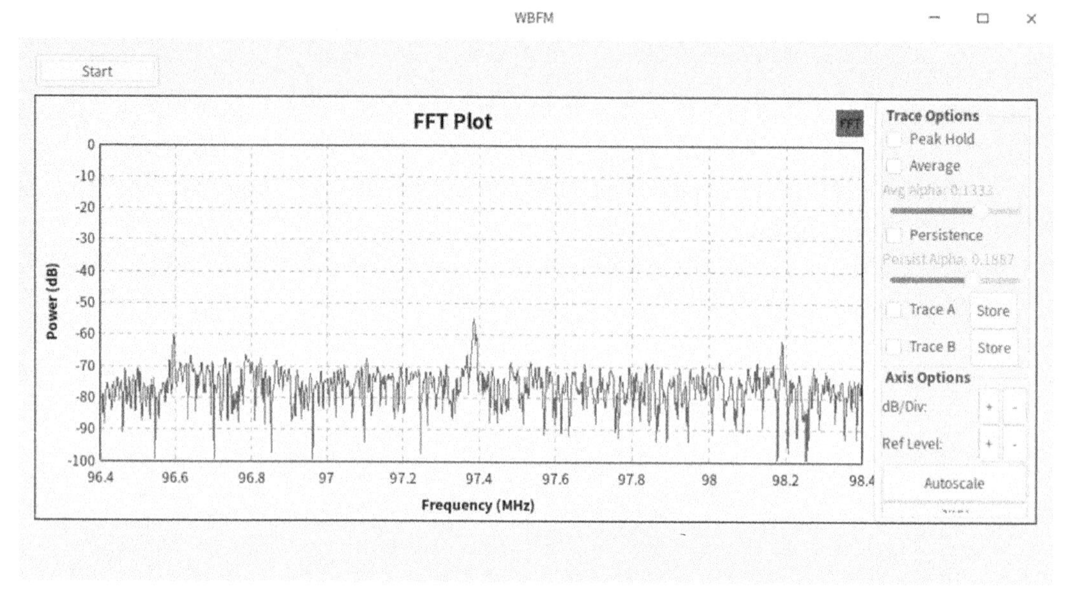

图 9-41 调频广播接收机窗体

④ 在“新建工程”对话框的“3.Project details”中输入工程名和工程标题，工程名为存储目录的名称，工程标题为应用程序的实际名称，在这里设置相同的工程名和工程标题。完成之后，点击“确定”按钮。

⑤ 在菜单中选择“工程”→“属性...”项，在弹出的“工程属性”对话框中，勾选“gb.destop”项。

⑥ 将“9.4.1RTL-SDR 调频广播接收机”一节中生成的 Python 源代码放入当前工程目录中。

⑦ 系统默认生成的启动窗体名称（Name）为 FMain。在 FMain 窗体中添加 1 个 Button 控件、1 个 Embedder 控件，将 Button1 控件 Text 属性修改为“Start”，如图 9-42 和图 9-43 所示。

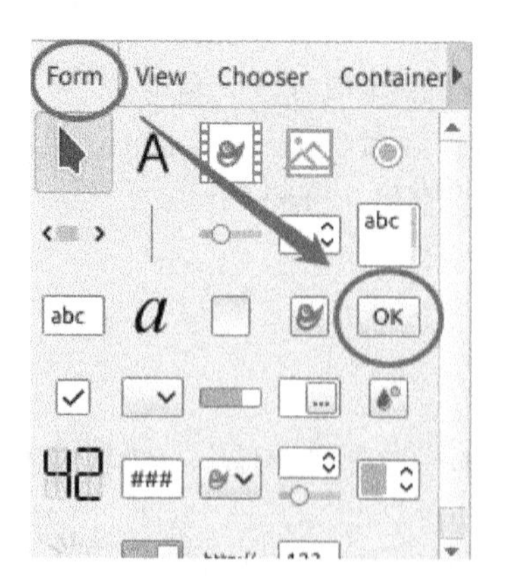

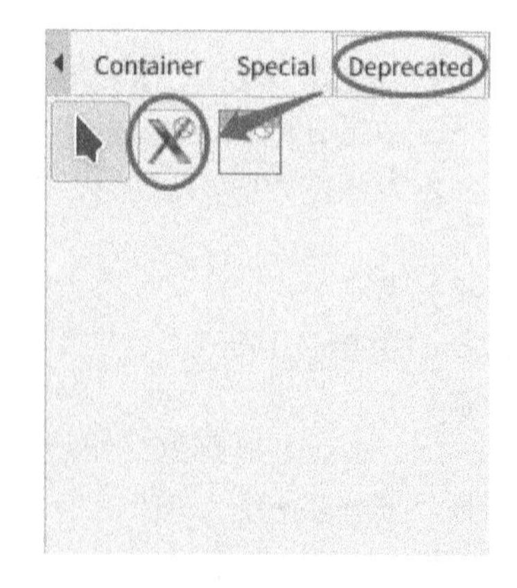

图 9-42 Button 和 Embedder 控件

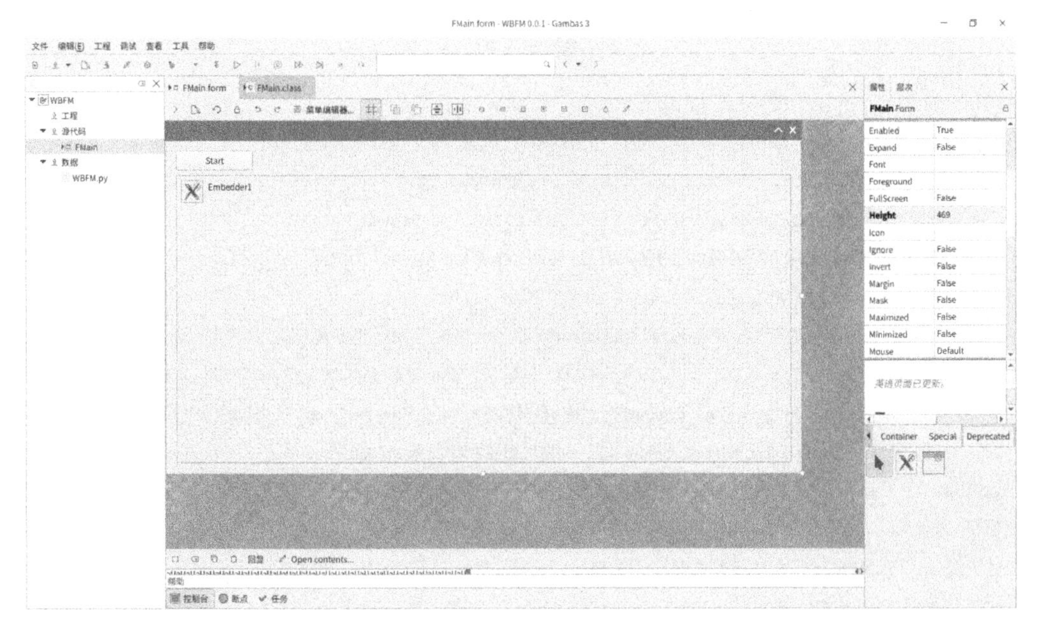

图 9-43　窗体设计

⑧ 设置 Tab 键响应顺序。在 FMain 窗体的“属性”窗口点击“层次”，出现控件切换排序，即按下键盘上的 Tab 键时，控件获得焦点的顺序。

⑨ 在 FMain 窗体中添加代码。

```
Public Sub Button1_Click()

  Dim ed As Integer[]

  Shell "python " & Application.Path &/ "WBFM.py"
  Wait 5
  ed = Desktop.FindWindow("Wbfm")
   Embedder1.Embed(ed[1])
End
```

参考文献

[1] MATTHES ERIC. Python 编程从入门到实践[M]. 袁国忠, 译. 北京: 人民邮电出版社，2020.

[2] 360 独角兽安全团队(UnicornTeam). 无线电安全攻防大揭秘[M]. 北京: 电子工业出版社, 2016.

[3] 刘泰康, 李咏梅. 电磁信息泄漏及防护技术[M]. 北京: 国防工业出版社, 2015.

[4] MINISINI BENOÎT. Gambas Documentation[EB/OL]. [2021-04-02] http://gambaswiki.org/ wiki.

[5] 李丞.基于软件无线电和 LabVIEW 的通信实验教程[M]. 北京: 清华大学出版社, 2017.

[6] 向新.软件无线电原理与技术[M]. 西安: 西安电子科技大学出版社,2008.

[7] MONK SIMON. 电子创客案例手册 Arduino 和 Raspberry Pi 电子制作实战[M]. 王诚成,孙晶,孙海文，译. 北京: 清华大学出版社,2018.

[8] 全雪峰,黄文海.Linux 平台下运用 Lazarus+Firebird 开发数据库应用程序[J].工业控制计算机,2010,23(05):80-81.

[9] 秾婵新, 谭亮, 张少平. Visual Basic 程序设计[M]. 北京：北京理工大学出版社，2018.

[10] 王建新,隋美丽. LabWindows CVI 虚拟仪器测试技术及工程应用[M]. 北京：化学工业出版社，2011.

[11] 王建新, 隋美丽. LabWindows CVI 虚拟仪器高级应用[M]. 北京：化学工业出版社，2013.

[12] 王建新,隋美丽. LabWindows CVI 虚拟仪器设计技术[M]. 北京：化学工业出版社，2013.

[13] 王建新,隋美丽. 大话虚拟仪器: 我与 LabWindows/CVI 十年[M]. 北京：电子工业出版社，2013.